住房和城乡建设部"十四五"规划教材

U0737021

智慧建筑信息技术

主　编　刘国林　蒋　瑾

副主编　梁　颖　陈大伟　胡乾传

内容提要

本书入选住房和城乡建设部"十四五"规划教材,是一本校企合作共同编写的教材,结合了最新的研究成果、建设方案和现行工程示例。全书共分10章,分别是绪论、计算机网络与通信基础、综合布线、全光网络、信息发布系统、公共广播系统、电子会议系统、物联网、能耗监测系统和信息机房。本书力求反映最前沿的新技术、新工艺和新产品,紧扣现行工程的知识和技能要求,注重教材的实用性和可操作性。

本书可作为高等学校建筑电气与智能化、物联网、电气工程及其自动化专业和其他相近专业本科生的教材,亦可作为计算机类、电子信息类和电气信息类的设计人员、施工人员和管理人员学习智慧建筑信息技术的参考书。

图书在版编目(CIP)数据

智慧建筑信息技术/刘国林,蒋瑾主编 . --合肥:合肥工业大学出版社,2025.
ISBN 978 - 7 - 5650 - 7264 - 2

Ⅰ. TU18

中国国家版本馆 CIP 数据核字第 202509XX10 号

智慧建筑信息技术
ZHIHUI JIANZHU XINXI JISHU

刘国林 蒋 瑾 主编 　　　　责任编辑 汪 钵 权 怡

出　版	合肥工业大学出版社	版　次	2025 年 5 月第 1 版
地　址	合肥市屯溪路 193 号	印　次	2025 年 5 月第 1 次印刷
邮　编	230009	开　本	787 毫米×1092 毫米　1/16
电　话	理工图书出版中心:0551-62903004	印　张	22.75
	营销与储运管理中心:0551-62903198	字　数	526 千字
网　址	press. hfut. edu. cn	印　刷	安徽联众印刷有限公司
E-mail	hfutpress@163. com	发　行	全国新华书店

ISBN 978 - 7 - 5650 - 7264 - 2 　　　　　　　　　　定价:59.60 元

前　言

　　本书以教育部高等学校建筑电气与智能化专业教学指导分委员会于2023年8月发布的《高等学校建筑电气与智能化本科专业指南》为基础，精选经典内容，尽量增加现行工程中广泛采用的最前沿的新技术、新工艺、新产品和新材料，强调工程安全，力求成为现行工程教育需要的教材。本书主要特色如下：

　　1. 精选内容。在阐明物理概念和基本定律的前提下，尽量讲清楚智慧建筑信息技术的基本概念、基本理论、基本分析和计算方法。例如把计算机网络中的网络交换机、路由器等作为一个元件，侧重讲它们的外特性。

　　2. 推陈出新。本书所讲述的内容是近几年来国内外现行工程中广泛采用的新技术、新工艺、新材料和新设备等，力图引入国内外最前沿的技术和知识，与现行工程吻合，学以致用。

　　(1)反映计算机网络技术的新发展。全光网络为信息传输提供了超高速、低延迟、大带宽的底层传输能力，是支撑现代高需求网络(如5G、云计算)的物理基础。

　　(2)公共广播系统已从20世纪90年代"模拟"技术过渡到"数字公共广播系统"，本书重点阐述数字公共广播系统的基本工作原理、控制中心和终端。

　　(3)本书在电子会议系统中阐述舞台工艺的舞台机械系统和舞台灯光系统。

　　(4)建筑智能(慧)化的基础是物联网。本书介绍了建筑智能(慧)化系统应用的感知技术、视频技术、无线通信技术、定位技术、嵌入式系统等。

　　(5)建筑智能(慧)化的目的之一是节能减排。节能减排的指标量化需要计量。本书系统、完整、准确地阐述了能耗监测系统。

　　3. 强调安全。本书按照现行的国家标准规范和国际电工委员会(International Electrotechnical Commission,IEC)有关标准，强调在智能化建设和运行过程中，应保证人身和设备安全。

　　4. 突出应用。本书所讲述内容，大部分来自现行工程。这有助于学生(读者)阅读产品工作原理方框图，设计建筑智能化技术方案，绘制施工图，查阅相关产品手册(资料)，掌握按照不同材料的性能指标和施工工艺进行施工的方法，熟练使用测试仪器仪表，提高学生实际工作技能。书中的综合示例，可供学生实践时参考。

　　5. 学习基本理论和标准相结合。标准是衡量事物的准则。本书力求把现行的国家标准规范和 IEC 有关标准有机地结合到相应章节之中，帮助学生在学习基本理论的同时，了解智能建筑领域的标准及其应用。学生学会查阅这些标准，为继续学习与本专业有关的工程技术、从事与本专业有关的科学研究等打下一定的基础。

本书由多年从事智能建筑教学的教师以及科研人员、设计人员和施工人员集体讨论编写大纲。刘国林、蒋瑾任主编，梁颖、陈大伟、胡乾传任副主编，参加编写的人员有王峻松、王苏霞、王攀攀、黄庆归、崔金敏等。

为了与现行工程"同频共振"，主编特邀请讯飞智元信息科技有限公司李家斌、李俊杰，中邮建技术有限公司杨文书、林一楠，安徽电信规划设计有限责任公司徐丹丹，广东艾科技术股份有限公司何改革、魏元盛等提供了现行工程的一些技术资料，并参加了本教材编写大纲的讨论和部分章节的编写。合肥深为智能科技有限公司冼平编写了信息机房综合监控系统。瑞斯康达科技发展股份有限公司李文浩修改了本教材的第 4 章。本书引用了华为、新华三的产品资料，相关网站资料，《建筑电气》《智能建筑》等期刊的文章，以及同行们的部分科研成果。除在参考文献中列出外，在此仅向这些资料的作者和科研成果的同行们顺致深深的谢意！

教材编写过程中，得到合肥城市学院领导的大力支持，对此表示衷心的感谢。

本书如有不妥之处，恳请使用本书的师生和其他读者提出宝贵意见，并将意见和建议发给主编，以便我们进行修改、完善和扩充。电子信箱：liu 5100340@126.com。

为了更好地支持相应课程的教学，我们向采用本书作为教材的教师提供课件，有需要者可与出版社联系。

编　者

2025 年 3 月

目　　录

第 1 章 绪 论

建筑物是人类工作、生活的主要场所,利用技术手段实现建筑智慧化,进而实现整个社会的内生性的良性循环,是每一个从业者的责任;让建筑更加高效、集约、智慧,其"动作"会更加统一、协调,是每一个从业者的努力方向。

本章首先介绍建筑智慧化的发展过程;然后阐述智能建筑系统组成、智能建筑的信息设施、建筑信息模型、物联网、智慧城市的概念、智慧建筑与智慧城市的发展关系;最后讨论综合管廊助推智慧城市的发展。本章重点内容:智能建筑系统组成、智能建筑的信息设施、建筑信息模型、智慧建筑与智慧城市的发展关系。

1.1 建筑智慧化的发展过程

建筑智慧化的发展与信息技术发展紧密相关,其历程可划分为几个标志性阶段。

自动化阶段(20 世纪 80 年代):以楼宇自动化系统(Building Automation System,BAS)为核心,实现空调、照明、电梯等子系统的独立控制,典型技术包括可编程逻辑控制器(Programmable Logic Controller,PLC)和直接数字控制器(Direct Digital Controller,DDC)。

信息化阶段(20 世纪 90 年代):计算机网络的引入推动子系统集成,形成建筑管理系统(Building Management System,BMS),实现跨系统的数据互通与集中监控。

网络化阶段(21 世纪初):互联网普及催生远程监控与移动管理,建筑设备通过 TCP/IP 协议实现广域互联,初步具备"万物互联"特征。

智能化阶段(21 世纪最初十年):人工智能与大数据技术应用于能耗优化、故障预测等领域,建筑设备自动化系统具备自主学习与决策能力。

智慧化阶段(2020 年至今):建筑信息模型(Building Information Modeling,BIM)与物联网(Internet of Things,IoT)深度融合,构建建筑数字孪生体,实现全生命周期数据闭环管理,智慧建筑成为城市信息节点,共同推动了建筑行业的变革,为实现更高水平的建筑智慧化提供了可能。

这一演进路径体现了从"设备控制"到"数据驱动"、从"孤岛系统"到"生态协同"的质变。

1.2 智能建筑

智能建筑(intelligent building)是以建筑物为载体,基于对各类智能化信息的综合应用,集架构、系统、应用、管理及优化组合为一体,具有感知、传输、记忆、推理、判断和决策的综合智慧能力,形成以人、建筑、环境互为协调的智能化体系,为人们提供安全、高效、便利、绿色、低碳、健康及可持续发展功能环境的建筑。

1.2.1 智能建筑系统组成

按系统技术专业划分方式和设施建设模式,现行国家标准《建筑电气与智能化通用规范》(GB 55024—2022)将建筑智能化分为信息设施、建筑设备管理系统、公共安全系统。

1. 信息设施

信息设施(information facility)是为满足建筑物的应用与管理对信息通信的需求,将各类具有接收、交换、传输、处理、存储和显示等功能的信息系统整合,形成建筑物通信服务综合基础条件。

2. 建筑设备管理系统

建筑设备管理系统(building management system)是对建筑设备监控系统、建筑设备一体化监控系统和建筑设备能效监管系统等实施智能化和数字化综合管理的系统。

3. 公共安全系统

公共安全系统(public security system)是为维护公共安全,运用现代科学技术,具有以应对危害社会安全的各类突发事件而构建的综合技术防范或安全保障体系综合功能的系统。

1.2.2 建筑物信息设施

信息设施应具有对建筑内外相关的语音、数据、图像和多媒体等形式的信息予以接收、交换、传输、处理、存储、检索和显示等功能,宜融合信息化所需的各类信息设施,并为建筑的使用者及管理者提供信息化应用的基础条件。

在现行工程中,建筑物信息设施主要由以下系统组成。

1. 计算机网络

计算机网络是指将地理位置不同的具有独立功能的多台计算机及其外部设备,通过通信线路和通信设备连接起来,在网络操作系统,网络管理软件及网络通信协议的管理和协调下,实现资源共享和信息传递的计算机系统。

1)智能建筑中外网、内网和设备网的作用

在智能建筑中,通常会有三种不同用途的计算机网络:外网、内网和设备网。这些网络各自有着不同的功能和服务对象,同时需要遵循一定的设计原则以确保安全性和效率。

(1)外网。外网主要用于对外沟通,连接到互联网或其他外部网络。它允许建筑物内的人员访问外部的信息资源和服务,如电子邮件、网页浏览等。对于图书馆、档案馆这样的公共机构来说,外网还承担着提供公共服务的功能,如供访客使用的无线网络。在外网的设计上,考虑到网络安全防护的需求,常常会设置出口网关、防火墙、统一认证系统及网络管理系统等措施来保障数据的安全传输。

(2)内网。内网则是针对内部业务应用而设立的专用网络,用于处理敏感或关键性的事务,如财务信息、员工个人资料等。内网通常采用双核心配置,并且具有较高的带宽(如万兆骨干),以确保能够快速处理大量内部数据交换。此外,为了进一步增强安全性,内网往往与其他网络进行物理隔离,防止未经授权的访问。

(3)设备网。设备网主要服务于建筑内部的各种智能化设备,包括视频监控系统、门禁控制系统、广播系统等。由于这些设备对实时性有较高要求,因此设备网也需要具备良好的性能表现,如低延迟和高可靠性。同时,随着越来越多的智能终端支持 IP 协议,现在许多智能建筑已经开始使用基于 IP 的设备网来整合多个子系统,从而简化管理和维护工作。

在智能建筑设计过程中,合理规划外网、内网以及设备网是非常重要的环节。这不仅涉及如何满足不同类型的网络需求,还包括如何确保整个网络体系的安全性和可扩展性。例如,某政府指挥办公大楼就特别强调网络平台的安全防范能力、灵活性和可扩充性等方面的要求。同样地,在医院这类复杂环境中,也会根据具体应用场景分别构建三套独立但相互关联的计算机网络。这种方式可以有效地提升智能建筑的整体效能,同时为其未来的发展预留足够的空间。

2)智能建筑中有线网络和无线网络的作用

在智能建筑中,计算机网络通常分为有线网络和无线网络两种形式。

有线网络是利用物理缆线(如以太网电缆)将不同设备连接起来。这种类型的网络因其稳定性和高速度而被广泛应用于需要大量数据传输或对网络稳定性要求较高的场景。例如,在智能建筑中,核心交换机和接入交换机之间的连接通常是通过光纤或双绞线来实现的,这保证内部局域网(Local Area Network,LAN)的高带宽和低延迟。此外,有线网络还常用于连接服务器、存储设备和其他关键设施,确保这些重要组件之间可靠的数据传输。

无线网络则使用无线电波等非物理媒介来实现建筑内部设备互联、数据传输与用户接入的关键基础设施,用户在不依赖于固定位置的情况下接入网络。常见的无线网络技术包括 Wi-Fi(基于 IEEE 802.11 标准)、蓝牙等。

在楼宇自动化系统中,传感器和执行器可能通过无线网络连接到控制器,然后通过有线网络将数据传送到中央管理系统。随着物联网技术的发展,越来越多的智能设备开始集成到智能建筑中,这对网络基础设施提出了更高的要求。未来的趋势将是构建更加智能化、自适应的网络环境,以便更好地支持智能建筑的各项功能和服务。

2. 综合布线系统

综合布线系统是由支持信息电子设备相连的各种缆线、跳线、插接软线和连接器件组成,能满足语音、数据、图文和视频等信息传输要求的系统。

综合布线系统是智慧建筑的"神经系统",其标准化设计与高质量实施直接决定建筑智慧化的能力。随着光纤普及、智能化管理工具的发展,未来综合布线系统将更趋高效、灵活与可持续,成为支撑元宇宙、数字孪生等新兴技术的物理基石。

3. 全光网络

全光网络(All Optical Network,AON)与接入网的关系是通信网络架构中整体与局部的协同演进关系。全光网络通过光纤传输和光交换技术实现端到端光信号传输;而接入网(access network)作为网络的"最后一公里",直接连接用户与核心网。两者的结合是构建高速、低时延、高可靠通信网络的关键。

全光网络的特点:①全光传输:信号从发送端到接收端全程以光波为载体,无须转换为电信号;②高带宽:利用光纤的巨大带宽潜力(如 C 波段、L 波段),支持 Tbps 级传输;③低延迟;避免光电转换(OEO)带来的处理延迟,适用于实时性要求高的场景(如金融交易等);④低能耗:减少光电转换设备的功耗,符合绿色通信趋势。

4. 信息发布系统

信息发布系统通过硬件设备(如显示屏、触摸终端)、网络架构及软件平台,结合动态内容管理、多终端协同与智能交互技术,实现建筑内信息的实时发布、精准推送与场景化展示,为用户提供高效的信息服务(如导引、公告、应急通知),优化空间资源管理,并支持建筑运营的数字化与智能化升级。

信息发布系统主要由服务器、网络、播放器以及显示设备等几部分组成。服务器负责存储和处理要发布的多媒体信息;网络作为媒介,确保信息能够被可靠地发送到各个播放终端;播放器接收来自服务器的信息,并将其转换成适合在显示设备上播放的形式;而显示设备则最终呈现给观众的内容载体,可以是单个显示屏(器)或一组联网的屏幕。

5. 公共广播系统

公共广播系统是一种以音频信号传输为核心,通过扩声设备和广播网络,向特定区域或广泛空间进行信息传播的专用系统。其核心功能是为公共场所提供背景音乐、业务广播、紧急广播等服务,同时具备信息发布、指挥调度和应急管理能力。业务广播系统应根据工作业务及建筑物业管理的需要,按业务区域设置音源信号,分区控制呼叫及设定播放程序。业务广播宜播发的信息包括通知、新闻、信息、语音文件、寻呼、报时等。背景广播应向建筑内各功能区播送渲染环境气氛的音源信号。背景广播宜播发的信息包括背景音乐和背景音响等。紧急广播系统应满足应急管理的要求,紧急广播应播发的信息为依据相应安全区域划分规定的专用应急广播信令。紧急广播应优先于业务广播、背景广播。

公共广播系统应适应数字化处理技术、网络化播控方式的应用发展,宜配置标准时间校正功能,声场效果应满足使用要求及声学指标的要求,宜拓展公共广播系统相应智能化应用功能。

6. 电子会议系统

电子会议系统是一种利用计算机、网络通信和多媒体技术实现会议组织、管理和协作的数字化工具。它旨在替代或辅助传统的线下会议,提升会议效率,降低沟通成本,并支持远程协作,实现资源集约化与体验人性化的双重目标。

7. 物联网

物联网通过感知设备,按照约定协议,连接物、人和信息资源,实现对物理和虚拟世界的信息进行处理并作出反应的智能服务系统。建筑物通过物联网技术将建筑内的各种设备与系统连接起来,实现智能化管理和优化运行的现代建筑形态。这类建筑通过实时数据采集、分析和自动化控制,提升能效、安全性、舒适性和可持续性。

8. 能源监测系统

能源监控系统是一种集数据采集、处理、分析、监控、管理等功能于一体的系统,主要用于对能源消耗进行实时监测、分析和管理,提供各种形式的能源消耗信息和报表,帮助用户了解能源使用情况、发现能源消耗中的问题并提供相应的解决方案,从而实现对能源消耗的有效管理和优化。

9. 信息机房

信息机房(电子信息系统机房)是集中处理、存储、传输、交换和管理数据信息的物理场所,通常包含计算机终端、服务器、网络设备、存储设备等关键设施。其核心功能是保障数据资产的安全性、可靠性、高效性,并支持建筑智慧化系统的稳定运行。

1.3 智慧建筑

建筑由"智能"走向"智慧"时代,建筑智慧化系统(smart building system)主要是建筑智能化系统的进一步升级。在建筑"智能化"的基础上,通过建筑信息模型和物联网等新技术与建筑物的深度融合,实现建筑的自感知、自适应、自优化和协同管理。它不仅涵盖智能化系统的功能,还通过数据驱动和智能决策,使建筑更加高效、绿色和人性化,集结构、系统、服务、管理及其优化于一体,为人们提供安全、高效、便捷、节能、环保、健康的建筑环境。

建筑信息模型技术将建筑物空间位置完全数据化。在建筑信息模型与物联网的关系中,建筑信息模型是建筑物的基础数据模型。物联网技术是在建筑信息模型技术的基础上,将各类建筑运营数据通过传感器收集起来,并通过互联网实时反馈给建筑运营中心(管理者)。

智慧建筑(smart building)是以建筑为载体,通过集成物联网、建筑信息模型、人工智能(Artificial Intelligence,AI)、云计算等技术,实现对建筑内设备、环境、能源的实时感知、数据整合与智能控制,从而优化资源配置、提升运营效率、保障安全舒适的建筑环境。

智慧建筑是以建筑为平台,兼具建筑设备、办公自动化及通信网络系统,集结构、系统、服务、管理于一体,并使它们之间达到最优化组合,向人们提供一个安全、高效、舒适、便利的建筑环境。建筑智慧化集成不是智慧建筑的目的,而是实现智慧建筑安全、高效、便捷,建设舒适的工作和生活环境的重要技术方法和技术手段。它服务于智慧建筑的社会效益、经济效益和环境效益,不是为集成而集成。智慧化集成仅仅是一种手段而非最终目的。这与智慧城市的核心与内涵是一脉相承的。可以说,智能建筑是智慧城市在微观方面的体现,智慧城市正是由千千万万的智慧建筑通过各种技术化、模块化联系方式连接在一起,形成的有机统一体。智慧城市想要真正发挥出自身的特点与优势,必须通过这一个个具体的智慧建筑来实现。没有智慧建筑,智慧城市也只能成为空中楼阁,可望而不可即。智慧建筑和智慧城市让生活更美好。

1.3.1 建筑信息模型

建筑信息模型是在建设工程及设施全生命期内,对其物理和功能特性进行数字化表达,并依此设计、施工、运营的过程和结果的总称(简称模型)。

1. 建筑信息模型的基本概念

建筑信息模型是建筑学、工程学等的新工具。它用来形容那些以三维图形为主,物件导向,与建筑学有关的计算机辅助设计。

（1）建筑信息模型是一个设施（建设项目）物理和功能特性的数字表达。

（2）建筑信息模型是一个共享的知识资源，是一个分享有关这个设施的信息，为该设施从概念到拆除的全生命周期中的所有决策提供可靠依据的过程。

（3）在设施的不同阶段，不同利益相关方通过在建筑信息模型中插入、提取、更新和修改信息，以支持和反映其各自职责的协同作业。

2. 建筑信息模型的主要特点

建筑信息模型是专业技术人员将工程科学原理与信息模型结合，对工程项目的规划、设计、施工和后期的物业运营等项目全寿命周期内的相关数据进行统计、分析、预测并转化为协同信息和决策信息。

1）可视化

可视化即"所见所得"的形式，对于建筑行业来说，可视化的真正运用在建筑业的作用是非常大的，如经常拿到的施工图纸，只是各个构件的信息在图纸上采用线条绘制表达，但是其真正的构造形式就需要建筑业从业人员去自行想象了。建筑信息模型提供了可视化的思路，让人们将以往的线条式的构件形成一种三维的立体实物图形展示在人们的面前。建筑业也有设计方面的效果图，但是这种效果图不含有除构件的大小、位置和颜色以外的其他信息，缺少不同构件之间的互动性和反馈性。而建筑信息模型提到的可视化是一种能够同构件之间形成互动性和反馈性的可视化，由于整个过程都是可视化的，可视化的结果不仅可以用效果图展示及报表生成，更重要的是，项目设计、建造、运营过程中的沟通、讨论、决策都在可视化的状态下进行。

2）协调性

协调是建筑业中的重点内容，不管是施工单位，还是业主及设计单位，都在做着协调及相配合的工作。一旦项目的实施过程中遇到了问题，就要将各有关人士组织起来开协调会，找各个施工问题发生的原因及解决办法，然后采取相应补救措施等来解决问题。在设计时，往往由于各专业设计师之间的沟通不到位，出现各种专业之间的碰撞问题。例如暖通等专业中的管道在进行布置时，由于施工图纸是各自绘制在各自的施工图纸上的，在真正施工过程中，可能在布置管线时正好有结构设计的梁等构件在此阻碍管线的布置，像这样的碰撞问题的协调解决就只能在问题出现之后进行。建筑信息模型的协调性服务就可以帮助处理这种问题，也就是说，建筑信息模型可在建筑物建造前期对各专业的碰撞问题进行协调，生成协调数据，并提供出来。当然，建筑信息模型的协调作用也并不是只能解决各专业间的碰撞问题，它还可以解决如电梯井布置与其他设计布置及净空要求的协调、防火分区与其他设计布置的协调、地下排水布置与其他设计布置的协调等。

3）模拟性

模拟性并不是只能模拟设计出的建筑物模型，还可以模拟不能够在真实世界中进行操作的事物。在设计阶段，建筑信息模型可以对设计上需要进行模拟的东西进行模拟实验。例如：节能模拟、紧急疏散模拟、日照模拟、热能传导模拟等。在招投标和施工阶段可以进行4D模拟（三维模型加项目的发展时间），也就是根据施工的组织设计模拟实际施工，从而确定合理的施工方案来指导施工。还可以进行5D模拟（基于4D模型加造价控制），从而实现成本控制。后期运营阶段可以模拟日常紧急情况的处理方式，如地震人员逃生模拟及消防人员疏散模拟等。

4)优化性

事实上,整个设计、施工、运营的过程就是一个不断优化的过程。当然优化和建筑信息模型也不存在实质性的必然联系,但在建筑信息模型的基础上可以做更好的优化。优化受三种因素的制约:信息、复杂程度和时间。没有准确的信息,做不出合理的优化结果,建筑信息模型提供了建筑物的实际存在的信息,包括几何信息、物理信息、规则信息,还提供了建筑物变化以后的实际存在信息。复杂程度较高时,参与人员本身的能力无法掌握所有的信息,必须借助一定的科学技术和设备的帮助。现代建筑物的复杂程度大多超过参与人员本身的能力极限,建筑信息模型及与其配套的各种优化工具提供了对复杂项目进行优化的可能。

5)可出图性

建筑信息模型不仅能绘制常规的建筑设计图纸及构件加工的图纸,还能通过对建筑物进行可视化展示、协调、模拟、优化,并出具各专业图纸及深化图纸,使工程表达更加详细。

3. 建筑信息模型的主要软件

常用的建筑信息模型建模软件主要如下:

(1)Autodesk 公司的 Revit 建筑、结构和设备软件,常用于民用建筑;

(2)Bentley 建筑、结构和设备系列,Bentley 产品,常用于工业设计(石油、化工、电力、医药等)和基础设施(道路、桥梁、市政、水利等)领域;

(3)ArchiCAD,是建筑信息模型核心建模软件。

1.3.2 物联网

如果说互联网是人与人的网络,那么物联网则逐渐消除了人与物之间的隔阂,实现人与物、物与物之间的对话。从这个意义上来讲,物联网是扩大了互联网的外延。物联网应用到建筑领域,推动着建筑从智能化走向智慧化。

1. 什么是物联网

简单地说,物联网就是物与物相连的互联网,物联网使所有人和物在任何时间、任何地点都可以实现人与人、人与物、物与物之间的信息交互。

从技术的角度来说,物联网是通过射频识别、红外感应器等各种传感设备,按照约定的协议,把任何物品与互联网相连接,进行信息交换和通信,实现对物品的智能化识别、定位、跟踪、监控和管理的一种网络,是互联网的延伸与扩展。

2. 物联网的关键技术

实现物联网的主要技术是射频识别、传感技术、嵌入式技术、位置服务技术、IPv6 技术等。

1)射频识别技术

射频识别(Radio Frequency Identification,RFID)技术,俗称电子标签,通过射频信号自动识别目标对象,并对其信息进行标志、登记、储存和管理。

RFID 是一个可以让物品"开口说话"的关键技术,是物联网的基础技术。RFID 标签中存储着各种物品的信息,利用无线数据通信网络采集到中央信息系统,实现物品的识别。

2)传感技术

传感技术是从自然信源获取信息,并对之进行处理和识别的一门多学科交叉的现代科学与工程技术,它涉及传感器、信息处理和识别技术。如果把计算机看成处理和识别信息的"大脑",把通信系统看成传递信息的"神经系统",那么传感器就类似人的"感觉器官"。

3)嵌入式技术

嵌入式系统将应用软件与硬件固化在一起,类似于个人计算机基本输入输出系统(Personal Computer Basic Input Output System,PCBIOS)的工作方式,具有软件代码小、高度自动化、响应速度快等特点,特别适合于要求实时和多任务的系统。

嵌入式系统主要由嵌入式微处理器、相关支撑硬件、嵌入式操作系统及应用软件等组成,它是可独立工作的"器件"。嵌入式系统几乎应用在生活中所有的电器设备上,如掌上电脑、智能手机、数码相机等各种家电设备,工控设备、通信设备、汽车电子设备、工业自动化仪表与医疗仪器设备、军用设备等。嵌入式技术的发展为物联网实现智能控制提供了技术支撑。

4)位置服务技术

位置服务技术就是采用定位技术,确定智能物体的地理位置,利用地理信息系统技术与移动通信技术向物联网中的智能物体提供与位置相关的信息服务。与位置信息密切相关的技术包括遥感技术、全球导航卫星系统(Global Navigation Satallite System,GNSS)、地理信息系统(Geographic Information System,GIS)以及电子地图等技术。GNSS将卫星定位、导航技术与现代通信技术相结合,可实现全时空、全天候和高精度的定位与导航服务。

5)IPv6 技术

IPv4采用32位地址长度,只有大约43亿个IP地址,随着互联网的发展,IPv4定义的有限网络地址将被耗尽。IPv6的地址长度为128位,几乎可以为地球上每一个物体分配一个IP地址。

要构造一个物与物相连的物联网,需要为每一个物体分配一个IP地址,那么大力发展IPv6技术是实现物联网的网络基础条件。

1.4　智慧城市

智慧城市是依托综合管廊、建筑信息模型、物联网和5G等新技术,通过数据整合与智能分析优化城市资源配置、提升管理效率、改善居民生活和工作质量的新型城市发展模式。

1.4.1　智慧城市的概念

智慧城市是通过应用智能识别、数据融合、移动计算、云计算等技术,使得城市物理基础设施与城市IT基础设施之间进行完美的结合,并改变政府、企业和市民交互的方式,提高交互的明确性、效率、灵活性和响应速度,使得政府、企业和市民可以做出更明智的决策。

智慧城市,将信息传感设备(如RFID读取设备、传感器、摄像头等)作为智慧的触手遍及城市的每一个角落,贴近城市中每一条跳动的"脉搏",感知其中的细微变化,并通过信息连通综合决策,实现智慧的城市综合管理。基于物联网感知的城市,城市管理者可以了解期望获悉的信息,如城市道路中的通行车辆数、道路拥堵情况、居民家庭和整个城市的用电情况、电力供给分配情况、城市各处的环境污染程度和变化、医疗体系的就诊资源分配情况等尽在掌握。当感知设备遍布城市,可以速度更高、带宽更大的网络将来自城市各处的信息集中,形成巨大的信息系统,进行交互和多方共享。

智慧城市是信息移动的城市。智慧城市是信息化的城市,需要实时的数据支撑城市中实体和信息流动,尤其是城市居民,处于频繁的流动中。智慧城市将无线网、传感网、通信网和应用系统结合,使城市每个角落的个人和物体可以凭借移动终端进入系统,实现信息的移动上行和下行。

智慧城市是决策高度智能化的城市。城市的各种信息互联互通,高度智能化的信息决策中心将所有信息融合分析,寻找对城市和整个世界最有益的决策。智慧城市将通过先进技术(如数据挖掘和分析工具,科学模型和功能强大的运算系统等)进行海量数据的整合、存储、分析并据此模拟决策,最终得到最优化的可实践结果。针对特定问题,智慧城市的信息决策中心进行综合分析,取得对特定问题和城市运行两者共同最佳的结果。

智慧城市是城市信息化和工业化深度融合的载体,它不仅将信息化从企业、行业及大区域的寻常视野聚焦于城市,又以信息化打造城市未来竞争力和可持续发展的平台。通过智慧城市建设,人们可以充分挖掘利用各种潜在的信息资源,加强对高能耗、高物耗、高污染行业的监督管理,并改进监测、预警手段和控制方法,从而降低经济发展对环境的负面影响,最大限度实现经济和环境双赢发展,还可以合理调配和使用水、电力、石油等资源,达到资源供给均衡,减少浪费,实现资源节约型、环境友好型社会和可持续发展的目标。以流通和供应链为例,智慧供应链的导入和物流公共信息平台等解决方案的应用,能够大大提升全社会流通行业的整体服务能力和智能化水平,在帮助企业实现固定成本节约、利润增加的同时,为国家节能环保、实现绿色 GDP 提供一条切实可行的路径。智慧资源优化智慧城市的生存环境。智慧的环保监测、电网调度、水资源管理、流通和供应链优化等手段,帮助城市决策者建立更加宜居的生态城市,助力城市走可持续发展之路。

1.4.2　智慧建筑与智慧城市的发展关系

智慧建筑是构建智慧城市的基本单元与信息节点,智慧城市建设的诸多行业发展领域,如智慧市政管理、智慧交通、智慧环境、智慧医疗、智慧教育等,智能建筑都是其"物联"的基本单元。

在城市建设与发展中,城市中的人及其赖以生活的人工环境都离不开建筑,智慧的建筑将是智慧城市发展的基础一环。同时,智慧城市是智慧建筑的共享平台,通过物联网技术实现智慧建筑与智慧城市紧密融合。

智慧城市突破早先的数字化城市的概念,试图将城市中的实体设施和人与虚拟的数字化城市连接起来。因而,建筑物作为城市构成的主要实体设施,必然是智慧城市的重要组成部分。但并非所有的建筑都能成为构建智慧城市的基础单位,智慧城市要实现感知与互联,要求建筑具备基本的"自我感知"与"对外连接"的属性,因此,智慧建筑才是智慧城市的基础单元,可以体现在以下几个方面。

(1)从空间实体来看,建筑是人们进行社会活动的场所,是各类活动的空间载体,因而是城市人工环境的主要组成部分。建筑空间信息构成智慧城市人工环境数据、空间地理数据最基础的部分,也是构建智慧城市数字化、虚拟化信息系统的基础要素。

(2)智慧建筑中所部署的感知元件与传输网络是将建筑本身及内部的人与物及其活动

转化为数字化信息的必要设施。在许多行业,如智能交通、市政管理、应急指挥安防消防、环保监测等业务中,智慧建筑都是物联感知的基本单元或者信息节点。

(3)智慧建筑自身具备的智能化系统,是智慧城市物联网的基础构成。智慧城市通过网络协议和基于云计算的软件服务(Software as a Service,SaaS)等模式对各种服务进行集成,但离不开智慧建筑本身具备的智能化系统。一方面,适宜的通信网络系统是连接智慧建筑与智慧城市控制平台的必要保障,应具备高效、及时、安全且支持多种数据格式传输的对外网络系统。另一方面,智慧建筑中,可以智能操作的属性是实现远程控制与管理的基础,智慧建筑的局部系统是构成智慧城市系统的子系统。

(4)从某种意义上讲,单体智慧建筑是一个"微缩版"的智慧城市,是智慧城市各种功能的在小范围空间的局部实现,也是局部的物联网的实现。智慧建筑的发展对智慧城市、物联网发展的都有着重要的影响。智慧建筑本身具备成熟的智能化系统与已经应用的智能识别、传感网络。实际上,在建筑物内部或建筑集群内已经实现互联,部分系统已经处于物联网状态,如消防报警系统等。正是由千千万万的智慧建筑通过各种技术化、模块化联系方式连接在一起,形成的有机统一体,智慧城市想要真正发挥出自身的特点与优势必须通过这一个个具体的智慧建筑来实现。没有智慧建筑,智慧城市也只能成为空中楼阁,可望而不可即。智慧建筑和智慧城市让生活更美好。

智慧建筑作为"细胞单元",不仅是技术的载体,更是城市有机体的活力来源。只有当每个"细胞"健康、智能且互联时,智慧城市才能实现真正的系统性高效与可持续。未来,随着数字孪生、AIoT等技术的深化,这一"细胞网络"或将催生更具生命力的城市形态。

1.4.3 综合管廊助推智慧城市的发展

智能建筑是智慧城市在微观方面的体现,智慧城市是由千千万万栋(幢)的智慧建筑通过综合管廊(utility tunnel)连接在一起形成的有机统一体。

综合管廊是指在城市地下建造一个隧道空间,将电力电缆、通信线缆以及给水管、热力管和燃气管等各类市政管线集于一体,地上附着物为出装口及通风口等设施,实现对城市"生命线"的信息化、可视化、智慧化管理,补齐城市管理"短板",构建智慧城市运行的基础设施。

综合管廊是建于城市地下,用于容纳两类及以上城市工程管线、内部空间能够满足人员通行的构筑物及附属设施。按照国家标准《城市综合管廊工程技术规范》(GB 50838—2015),综合管廊主要包括以下几部分。

(1)干线综合管廊(trunk utility tunnel),主要容纳城市主干工程管线的综合管廊。

(2)支线综合管廊(branch utility tunnel),容纳城市配给工程管线,直接向用户提供服务的综合管廊。

(3)小型综合管廊(small utility tunnel),容纳小规模管网或末端配给工程管线,直接向用户提供服务的综合管廊。

(4)三维控制线(the 3D control line),综合管廊建设规划中确定并应规划控制综合管廊平面及竖向位置的三维空间界线。

(5)综合管廊定测线(utility tunnel positioning line),为便于综合管廊平面定位设置的主要结构定位基准线。

(6)附属设施(accessorial works):为保障综合管廊本体、内部环境、管线运行和人员安全,配套建设的消防、通风、供电、照明、监控与报警、给排水和标识等设施。

综合管廊工程建设应遵循"规划先行、适度超前、因地制宜、统筹兼顾"的原则,充分发挥综合管廊的综合效益。

复习思考题

1. 简述建筑智慧化发展的几个阶段及其主要技术特征。

2. 自动化阶段与智能化阶段的核心区别是什么?

3. 智慧化阶段如何通过 BIM 与 IoT 技术推动建筑行业的变革?

4. 按国家标准《建筑电气与智能化通用规范》(GB 55024—2022),建筑智能化系统分为哪三大类? 简述其各自功能。

5. 信息设施的定义是什么? 其在智能建筑中的核心作用是什么?

6. 公共安全系统需应对哪些突发事件? 举例说明其典型应用场景。

7. 智能建筑中的外网、内网和设备网有何区别? 分别适用于哪些场景?

8. 有线网络与无线网络在智能建筑中的优劣势是什么? 举例说明其典型应用。

9. 综合布线系统为何被称为智慧建筑的"神经系统"? 其未来发展趋势如何?

10. 全光网络的核心技术特征有哪些? 其与接入网的协同如何支撑智慧建筑需求?

11. 信息发布系统的组成部分及其功能是什么? 如何通过该系统优化建筑运营?

12. 简述 BIM 的五大核心特点,并说明其对建筑全生命周期管理的意义。

13. BIM 与 IoT 的关系是什么? 举例说明两者在智慧建筑中的协同应用。

14. 物联网的五大关键技术是什么? 这些技术如何赋能智能建筑?

15. 为何说"BIM 是物联网的核心与灵魂"? 结合实例分析其逻辑关系。

16. 智慧城市的核心目标是什么? 其与智能建筑的关系如何体现?

17. 综合管廊的定义及其对智慧城市建设的作用是什么?

18. 综合管廊按功能可分为哪些类型? 简述其各自特点。

19. 为何说"智慧建筑是智慧城市的细胞单元"? 从四个方面分析其逻辑基础。

20. 综合管廊规划需遵循哪些基本原则? 试述"适度超前"原则的实际意义。

21. 从技术、管理和政策角度,论述智慧建筑与智慧城市的协同发展路径。

22. 在"双碳"背景下,智慧建筑与智慧城市应如何协同促进绿色低碳发展?

第2章　计算机网络与通信基础

计算机网络是指通过通信链路(有线或无线)和网络设备(如路由器、交换机等),将分布在不同地理位置、具备独立功能的计算机系统(如个人电脑、服务器)或智能终端(如手机、物联网设备)相互连接,并在统一协议(如 TCP/IP)的规范下,实现资源共享(数据、软件、硬件)和信息通信的系统。数据通信是指通过传输介质(有线或无线)和通信协议,在发送端(信源)与接收端(信宿)之间,以数字信号或模拟信号形式实现数据高效、可靠传输的过程。其核心目标是确保信息在传输过程中保持完整性、准确性和时效性,支持计算机、智能终端或网络设备间的信息交换与共享。

本章先介绍计算机网络基本概念和有关数据通信的重要概念,然后介绍局域网,最后再介绍互联网基础以及计算机网络安全。本章重点内容:计算机网络的性能指标,计算机网络的体系结构,网络拓扑结构,信道、信道的极限容量,局域网的组成,高速以太网,无线局域网,计算机网络互联设备,IP 地址和域名,防火墙,入侵防御系统。

2.1　计算机网络基础

计算机网络是计算机技术和通信技术发展相结合的产物,是一门涉及多门学科和技术领域的综合性技术。

2.1.1　计算机网络概述

计算机网络就是"一群具有独立功能的计算机通过通信线路和通信设备互连起来,在功能完善的网络软件(网络协议、网络操作系统等)的支持下,实现计算机之间数据通信和资源共享的系统"。在计算机网络中,各计算机都安装有操作系统,能够独立运行。

1. 计算机网络的基本功能

计算机网络的基本功能是数据通信和资源共享。

(1)数据通信是计算机网络最基本的功能。其他功能都是建立在数据通信基础上的,没有数据通信功能,也就没有其他功能。

(2)资源共享是计算机网络最主要的功能。可以共享的网络资源包括硬件、软件和数据。在这三类资源中,最重要的是数据资源,因为硬件和软件损坏了可以购买或开发,而数据丢失了往往不可以恢复。

2. 计算机网络分类

计算机网络有多种分类标准,最常用的是按地理范围进行分类。按地理范围进行分类是科学的,因为不同规模的网络往往采用不同的技术。按地理范围可以把计算机网络分为局域网、城域网和广域网。

1)局域网

局域网是专用网络,通常位于一个建筑物内或者一个校园内,也可以远到几公里的范围。在局域网发展的初期,一个学校或企业往往只拥有一个局域网,但现在局域网已非常广泛地使用,一个学校或企业大多拥有许多个互连的局域网,这样的网络常称为校园网或企业网。

局域网是最常见、应用最广泛的一种计算机网络。从技术上来说,常见的局域网主要是以太网(Ethernet)和无线局域网(WLAN)两种。

2)城域网

城域网(Metropolitan Area Network,MAN)覆盖了一个城市。典型的城域网例子有两个:一个是有线电视网,许多城市都有这样的网络;另一个是宽带无线接入系统(1EEE802.16)。常见的是作为一个公用设施,被一个或几个单位所拥有,将多个局域网互联起来的城域网,由于采用的技术是以太网技术,因此常并入局域网的范围进行讨论,被称为大型 LAN。

3)广域网

广域网(Wide Area Network,WAN)跨越了一个很大的地理区域,通常是一个国家或者一个洲。广域网也称为远程网络,其主要任务是运送主机所发送的数据。

2.1.2 计算机网络的性能指标

衡量计算机网络的性能指标有许多,不同的性能指标从不同的方面来度量计算机网络的性能。下面介绍常用的几个性能指标。

1. 速率

计算机发送的信号都是数字形式的。比特(bit)来源于 binary digit,意思是一个“二进制数字”,因此一个比特就是二进制数字中的一个 1 或 0。比特也是信息论中使用的信息量的单位。网络技术中的速率指的是数据的传送速率,它也称为数据率(data rate)或比特率(bit rate)。速率的单位是 bit/s(比特每秒)(或 b/s,有时也写为 bps,即 bit per second)。

网络的速率,往往指的是额定速率或标称速率,而并非网络实际上运行的速率。

2. 带宽

带宽(bandwidth)有以下两种不同的意义。

(1)带宽本来是指某个信号具有的频带宽度。信号的带宽是指该信号所包含的各种不同频率成分所占据的频率范围。例如,在传统的通信线路上传送的电话信号的标准带宽是 3.1kHz(从 300Hz 到 3.4kHz,即话音的主要成分的频率范围)。这种意义的带宽的单位是赫(或千赫、兆赫、吉赫等)。在过去很长的一段时间,通信的主干线路传送的是模拟信号(即连续变化的信号)。因此,表示某信道允许通过的信号频带范围就称为该信道的带宽(或通频带)。

(2)在计算机网络中,带宽用来表示网络中某通道传送数据的能力,因此网络带宽表示在单位时间内网络中的某信道所能通过的“最高数据率”。在本书中提到“带宽”,主要是指这个意思。这种意义的带宽的单位就是数据率的单位 bit/s,即"比特每秒"。

在"带宽"的上述两种表述中,前者为频域称谓,而后者为时域称谓,其本质是相同的。也就是说,一条通信链路的"带宽"越宽,其所能传输的"最高数据率"也越高。

3. 吞吐量

吞吐量(throughput)表示在单位时间内通过某个网络(或信道、接口)的实际数据量。吞吐量更经常地用于对现实世界中网络的测量,以便知道实际上到底有多少数据量能够通过网络。显然,吞吐量受网络带宽或网络额定速率的限制。例如,对于一个 1Gbit/s 的以太网,就是说其额定速率是 1Gbit/s,那么这个数值也是该以太网的吞吐量的绝对上限值。因此,对 1Gbit/s 的以太网,其实际的吞吐量可能只有 100Mbit/s,甚至更低,并没有达到其额定速率。请注意,有时吞吐量还可用每秒传送的字节数或帧数来表示。

接入互联网的主机的实际吞吐量,取决于互联网的具体情况。假定主机 A 和服务器 B 接入互联网的链路速率分别是 100Mbit/s 和 1Gbit/s。如果互联网的各链路的容量都足够大,那么当 A 和 B 交换数据时,其吞吐量显然应当是 100Mbit/s。这是因为,尽管服务器 B 能够以超过 100Mbit/s 的速率发送数据,但主机 A 最高只能以 100Mbit/s 的速率接收数据。

现在假定有 100 个用户同时连接到服务器 B(如同时观看服务器 B 发送的视频节目)。在这种情况下,服务器 B 连接到互联网的链路容量被 100 个用户平分,每个用户平均只能分到 10Mbit/s 的带宽。这时,主机 A 连接到服务器 B 的吞吐量就只有 10Mbit/s 了。

若互联网的某处发生了严重的拥塞,则可能导致主机 A 暂时收不到服务器发来的视频数据,因而使主机 A 的吞吐量下降到零! 主机 A 的用户或许会想"我已经向运营商的 ISP 交了速率为 100Mbit/s 的宽带接入费用,怎么现在不能保证这个速率呢?"其实他交的宽带费用,只是保证了从他家里到运营商 ISP 的某个路由器之间的数据传输速率。再往后的速率就取决于整个互联网的流量分布了,这是任何单个用户都无法控制的。

4. 时延

时延(delay 或 latency)是指数据(一个报文或分组,甚至比特)从网络(或链路)的一端传送到另一端所需的时间。时延是个很重要的性能指标,它有时也称为延迟或迟延。网络中的时延是由以下几个不同的部分组成的。

(1)发送时延。发送时延(transmission delay)是主机或路由器发送数据帧所需要的时间,也就是从发送数据帧的第一个比特算起,到该帧的最后一个比特发送完毕所需的时间。因此发送时延也叫作传输时延(我们尽量不采用传输时延这个名词,因为它很容易和下面要讲到的传播时延弄混)。发送时延的计算公式为

$$发送时延 = \frac{数据帧长(bit)}{发送速率(bit/s)} \tag{2-1}$$

由此可见,对于一定的网络,发送时延并非固定不变,而是与发送的帧长(单位是比特)成正比,与发送速率成反比。

(2)传播时延。传播时延(propagation delay)是电磁波在信道中传播一定的距离需要花费的时间。传播时延的计算公式为

$$传播时延 = \frac{信道长度(m)}{电磁波在信道上的传播速率(m/s)} \tag{2-2}$$

电磁波在自由空间的传播速率是光速,即 3.0×10^5 km/s。电磁波在网络传输媒体中的传播速率比在自由空间要略低一些:在铜线电缆中的传播速率约为 2.3×10^5 km/s,在光纤中的传播速率约为 2.0×10^5 km/s。例如,1000km 长的光纤线路产生的传播时延大约为 5ms。

发送时延发生在机器内部的发送器中,与传输信道的长度(或信号传送的距离)没有任何关系。传播时延则发生在机器外部的传输信道媒体上,而与信号的发送速率无关。信号传送的距离越远,传播时延就越大。

(3)处理时延。主机或路由器在收到分组时要花费一定的时间进行处理,如分析分组的首部、从分组中提取数据部分、进行差错检验或查找转发表等,这就产生了处理时延。

(4)排队时延。分组在经过网络传输时,要经过许多路由器。但分组在进入路由器后要先在输入队列中排队等待处理。在路由器确定了转发接口后,还要在输出队列中排队等待转发。这就产生了排队时延。排队时延的长短往往取决于网络当时的通信量。当网络的通信量很大时会发生队列溢出,使分组丢失,这相当于排队时延为无穷大。

这样,数据在网络中经历的总时延就是以上四种时延之和:

$$总时延＝发送时延＋传播时延＋处理时延＋排队时延 \qquad (2-3)$$

一般说来,小时延的网络要优于大时延的网络。在某些情况下,一个低速率、小时延的网络很可能要优于一个高速率但大时延的网络。

图 2-1 画出了这几种时延所产生的地方,希望读者能够更好地分清这几种时延。

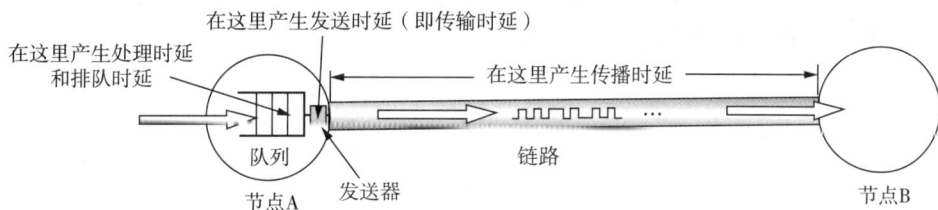

图 2-1　几种时延产生的地方

必须指出,在总时延中,究竟是哪一种时延占主导地位,必须具体分析。

5. 时延带宽积

把以上讨论的网络性能的两个度量(即传播时延和带宽)相乘,就得到另一个很有用的度量——传播时延带宽积,即

$$时延带宽积＝传播时延 \times 带宽 \qquad (2-4)$$

我们可以用图 2-2 来表示时延带宽积。这是一个代表链路的圆柱形管道,管道的长度是链路的传播时延(请注意,现在以时间作为单位来表示链路长度),而管道的截面积是链路的带宽。因此,时延带宽积就表示这个管道的体积,表示这样的链路可容纳多少个比特。例如,设某段链路的传播时延为 20ms,带宽为 10Mbit/s,则

$$时延带宽积＝20 \times 10^{-3} \times 10 \times 10^6＝2 \times 10^5 \text{bit}$$

这就表明,若发送端连续发送数据,则在发送的第一个比特即将到达终点时,发送端就

已经发送了 20 万个比特,而这 20 万个比特都正在链路上向前移动。因此,链路的时延带宽积又称为以比特为单位的链路长度。

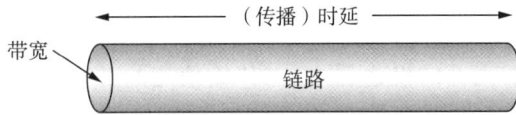

图 2-2　链路像一条空心管道

不难看出,管道中的比特数表示从发送端发出但尚未到达接收端的比特数。对于一条正在传送数据的链路,只有在代表链路的管道都充满比特时,链路才得到最充分的利用。

6. 往返时间

在计算机网络中,往返时间(Round-Trip Time,RTT)也是一个重要的性能指标。这是因为在许多情况下,互联网上的信息不仅仅单方向传输而是双向交互的。因此,我们有时很需要知道双向交互一次所需的时间。例如,A 向 B 发送数据。如果数据长度是 100MB,发送速率是 100Mbit/s,那么

$$发送时间 = \frac{数据长度}{发送速率} = \frac{100 \times 2^{20} \times 8}{100 \times 10^6} \approx 8.39s$$

假定 B 正确收完 100MB 的数据后,就立即向 A 发送确认。再假定 A 只有在收到 B 的确认信息后,才能继续向 B 发送数据。显然,这就要等待一个往返时间(这里假定确认信息很短,可忽略 B 发送确认的发送时延)。如果 RTT=2s,那么可以算出 A 向 B 发送数据的有效数据率。

$$有效数据率 = \frac{数据长度}{发送时间 + RTT} = \frac{100 \times 2^{20} \times 8}{8.39 + 2} \approx 8.07 \times 10^7 \, bit/s \approx 80.7Mbit/s$$

比原来的数据率 100Mbit/s 小不少。

在互联网中,往返时间还包括各中间节点的处理时延、排队时延以及转发数据时的发送时延。当使用卫星通信时,往返时间相对较长,是很重要的一个性能指标。

2.1.3　计算机网络的体系结构

简单地说,计算机网络体系结构就是计算机网络中所采用的网络协议是如何设计的,即网络协议是如何分层以及每层完成哪些功能。由此可见,要想理解计算机网络体系结构,就必须先了解网络协议。

1. 网络协议

在计算机网络中,协议就是指通信双方为了实现通信而设计的规则。只要双方遵守规则,就能够保证进行正确的通信。

协议是交流双方为了实现交流而设计的规则。人类社会到处都有协议,人类的语言本身就可以看成一种协议,只有说相同语言的两个人才能交流。海洋航行中的旗语也是协议的例子,不同颜色的旗子组合代表了不同的含义,只有双方都遵守相同的规则,才能读懂对

方旗语的含义,并且给出正确的应答。

可以说,没有网络协议就不可能有计算机网络,只有配置相同网络协议的计算机才可以进行通信,而且网络协议的优劣直接影响计算机网络的性能。

为了减少网络协议设计和实现的复杂性,大多数网络按分层方式来组织,就是将网络协议这个庞大而复杂的问题划分成若干较小的、简单的问题,通过"分而治之",先解决这些较小的、简单的问题,进而解决网络协议这个大问题。

在网络协议的分层结构中,相似的功能出现在同一层内;每层都是建筑在它的前一层的基础上,相邻层之间通过接口进行信息交流;对等层间有相应的网络协议来实现本层的功能。这样网络协议被分解成若干相互有联系的简单协议,这些简单协议的集合称为协议栈。计算机网络的各个层次和在各层上使用的全部协议统称为计算机网络体系结构。

2. 计算机网络体系结构

计算机网络体系结构占主导地位是 OSI 体系结构和 TCP/IP 体系结构。

开放系统互联(Open System Interconnection,OSI)七层协议体系结构[见图 2-3(a)]的概念清楚,理论也较完整,但它既复杂又不实用。TCP/IP 体系结构则不同,它得到了非常广泛的应用。TCP/IP 是一个四层的体系结构[见图 2-3(b)],它包含应用层、运输层、网际层和链路层(网络接口层)。采用网际层这个名字是强调本层解决不同网络的互联问题。在互联网的标准文档中,体系结构中的底层叫作链路层(媒体接入层)。从实质上讲,TCP/IP 只有最上面的三层,因为最下面的链路层并没有属于 TCP/IP 体系的具体协议。链路层所使用的各种局域网标准,并非由 IETF 制定的,而是由 IEEE 的 802 委员会下属的各工作组负责制定的。为方便阐述计算机网络的工作原理,综合 OSI 和 TCP/IP 的优点,我们采用如图 2-3(c)所示的五层协议的体系结构。

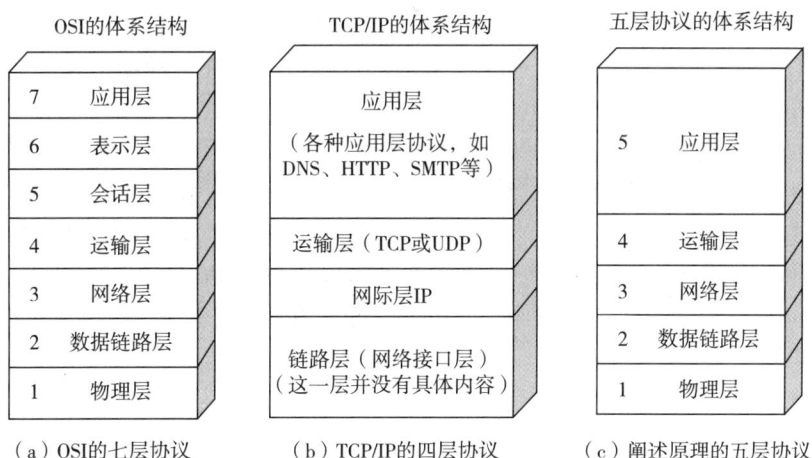

图 2-3　计算机网络体系结构

1)应用层(application layer)

应用层的任务是通过应用进程间的交互来完成特定网络应用。应用层协议定义的是应用进程间通信和交互的规则。这里的进程就是指主机中正在运行的程序。对于不同的网络应用需要有不同的应用层协议。互联网中的应用层协议很多，如域名系统 DNS、支持万维网应用的 HTTP 协议、支持电子邮件的 SMTP 协议等。我们把应用层交互的数据单元称为报文（message）。

2）运输层（transport layer）

运输层的任务就是负责向两台主机中进程之间的通信提供通用的数据传输服务。应用进程利用该服务传送应用层报文。所谓"通用的"，是指并不针对某个特定网络应用，而是多种应用可以使用同一个运输层服务。由于一台主机可同时运行多个进程，因此运输层有复用和分用的功能。复用就是多个应用层进程可同时使用下面运输层的服务，分用和复用相反，是运输层把收到的信息分别交付上面应用层中的相应进程。

运输层主要使用以下两种协议：

（1）传输控制协议（Transmission Control Protocol，TCP）——提供面向连接的、可靠的数据传输服务，其数据传输的单位是报文段（segment）；

（2）用户数据报协议（User Datagram Protocol，UDP）——提供无连接的尽最大努力（best - effort）的数据传输服务（不保证数据传输的可靠性），其数据传输的单位是用户数据报；

3）网络层（network layer）

网络层负责为分组交换网上的不同主机提供通信服务。在发送数据时，网络层把运输层产生的报文段或用户数据报封装成分组或包进行传送。在 TCP/IP 体系中，由于网络层使用 IP 协议，因此分组也叫作 IP 数据报（简称为数据报）。

网络层的具体任务有两个。第一个任务是通过一定的算法，在互联网中的每一个路由器上生成一个用来转发分组的转发表。第二个任务较为简单，就是每一个路由器在接收到一个分组时，依据转发表中指明的路径把分组转发到下一个路由器。这样就可以使源主机运输层所传下来的分组，能够通过合适的路由最终到达目的主机。

互联网是由大量的异构（heterogeneous）网络通过路由器相互连接起来的。互联网使用的网络层协议是无连接的网际协议（Internet Protocol，IP）和许多种路由选择协议，因此互联网的网络层也叫作网际层（IP 层）。

4）数据链路层（data link layer）

数据链路层常简称为链路层。我们知道，两台主机之间的数据传输，总是在一段一段的链路上传送的，这就需要使用专门的链路层的协议。在两个相邻节点之间传送数据时，数据链路层将网络层交下来的 IP 数据报组装成帧（framing），在两个相邻节点间的链路上传送帧（frame）。每一帧包括数据和必要的控制信息（如同步信息、地址信息、差错控制等）。

在接收数据时，控制信息使接收端能够知道一个帧从哪个比特开始和到哪个比特结束。这样，数据链路层在收到一个帧后，就可从中提取出数据部分，上交给网络层。

控制信息还使接收端能够检测到所收到的帧中有无差错。如发现有差错，数据链路层就简单地丢弃这个出了差错的帧，以免继续在网络中传送下去浪费网络资源。如果需要改正数据在数据链路层传输时出现的差错（这就是说，数据链路层不仅要检错，还要纠错），那么就要采用可靠传输协议来纠正出现的差错。这种方法会使数据链路层的协议复杂些。

5）物理层（physical layer）

在物理层[①]上所传数据的单位是比特。发送方发送 1（或 0）时，接收方应当收到 1（或 0），而不是 0（或 1）。因此，物理层要考虑用多大的电压代表"1"或"0"，以及接收方如何识别出发送方所发送的比特。物理层还要确定连接电缆的插头应当有多少根引脚以及各引脚应如何连接。当然，解释比特代表的意思不是物理层的任务。

传递信息所利用的一些物理传输媒体，如双绞线、同轴电缆、光缆、无线信道等，并不在物理层协议之内，而是在物理层协议的下面。因此也有人把物理层下面的物理传输媒体当作第 0 层。

互联网所使用的协议，是由 100 多个网络协议组成的协议族（protocol suite）。其中最重要的和最著名的就是传输控制协议和网际协议，所以被称为 TCP/IP 协议。

IP 协议是为数据在 Internet 上发送、传输和接收制定的详细规则，凡使用 IP 协议的网络都称为 IP 网络。IP 协议不能确保数据可靠地从一台计算机发送到另一台计算机，因为数据经过某一台繁忙的路由器时可能会被丢失。确保可靠交付的任务由 TCP 协议完成。

图 2-4 说明的是应用进程的数据在各层之间的传递过程中所经历的变化。这里为简单起见，假定两台主机通过一台路由器连接起来。

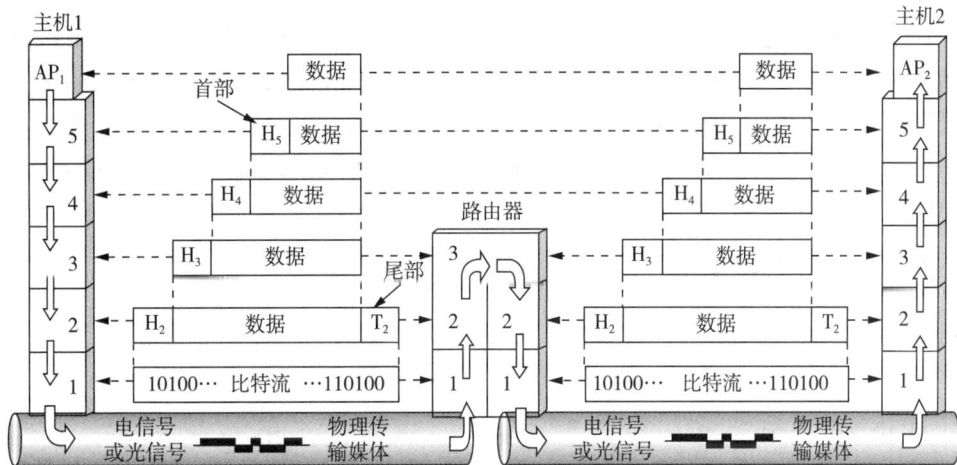

图 2-4 数据在各层之间的传递过程

假定主机 1 的应用进程 AP1 向主机 2 的应用进程 AP2 传送数据。AP1 先将其数据交给本主机的第 5 层（应用层）。第 5 层加上必要的控制信息 H5 就变成了下一层的数据单元。第 4 层（运输层）收到这个数据单元后，加上本层的控制信息 H4，再交给第 3 层（网络层），成为第 3 层的数据单元。以此类推。不过到了第 2 层（数据链路层）后，控制信息被分成两部分，分别加到本层数据单元的首部（H2）和尾部（T2）。而第 1 层（物理层）由于是比特流的传

———————————

① 物理层的主要任务描述为确定与传输媒体的接口有关的一些特性：

机械特性指明接口所用接线器的形状和尺寸、引脚数目和排列、固定和锁定装置等，平时常见的各种规格的接插件都有严格的标准化的规定；电气特性指明在接口电缆的各条线上出现的电压的范围；功能特性指明某条线上出现的某一电平的电压的意义；过程特性指明对于不同功能的各种可能事件的出现顺序。数据在计算机内多采用并行传输，在通信线路一般都采用串行传输，即逐个比特按时间顺序传输。因此物理层还要完成传输方式的转换。

送,所以不再加上控制信息。请注意,传送比特流时应从首部开始传送。

OSI 参考模型把对等层次之间传送的数据单位称为该层的协议数据单元(Protocol Data Unit,PDU)。

当这一串的比特流离开主机 1 经网络的物理传输媒体传送到路由器时,就从路由器的第 1 层依次上升到第 3 层。每一层都根据控制信息进行必要的操作,然后将控制信息剥去,将该层剩下的数据单元上交给更高的一层。当分组上升到了第 3 层(网络层)时,就根据首部中的目的地址查找路由器中的转发表,找出转发分组的接口,然后往下传送到第 2 层,加上新的首部和尾部后,再到最下面的第 1 层,然后在物理传输媒体上把每一个比特发送出去。

当这一串的比特流离开路由器到达目的站主机 2 时,就从主机 2 的第 1 层按照上面讲过的方式,依次上升到第 5 层。最后,把应用进程 AP1 发送的数据交给目的站的应用进程 AP2。

可以用一个简单例子来比喻上述过程。有一封信从最高层向下传。每经过一层就包上一个新的信封,写上必要的地址信息。包有多个信封的信件传送到目的站后,从第 1 层起,每层拆开一个信封后就把信封中的信交给它的上一层。传到最高层后,取出发信人所发的信交给收信人。

虽然应用进程数据要经过如图 2-4 所示的复杂过程才能送到终点的应用进程,但这些复杂过程对用户屏蔽了,以致应用进程 AP1 觉得好像是直接把数据交给了应用进程 AP2。同理,任何两个同样的层次(如在两个系统的第 4 层)之间,也如同图 2-4 中的水平虚线所示的那样,把数据(即数据单元加上控制信息)通过水平虚线直接传递给对方。这就是所谓的"对等层"(peer layers)之间的通信。

2.1.4 网络拓扑结构

网络[①]中的计算机等设备要实现互联,就需要以一定的结构方式进行连接,这种连接方式就称为拓扑结构。为了了解计算机网络拓扑结构,需要掌握拓扑学的基础知识。

1. 拓扑学的基础

拓扑学是几何学的一个分支,它是从图论演变过来的。拓扑学是将实体抽象成与其大小、形状无关的"点",将连接实体的线路抽象成"线",进而研究"点""线""面"之间的关系。

计算机网络拓扑是通过网络中节点与通信线路之间的几何关系表示网络结构,反映出网络中各实体之间的结构关系。

设计计算机网络的第一步就是选择适当的线路、带宽与连接方式,使整个网络的结构合理。

2. 网络拓扑结构

网络拓扑结构是指把网络中各种传输媒体的物理连接等物理布局特征,通过借用几何学中的点与线这两种最基本的图形元素描述,抽象地来讨论网络系统中各个端点相互连接

---

① 在计算机网络中,通常把计算机主机和某些网络设备抽象成"点",而把传输介质抽象成"线",用来分析和研究计算机网络。

的方法、形式与几何形状,可表示出网络服务器、网络设备的网络配置和相互之间的连接。

局域网不像广域网,其拓扑结构一般比较规则,基本的网络拓扑有五种:星形、环形、总线型、树形与网状。

1)星形结构

简单地说,在星形结构中,每一台计算机(或设备)通过一根通信线路连接到一个中心设备(通常是交换机),如图 2-5(a)所示。计算机之间不能直接进行通信,必须由中心设备进行转发,因此中心设备必须有较强的功能和较高的可靠性。

星形结构简单、组网容易、控制和管理相对简单,因此是以太网中常见的拓扑结构之一。星形结构的缺点是对中央设备要求较高,若中心设备出现故障,则整个网络的通信就会瘫痪。

2)环形结构

在环形结构中,每台计算机都与两台相邻计算机相连,计算机之间采用通信线路直接相连,网络中所有计算机构成一个闭合的环,环中数据沿着一个方向绕环逐站传输,如图 2-5(b)所示。

环形结构的主要优点是结构简单、实时性强,主要缺点是可靠性较差,环上任何一个计算机发生故障都会影响整个网络,而且难以进行故障诊断。目前,环形拓扑由于其独特的优势主要运用于光纤网中。

3)总线型结构

总线型结构就是将所有计算机都接入同一条通信线路(即传输总线)上,如图 2-5(c)所示。在计算机之间按广播方式进行通信,每台计算机都能收到在总线上传播的信息,但每次只允许一台计算机发送信息。

总线型结构的主要优点是成本较低、布线简单、计算机增删容易,因此在早期的以太网中得到了广泛的使用。其主要缺点是计算机发送信息时要使用总线,容易引起冲突,造成传输失败。

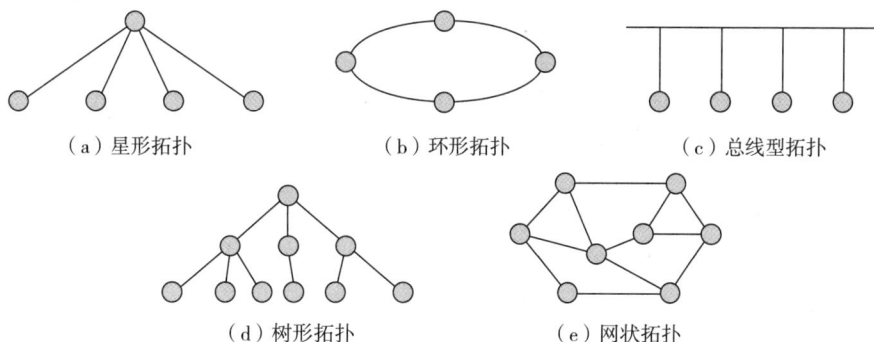

（a）星形拓扑　　（b）环形拓扑　　（c）总线型拓扑
（d）树形拓扑　　（e）网状拓扑

图 2-5　基本的网络拓扑构型结构示意图

4)树形结构

树形结构是星形结构的一种变形,它是一种分级结构,计算机按层次进行连接,如图 2-5(d)所示。树枝节点通常采用集线器或交换机,叶子节点就是计算机。叶子节点之间的通信需要通过不同层的树枝节点进行。

树形结构除具有星形结构的优缺点外,其最大的优点就是可扩展性好,当计算机数量较多或者分布较分散时,比较适合采用树形结构。目前,树形结构在以太网中应用较多。

5)网状结构

网状型拓扑结构将节点之间的线路进行网状连接,如图2-5(e)所示。它能有效提高线路之间信息传递的可靠性。

2.2 数据通信基础

2.2.1 数据通信系统的模型

下面我们通过一个最简单的例子来说明数据通信系统的模型。这个例子就是两台计算机经过普通电话机的连线,再经过公用电话网进行通信。

数据通信系统由三大部分组成:源系统(或发送端、发送方)、传输系统(或传输网络)和目的系统(或接收端、接收方),如图2-6所示。

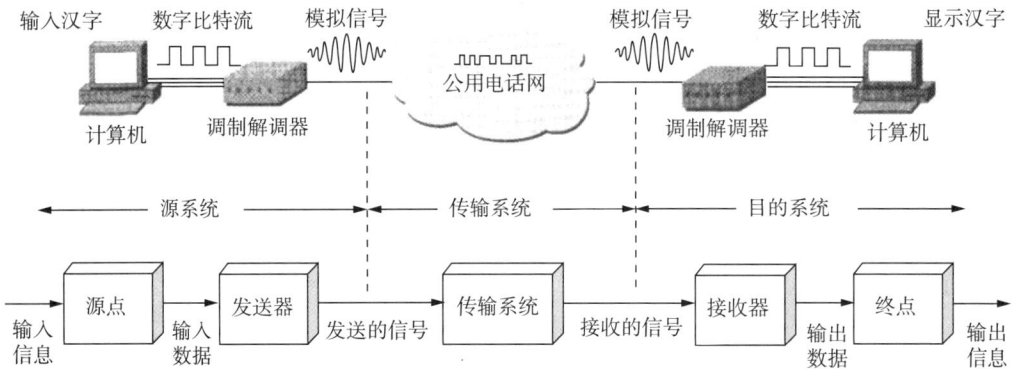

图2-6 数据通信系统的模型

源系统一般包括两个部分:源点和发送器。

(1)源点(source)产生待传输的数据,如计算机键盘输入生成比特流。源点又称为源站或信源。

(2)通常源点生成的数字比特流要通过发送器编码后才能够在传输系统中进行传输。典型的发送器就是调制器。现在很多计算机使用内置的调制解调器(包含调制器和解调器),用户在计算机外面看不见调制解调器。

目的系统一般也包括以下两个部分:接收器和终点。

(1)接收器接收传输系统传送过来的信号,并把它转换为能够被目的设备处理的信息。典型的接收器就是解调器,它把来自传输线路上的模拟信号进行解调,提取出在发送端置入的消息,还原出发送端产生的数字比特流。

(2)终点设备从接收器获取传送来的数字比特流,然后把信息输出(如把汉字在计算机屏幕上显示出来)。终点又称为目的站或信宿。

在源系统和目的系统之间的传输系统可以是简单的传输线,也可以是复杂网络。

图2-4所示的数据通信系统,也可以说是计算机网络。这里我们使用数据通信系统这个名词,主要是为了从通信的角度来介绍数据通信系统中的一些要素,而有些数据通信系统的要素在计算机网络中就不讨论了。

通信的目的是传送消息(message)。话音、文字、图像、视频等都是消息。数据(data)是运送消息的实体。根据互联网工程任务组 RFC4949 给出的定义,数据是使用特定方式表示的信息,通常是有意义的符号序列。这种信息的表示可用计算机或其他机器(或人)处理或产生。信号(signal)则是数据的物理表现形式(电信号或电磁波)。

根据信号中代表消息的参数的取值方式不同,信号可分为以下两大类:模拟信号和数字信息。

(1)模拟信号,或连续信号——代表消息的参数的取值是连续的。例如,在图2-4中,用户家中的调制解调器到电话端局之间的用户线上传送的就是模拟信号。

(2)数字信号,或离散信号——代表消息的参数的取值是离散的。例如,在图2-4中,用户家中的计算机到调制解调器之间或在电话网中继线上传送的就是数字信号。在使用时间域(或简称为时域)的波形表示数字信号时,代表不同离散数值的基本波形就称为"码元"[①]。在使用二进制编码时,只有两种不同的码元,一种代表0状态,而另一种代表1状态。

2.2.2 信道基本概念

"信道(channel)"和电路并不等同。信道一般都是用来表示向某一个方向传送信息的媒体。因此,一条通信电路往往包含一条发送信道和一条接收信道。

从通信的双方信息交互的方式来看,可以有以下3种基本方式。

(1)单向通信,又称为单工通信,即只能有一个方向的通信而没有反方向的交互。无线电广播或有线电广播以及电视广播就属于这种类型。

(2)双向交替通信,又称为半双工通信,即通信的双方可以发送信息,但不能双方同时发送(当然也就不能同时接收)。这种通信方式是一方发送另一方接收,过一段时间后可以再反过来。

(3)双向同时通信,又称为全双工通信,即通信的双方可以同时发送和接收信息。

单向通信只需要一条信道,而双向交替通信或双向同时通信则都需要两条信道(每个方向各一条)。显然,双向同时通信的传输效率最高。

2.2.3 调制方法

来自信源的信号常称为基带信号(即基本频带信号)。计算机输出的代表各种文字或图像文件的数据信号都属于基带信号。基带信号往往包含较多的低频分量,甚至有直流分量,而许多信道并不能传输这种低频分量或直流分量。为了解决这一问题,就必须对基带信号进行调制(modulation)。

调制可分为两大类。一类是仅仅对基带信号的波形进行变换,使它能够与信道特性相适应。变换后的信号仍然是基带信号。这类调制称为基带调制。由于这种基带调制是把数

[①] 一个码元所携带的信息量不是固定的,而是由调制方式和编码方式决定的。

字信号转换为另一种形式的数字信号,因此大家更愿意把这种过程称为编码(coding)。另一类调制则需要使用载波(carrier)进行调制,把基带信号的频率范围搬移到较高的频段,并转换为模拟信号,这样就能够更好地在模拟信道中传输。经过载波调制后的信号称为带通信号(即仅在一段频率范围内能够通过信道),而使用载波的调制称为带通调制。

1. 常用编码方式

数字信号常用编码方式如图 2-7 所示。

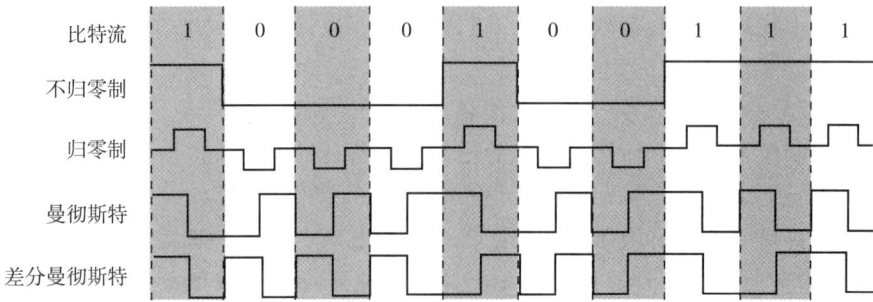

图 2-7　数字信号常用编码方法

(1)不归零制:正电平代表 1,负电平代表 0。

(2)归零制:正脉冲代表 1,负脉冲代表 0。

(3)曼彻斯特编码:位周期中心的向上跳变代表 0,位周期中心的向下跳变代表 1。但也可反过来定义。

(4)差分曼彻斯特编码:在每一位的中心处始终都有跳变。位开始边界有跳变代表 0,而位开始边界没有跳变代表 1。

从信号波形可以看出,曼彻斯特编码产生的信号频率比不归零制高。从自同步能力来看,不归零制不能从信号波形本身中提取信号时钟频率(这叫作没有自同步能力),而曼彻斯特编码具有自同步能力。

2. 基本的带通调制方法

图 2-8 给出了最基本的 3 种带通调制方法。

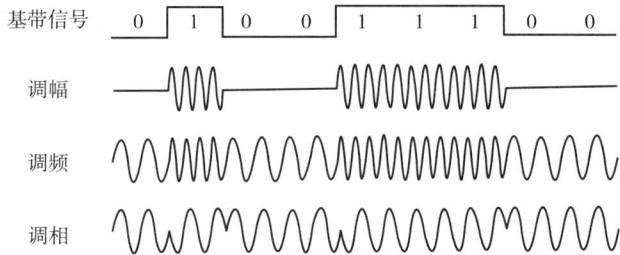

图 2-8　最基本的三种带通调制方法

(1)调幅(AM),即载波的振幅随基带数字信号而变化。例如,0 或 1 分别对应于无载波或有载波输出。

(2)调频(FM),即载波的频率随基带数字信号而变化。例如,0 或 1 分别对应于频率/1

或/2。

(3)调相(PM),即载波的初始相位随基带数字信号而变化。例如,0 或 1 分别对应于相位 0°或 180°。

为了达到更高的信息传输速率,必须采用技术上更为复杂的多元制的振幅相位混合调制方法,如正交振幅调制(Quadrature Amplitude Modulation,QAM)。

2.2.4　信道的极限容量

信号在信道上传输时会不可避免地产生失真,在接收端只要从失真的波形中能够识别出原来的信号,那么这种失真对通信质量就可视为无影响。图 2-9(a)表示信号通过实际的信道传输后虽然有失真,但在接收端还可识别并恢复出原来的码元。而图 2-9(b)就不同了,这时信号的失真已很严重,在接收端无法识别码元是 1 还是 0。码元传输的速率越高、信号传输的距离越远、噪声干扰越大或传输媒体质量越差,在接收端的波形的失真就越严重。

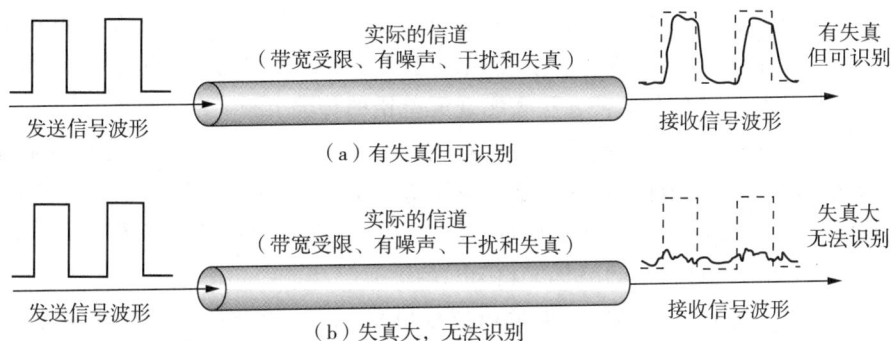

图 2-9　数字信号通过实际的信道

从概念上讲,限制码元在信道上传输速率的因素有以下两个。

1. 信道能够通过的频率范围

具体的信道所能通过的频率范围总是有限的。信号中的许多高频分量往往不能通过信道。像图 2-9 所示的发送信号是一种典型的矩形脉冲信号,它包含很丰富的高频分量。如果信号中的高频分量在传输时受到衰减,那么在接收端收到的波形前沿和后沿就变得不那么陡峭了,每一个码元所占的时间界限也不再是很明确的,而是前后都拖了"尾巴"。这样,在接收端收到的信号波形就失去了码元之间的清晰界限。这种现象叫作码间串扰。严重的码间串扰使得本来分得很清楚的一串码元变得模糊而无法识别。早在 1924 年,奈奎斯特(Nyquist)就推导出了著名的奈氏准则。他给出了在假定的理想条件下,为了避免码间串扰,码元的传输速率的上限值。这就是,在带宽为 W(Hz)的低通信道中,若不考虑噪声影响,则码元传输的最高速率是 $2W$(码元/秒)。传输速率超过此上限,就会出现严重的码间串扰的问题,使接收端对码元的判决(即识别)成为不可能。例如,信道的带宽为 4000Hz,那么最高码元传输速率就是每秒 8000 个码元。

实际的信道都是有噪声的,因此我们还必须知道信道的信噪比数值。

2. 信噪比

噪声存在于所有的电子设备和通信信道中。由于噪声是随机产生的,它的瞬时值有时会很大,因此噪声会使接收端对码元的判决产生错误(1 误判为 0 或 0 误判为 1)。但噪声的影响是相对的。如果信号相对较强,那么噪声的影响就相对较小。因此,信噪比就很重要。所谓信噪比,就是信号的平均功率和噪声的平均功率之比,常记为 S/N。但通常大家都是使用分贝(dB)作为度量单位,即:

$$信噪比(dB) = 10\lg(S/N)(dB) \tag{2-5}$$

例如,当 $S/N=10$ 时,信噪比为 10dB,而当 $S/N=1000$ 时,信噪比为 30dB。

在 1948 年,信息论的创始人香农(Shannon)推导出了著名的香农公式,即

$$C = W\log_2(1+S/N)(\text{bit/s}) \tag{2-6}$$

式中,C 为信道的极限信息传输速率;W 为信道的带宽(以 Hz 为单位);S 为信道内所传信号的平均功率;N 为信道内部的高斯噪声功率。

香农公式表明,信道的带宽或信道中的信噪比越大,信息的极限传输速率就越高。香农公式指出了信息传输速率的上限。香农公式的意义在于,只要信息传输速率低于信道的极限信息传输速率,就一定存在某种办法来实现无差错的传输。

从以上分析不难看出,对于频带宽度已确定的信道,如果信噪比也不能再提高了,并且码元传输速率也达到了上限值,那么还有什么办法提高信息的传输速率呢? 这就是用编码的方法让每一个码元携带更多比特的信息量。我们可以用个简单的例子来说明这个问题。

假定我们的基带信号是:101011000110111010…

如果直接传送,那每一个码元所携带的信息量是 1bit。现将信号中的每 3 个比特编为一个组,即 101,011,000,110,111,010,…。3 个比特共有 8 种不同的排列。我们可以用不同的调制方法来表示这样的信号。例如,用 8 种不同的振幅、8 种不同的频率或 8 种不同的相位进行调制。假定我们采用相位调制,用相位 φ_0 表示 000,φ_1 表示 001,φ_2 表示 010,…,φ_7 表示 111。这样,原来的 18 个码元的信号就转换为由 6 个新的码元(即由原来的每 3 个 bit 构成一个新的码元)组成的信号:

$$101011000110111010\cdots = \varphi_5\varphi_3\varphi_0\varphi_6\varphi_7\varphi_2\cdots$$

也就是说,若以同样的速率发送码元,则同样时间所传送的信息量就提高到了 3 倍。

设想把信号中的每 8 个比特编为一组,即原来的 8 个码元的信号转换为 1 个新的码元。这样,数据传输速率可提高到 8 倍。但是我们要注意,8 个比特共有 256 种不同的排列。也就是说,在接收端必须能够从收到的有噪声干扰的信号中,准确地判断这是 256 种码元中的哪一个。

这种解码技术难度很大,并且还必须使信噪比达到相应的数值(有时甚至无法做到)。因此不能简单地认为,为了提高数据传输速率,可以让每一个码元表示任意多个比特。

请注意,奈氏准则和香农公式的意义是不同的。奈氏准则激励工程人员不断探索更加先进的编码技术,使每一个码元携带更多比特的信息量。香农公式则告诫工程人员,在有噪声的实际信道上,不论采用多么复杂的编码技术,都不可能突破公式(2-6)给出的信息传输速率的绝对极限。由此可看出香农公式的重要意义。

2.3　局域网

2.3.1　局域网与以太网关联

局域网和以太网是计算机网络中两个密切相关但不同的概念。

局域网是指在有限地理范围内(如家庭、办公室、学校或一栋建筑物内)连接多台设备的私有网络。其核心目标是实现设备之间的资源共享(如文件、打印机、互联网等)。其特点是覆盖范围小(通常不超过几公里)、高带宽和低延迟。常见技术包括以太网、Wi-Fi(无线局域网,WLAN)等。

以太网是一种有线局域网技术标准,定义了物理层和数据链路层的规范,用于通过电缆(如双绞线、光纤)连接设备。它是目前应用最广泛的局域网技术。其特点是标准化协议(IEEE 802.3)、使用 MAC 地址进行设备寻址、支持多种速率(10Mbps、100Mbps、1Gbps、10Gbps 等)。以太网的物理介质包括双绞线(如 Cat5、Cat6)和光纤等。

表 2-1　局域网与以太网的区别与联系

项目	局域网(LAN)	以太网(Ethernet)
范围	网络类型(按地理范围分类)	一种具体的局域网技术标准
技术实现	可通过多种技术实现(如 Wi-Fi、以太网)	特指有线通信技术
OSI 模型层级	涵盖多层(如网络层、数据链路层)	主要定义物理层和数据链路层
典型应用	家庭、办公室、校园网络	局域网中的有线连接(如电脑-交换机转接)

以太网是构建局域网最常用的技术之一。局域网可以通过以太网实现有线连接,同时结合 Wi-Fi 实现无线覆盖。

局域网是范围较小的网络,而以太网是实现局域网的主流有线技术。通常局域网是以太网(有线)+Wi-Fi(无线)的混合架构。

2.3.2　局域网的组成

局域网由局域网硬件和局域网软件两部分组成。

1. 局域网硬件

局域网中的硬件主要包括计算机设备、接口设备、连接设备、传输介质等。

1)计算机设备

局域网中的计算机设备通常有服务器和客户机。

(1)服务器。服务器是为整个网络提供共享资源和服务的计算机,是整个网络系统的核心。通常,服务器由速度快、容量大的高性能计算机担任,24 小时运行,需要专门的技术人员进行维护和管理,以保证整个网络的正常运行。

(2)客户机。客户机是网络中使用共享资源的普通计算机,用户通过客户端软件可以向服务器请求提供各种服务,如邮件服务、打印服务等。

这种工作方式也称为客户机/服务器模式,简称 C/S 模式。该模式提高了网络的服务效率,因此在局域网中得到了广泛应用。为了进一步减轻客户机的负担,使之不需安装特制的客户端软件,只需要浏览器软件就可以完成大部分工作任务,人们又开发了基于"瘦客户机"的浏览器/服务器(Browser/Server)模式,简称 B/S 模式。

2)接口设备

网卡是网络适配器(或称网络接口卡)的简称,是计算机和网络之间的物理接口。计算机通过网卡接入计算机网络。不同的网络使用不同类型的网卡。目前,常用的网卡有以太网卡、无线局域网卡、4G 网卡等。

网卡通常做成插件的形式插入计算机的扩展槽中,而无线网卡不通过有线连接,而采用无线信号进行连接。根据通信线路的不同,网卡需要采用不同类型的接口。常见的接口:RJ45[①] 接口,用于连接双绞线;光纤接口,用于连接光纤;无线网卡,用于无线网络。

2. 局域网软件

局域网中所用到的网络软件主要有以下几类。

1)网络操作系统

网络操作系统是具有网络功能的操作系统,主要用于管理网络中所有资源,并为用户提供各种网络服务。网络操作系统一般都内置了多种网络协议软件。目前常用的网络操作系统有 Windows Server、UNIX 和 Linux。

2)网络协议软件

网络协议负责保证网络中的通信能够正常进行。目前在局域网上常用的网络协议是TCP/IP 协议。

3)网络应用软件

网络应用软件非常丰富,目的是为网络用户提供各种服务,如浏览网页的工具 Internet Explorer 等。

3. 媒体访问控制方法

局域网大多是共享的,有的共享传输媒体,有的共享交换机,它们都存在着使用冲突问题,可通过媒体访问控制方法得到解决。局域网的媒体访问控制方法有很多,最常用的是载波侦听多路访问/冲突检测(Carrier Sense Multiple Access with Collision Detection,CSMA/CD)控制方法。

CSMA/CD 可以概括为先听后发、边听边发、冲突停止、延迟重发。该思想来源于人们生活经验,例如,一个有多人参加的讨论会议,人们在发言前都会先听听有无其他人在发言,若没有则可以发言,否则必须等待其他人发言结束。这就是 CSMA 技术的思想。因为存在着"会有人不约而同地发言"的可能,一个人在开始发言时必须注意是否有其他人也在发言,若有则停止,等待一段随机长的时间再进行。这就是 CD 技术的思想。

---

① RJ45 中的 RJ 为注册插孔(RJ,Registered Jack),"45"则是接口的具体编号。它是一种 8P8C(8 位 8 触点)的模块化插头和插座,RJ45 接口支持最高 1Gbps 的数据传输速率,甚至可以达到 10Gbps,并且兼容多种类别的双绞线。广泛应用于局域网和广域网的连接以及以太网供电,它允许通过同一根网线同时传输电力和数据。

2.3.3　高速以太网

随着电子技术的发展，以太网的速率也不断提升。从 1975 年推出的 10Mbit/s 以太网一直发展到 2015 年推出的 100GE 以太网，甚至更快的以太网。下面简单介绍几种高速以太网技术。

1. 100BASE-T 以太网

100BASE-T 是在双绞线上传送 100Mbit/s 基带信号的星形拓扑以太网，使用 IEEE802.3[①] 的 CSMA/CD 协议，它又称为快速以太网（Past Ethernet）。在 100Mbit/s 的以太网中采用的方法是保持最短帧长不变，对于铜缆 100Mbit/s 以太网，一个网段的最大长度是 100m，其最短帧长仍为 64 字节，即 512 比特。

表 2-2 是 100Mbit/s 以太网的新标准规定的三种不同的物理层标准。

表 2-2　100Mbit/s 以太网的物理层标准

名称	媒体	网段最大长度	特点
100BASE-TX	铜缆	100m	两对 UTP5 类线或屏蔽双绞线 STP
100BASE-T4	铜缆	100m	4 对 UTP3 类线或 5 类线
100BASE-FX	光缆	2000m	两根光纤，发送和接收各用一根

在标准中把上述的 100BASE-TX 和 100BASE-FX 合在一起称为 100BASE-X。

100BASE-T4 使用 4 对 UTP3 类线或 5 类线时，使用 3 对线同时传送数据（每一对线以 $33 1/3$ Mbit/s 的速率传送数据），用 1 对线作为碰撞检测的接收信道。

2. 吉比特以太网

吉比特以太网，又称千兆以太网，有以下几个特点：

(1) 允许在 1Gbit/s 下以全双工和半双工两种方式工作；

(2) 使用 IEEE802.3 协议规定的帧格式；

(3) 在半双工方式下使用 CSMA/CD 协议，而在全双工方式不使用 CSMA/CD 协议；

(4) 与 10BASE-T 和 100BASE-T 技术向后兼容。

吉比特以太网可用作现有网络的主干网，也可在高带宽（高速率）的应用场合中（如医疗图像或 CAD 的图形等）用来连接计算机和服务器。

吉比特以太网的物理层使用两种成熟的技术：一种来自现有的以太网，另一种则是光纤通道 FC（Fiber Channel）。采用成熟技术就能大大缩短吉比特以太网标准的开发时间。

表 2-3 是吉比特以太网的物理层标准。

现在 1000BASE-X 的标准是 IEEE802.3z，而 1000BASE-T 的标准是 IEEE802.3ab。

---

① 20 世纪 80 年代以来，美国电气与电子工程师协会（Institute of Electrical and Electronics Engineers，IEEE）制定了两个最常用的局域网标准 IEEE802.3（以太网）和 IEEE802.11（无线局域网，Wi-Fi）。

吉比特以太网工作在半双工方式时,就必须进行碰撞检测。由于数据率提高了,因此只有减小最大电缆长度或增大帧的最小长度,才能使参数保持为较小的数值。若将吉比特以太网最大电缆长度减小到 10m,则网络的实际价值就大大减小。而若将最短帧长提高到 640 字节,则在发送短数据时开销又太大。因此,吉比特以太网仍然保持一个网段的最大长度为 100m,但采用了"载波延伸"(carrier extension)的办法,使最短帧长仍为 64 字节(这样可以保持兼容性),同时将争用期增大为 512 字节。凡发送的 MAC 帧长不足 512 字节时,就用一些特殊字符填充在帧的后面,使 MAC 帧的发送长度增大到 512 字节,这对有效载荷[1]并无影响。接收端在收到以太网的 MAC 帧后,要把所填充的特殊字符删除后才向高层交付。当原来仅 64 字节长的短帧填充到 512 字节时,所填充的 448 字节就造成了很大的开销。

表 2-3 吉比特以太网的物理层标准

名称	媒体	网段最大长度	特点
1000BASE-SX	光缆	550m	多模光纤(50μm 和 62.5μm)
1000BASE-LX	光缆	5000m	单模光纤(10μm),多模光纤(50μm 和 62.5μm)
1000BASE-CX	铜缆	25m	使用 2 对屏蔽双绞线电缆 STP
1000BASE-T	铜缆	100m	使用 4 对 UTP5 类线

为此,吉比特以太网还增加了一种功能,称为分组突发(packet bursting)。这就是当很多短帧要发送时,第一个短帧要采用上面所说的载波延伸的方法进行填充。但随后的一些短帧则可一个接一个地发送,它们之间只需留有必要的帧间最小间隔即可。这样就形成一串分组的突发,直到达到 1500 字节或稍多一些为止。当吉比特以太网工作在全双工方式时(即通信双方可同时进行发送和接收数据),不使用载波延伸和分组突发。

3. 吉比特(万兆)以太网(10GE)和更快的以太网

2002 年推出万兆以太网(10 Gigabit Ethernet,10GE),网络速率为 10000Mbps/10Gbps。

10GE 的帧格式与 10Mbit/s、100Mbit/s 和 1Gbit/s 以太网的帧格式完全相同,并保留了 802.3 标准规定的以太网最小帧长和最大帧长。

10GE 只工作在全双工方式,因此不存在争用问题,当然也不使用 CSMA/CD 协议。这就使得 10GE 的传输距离大大提高了(因为不再受必须进行碰撞检测的限制)。表 2-4 是 10GE 的物理层标准。

---

[1] 有效载荷(payload)是个很常用的名词,它表示在一个分组中,去掉首部和尾部(如果有尾部的话)的控制字段后,剩下的有用的数据部分。显然,在不同层次中,有效载荷所代表的内容是不一样的。例如,数据链路层一个帧的有效载荷就包含了网络层 D 数据报的 IP 首部和数据部分,而从网络层看,只有 IP 数据报中的数据部分,才是网络层 IP 数据报的有效载荷。如果 IP 数据报中的数据是运输层的 TCP 报文段,那么从运输层看,其有效载荷只是运输层 TCP 报文段中的数据部分(要把 TCP 的首部去除)。

表 2-4　10GE 的物理层标准

名称	媒体	网段最大长度	特点
10GBASE-SR	光缆	300m	多模光纤(0.85μm)
10GBASE-LR	光缆	10km	单模光纤(1.3μm)
10GBASE-ER	光缆	40km	单模光纤(1.5μm)
10GBASE-CX4	铜缆	15m	使用 4 对双芯同轴电缆(twinax)
10GBASE-T	铜缆	100m	使用 4 对 6A 类 UTP 双绞线

以太网的技术发展得很快。在 10GE 之后又制定了 40GE、100GE(即 40 吉比特以太网和 100 吉比特以太网)的标准 IEEE802.3ba—2010 和 802.3bm—2015。表 2-5 是 40GE 和 100GE 的物理层标准,其中带 * 号的是 802.3bm 提出的。

表 2-5　40GB 和 100GB 的物理层标准

物理层	40GB 以太网	100GB 以太网
在背板上传输至少超过 1m	40GBASE-KR4	—
在铜缆上传输至少超过 7m	40GBASE-CR4	100GBASE-CR10
在多模光纤上传输至少 100m	40GBASE-SR4	100GBASE-SR10,*100GBASE-SR4
在单模光纤上传输至少 10km	40GBBASE-LR4	100GBASE-LR4
在单模光纤上传输至少 40km	*40GBASE-ER4	100GBASE-ER4

需要指出的是,40GE、100GE 只工作在全双工的传输方式,因而不使用 CSMA/CD 协议,并且仍然保持了以太网的帧格式以及 802.3 标准规定的以太网最小帧长和最大帧长。100GE 在使用单模光纤传输时,仍然可以达到 40km 的传输距离,但这需要波分复用(使用 4 个波长复用一根光纤,每一个波长的有效传输速率是 25Gbit/s)。

4. 虚拟局域网

虚拟局域网(Virtual LAN,VLAN)是由一些局域网网段构成的与物理位置无关的逻辑组,而这些网段具有某些共同的需求。每一个 VLAN 的帧都有一个明确的标识符,指明发送这个帧的计算机属于哪一个 VLAN。

虚拟局域网其实是局域网给用户提供的一种服务,而并不是一种新型局域网。利用以太网交换机可以很方便地实现虚拟局域网。

图 2-10 给出的是使用了四台交换机的网络拓扑结构。设有 10 台计算机分配在三个楼层中,构成了三个局域网,即

$$LAN_1:(A_1,A_2,B_1,C_1),LAN_2:(A_3,B_2,C_2),LAN_3:(A_4,B_3,C_3)$$

但这 10 个用户划分为三个工作组,也就是说划分为三个虚拟局域网 VLAN,即

$$VLAN_1:(A_1,A_2,A_3,A_4),VLAN_2:(B_1,B_2,B_3);VLAN_3:(C_1,C_2,C_3)$$

从图 2-10 可看出,每一个 VLAN 的计算机可处在不同的局域网中,也可以不在同一

层楼中。利用以太网交换机可以很方便地将这 10 台计算机划分为三个虚拟局域网：VLAN₁、VLAN₂ 和 VLAN₃。在虚拟局域网上的每一个站都可以收到同一个虚拟局域网上的其他成员所发出的广播。例如，计算机 $B_1 \sim B_3$ 同属于虚拟局域网 VLAN₂，当 B_1 向工作组内成员发送数据时，计算机 B_2 和 B_3 将会收到广播的信息，虽然它们没有和 B_1 连在同一个以太网交换机上。相反，B_1 向工作组内成员发送数据时，计算机 A_1、A_2 和 C_1 都不会收到 B_1 发出的广播信息，虽然它们都与 B_1 连接在同一个以太网交换机上。以太网交换机不向虚拟局域网以外的计算机传送 B_1 的广播信息。这样，虚拟局域网限制了接收广播信息的计算机数，使得网络不会因传播过多的广播信息（即所谓的"广播风暴"）而引起性能恶化。

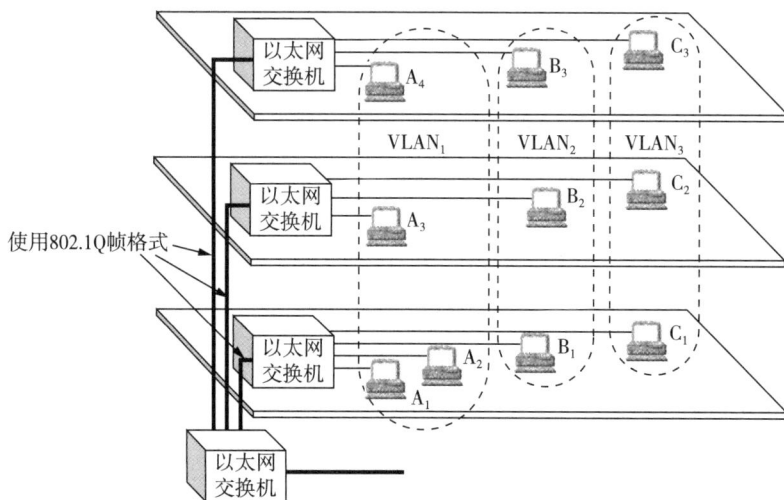

图 2-10 虚拟局域网的构成

由于虚拟局域网是用户和网络资源的逻辑组合，因此可按照需要将有关设备和资源非常方便地重新组合，使用户从不同的服务器或数据库中存取所需的资源。

以太网交换机的种类很多，如"具有第三层特性的第二层交换机"和"多层交换机"。前者具有某些第三层的功能，如数据报的分片和对多播通信量的管理，而后者可根据第三层的 IP 地址对分组进行过滤。

2.3.4 无线局域网

IEEE802.11（IEEE 802.11ac、IEEE 802.11ad 和 IEEE 802.11ax）系列标准的无线局域网常称为 Wi-Fi。无线局域网是 20 世纪 90 年代局域网与无线通信技术相结合的产物，采用无线电波进行数据通信，能提供有线局域网的所有功能，还能按照用户的需要方便地移动或改变网络。无线局域网的 MAC 层采用 CSMA/CA 协议，目前，无线局域网还不能完全脱离有线网络，它只是有线网络的扩展和补充。无线局域网与有线网络的连接如图 2 11 所示。

在 WLAN 架构中，有几个基本元素是不可或缺的。

（1）工作站。工作站（Station，STA）在 WLAN 中一般为客户端，可以是装有无线网卡的计算机,也可以是有 Wi-Fi 模块的智能手机。STA 可以是移动的,也可以是固定的。它是无线局域网的最基本组成单元。

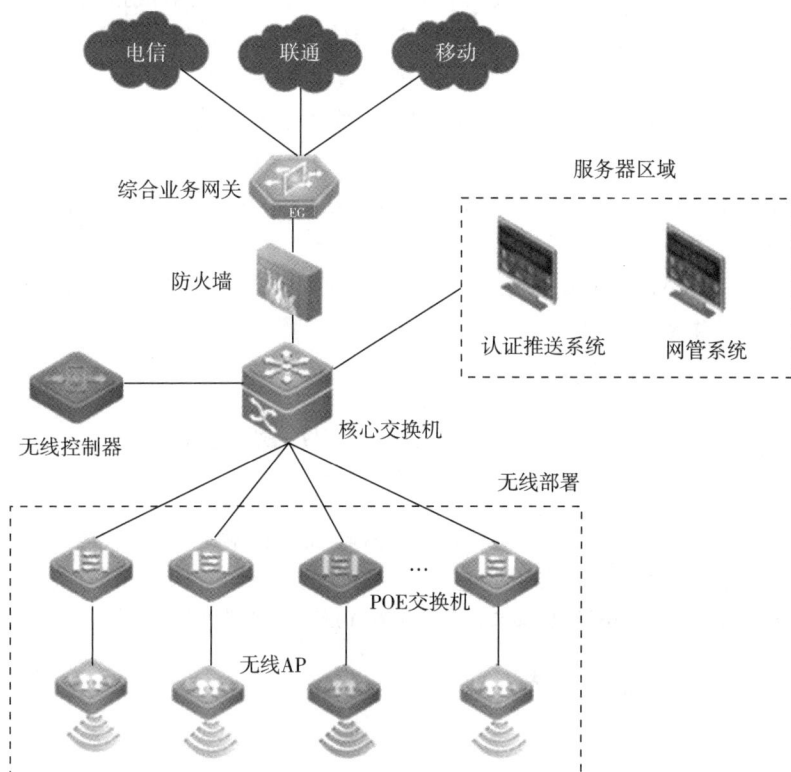

图 2-11　无线局域网与有线网络的连接

(2)无线网卡。计算机的无线网络接入设备相当于以太网中的有线网卡。

(3)无线接入点(Access Point,AP)。接入点连接到有线网络上,在 AP 覆盖范围内的计算机可以通过它进行相互通信。各台计算机通过无线网卡连接到无线 AP。笔记本电脑的无线网卡是标配的,台式计算机需要另外配置无线网卡。

无线 AP 的工作原理是将网络信号通过双绞线传送,经过无线 AP 使用的编译,将网络信号转换成为无线电信号发送,形成无线网的覆盖。无线 AP 相当于基站(base station),通常被安装在建筑物上,是一个连接有线网络和无线网络的桥梁,主要作用是将无线网络接入以太网,还要将各无线网络客户端连接到一起,使装有无线网卡的 PC 通过无线 AP 共享有线局域网甚至广域网的资源,一个无线 AP 能够在几十至几百米的范围内连接多个无线用户。

(4)接入控制器。接入控制器(Access Controller,AC)相当于无线局域网与传送网之间的网关,将来自不同无线 AP 的数据进行业务汇聚,将来自业务网的数据分发到不同无线 AP,还负责用户的接入认证功能,执行验证、授权和记账(Authentication Authorization Accounting,AAA)代理功能。AC 提供的业务和功能有支撑平台、路由管理、接入认证、地址管理、用户计费、业务控制、安全管理、增值业务、网络管理、系统维护等。

(5)天线。当计算机与无线 AP 或其他计算机相距较远时,随着信号的减弱,传输速率会明显下降,或者根本无法实现与无线 AP 或其他计算机通信,此时就必须借助天线对所接收或发送的信号进行增益。天线的功能是将载有源数据的高频电流,利用天线本身的特性转换成电磁波而发送出去,发送的距离与发射的功率和天线的增益成正向变化。

天线按用途可分为全向天线(覆盖范围广)和定向天线(信号集中传输)。天线通常与 AP 或无线路由器配合使用,尤其在需要扩大覆盖范围的场景中。

(6)无线路由器(wireless router)。无线路由器集成无线接入点和路由器的功能,不仅提供无线信号覆盖,还具备网络地址转换(NAT)、防火墙、DHCP 服务等路由功能。

通过与无线网卡配合,无线路由器就可以以无线方式连接成具有不同拓扑结构的局域网,从而共享网络资源,支持多台设备共享互联网连接。

认证服务器(如 RADIUS)用于用户身份认证(如 802.1X 协议)。PoE 交换机为 AP 供电(通过网线)并传输数据。

2.4　计算机网络互联设备

交换机(switch)基于 MAC 地址在局域网内转发数据帧,支持全双工通信,其工作在 OSI 模型数据链路层(L2 交换机)或网络层(L3 交换机)。路由器(router)基于 IP 地址在不同网络间路由数据包,实现跨网段通信,其工作在 OSI 模型网络层。

2.4.1　交换机的使用及选型

1. 交换机概述

1)交换机的定义

交换机是一种高性价比和高端口密度的网络连接设备。通常交换机工作在 OSI 参考模型中的数据链路层,可以识别数据帧中的媒体存取控制(Media Access Control,MAC)位址(address)信息,根据数据帧中的目的 MAC 地址进行数据转发。交换机用于直接连接主机或其他网段,实现数据高速,准确地转发。交换机对用户是透明的,通常不需要配置就可以直接使用,能降低管理开销。

2)交换机的工作原理

"交换"的概念是对集线器共享工作模式的改进。与集线器不同,交换机可实现多对端口之间同时建立数据连接,进行独立的数据传输。每一对端口可视为独立的网段,连接在其上的主机独自享有带宽,无须与其他主机竞争使用。集线器的各个端口属于同一冲突域,而交换机能够分割冲突域,为每个主机提供独立的网络带宽。

在进行数据传输时,交换机执行两个基本操作:一是构造和维护转发表,二是进行数据转发。交换机的工作过程如下。

(1)当交换机从某个端口收到一个数据帧时,读取帧首部中的源 MAC 地址和目的 MAC 地址信息。

(2)若源 MAC 地址在交换机的转发表中没有记录,则记录这一源 MAC 地址与输入端口号。其作用是当目的主机回复源主机时,可以直接根据转发表转发。

(3)根据目的 MAC 地址在转发表中查找相应的端口。如果转发表中有与目的 MAC 地址对应的端口,就把教据从这个端口上转发出去。

(4)若转发表中找不到相应的端口,则把数据帧广播到除输入端口外的其他端口上。这样可以保证数据帧到达接收方。

3)交换机的功能

交换机的主要功能包括构造和维护转发表、转发数据帧、消除环路、扩展网络、差检测、VLAN 划分、链路案合等。有的中高档交换机还具有支持路由协议、防火墙、VPN 和 QoS 等功能。

(1)构造和维护转发表。交换机根据每一端口相连主机的 MAC 地址和相应的端口号,存放于交换机的转发表中。

(2)转发数据帧。当数据帧的目的 MAC 地址在转发表中,它可被直接转发到连接目的主机的端口。若在转发表中没有目的 MAC 地址,则该数据帧被广播到其他所有端口。

(3)消除环路。为了提高网络的可靠性,通常交换机之间采用冗余连接,这样网络中就出现了环路。当网络中含有环路时,会出现广播风暴,降低了网络性能,严重的可导致网络瘫痪。交换机可通过生成树协议避免环路的产生,同时提供后备路径。

(4)扩展网络。交换机除了能够连接同种类型的网络,还可以连接不同类型的网络(如以太网和令牌环网)、不同传输速度的网络,而集线器只能连接相同类型、相同速度的网络。

4)交换机的交换方式

交换机的交换方式包括直通式、存储转发式和无碎片隔离式三种。

(1)直通式。直通式(cut through)是指当交换机收到一个数据帧时,首先得到数据帧的目的 MAC 地址,然后查找交换机的转发表,最后直接把数据帧从相应的端口上转发出去。这种方式的优点是不需要对数据帧进行存储,延迟较小,可以实现数据帧的快速交换。缺点是该方法不提供差错检测能力,无法检查所传送的数据帧是否有误,有可能转发错误的数据帧,使得数据传输失效。采用这种方式,当网络的传输质量不高时,由丁数据帧的反复重传反而使得网络的性能下降。另外由于交换机没有提供数据缓存,所以不能直接连接不同速率的主机或网段。

直通式适用于高频交易、VoIP、视频流等低延迟需求场景。

(2)存储转发式。存储转发式(store forward)是指交换机把从输入端口接收到的数据帧先存储起来,然后进行差错检测。在该数据帧没有错误时,才取出数据帧的目的 MAC 地址,通过查找转发表进行转发。若数据帧有错误,则交换机将该数据帧丢弃,不进行转发。因此,存储转发方式的转发时延比直通方式大。但是该方式可以对数据帧进行错误检测,以避免出错的数据帧或无效的数据帧在网络上传输,从而有效地改善了网络性能。另外该方式可以连接不同速率的网段,实现高速端口与低速端口数据率之间的转换。

存储转发式适用于数据中心等对数据准确性要求高的环境。

(3)无碎片隔离式。无碎片隔离式(fragment free)是一种介于前两者之间的解决方案。它检查数据帧的前面 64 个字节。因为一个数据帧最容易在前面 64 个字节出错。若数据帧长度小于 64 个字节,说明这是无效帧,则丢弃该帧;若大于 64 字节,则根据目的 MAC 地址转发该帧。这种方式不提供差错检测。它的数据处理速度比存储转发方式快,但比直通式慢。采用这种方式,所有的正常帧和超长帧都可以通过,但是残帧不能够通过。

无碎片隔离式适用于对延迟和可靠性均有要求的混合业务网络。

5）交换机的分类

为了实现快速高效、准确无误地转发数据帧，针对不同的网络环境和应用选择适合企业的产品。

（1）根据网络覆盖范围划分，交换机分为广域网交换机和局域网交换机两种。广域网交换机主要应用于电信领域，提供数据通信的基础平台。局域网交换机应用于企业网，用于连接企业网络内部的网络设备和主机。

（2）根据传输介质划分，交换机可分为以太网交换机等。

（3）根据传输速度划分，交换机可以分为快速以太网交换机、千兆以太网交换机、万兆以太网交换机等。

（4）根据结构划分，交换机可分为固定端口交换机和模块化交换机。固定端口交换机的端口是固定的，不能扩展。模块化交换机可根据用户的需求选择不同类型的模块，具有更大的灵活性和可扩展性。

（5）根据外观划分，交换机可以分为机箱式交换机、机架式交换机和桌面式交换机。机箱式交换机外观比较庞大，所有的部件都是可插拔的，灵活性好，属于中高档交换机。机架式交换机是指可以放置在标准机柜中的交换机。桌面式交换机外形小巧，可以放置在桌面上使用，功能简单，一般性能较低。

（6）根据应用规模划分，交换机可分为企业级交换机、部门级交换机和工作组级交换机。一般来说，企业级交换机大都是机箱式，部门级交换机是机架式，而工作组级交换机多为桌面式。从应用的规模来看，支持 500 个信息点以上的交换机为企业级交换机，支持 300 个信息点以下的交换机为部门级交换机，支持 100 个信息点以内的交换机为工作组级交换机。

（7）根据交换机工作的协议层次划分，交换机可以分为二层交换机、三层交换机和高层交换机。二层交换机是指工作在 OSI 参考模型的第二层（数据链路层）的交换机。三层交换机是指可以工作在 OSI 参考模型的第三层（网络层）的交换机。三层交换机具有路由功能，能根据 TP 地址转发数据包，还具有数据过滤、地址转换等功能。高层交换机是指可以工作在 OSI 参考模型的第四层及以上层次的交换机。其数据传输不仅仅依据 MAC 地址、IP 地址，还可以依据端口号，甚至根据内容进行数据转发。

（8）根据交换机应用的网络层次划分，交换机可以分为核心层交换机、汇聚层交换机和接入层交换机。核心层交换机应用于企业网络的最高层，属于高档交换机，一般采用模块化结构，属于机箱式交换机。接入层交换机是面向用户的，一般直接连接用户的主机。这类交换机一般是固定端口交换机，属于工作级交换机。汇聚层交换机是多台接入层交换机的汇聚点，然后连接到核心层交换机。由于它处理来自接入层交换机的所有通信量，并提供到核心层的链接，因此汇聚层交换机需要较高的性能和数据率，属于部门级交换机。

2. 交换机的使用

1）交换机的接口类型

一般来说，固定接口交换机只有单一类型的端口，适合中小企业或个人用户使用。模块化交换机由于有不同的模块可供用户选择，故接口类型丰富，这类交换机适合部门级或企业级用户使用。下面介绍常见的交换机接口类型。

（1）RJ45 接口。RJ45 接口俗称"水晶头"，连接双绞线（如 Cat5/Cat6），速率为 10/100/

1000Mbps(快速以太网到千兆以太网),支持 IEEE 802.3af/at/bt,可为设备(如 AP、摄像头)供电。

(2)光纤接口。插入光模块(如 SFP+支持 10Gbps),通过光纤实现远距离(可达数千米)或高速传输。光纤接口支持不同速率和传输介质(如单模/多模光纤)。

(3)控制台接口。控制台(console)接口通常为 RJ45 通过串行线缆对交换机进行初始配置(带外管理)。不同类型的交换机的 Console 接口所处的位置不同,有的位于前面板,有的位于后面板。此外,Console 接口的类型也有所不同,绝大多数交换机采用 RJ45 接口。

2)交换机配置基础

交换机属于即插即用的设备,不需要进行配置,就可以直接工作。但是要让交换机更好地发挥作用,必须对交换机进行相应的配置。交换机的配置步骤和配置命令因不同的品牌而有差异,但是它们的配置原理基本相同。下面介绍交换机的常见配置方式。

(1)通过 Console 接口进行配置和管理。首先利用 Console 线缆连接交换机的 Console 接口和计算机的串口(COM 口),然后打开计算机和交换机的电源。Windows 系统中里提供"超级终端"程序。打开"超级终端",设定好相应参数后,就可以通过计算机配置和管理交换机了。在这种方式下,交换机提供了命令行配置界面。通过使用专用的交换机管理命令(不同品牌的交换机其配置命令不同)来配置和管理交换机。

(2)通过 Web 方式进行配置和管理。采用该方式管理交换机需要具备如下条件:交换机支持 HTTP 协议;交换机已经分配了 IP 地址;计算机与交换机连通,并在同一网段。目前,大多数交换机都支持基于 Web 方式的管理。采用这种方式,交换机相当于一台 Web 服务器。当管理员在浏览器中输入交换机的 IP 地址时,交换机就像一台服务器一样把网页传递给浏览器。这时,管理员只要单击网页中相应的功能项,在文本框或下拉列表中修改交换机的参数就可以达到配置和管理交换机的目的了。这种方式可以在局域网上进行,也可以实现远程管理。

(3)通过 Telnet 方式进行配置和管理。采用 Telnet 方式进行管理需要具备以下条件:交换机已经设置了 IP 地址;计算机与交换机连通,并在同一网段。采用这种方式时,运行 Windows 系统自带的 Telnet 客户程序,输入交换机的 IP 地址,登录到 Telnet 配置界面后,输入用户名和口令,就可以进入交换机的命令行配置界面。与采用 Console 接口进行配置类似,管理员需要通过专用的交换机配置命令操作交换机。

(4)通过网络管理软件配置和管理。采用这种方式,被管理的网络设备需要支持 SNMP 协议。SNMP 协议属于 TCP/IP 协议族中应用层的一个标准协议。目前,大多数的网络设备均支持该协议。这样,在一台管理主机上安装 SNMP 网络管理软件,就可以通过局域网很方便地实现对网络上交换机的管理。安装 SNMP 网络管理软件,就可以通过局域网很方便地实现对网络上交换机的管理。

3)交换机的组网结构

(1)级联方式。这是最常见的一种组网方式,它通过交换机上的级联口(UpLink)进行连接。需要注意的是,交换机不能无限制地级联,级联的交换机超过一定数量,会导致整个网络性能的严重下降。级联采用普通的网线即可,一般需要使用交叉线。现在有的交换机支持 MDI/MDIX 自动跳线功能,在级联时会自动按照适当的线序连接调整,这样就不一定使用交叉线了。

(2)端口聚合方式。利用交换机的端口聚合功能可以提高网络带宽和实现线路冗余,使网络具有一定的可靠性和高性能。进行端口聚合需要是同品牌同类型的交换机,并且需要对交换机进行一定的设置。

(3)堆叠方式。交换机的堆叠是扩展端口最有效的方式,堆叠后的带宽是单一交换机端口带宽的几十倍。但是,并不是所有的交换机都支持堆叠,这取决于交换机的品牌、型号是否支持该项功能。堆叠方式需要使用专门的堆叠线缆连接交换机的堆叠端口。

(4)分层方式。这种方式一般应用于比较复杂的网络结构中,按照功能可划分为接入层、汇聚层和核心层。交换机的分层方式结构如图 2-12 所示。

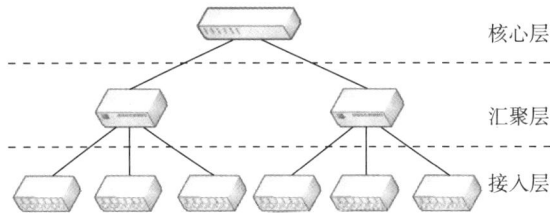

图 2-12　交换机的分层方式结构

3. 交换机的选型

在选择交换机时首先需要考虑交换机的性能指标能否满足企业的需要。交换机的性能指标除了要满足 RFC2544 建议的基本标准外,还要根据业务类型和用户需要满足一些额外的指标。通常,衡量交换机的主要性能指标有接口数量和种类、背板带宽、是否支持三层交换技术、MAC 转发表容量、VLAN 支持能力、传输速率、支持的网络类型、端口聚合能力、网络管理能力和冗余支持等。下面介绍这些性能指标的主要含义。

(1)接口数量和种类。交换机接口的数量越多,表明可以连接越多的网络设备。通常交换机的接口数量为 24 口、48 口等。接口种类一般包括 RJ45 接口,有的交换机还会提供 UP-Link接口,该接口用来实现交换机之间的级联。除此之外,还有光纤接口等。

(2)背板带宽。背板带宽也称为背板吞吐量,是指交换机接口处理器和数据总线之间所能吞吐的最大数据量。交换机的背板带宽越高,则其数据处理能力就越强,如两台同样是 24 口的 10/100Mbps 自适应的交换机,在同样的端口带宽和延迟时间的情况下,背板带宽高的交换机传输速率就会越快。背板带宽的单位为 Gbps。一般交换机的背板带宽从每秒几 Gbps 到每秒几百 Gbps。

(3)三层交换技术。三层交换技术也称为 IP 交换技术,传统的交换机数据交换发生在 OSI 参考模型的第二层(数据链路层),而三层交换是指在第三层(网络层)实现数据的高速转发。三层交换技术的主要思想是二层交换、三层转发。

(4)MAC 转发表容量。MAC 转发表容量是指交换机的 MAC 转发表中可以最多存储的 MAC 地址数量。存储的 MAC 地址数量越多,交换机就可以通过查表直接转发数据,而不必采用广播的方式转发数据,这样数据转发的速度和效率就高。通常交换机能够记忆 1024 个 MAC 地址。对于核心交换机来说,其 MAC 转发表容量要求更大一些。

(5)VLAN 支持能力。VLAN 即虚拟局域网,通过将局域网划分为不同的网段,可以控制数据包的广播,提高网络的安全性和管理能力。网络中的主机可以实现逻辑子网划分,不受物理位置的限制,根据管理功能来划分子网。由于 VLAN 是基于逻辑连接而不是物理连接,因此配置十分灵活。目前,大多数的交换机均支持该项功能,只是不同品牌的交换机对 VLAN 的支持方法不同,支持 VLAN 的数量也不同。现在把交换机是否支持 VLAN 作为衡量其性能好坏的重要参数。

(6)传输速率。交换机在传输速率上主要有百兆、千兆和万兆等不同类型。百兆交换机主要以 10/100Mbps 自适应交换机为主,能够通过网络自动判断、自适应运行,可以满足小型企业和家庭用户的需要。千兆 100/1000Mbps 自适应交换机可以提供更高的网络带宽,适应未来网络升级发展的需要。

(7)支持的网络类型。一般情况下固定接口交换机不带有扩展槽,仅支持一种类型的网络,如以太网交换机仅可用于以太网中。机架式交换机和机箱式交换机带有扩展槽,可支持一种以上的网络类型,如支持以太网、ATM、令牌环及 FDDI 网络等。一台交换机支持的网络类型越多,其可用性、可扩展性就越强,当然价格也就越昂贵。

(8)端口聚合能力。链路聚合可以让交换机之间或交换机与服务器之间的链路带宽有更好的伸缩性,比如可以把 2 个、3 个或 4 个千兆的链路绑定在一起,使链路的带宽成倍增长,同时提供链路冗余,增加了可靠性。链路聚合技术不仅可以实现端口的负载均衡,提高链路带宽,还可以互为备份,保证链路的冗余。端口聚合功能体现在交换机能够支持的聚合端口的数量上,数量越大说明交换机的聚合能力越强。一般端口聚合仅可应用于同品牌、同型号的设备上。

(9)网络管理能力。交换机的网络管理功能是指交换机如何控制用户访问交换机,以及用户对交换机的可视程度。通常,交换机厂商都提供管理软件或满足第三方管理软件远程管理交换机。现在常见的网络管理类型包括 RMON 管理、SNMP 管理、基于 Web 的管理等。网络管理界面分为命令行方式(CLI)与图形用户界面(GUD)方式,不同的管理程序反映了该设备的可管理性及可操作性。

(10)冗余支持。交换机在运行过程中可能会出现各种类型的故障。为了使交换机能够正常运行,其核心部件需要具有冗余能力。当有一个部件出现问题时,其他部件能够接替工作,以保障交换机的可靠性。交换机的冗余部件一般包括接口模块、电源、交换矩阵、风扇等。另外对于提供关键服务的部件,不仅需要冗余,还要求具有"自动切换"的能力,以保证设备的持续可靠运行。

4. 交换机的选购

1)选购交换机的原则

在选购交换机时,通常需要遵循以下原则。

(1)实用性与先进性相结合的原则。根据目前应用的实际需要,同时考虑未来几年企业的发展和网络升级,选择性价比高的设备。

(2)选择市场主流产品的原则。选择交换机时,应选择国内外的知名品牌。一般知名品牌的产品具有更高的性能、可靠性、安全性、可扩展性和良好的售后服务。

(3)安全可靠的原则。由于交换机是企业网中非常关键的设备,因此交换机的安全性和可靠性决定了整个网络系统能否安全、可靠地运行。交换机的安全性、可靠性主要表现在 VLAN 的划分、数据过滤、冗余支持等方面。

(4)产品与服务相结合的原则。选择交换机时,既要看产品的品牌,又要看厂商和销售商是否具备强大的技术支持和良好的售后服务,否则当购买的交换机出现故障时既没有技术支持又没有产品服务。

(5)根据交换机的应用选择的原则。选择合适的交换机产品,首先必须根据交换机的分类进行选择。按网络的应用分为接入层交换机、汇聚层交换机、核心层交换机。

2)核心层交换机的选型

核心层交换机属于应用于大型企业网络的骨干级交换机,是企业网络的关键设备。该类交换机产品首先需要具有高速的数据交换能力,同时需要拥有高的可靠性和吞吐量。在选择该类设备时,要清楚企业的业务需求和未来的发展规划,根据企业需要选择设备。下列因素是在选择核心层交换机时需要重点考虑的因素。

(1)吞吐量反映交换机对数据包的处理能力。核心层交换机首要的任务是实现数据的高速转发,因此吞吐量的大小是衡量核心层交换机性能的重要指标。核心层交换机具有两种转发类型:二层的数据帧转发和三层的数据包转发。核心层交换机不仅应该提供二层数据帧的线速转发,并且应能提供三层 IP 数据包的线速转发。

(2)可靠性企业网的核心层设计一般采用双核心结构,即两台核心层交换机互为备份,可见核心层交换机的可靠性十分重要。交换机可靠性通常包括以下方面:是否支持关键模块的冗余,如电源、风扇、交换矩阵和 CPU 等;是否支持生成树协议、链路聚合等功能;是否支持多种路由协议;是否支持冗余网关协议等。

(3)单/组播协议支持核心层交换机不仅需要具有线速交换能力,还需要具备路由能力,包括支持单播路由协议和组播路由协议。目前存在很多种路由协议,选择适合企业自身的路由协议非常重要。作为核心交换机必须支持常用的路由协议,包括 RIP、OSPF、BGP 等。这些路由协议应用广泛,几乎所有的设备厂商都支持这几种协议。组播路由协议包括 IGMP、DVMRP、PIM - SM 和 PIM - DM 等。

(4)QoS 保障功能。随着 Internet 以及企业网络应用的不断发展,网络变得越来越丰富,核心层交换设备必须在同一个网络硬件平台上,满足各种各样的需求,同时确保对用户的服务质量(QoS)。QoS 是解决网络拥塞,确保高优先级的流量获得带宽的技术。随着视频、音频、语音等多媒体应用的大量涌现,QoS 技术显得非常必要。利用 QoS 功能,交换机可以根据用户的不同类型和应用情况,提供不同保障的带宽、业务能力等。

3)汇聚层交换机的选型

汇聚层交换机位于核心层和接入层交换机之间,其功能是处理来自接入层设备的所有通信量,并提供到核心层的上行链路。与接入层交换机相比,汇聚层交换机需要更高的性能,更高的交换速率和良好的扩充能力。在选择汇聚层交换机时,需要重点考虑以下几个方面的因素。

(1)访问控制能力。由于核心层的主要功能是实现数据的高速转发,所以对网络的访问控制主要在汇聚层实现。访问控制功能包括用户身份识别、权限设置和资源访问控制等。因此,要求汇聚层交换机能够支持 VLAN 等多种安全技术和认证协议。

(2)高安全性。为了维护全网的安全性,要求汇聚层交换机不受各类网络攻击的影响,一般汇聚层交换机采用防火墙和 IDS 系统的防攻击技术。

(3)支持多媒体应用。目前企业网络的发展趋势正在朝着网络融合及应用融合的方向发展。对于支持语音、组播等功能的交换机产品应优先考虑。

（4）便于网络管理。除了支持 SNMP 协议，能实现对网络节点的拓扑发现、流量监控、状态监控等，还能够进行远程配置、用户管理及 QoS 监控等。

（5）提供 QoS 保障功能。汇聚层交换机产品必须具有对不同应用类型数据进行分类和处理的功能，实现端到端的 QoS 保障。汇聚层交换机需要支持 802.1p 优先级、Int Serv（RSVP）和 Diff Serv 等功能。

4）接入层交换机的选型

接入层交换机是最常见的交换机，属于工作组级交换机，应用于办公室、机房等场所，连接用户主机、服务器或管理站等。接入层交换机一般属于低档设备，价格较低。在传输速度上，接入层交换机有 10Mbps、100Mbps、1000Mbps 等不同类型可供选择。作为低端交换机产品，用户要从自身需求、产品性能及供应商等几个方面加以权衡，选择合适的产品。

（1）用户应了解网络的规模、节点的数量等基本情况，对接入层交换机的价格、端口数、带宽等有一个初步的目标。

（2）确定实际带宽、端口数量后，一般尽量选择具备千兆的端口，以适应未来网络发展的需要。对于端口数量，一般应留有富裕，选择 24 或 48 端口的多端口交换机。

（3）选择高可扩展性的产品。

（4）一些基本技术指标，如对 VLAN 的支持能力、MAC 地址表容量、端口速率等，根据企业的实际需求情况加以衡量和取舍。最后，需要了解产品供应商的品牌、质量及售后服务等情况。

2.4.2　路由器的使用及选型

1. 路由器概述

路由器用于连接多个逻辑上分开的网络，把数据从一个网络传输到另外一个网络（具有不同的网络地址）。路由器的核心功能是路由选择和数据转发。路由器能够根据网络地址选择路径，在互联网络环境中，建立到达目的地的路径连接，并且可在完全不同的数据分组类型和介质访问控制方法的网络中传递数据分组。

1）路由器的结构

路由器的结构一般包括输入端口、输出端口、交换开关和路由处理器 4 个部分。输入端口是指物理链路、输入数据包的端口及相应的控制机制。输入端口通常包括以下功能：进行数据链路层数据的封装和解封装；在转发表中查找输入数据目的地址，从而决定输出端口；对于具有 QoS 功能的交换机，对收到的数据包预定义服务类别；用交换开关将数据包送到相应的输出端口。输出端口是指物理链路、输出数据包的端口及相应的控制机制。输出端口的主要功能：数据链路层数据的封装和解封装；对要发送的数据包缓存；实现数据发送调度算法及优先级排序；将数据发送到物理链路上。交换开关技术可以采用总线技术、交叉开关或共享存储器技术实现。最早的交换技术采用总线技术，利用一条总线来连接所有的输入和输出端口。该技术实现简单，但缺点是交换容量受限，需要对总线进行仲裁，这带来了额外的开销。交叉开关是指通过开关矩阵提供多条数据通路。若一个交叉开关闭合，则输入总线和输出总线连通，这样在输入端口与输出端口之间就建立了一条通路，数据可以进行传输。如果交叉点打开，数据就不能进行传输。交叉点的闭合与打开由调度器控制。调度器的性能就成了数据转发速度的瓶颈。在共享存储器路由器中,进来的数据包被存储在共享存储器中,所交换的仅是数据包的指针,这样提高了交换的容量和速度。数据转发的速度取决于存储器的读取速度。路由处理器运行某种路由选择算法,得到路由表;然后计算路由表,形成了转发表,实现数据的转发。

2)路由器的功能与工作原理

路由器工作在 OSI 参考模型中的网络层,用于实现不同网络的互联。路由器可以支持多种网络协议,一般均支持 TCP/IP 协议。在网络互联方面,路由器比交换机有明显的优势。路由器对各种网络协议和网络接口广泛支持,并且具有访问控制、网络地址转换、VPN及 QoS 等高级功能。

(1)路由器的功能。路由器的主要功能是进行路由选择和数据分组转发。随着技术的发展,现在的路由器除传统的功能外,还有一些附加的功能。

① 路由选择。从数据发送方到目的地,有可能是一条简单的路径,也有可能是非常复杂的互联网络,这就需要利用路由器从中找到最佳的路径。最佳路径的度量有多种形式,不同的路由算法其度量值不同。目前常用的路由选择算法有距离向量路由选择算法和链路状态路由选择算法。常用的路由选择协议有 RIP、OSPF、EIGRP、IS - SI 及 BGP 等。

② 分组转发。当建立了到达目的地的合理路径后,下一步就是转发数据分组。为了实现这一功能,路由器根据数据包的目的网络地址查找转发表。在转发表中列出了整个网络中包含的各个目的网络号,网络间的路径信息和与它们相联系的度量,以及输出端口号。若到达目的网络有多条路径,则基于预先确定的准则选择最优的路径。

③ 协议转换。由于路由器连接的是不同的网络,而这些网络有可能是不同类型的网络,所以路由器需要具有网络协议转换的功能,可以连接使用不同通信协议的网络。路由器在转发数据的过程中,为了便于在网络间传送数据,按照预定的规则把大的数据包分解成适当大小的数据包,到达目的地后再把分解的数据包组合成完整的数据包。

除了上面讨论的基本功能之外,路由器通常还提供了流量监测、访问控制、防火墙、网络地址转换和 VPN 等功能。

尽管路由器可用于各种局域网之间的互联,但目前,路由器主要用于局域网与广域网之间的互联。在企业网内部,一般应用三层交换机实现不同网段的连接。路由器的中低档产品一般用于连接骨干网设备和小规模端点的接入,高档产品用于骨干网之间的互联以及骨干网与互联网的连接。路由器在使用之前通常需要进行配置。

(2)路由器的工作原理。路由器的主要任务是接收来自一个网络的数据包,根据其中的目的地址,寻找一条最佳传输路径,并将该数据包传送到目的网络。一般来说,路由器的主要工作是数据分组交换,具体过程如下。

第一步,当数据包经输入接口到达路由器时,路由器根据网络物理接口的类型,调用相应的数据链路层功能模块,对数据包进行解析和差错检测。

第二步,在数据链路层完成对数据帧的差错性检测之后,路由器开始网络层的处理,这一步是路由器的功能核心。根据数据包中的目的 IP 地址,查找路由器的转发表,得到下一跳地址。

第三步,根据转发表中查找到的下一跳地址,将数据包送到相应的输出接口。进行数据链路层的封装后,最后经输出接口发送出去。

（3）路由器的分类。路由器的分类方法还有很多，并且随着路由器技术的发展，可能会出现越来越多的分类方法。常见的分类方法一般从功能、结构、所处的网络位置和性能等方面进行划分。

① 从功能上划分。路由器从功能上可以分为骨干级路由器、企业级路由器和接入级路由器三种类型。骨干级路由器一般是指数据交换能力在 80Gbps 以上的路由器。这类路由器主要应用于电信运营商网络、大型企业网络或大型数据中心的核心位置。吞吐量为 25～40Gbps 的路由器称为企业级路由器。企业级路由器连接的对象类型较多，但系统相对简单，适用于大中型企业或行业网络中地市级网点的应用。低于 25Gbps 的路由器称为接入级路由器，主要用于连接家庭用户或小型企业。

② 从结构上划分。路由器从结构上可分为模块化结构与非模块化结构。一般来说，中高端路由器为模块化结构，低端路由器为非模块化结构。采用模块化设计的路由器，可以灵活地配置路由器，具有较好的扩展性和可伸缩性，以适应企业不断增长的业务需求，可以有效保护用户投资。非模块化结构的路由器只提供固定的端口。

③ 从网络位置上划分。按路由器所处的网络位置，通常把路由器分为边界路由器和中间路由器。边界路由器是指企业网络中和外界广域网相连接的那一个路由器，它是企业内部网与外界联系的唯一通道。中间路由器处于网络的中间，用于连接不同网络。由于它们所处的网络位置不同，其性能要求也不同。中间路由器要求具有快速的分组交换能力和高速的网络接口，通常采用模块化结构。边界路由器处于企业网的边缘，接受来自不同网络发来的数据，所以背板带宽要求较高，同时要求较强的接入控制能力。

④ 从应用上划分。从路由器的应用功能上看，可以分为通用路由器与专用路由器。通常所说的路由器是通用路由器。而专用路由器是为实现某种特定的应用对路由器接口、硬件等进行专门优化和定制。

⑤ 从性能上划分。从路由器的性能上看，路由器可分为线速路由器和非线速路由器。线速路由器以传输介质的带宽进行无延迟、不间断的数据传输。线速路由器属于高端路由器，具有非常高的端口带宽和数据转发能力。中低端路由器是非线速路由器。但是一些中低端的路由器（如宽带接入路由器）也有线速转发能力。

2. 路由器的使用

1）路由器的接口

从路由器与特定网络介质的物理连接来看，路由器接口可以分为局域网接口、广域网接口和配置接口三类。

（1）局域网接口。常见的局域网接口有 RJ45 接口、SC 接口和 BNC 接口，除此之外，还有 FDDI、ATM、令牌环等网络接口。

① RJ45 接口。根据接口速率的不同，RJ45 接口可分为 10BASE - T 网的 RJ45 接口和100BASE - TX 网的 RJ45 接口。10BASE - T 网的 RJ45 接口在路由器上的标识为ETHERNET，100BASE - TX 网的 RJ45 接口的标识为 FASTETHERNET。

② SC 接口。SC 接口是光纤接口，用于实现与光纤的连接。SC 接口通常不是直接与工作站连接而是通过光纤连接到快速以太网或千兆以太网等具有光纤接口的交换机上。这种接口一般在中高档路由器上才有。

（2）广域网接口。路由器不仅能实现局域网与局域网之间的连接，还能够实现局域网与广域网或者广域网与广域网之间的连接。下面介绍几种常见的广域网接口。

① 高速同步串口。在路由器的广域网连接中，应用最多的接口是高速同步串口（SERIAL）。这种接口主要用于连接目前应用非常广泛的 DDN、帧中继（frame relay）、X.25、PSTN（模拟电话线路）等网络。在企业网之间，有时也通过 DDN 或 X.25 等广域网连接技术进行专线连接。这种同步端口一般要求数据速率非常高，接口所连接的网络两端要求实时同步。

② 异步串口。异步串口（ASYNC）主要应用于调制解调器（modem）的连接，用于实现远程计算机通过公用电话网拨入网络。这种异步接口的数据速率较低，因此不要求网络的两端保持实时同步。

（3）路由器配置接口。路由器的配置接口有两个，分别是 Console 接口和 AUX 接口，在路由器上一般会有 Console 和 AUX 的标识。Console 接口用来对路由器进行本地的基本设置，需要通过专门的 Console 线缆连接路由器和计算机的串行口。AUX 接口用于实现对路由器进行远程配置，通常与调制解调器相连。

① Console 接口。与交换机不同，路由器必须进行配置后才能使用。由于路由器本身不带有输入和显示设备，所以需要与计算机或其他终端设备进行连接，通过特定的软件来对路由器进行管理。路由器的 Console 接口多为 RJ45 接口标准。使用专用线缆直接连接路由器和计算机的串口，并利用终端仿真程序（如 Windows 下的"超级终端"）对路由器进行配置。

② AUX 接口。接口属于异步接口，主要用于远程配置路由器。一般用于拨号连接，通过 AUX 接口与 Modem 进行连接。

2）路由器的连接

路由器的连接主要分为与局域网设备之间的连接、与广域网设备之间的连接以及与配置设备之间的连接三种。

（1）与局域网设备之间的连接。局域网设备主要是指集线器与交换机。交换机通常使用的接口只有 RJ45 接口和 SC 接口。集线器使用的接口有 AUI 接口、BNC 接口和 RJ45 接口。由于目前在企业网络中集线器已较少使用，下面介绍路由器和交换机接口之间的连接。

① 与 RJ45 接口连接。如果路由器和交换机都提供了 RJ45 接口，那么就可以使用双绞线将交换机和路由器连接在一起。由于路由器和交换机属于异类设备，所以应该使用直通线进行连接。

② 与 SC 接口进行连接。如果交换机只有光纤接口，或希望提供更高的通信速率，那么需要与交换机的光纤接口进行连接。但是如果路由器只有 RJ45 接口，那么可以借助于光纤接口到以太网接口转换器实现连接。

（2）与广域网设备的连接。路由器更多的应用是与广域网接入设备的连接，用于实现本地网络用户与远程用户的通信。路由器与广域网设备的连接主要有以下几种。

① 与异步串行口连接。异步串行口主要用来与 Modem 设备之间的连接，用于实现远程移动用户（如家庭用户或出差人员）计算机通过公用电话网拨入企业网络。当路由器通过电缆与 Modem 连接时，必须使用 DB25 或 DB9 标准线缆。

② 与同步串行口连接。同步串行口的类型较多，如 RS232 接口等。在连接时需要注意区分。另外，线缆两端采用不同的外形（带插针的一端称为"公头"，带有孔的一端称为"母

头")。"公头"为数据终端设备(Dala Terminal Equipment,DTE)端,"母头"为数据通信设备(Data Communications Equipment,DCE)端。由于同步串行口连接的设备需要保持严格的时钟同步,所以需要在一端设置时钟频率。一般在连接有 DCE 接口的设备上设置时钟频率。因此需要注意 DTE 和 DCE 不能接反了。

③ 与 ISDNBRI 接口连接。ISDNBRI 接口一般可分为两种:一种是 ISDNBRIS/T 接口,另一种是 ISDNBRIU 接口。ISDNBRIS/T 接口必须与 ISDN 的 NT1 终端设备连接之后才能实现与因特网的连接。ISDNBRIU 接口内置有 NT1 模块,可以直接连接模拟电话外线,无须再外接 ISDNNT1。

(3)与配置接口的连接。路由器的配置接口包括 Console 接口和 AUX 接口两种。下面介绍它们的连接方式。

① Console 接口的连接方式。若使用计算机配置路由器,则需要将计算机的串行口与路由器的 Console 接口连接起来。一般使用全反线将路由器的 Console 接口与计算机的串口连接在一起。一般来说,全反线需要特别制作。

② AUX 接口的连接方式。若通过远程访问的方式实现对路由器的配置,则需要使用AUX 接口。AUX 接口需要与调制解调器连接。根据 Modem 使用的接口情况不同,确定AUX 接口与 Modem 进行连接所使用的线缆类型。

③ 路由器的基本配置方式。路由器的配置方式有多种,常见的有通过路由器的配置接口进行配置、通过虚拟终端(Telnet)进行配置、通过简单文件传输协议(TFTP)服务器进行设置和通过网络管理软件进行设置等,其结构如图 2-13 所示。

a. 利用配置接口配置。将计算机的串行口通过全反线与路由器的 Console 接口连接,在计算机上运行终端仿真软件,与路由器进行通信,完成对路由器的配置。或者将计算机与路由器的辅助接口 AUX 相连,对路由器进行远程配置。

b. 使用 Telnet 配置。若路由器已经完成一些基本的设置,比如有一个开放的接口并且已给它分配了一个 IP 地址,则这时可通过远程计算机的 Tenet 程序作为路由器的虚拟终端,通过与路由器建立通信连接,实现对路由器的配置。

c. 通过 TFTP 服务器配置。TFTP 属于应用层的一个协议,与 FTP 协议相比,该协议不需要提供用户账户和口令,使用简单、高效。利用该协议可将事先写好的配置文件从TFTP 服务器上传送到路由器上,实现对路由器的配置,也可将配置文件从路由器保存到TFTP 服务器上。

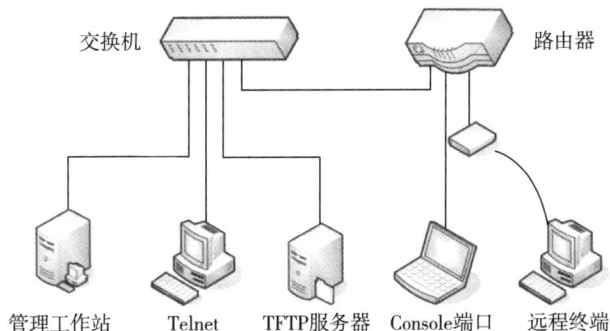

图 2-13　路由器的配置方式

d. 利用网络管理工作站配置。路由器可通过运行网络管理软件的工作站进行配置,如 Cisco 的 Cisco Works、HP 的 OpenView 等管理软件。

3. 路由器设备的选型

1)路由器的主要性能指标

路由器的性能指标较多,随着路由器技术的不断发展,很多新的性能指标在不断出现。常见的路由器性能指标如下。

(1)吞吐量。吞吐量包括设备吞吐量和端口吞吐量。设备吞吐量是指路由器整机的数据包转发能力,单位为每秒转发包的数量,该指标是设备性能的重要指标。端口吞吐量是指路由器的某个端口的数据包转发能力,通常使用单位 pps(包每秒)来衡量。设备吞吐量通常小于路由器所有端口吞吐量之和。

(2)路由选择协议类型。路由选择协议是路由器实现其路由选择功能的协议。路由器一般可以支持多种路由选择协议,包括内部网关协议和外部网关协议。内部网关协议是指一个自治系统内部进行路由选择的协议,外部网关协议是不同自治系统之间进行路由选择的协议。路由器支持的路由协议越多,其通用性就越强。但为了保证路由器的性能,通常只有一个主路由协议工作,其他的是备用路由协议。

(3)接口类型。路由器所能支持的接口类型,体现了路由器的通用性。常见的接口类型有串行接口、以太网接口、ATM 接口、ISDN 接口和光纤接口等。

(4)虚拟专用网(Virtual Private Network,VPN)支持能力。VPN 是指利用公共网络建立企业虚拟的私有网络。它的基本原理是在公共网络的两端通过特殊的加密通信协议建立隧道连接,从而保证了数据传输的安全性,好比是在两个端点之间架设了一条专线。对于边界路由器来说,一般需要支持 VPN 功能。

(5)防火墙功能。防火墙在内部网和外部网络之间建立了一个安全边界,通过监测限制和更改经过的数据流,实现对内部网络的安全保护。防火墙通常包括分组过滤防火墙、应用级网关和链路级网关三种类型。一般路由器都带有防火墙功能,可以替代防火墙的工作,但是路由器的防火墙功能要比专业防火墙产品相对弱些。对于安全性要求不是很高的部门可以利用路由器代替防火墙产品,这样能够节约一个防火墙的投资。

(6)网络地址转换(NAT)。出于节省地址和安全考虑,NAT 技术被广泛应用。在这种方式下,企业内部大量用户使用一个私有 IP 地址,在要与因特网主机通信时,需要进行地址转换,把私有地址转换为公有地址。RFC1597 已经将某些 IP 地址段划分为 Intranet 的私有地址。具体如下:A 类:10.0.0.0 ~ 10.255.255.255,24 位,约 700 万个地址;B 类:172.16.0.0 ~ 172.31.255.255,20 位,约 100 万个地址;C 类:192.168.0.0 ~ 192.168.255.255,16 位,约 6.5 万个地址。以上这些地址任何人都可以使用,而不必到专门的机构去申请,但是这些地址不能出现在因特网上。目前,大多数路由器均支持网络地址转换功能。

(7)分组语音业务支持。分组语音业务支持技术可以分为 3 种:使用 IP 承载分组语音、使用 ATM 承载语音和使用帧中继承载语音。随着企业业务类型的多样化和迅速发展,路由器的分组语音承载能力非常重要。通过使用具有分组语音承载能力的路由器,可以将电话通信和数据通信一体化,有效地节省长途电话费用。

(8)QoS 能力。QoS 是用来解决网络拥塞、网络延迟等问题的一项技术。随着企业多媒体业务的不断开展，具有音频、视频类业务类型的应用系统日益普及，因此，一般需要具有这一功能。

（9）对 IPv6 的支持。虽然目前多数使用的是 IPv4，但由于 IPv4 地址空间的限制和安全性等方面的不足，采用 IPv6 技术是不可避免的。目前国内外几家大型的路由器生产厂商如思科、华为等都在积极研制支持 IPv6 的路由器产品。未来的 IP 网络将是一个采用 IPv6 技术的网络，因此作为网络核心设备的路由器需要支持 IPv6 技术。

（10）网络管理能力。不管是企业网，还是骨干网，路由器都是非常关键的设备，所以路由器的网络管理能力非常重要。网络管理包括配置管理、性能管理、安全管理、故障管理和计费管理。在路由器中最为常用的网络管理协议就是 SNMP。SNMP 协议是 TCP/IP 协议中的一个应用层协议，它包括一系列协议组和规范，提供了一种从网络上的设备中收集网络管理信息和控制网络管理设备的方法。SNMP 也为网络设备向网络管理工作站报告问题和错误提供了一种方法。

2）路由器的选购

首先介绍选购路由器的基本原则，然后针对路由器的不同应用层次，介绍路由器的选购方法。

（1）选择路由器的基本原则如下。

① 实用性原则。不同品牌、不同型号的路由器，功能和性能也各不相同。选择路由器时，应选择那些具有成熟的、广泛技术支持的产品。一方面满足企业目前业务的需求，另外还能适应未来几年业务发展的需要。

② 先进性原则。所选择的设备应该采用最先进的技术，支持常用的功能，如多路由协议支持、VPN 功能、防火墙功能等，同时，具有较高的数据传输性能、路由收敛速度快、数据传输时延小。

③ 可靠性原则。要尽量选择可靠性高的路由器产品，支持冗余热备份协议，保证网络系统运行的稳定性和可靠性。

④ 安全性原则。路由器本身安全性高，不易被攻击，具有用户身份认证、访问控制数据完整性鉴别及数据加密等功能。

⑤ 扩展性原则。在企业的业务不断发展、需求不断提高的情况下，路由器可以方便地升级和扩展，从而可以节省投资。

⑥ 性价比高。不要盲目追求高性能，根据实用够用的原则，购买适合企业自身需求的路由器产品。

⑦ 根据路由器的应用场合选择。根据应用场合不同，路由器分为接入级路由器、企业级路由器和骨干级路由器。确定路由器的应用场合，根据路由器选择的基本原则，确定产品的性能要求和特点，从而选择路由器产品。

（2）骨干级路由器的选择。与企业级路由器和接入级路由器不同，骨干级路由器属于电信级的路由器设备，通常由国家电信部门等机构运营和管理。这些设备一般要求具有高可靠性、高扩展性和高性能。由于宽带网络建设的普及和行业信息化建设的迅速发展，对路由器的性能和可靠性提出了很高的要求，目前骨干级路由器也在城域网、企业网中得到应用。

由于骨干级路由器是因特网骨干网的核心网络设备，所以要求极高的数据转发速率和可靠性。路由器的可靠性通常采用如热备份、双电源、双数据通路等来获得。这些技术对所有骨干级路由器来说差不多是标准的。骨干级路由器的转发速率主要受制于查找转发表所花费的时间。当今骨干级路由器采用了一些优化措施提高查找效率,如采用 MPLS 技术或将一些常访问的目的端口放到缓存中提高路由查找效率等。除此之外,路由器的稳定性也是一个非常重要的指标

(3)企业级路由器的选择。企业级路由器是企业网中的关键通信设备,它的优劣直接影响到企业数据通信的质量。在企业网中,企业级路由器连接许多不同的网段,可实现不同网段之间的路由、通信并同时优化网络结构,提供服务质量。

目前在企业网络内部应用最多的是交换机,尽管交换机具有价格便宜、便于安装、数据转发速率高等优点,但是交换机一般不能很好地支持广播、组播及提供服务质量保证,同时管理能力相对较弱。因此,在功能方面,需要利用路由器实现不同 VLAN 之间通信支持QoS 及组播,具有防火墙功能等。在性能方面,一般要求企业级路由器具备高吞吐量、处理器强大、数据缓存大、功能多、可靠性高、安全性高等特性。

(4)接入级路由器的选择。接入级路由器一般应用于家庭用户或远程分支机构。对于家庭用户及小型企业来说,因为只是传送一些简单的信息类型,一般基本的接入路由器就能胜任。目前,宽带网络接入技术日渐普及,采用了诸如 ADSL、电缆 Modem 等技术,用户在选择接入级路由器时,需要注意产品是否支持多种异构和高速端口,并在各个端口能够运行多种协议。对于一些大型的分支机构,如果需要实现传输语音以及视频等关键业务,这时接入级路由器除了需要具备传统的数据传输功能,还要支持 QoS、组播技术,具有较强的安全和管理性能、支持语音业务等。

2.4.3 网络服务器的选型

1. 服务器的定义

服务器是指在网络环境下为客户机(Client)提供某种服务的专用计算机服务器是安装有网络操作系统和各种服务器应用系统软件(如 Web 服务、电子邮件服务等)的计算机。这里的客户机是指普通用户使用的计算机。从广义上说,服务器是指网络中能对其他机器提供某些服务的计算机系统(如果一个 PC 能够对外提供 FTP 服务,也被称为服务器)。从狭义上讲,服务器是专指某些高性能的计算机,能够通过网络,对外提供不同的服务。相对于普通的 PC 来说,因为服务器需要为大量的客户机提供网络服务,所以服务器在稳定性、安全性和性能等方面都有较高的要求。除了安装的软件不同外,服务器和客户机在 CPU 结构、芯片组、内存、磁盘等硬件方面也有很大的不同。

服务器的主要性能特点可以概括为可扩展性(Scalability)、可用性(Usability)、易管理性(Manage ability)和可靠性(Availability),简称 SUMA。SUMA 是服务器应用的标准,依据 SUMA 标准制造的服务器更能满足用户的需要。

(1)可扩展性。选择服务器时,用户应当考虑服务器的可扩展能力。服务器要有足够的扩展空间,不仅要满足当前企业的需要,还要便于对系统进行扩展和升级,以备今后企业业务发展的需要。系统的扩展能力主要包括 CPU 和内存的扩展能力、存储设备的扩展能力以及外部设备的可扩展能力,除此之外,系统软件和各类应用软件应便于升级。

(2)可用性。通常服务器的可用性可以用两个指标来衡量:一个是平均无故障工作时间(MTBF),另一个是平均修复时间(MTBR)。系统的可用性计算公式如下:

$$系统可用性＝MTBF/(MTBF＋MTBR)$$

由上式可知,服务器的可用性由系统软硬件的平均无故障工作时间和平均修复时间决定。提高系统可用性的方法包括软件方面和硬件方面。在软件方面,需要对服务器的操作系统和应用软件进行备份以便出现故障时迅速恢复。在硬件方面主要是通过设备冗余来实现的,如双核、RAID 技术、电源和风扇冗余等。

(3)易管理性。服务器的易管理性对于企业来说是非常重要的。服务器应支持常用的网络管理协议,如 SNMP,便于对其实施监控和管理人员的远程管理。管理界面人性化,操作简单。系统硬件,如内存、电源、处理器等部件便于拆装、维护,软件易于管理和升级。

(4)可靠性。服务器的可靠性体现了系统稳定工作的能力,这对于企业来说非常关键。为了保证服务器的稳定工作,系统的各部件应当稳定可靠,并且各部件之间的互操作性强。同时系统具有较强的安全保护措施,能够抵御各类网络攻击。

2. 服务器的种类

随着服务器技术的不断发展,服务器的种类很多,功能也各有不同,适应于不同应用环境的服务器不断出现。按照不同的分类标准,服务器可以分为许多类型。

1)按应用层次划分

按应用层次划分,服务器可以分为入门级服务器、工作组级服务器、部门级服务器、企业级服务器四种类型。

2)按功能用途划分

按功能用途划分,服务器可以分为 Web 服务器、数据库服务器、文件服务器和应用服务器。

Web 服务器:应用程序,处理 HTTP 请求;常用软件:Apache、Nginx、IIS。

数据库服务器:存储和管理结构化数据,提供高效查询服务。

文件服务器:集中存储和共享文件,支持网络访问;协议为 SMB/CIFS(Windows)、NFS(Linux)。

应用服务器:运行业务逻辑或中间件,如 ERP、CRM 系统。

2.5　互联网基础

随着互联网的发展,人类社会的生活理念正在发生变化,全世界已经连接成为一个地球村,成为一个智慧的地球。

2.5.1　IP 地址

在社会中,每一个人都有一个身份证号码。在 Internet 上,每一台计算机也有一个身份证号码,即 IP 地址。IP 地址是网络中设备的逻辑地址,用于在互联网进行标识和定位。IP地址分为 IPv4 和 IPv6 两种版本。

1. IPv4

在 IPv4(IP 的 V4 版本)中,IP 地址占用 4 个字节 32 位。由于几乎无法记住二进制形式的 IP 地址,所以 IP 地址通常以点分十进制形式表示。而点分十进制形式也难以让人记住,所以服务器采用域名表示。用户上网时输入域名,由域名服务器将域名转换成为 IP 地址。

IP 地址由网络地址和主机地址组成。根据网络规模的大小,IP 地址分成 A、B、C、D、E 五类,其中 A 类、B 类和 C 类地址为基本地址,它们的格式如图 2-14 所示。地址数据中的全 0 或全 1,有特殊含义,不能作为普通地址使用。例如,网络地址 127 专用于测试,不可用于其他用途。若某计算机发送信息给 IP 地址为 127.0.0.1 的主机,则此信息将传送给该计算机自身。

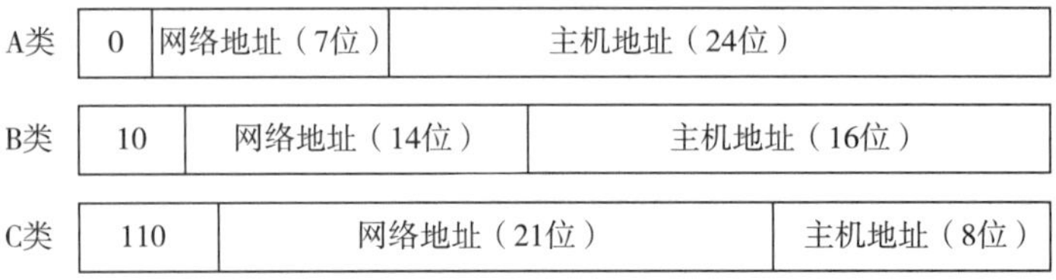

| A类 | 0 | 网络地址(7位) | 主机地址(24位) |
| | | | |

| B类 | 10 | 网络地址(14位) | 主机地址(16位) |

| C类 | 110 | 网络地址(21位) | 主机地址(8位) |

图 2-14　Internet 上的地址类型格式

(1)A 类地址。网络地址部分有 8 位,其中最高位为 0,所以第一字节的值为 1~126(0 和 127 有特殊用途),即只能有 126 个网络可获得 A 类地址。主机地址是 24 位,一个网络中可以拥有主机 $2^{24}-2(16777214)$ 台。A 类地址用于大型网络。

(2)B 类地址。网络地址部分有 16 位,其中最高 2 位为 10,所以第一字节的值为 128~191(10000000B~10111111B)。主机地址是 16 位,一个网络可含有 $2^{16}-2=65534$ 台主机。B 类地址用于中型网络。

(3)C 类地址。网络地址部分有 24 位,其中最高 3 位为 110,所以第一字节的值为 192~223(11000000B~11011111B)。主机地址是 8 位,一个网络可含有 $2^8-2=254$ 台主机。C 类地址用于主机数量不超过 254 台的小网络。

采用点分十进制形式的 IP 地址很容易通过第一字节的值识别是属于哪一类的,如 202.112.0.36 是 C 类地址。

2. IPv6

为了解决 IPv4 地址不足的问题,IPv6 把地址从 IPv4 的 32 位增大到 4 倍,即增大到 128 位,使地址空间增大了 128 倍。它由八组十六进制数构成,如 2001:0db8:85a3:0000:0000:8a2e:0370:7334,可以提供几乎无限的地址。其功能与作用如下。

(1)网络层的地址:IP 地址工作在 OSI 模型的第三层(网络层),负责在不同网络之间进行数据传输。

(2)路由功能:IP 地址使得路由器能够识别数据包的源地址和目的地址,从而进行正确的转发。

2.5.2　互联网接入

Internet 服务提供商(Internet Service Provider,ISP)是接入 Internet 的桥梁。无论是个人还是单位的计算机都不是直接连到 Internet 上的,而是采用某种方式连接到 ISP 提供的某一台服务器上,通过它再连到 Internet。

接入网(Access Network,AN)为用户提供接入服务,它是骨干网络到用户终端之间的所有设备。其长度一般为几百米到几公里，因而被形象地称为"最后一公里"。接入技术就是接入网所采用的有线和无线传输技术。

1. 有线接入方式

Internet 接入技术主要有光纤接入等。光纤接入（FrFH，光纤到家）是一种以光纤为主要传输媒介的接入技术。用户通过光纤 Modem 连接到网络，再通过 ISP 的骨干网出口连接到 Internet，是一种宽带的 Internet 接入方式。

光纤接入的主要特点是带宽高、端口带宽独享、抗干扰性能好、安装方便。由于光纤本身高带宽的特点，光纤接入的带宽很容易就到 20M、100M，升级很方便且不需要更换任何设备。光纤信号不受强电、电磁和雷电的干扰。光纤体积小、重量轻，容易施工。

2. 无线接入方式

个人计算机或者移动设备可以通过 WLAN 连接到 Internet。在一些公共场所内，由运营商或单位统一部署了无线接入点，建立起无线局域网，并接入 Internet。如果用户的笔记本电脑配备了无线网卡，就可以在 WLAN 覆盖范围之内加入 WLAN，通过无线方式接入 Internet。具有 Wi-Fi 功能的移动设备（如手机、iPad 等），就能利用 WLAN 接入 Internet。例如，有的学校在校园里布置了无线接入点（Access Point，AP），在无线接入点覆盖范围之内的笔记本电脑就能上网了。无线接入点同时能接入的计算机数量有限，一般为 30～100 台。

3. 共享接入

前面的接入方式都可以使一台计算机使用一个账号接入 Internet。使一批计算机接入 Internet，而只使用一个账号，这种方式称为共享接入。共享接入通过构建局域网，将能接入 Internet 的计算机与其他计算机连接起来，其他计算机通过共享方式接入 Internet。

常见的共享方式是利用路由器接入 Internet，而其他的计算机或设备只要连接到路由器就能上网了。

通过路由器使一批计算机接入 Internet。路由器上一般有两种连接口，即 WAN 端口和 LAN 端口。WAN 端口连接 Internet，而 LAN 端口连接内部局域网。WAN 端口的 IP 地址一般是 Internet 上的公有 IP 地址，而 LAN 端口的 IP 地址一般是局域网保留 IP 地址。

随着家庭无线路由器普及，这些路由器除了路由的基本功能外，还具有无线 AP 的功能。这些路由器最主要的功能就是共享接入，既可以通过双绞线连接，也可以通过无线连接，非常方便。

2.6　网络安全

网络安全是保护网络基础设施、数据、设备和服务免受未经授权的访问、攻击、破坏或泄露的综合性措施。防火墙（firewall）和入侵检测系统（Instrusion Detection System，IDS）是构建网络防御体系的基本技术。防火墙是网络边界的"门卫"，控制流量进出；入侵检测系统是网络中的"监控摄像头"，识别异常行为。防火墙是主动防御，阻止已知威胁；入侵检测系统是被动监控,发现潜在攻击并预警。

入侵防御系统(Intrusion Prevention System,IPS)是 IDS 的升级版,可自动阻断攻击(如丢弃恶意数据包)。其串联在流量路径中实时拦截。

网络安全宜采用分层防御:防火墙+IDS/IPS+终端防护+加密技术。

2.6.1　防火墙

防火墙是部署在网络边界的安全设备/软件,通过流量过滤、状态跟踪和深度内容分析,构建网络边界的第一道防线。用户通过设置防火墙提供的应用程序和服务以及端口访问规则,达到过滤进出内部网络或计算机的不安全访问,从而提高网络和计算机系统的安全性和可靠性。

1. 防火墙的功能

防火墙主要用于监控进出内部网络或计算机的信息,保护内部网络或计算机的信息不被非授权访问、非法窃取或破坏,过滤不安全的服务,提高企业内部网络的安全,并记录内部网络或计算机与外部网络进行通信的安全日志,如通信发生的时间、允许通过的数据包和被过滤掉的数据包信息等。防火墙还可以限制内部网络用户访问某些特殊站点,防止内部网络的重要数据外泄等。例如,用 Internet Explorer 浏览网页、Outlook Express 收发电子邮件时,如果没有启用防火墙,那么所有通信数据就能畅通无阻地进出内部网络或用户的计算机。启用防火墙以后,通信数据就会根据防火墙设置的访问规则受到限制,只有被允许的网络连接和信息才能与内部网络或用户计算机进行通信。

2. Windows 防火墙

在 Windows 操作系统中自带一个 Windows 防火墙,用于阻止未授权用户通过 Internet 或网络访问用户计算机,从而帮助保护用户的计算机。Windows 防火墙能阻止从 Internet 或网络传入的"未经允许"的尝试连接。当用户运行的程序(如即时消息程序或多人网络游戏)需要从 Internet 或网络接收信息时,那么防火墙会询问用户是否取消"阻止连接",若取消"阻止连接",Windows 防火墙将创建一个"例外",即允许该程序访问网络,以后该程序需要从 Internet 或网络接收信息时,防火墙就不会再询问用户了。

Windows 防火墙默认处于启用状态,时刻监控计算机的通信信息。虽然防火墙可以保护用户计算机不被非授权访问,但是防火墙的功能还是有限的,为了更全面地保护用户的计算机,用户除了启用防火墙,还应该采取其他一些相应的防范措施,如安装防病毒软件、定期更新操作系统、安装系统补丁以堵住系统漏洞等。

2.6.2　入侵防御系统

入侵检测系统监控网络或主机行为的系统,识别异常或已知攻击模式并发出警报。入侵防御系统是网络安全中的主动防御工具,在检测到攻击时实时阻断恶意流量,弥补了防火墙和入侵检测系统的不足。

1. IPS 基本概念

IPS 是一种能够实时监测网络流量或主机活动,并主动阻止潜在攻击的安全设备。与 IDS 仅提供告警不同,IPS 在发现威胁时立即采取行动(如阻断恶意流量、终止连接),将攻击扼杀在萌芽阶段。其核心价值在于主动防御,尤其针对"零日攻击"(未知漏洞利用)等隐蔽威胁。

2. IPS 工作原理

(1)实时流量分析:IPS 串联在网络关键节点(如防火墙后),深度解析数据包内容(包括应用层协议)。

(2)深度检测:通过预设的规则库(如攻击特征库)和行为分析(如异常流量模式),识别已知与未知攻击(如 SQL 注入、DDoS、蠕虫传播)。

(3)实时阻断:一旦确认威胁,IPS 立即执行丢弃数据包、终止会话或隔离设备等操作,避免损害扩大。

3. IPS 的分类与应用场景

(1)网络层 IPS(NIPS)部署在网络边界,防御跨网络的攻击(如 DDoS、端口扫描)。例如,在互联网出口部署 NIPS,可拦截外部恶意流量。

(2)主机层 IPS(HIPS)安装在服务器或终端,监控本地行为(如文件修改、进程启动),阻止勒索软件或木马活动。例如,腾讯云的"主机安全"产品即属于此类,通过实时策略阻止可疑进程的执行。

(3)应用层 IPS(AIPS)专注于 Web 应用防护,如拦截 XSS、SQL 注入等攻击,常与 WAF(Web 应用防火墙)结合使用。

4. IPS 的核心价值

(1)主动防御:IPS 的实时阻断能力使其成为"零日攻击"的克星,如在新型病毒暴发初期,IPS 可通过行为分析快速拦截。

(2)多层防护:与防火墙、IDS、WAF 形成协同防御,弥补单一设备的不足。

(3)降低运维压力:自动阻断减少人工干预需求,尤其在大规模网络中显著提升效率。

IPS 是网络安全从被动防御转向主动防护的关键技术,其"实时阻断"能力与多层防御策略使其成为企业应对复杂攻击的必需工具。随着 AI 与云技术的融合,IPS 将持续演进,成为构建智能、弹性网络安全体系的核心支柱。

复习思考题

1. 什么是计算机网络? 其基本功能是什么?

2. 按地理范围划分,计算机网络分为哪几类? 简述每类的特点。

3. 简述计算机网络的性能指标(如速率、带宽、吞吐量、时延等),并说明它们对网络性能的影响。

4. 网络时延由哪几部分组成? 举例说明哪种时延在特定场景下占主导地位。

5. 什么是时延带宽积? 如何理解"时延带宽积决定了链路的比特容量"?

6. 简述 OSI 七层模型与 TCP/IP 四层模型的异同点。

7. TCP 和 UDP 协议的主要区别是什么? 各自适用于哪些场景?

8. 什么是网络拓扑结构? 列举五种基本拓扑类型,并简述其优缺点。

9. 数据通信系统的基本模型包含哪些组成部分? 简述各部分的功能。

10. 信号的分类有哪些? 举例说明模拟信号与数字信号的应用场景。

11. 什么是信道？单工、半双工、全双工通信的区别是什么？

12. 简述基带调制与带通调制的区别,列举两种常见的基带编码方式。

13. 奈奎斯特准则与香农公式分别解决了什么问题？如何影响数据传输速率的极限？

14. 若信道带宽为 4kHz,信噪比为 30dB,求该信道的最大理论数据传输速率。

15. 局域网与以太网的关系是什么？简述以太网的主要技术特点。

16. 局域网的硬件组成包括哪些部分？简述服务器与客户机的角色差异。

17. 什么是 CSMA/CD 协议？其工作原理如何解决网络冲突？

18. 简述 100BASE-T、千兆以太网、万兆以太网的技术特点及应用场景。

19. 什么是 VLAN？其核心作用是什么？举例说明 VLAN 的典型应用场景。

20. 无线局域网的基本组成元素有哪些？AP 与无线路由器的区别是什么？

21. 交换机与路由器的主要功能区别是什么？分别工作在 OSI 模型的哪一层？

22. 简述交换机的三种交换方式(直通式、存储转发式、无碎片隔离式)及其适用场景。

23. 核心层交换机与接入层交换机的选型标准有何不同？

24. 路由器的核心功能是什么？简述其转发数据包的基本流程。

25. 列举路由器的主要性能指标,并说明企业级路由器的选型原则。

26. IPv4 地址的分类标准是什么？如何通过点分十进制形式判断其类别？

27. 简述 IPv6 的设计目标及其地址表示形式。

28. 防火墙的主要功能是什么？举例说明其典型应用场景。

29. 简述 IPS 的工作原理及分类(如 NIPS、HIPS、AIPS)。

30. 分层防御体系通常包含哪些技术？如何协同保障网络安全？

第3章 综合布线

综合布线系统(generic cabling system)是由能够支持电(光)子设备相连的各种线缆及其连接器件①组成的传输通道,能传递语音、数据、图像、多媒体等业务,实现信息资源共享。本章介绍综合布线的基本概念、综合布线的材料、综合布线系统配置、综合布线供电技术、配线管网、综合布线防护、综合布线系统测试等。本章重点内容:综合布线系统的基本构成、综合布线的拓扑结构、综合布线系统的基本配置、综合布线系统的信道、室内管线和室外管线、综合布线防护、综合布线系统的电信道和光信道测试。

3.1 综合布线的基本概念

3.1.1 综合布线系统的基本构成

综合布线系统主要由建筑群子系统、干线(垂直)子系统和配线(水平)子系统等组成,如图 3-1 所示。

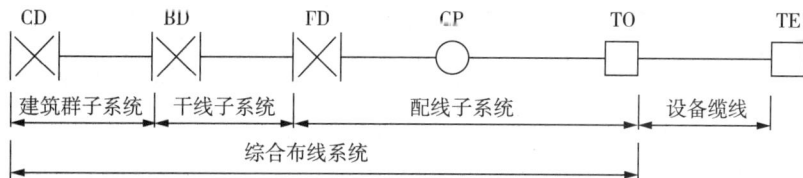

图 3-1 综合布线系统基本构成

在图 3-1 中,需要设置终端设备(Terminal Equipment,TE)的独立区域称为工作区(work area)。工作区的终端设备用设备缆线连接到信息插座(Telecommunications Outlet,TO)。信息插座用缆线连接到建筑物的楼层配线架(Floor Distributor,FD),信息插座及其用缆线连接到建筑物的楼层配线架的缆线称为配线(水平)子系统。连接建筑物的楼层配线架与建筑物的设备间配线架(Building Distributor,BD)的缆线称为干线子系统。连接建筑物的设备间配线架与建筑群配线架(Campus Distributor,CD)的缆线称为建筑群子系统。

在图 3-1 中,信息点是缆线终接的信息插座模块。集合点(Consolidation Point,CP)是楼层配线架与工作区信息点之间水平缆线路由中的连接点,配线子系统中宜设置集合点。楼层配线架是终接水平缆线和干线缆线的配线装置。建筑物配线架为建筑物干线缆线(或

---

① 线缆多用双绞线、光缆等,线缆的连接器件多为配线架、连接器(插座、插头)以及适配器等。

建筑群干线缆线)终接的配线装置。建筑群配线架是终接建筑群干线缆线的配线装置。

设备缆线(equipment cable)是终端设备连接到信息插座或配线架的缆线。

跳线(patch cord/jumper)是不带连接器件(或带连接器件的电缆线对和带连接器件的光纤),用于配线设备之间进行连接。

水平缆线(horizontal cable)是楼层配线设备至信息点之间的连接缆线。

CP缆线(CP cable)是连接集合点至工作区信息点的缆线。集合点可按实际应用设置。

3.1.2 综合布线系统的基本配置

综合布线各子系统的基本设置与功能组合可以用图3-2表示。

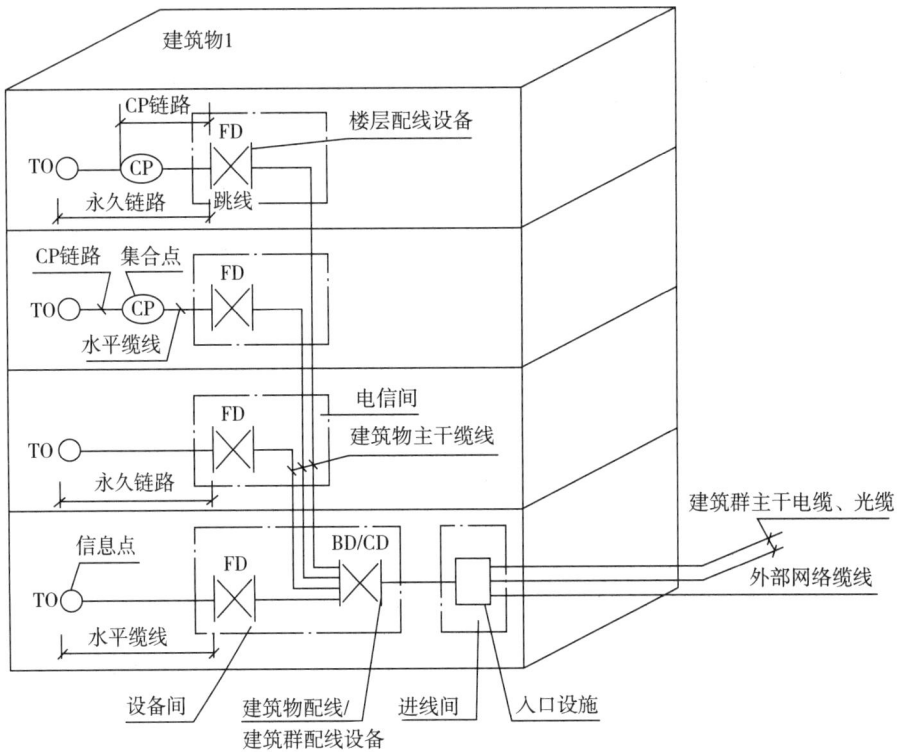

图3-2 综合布线各子系统的基本设置与功能组合

从图3-2中可以看出,在建筑物的每个楼层宜设置一个配线间,放置本层的配线架;在每栋建筑物的低层设置一个设备间,放置本栋建筑物的配线架;并在每栋建筑物的低层设置一个进线间(入口设施),用于放置建筑物外引进的缆线及缆线交接箱(装置)。

建筑物干线缆线(building backbone cable)是建筑物的配线架至建筑物的楼层的配线架之间相连接的缆线。

建筑群干线缆线(campus backbone cable)用于建筑群的配线架至建筑群内的每栋单体建筑物的配线架之间相连接的缆线。

外部网络缆线是指连接建筑物内外的通信或数据的传输线路,通常用于将互联网、电话或其他网络服务从外部提供商(如运营商)的线缆引入室内。

3.1.3　综合布线系统的信道

信道是连接两个应用设备的端到端的传输通道。永久链路(permanent link)是信息点与楼层配线架之间的传输线路。它不包括工作区缆线和连接楼层配线设备的设备缆线、跳线,但可以包括一个 CP 链路。

1. 电信道

水平子系统的电信道由长度不大于 90m 的 4 对对绞线、10m 的跳线及最多 4 个连接器件组成;永久链路则由长度不大于 90m 的 4 对对绞线及最多 3 个连接器件组成(见图 3-3)。

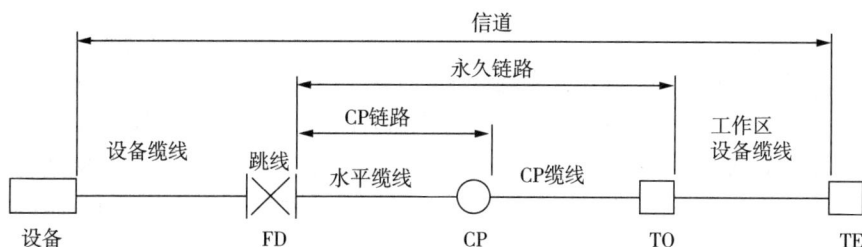

图 3-3　综合布线系统的电信道

2. 光信道

光信道应分为 OF-300、OF-500 和 OF-2000 三个等级,各等级光信道应支持的应用长度分别不应小于 300m、500m 及 2000m。干线子系统信道和建筑群子系统信道应由光缆和光连接器件组成。水平光缆和干线光缆可在楼层配线间的光缆配线架处经光纤跳线连接构成信道(见图 3-4)。

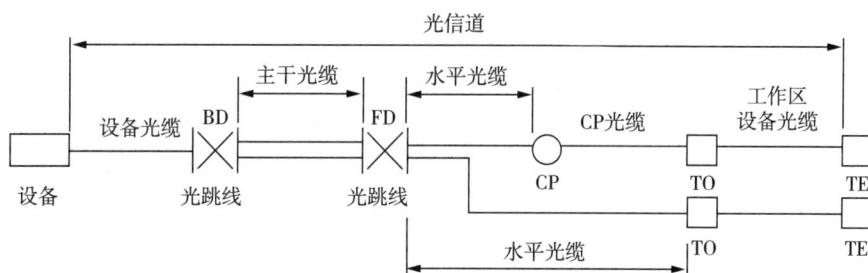

图 3-4　综合布线系统的光信道

3. 电缆与光纤组成的信道

综合布线系统的电缆与光纤组成的信道连接如图 3-5 所示。

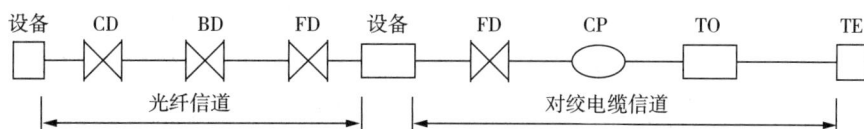

图 3-5　综合布线系统的电缆与光纤组成的信道连接

3.2 综合布线的材料

3.2.1 综合布线系统的缆线

综合布线缆线主要是双绞线和光纤。双绞线包括非屏蔽双绞线(UTP)和屏蔽双绞线(STP/FTP);光纤(optical fiber)包括单模光纤(SMF)和多模光纤(MMF)。

1. 双绞线

1)双绞线的绞距

双绞线的导体是铜,铜导体外包裹绝缘层,铜导线的直径为0.4～1.0mm。每2根具有绝缘层的铜导线按一定密度反时针互相绞缠在一起称为对绞线。对线绞合(twist)起来可减少对相邻导线的电磁干扰。双绞线的线对采用长绞距,会使不同线对的导线容易叠在一起或挤到相邻线对的圆筒内部。双绞线线对采用短绞距,线对在圆筒内快速旋转,可防止线对的导线挤入其他线对圆筒内。这样就提高了线对隔离程度,减少双绞线螺旋形状变形的机会,从而可以改善串扰性能。双绞线的绞距如图3-6所示。

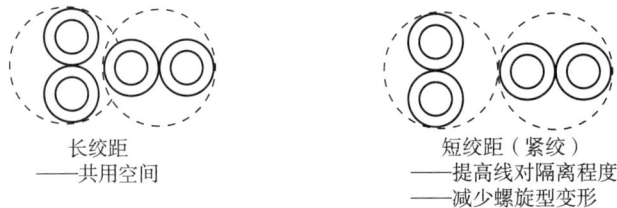

图3-6 双绞线的绞距

双绞线的绞距为3.81～14cm,相邻双绞线的扭绞长度差约为1.27cm。在一束电缆中的相邻线对使用不同的扭矩。5类线具有比3类线更高的绞合度(3类线的绞合长度是7.5～10cm,而5类线的绞合长度则是0.6～0.85cm)。绞合度越高的双绞线能够用越高的数据率传送数据。

在传送高速数据的情况下,为了提高双绞线抗电磁干扰的能力以及减少电缆内不同双绞线对之间的串扰,可以采用增加双绞线的绞合度和电磁屏蔽层的方法。

2)双绞线的命名方法

非屏蔽双绞线(Unshielded Twisted Pair,UTP),如图3-7(a)所示。当数据的传送速率增高时,可以采用屏蔽双绞线(Shielded Twisted Pair,STP)。若是对整条双绞线进行屏蔽,则标记为x/UTP。若x为F(Foiled),则表明采用铝箔屏蔽层,如图3-7(b)所示;若x为S(braid Screen),则表明采用金属编织层进行屏蔽(这种电缆的弹性较好,便于弯曲,通常使用铜编织层);若x为SP,则表明在铝箔屏蔽层外面再加上金属编织层进行屏蔽。更好的办法是给电缆中的每一对双绞线都加上铝箔屏蔽层(记为FTP或U/FTP,U表明对整条电缆不另增加屏蔽层)。若在此基础上再对整条电缆添加屏蔽层,则有F/FTP(整条电缆再加上铝箔屏蔽层)或S/FTP(整条电缆再加上金属编织层进行屏蔽)。所有的屏蔽双绞线都必须有接地线。在抗干扰能力上,U/FTP 比 F/UTP 好,而 F/FTP 是最好的。

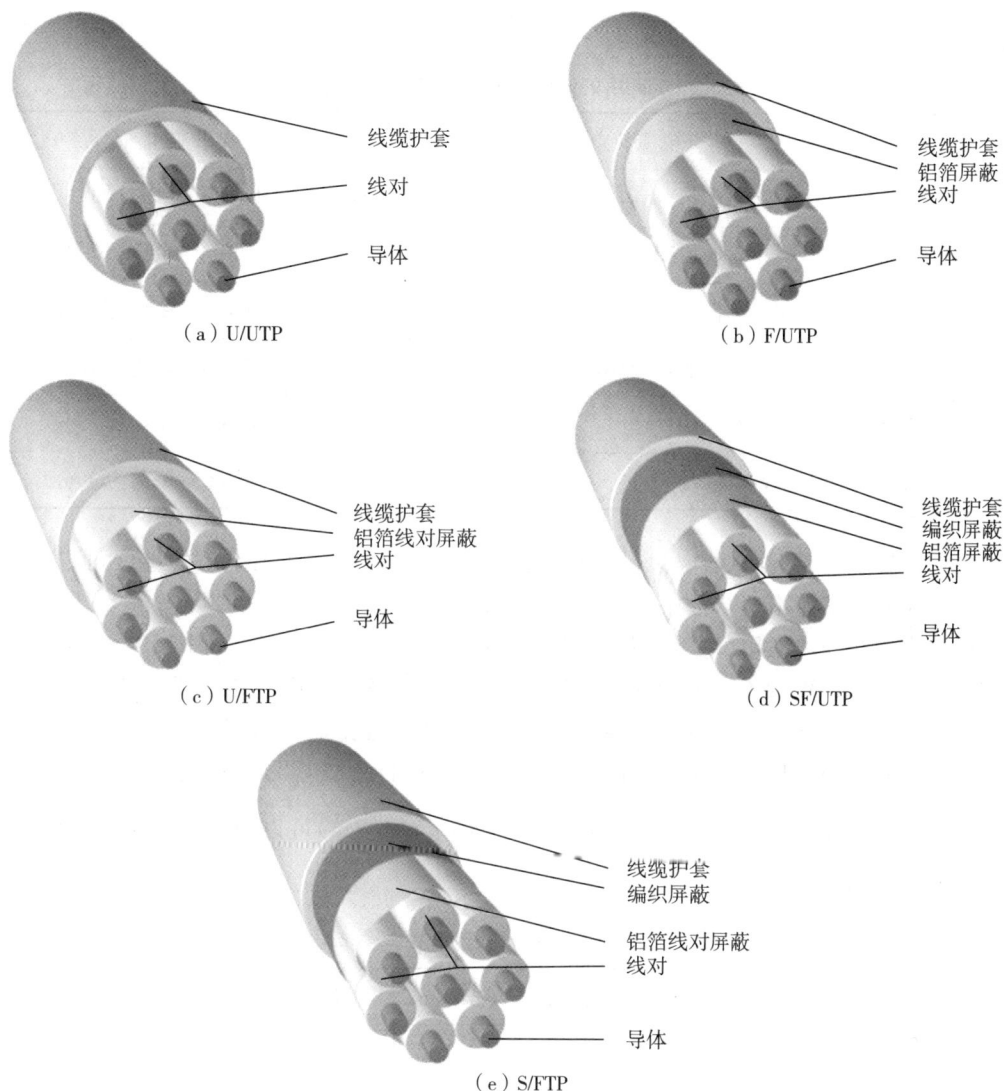

（a）U/UTP 线缆护套 线对 导体

（b）F/UTP 线缆护套 铝箔屏蔽 线对 导体

（c）U/FTP 线缆护套 铝箔线对屏蔽 线对 导体

（d）SF/UTP 线缆护套 编织屏蔽 铝箔屏蔽 线对 导体

（e）S/FTP 线缆护套 编织屏蔽 铝箔线对屏蔽 线对 导体

图 3-7　不同的双绞线类型

综合布线的电缆统一用 XX/Y/ZZ 编号表示。

XX 表示电缆整体结构(U 为非屏蔽、F 为箔屏蔽、S 为编织物屏蔽、SF 为编织物+箔屏蔽),Y 为线对屏蔽状况(U 为非屏蔽,F 为箔屏蔽),ZZ 为线对状态(TP 为两芯对绞线对, TQ 为四芯对绞线对)。

按照此规定,电缆可以分为 8 种类型:U/UTP、F/UTP、U/FTP、SF/UTP、S/FTP、U/ UTQ、U/FTQ 及 S/FTQ。其中 U/UTP、F/UTP、S/FTP、SF/UTP 为常用双绞电缆。

U/UTP 为总非屏蔽且内部为非屏蔽的双绞结构的电缆(常描述为 UTP)。

F/UTP 为总屏蔽且内部为非屏蔽的双绞结构的电缆(常描述为 FTP)。

S/FTP 为总编织屏蔽且内部为铝箔屏蔽的双绞结构的电缆(常描述为 STP 或 PiMF)。

SF/UTP 为总编织加铝箔屏蔽且内部为非屏蔽的双绞结构的电缆。

GB/T 18233 系列标准[①]第 1 部分给出了常用的绞合线的类别、带宽和典型应用,见表 3-1 所列。

表 3-1 常用的绞合线的类别、带宽和典型应用

类别	带宽	电缆特点	典型应用
3	16MHz	2 对 4 芯双绞线	模拟电话,以太网(10Mbit/s)
5	100MHz	与 3 类相比增加绞合度	传输速率为 100Mbit/s,距离为 100m
6	250MHz	改善串扰等性能,可使用屏蔽双绞线	传输速率为 10Gbit/s,距离为 55m
6A	500MHz	改善串扰等性能,可使用屏蔽双绞线	传输速率为 10Gbit/s,距离为 100m
7	600MHz	使用屏蔽双绞线	传输速率为 10Gbit/s,距离为 100m
8	2000MHz	使用屏蔽双绞线	传输速率为 40Gbit/s,距离为 30m

无论是哪种类别的双绞线,衰减都随频率的升高而增大。使用更粗的导线可以减小衰减。双绞线的最高速率还与数字信号的编码方法有关。

双绞线的线径习惯用《电线电缆和软线的安全参考标准》(ANSI/UL1581-2017)即美国线规(American Wire Gauge,AWG)来表示。这一线规制式中规格大致代表导线拉制过程中的步数,因而线号小的为粗线,线号越大直径越小(见表 3-2)。线规号递增 3 挡,表示横截面减少一半而电阻值增加一倍。导线直径从小到大,线规号依次为 26、25、24、23、22 等。用 $S=\pi R^2$ 和 $R=\rho \times \dfrac{l}{s}$(电阻率 $\rho=0.01725\Omega \cdot mm^2/m$)可以分别计算出每种电线(双绞线)的截面积和电阻。

表 3-2 《电线电缆和软线的安全参考标准》

美国线规(AWG)	直径/mm	直流电阻/(Ω/km)	正常电流/A	最大电流/A
26	0.404	135	0.506	0.577
25	0.455	106	0.641	0.731
24	0.511	84.2	0.808	0.921
23	0.574	66.6	1.022	1.165
22	0.643	53.2	1.280	1.460
16	1.298	13.0		
12	2.059	5.2		

---

① GB/T 18233 系列的第 1 部分:通用要求,第 2 部分:办公场所,第 3 部分:工业建筑群,第 4 部分:住宅,第 5 部分:数据中心,第 6 部分:分布式楼宇设施。

综合布线常用双绞线的线规为 22、23。线径越细,阻抗越大。线径的阻抗会影响信息传输的质量。

3)双绞线的信号传输

非屏蔽双绞电缆没有屏蔽层,其内一对(两条)导线的互相对偶强,而与外围环境的对偶弱,如图 3-8(a)、图 3-9(a)所示。因此,每对(两条)导线之间的差异只会降低少许的平衡。屏蔽双绞电缆内的一对(两条)导线,与屏蔽层的对偶较强,而与另一条导体的对偶较弱,屏蔽层降低平衡,产生过量的不平衡信号。屏蔽层越接近导体,导体对环境的对偶便越强,而平衡性亦越低,如图 3-8(b)、图 3-9(b)所示。因此导线间的差异会出现以下情况:

(1)屏蔽改变一对双绞线的电容耦合,从而衰减增加;

(2)信号输出端的平衡降级。

(a)双绞线传输平衡原理

(b)双绞线传输非平衡原理

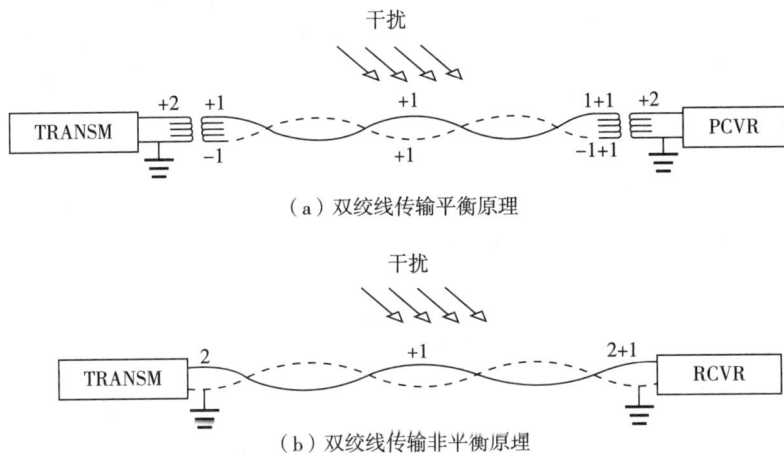

图 3-8 双绞线的信号传输

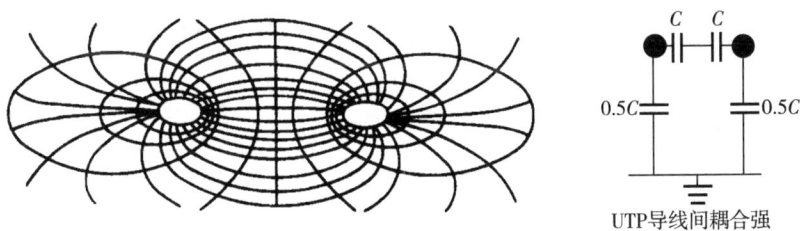

(a)非屏蔽双绞线传输耦合原理

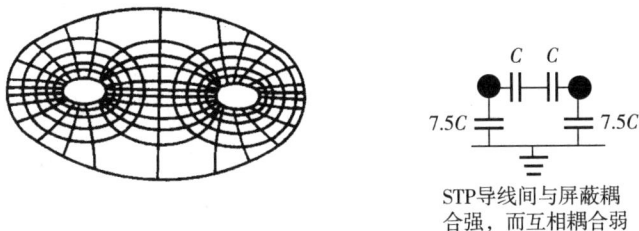

(b)屏蔽双绞线传输耦合原理

图 3-9 双绞线传输耦合原理

信号输出端的平衡降级,将在线对间引起耦合共模式信号,从而在屏蔽层上引起强烈的耦合。当频率增高时,情况更严重。因此,屏蔽层必须可靠接地,屏蔽的连接器必须正确终端,否则共模信号会使传输通道发出辐射信号。

2. 光缆

光缆是由单芯或多芯光纤构成的。光通信就是利用光纤传递光脉冲来进行通信的。有光脉冲相当于1,而没有光脉冲相当于0。由于可见,光的频率非常高,约为108MHz的量级,因此一个光纤通信系统的传输带宽远远大于目前其他各种传输媒体的带宽。

光纤是光纤通信的传输媒体。发送端的光源,可以采用发光二极管或半导体激光器,它们在电脉冲的作用下能产生出光脉冲。接收端利用光电二极管做成光检测器,在检测到光脉冲时可还原出电脉冲。

光纤通常由非常透明的石英玻璃拉成细丝,主要由纤芯和包层构成双层通信圆柱体。纤芯直径只有 $8\sim100\mu m$。光波正是通过纤芯进行传导的。包层较纤芯有较低的折射率。当光线从高折射率的媒体射向低折射率的媒体时,其折射角将大于入射角(见图3-10)。因此,如果入射角足够大,就会出现全反射,即光线碰到包层时就会折射回纤芯。这个过程不断重复,光也就沿着光纤传输下去。

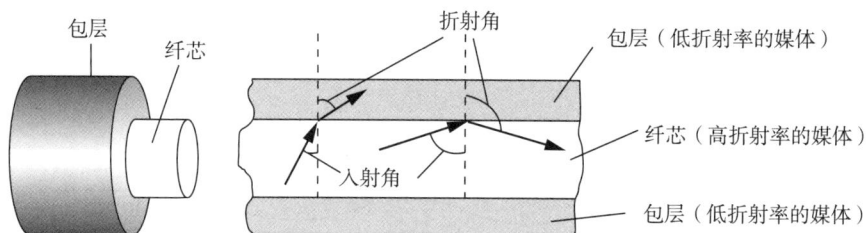

图3-10 光线在光纤中的折射

图3-11为光波在纤芯中的传输示意图。现代的生产工艺可以制造出超低损耗的光纤,即做到光线在纤芯中传输数公里而基本上没有什么衰耗。这一点乃是光纤通信得到飞速发展的最关键因素。

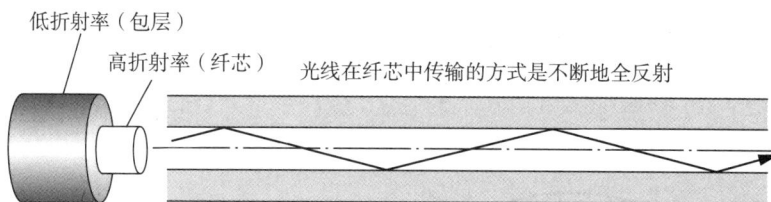

图3-11 光波在纤芯中的传输

图3-11中只画了一条光线。实际上,只要从纤芯中射到纤芯表面的光线的入射角大于某个临界角度,就可产生全反射。因此,可以存在多条不同角度入射的光线在一条光纤中传输。这种光纤就称为多模光纤,如图3-12(a)所示。光脉冲在多模光纤中传输时会逐渐展宽,造成失真。因此多模光纤只适合于近距离传输。

若光纤的直径减小到只有几个光波长的量级,则光纤就像一根波导那样,可使光线一直向前传播,而不会产生多次反射。这样的光纤称为单模光纤,如图 3-12(b)所示。单模光纤的纤芯直径只有几个微米,光源为半导体激光器,单模光纤的衰耗较小,在 100Gbit/s 的高速率下可传输 100 公里。

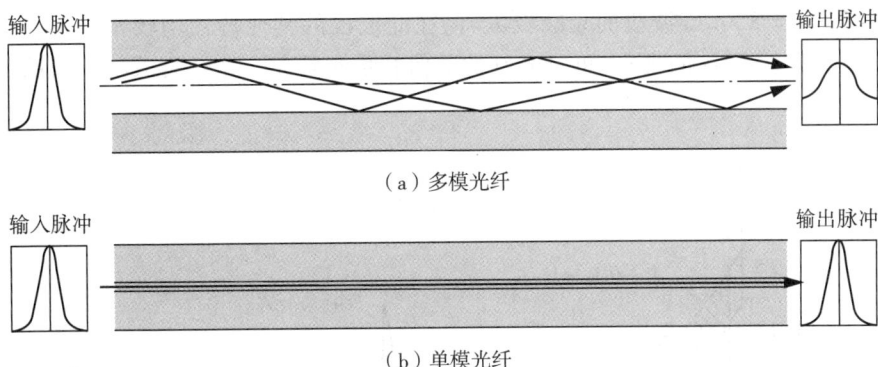

(a) 多模光纤

(b) 单模光纤

图 3-12 多模光纤和单模光纤的比较

由于光纤非常细,连包层一起的直径也不到 0.2mm。一根光缆少则只有一根光纤,多则可包括数十至数百根光纤,再加上加强芯和填充物就可以大大提高其机械强度。最后加上包带层和外护套,就可以使抗拉强度达到几公斤,完全可以满足工程施工的强度要求。为了远程供电,还可以放入电源线。四芯光缆剖面示意如图 3-13 所示。

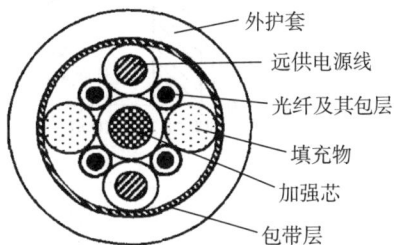

图 3-13 四芯光缆剖面示意

光纤不仅具有通信容量非常大的优点,还具有其他的一些特点。

(1)传输损耗小,中继距离长,对远距离传输特别经济。

(2)抗雷电和电磁干扰性能好。这在有大电流脉冲干扰的环境下尤为重要。

(3)无串音干扰,保密性好,也不易被窃听或截取数据。

(4)体积小,重量轻。例如,1km 长的 1000 对双绞线电缆约重 8000kg,而同样长度但容量大得多的一对两芯光缆仅重 100kg。

随着制造工艺的进步,光纤已经广泛地应用在计算机网络、电信网络和有线电视网络的主干网络中。光纤提供了高带宽,而且性价比高,在高速局域网中较多使用。例如,OM5 光纤(宽带多模光纤)使用短波分复用 SWDM(Short WDM),可支持 40Gbit/s 和 100Gbit/s 的数据传输。

光纤衰减是指光信号的能量从发送端经过光纤传输后到接收端的损耗。它直接影响信息的传输距离。光纤衰减定义为长度为 L(km)的光纤输出端光功率 P_o 与输入端光功率 P_i 的比值,用分贝(dB)表示为

$$\alpha_1 = \frac{10}{L}\lg(P_o/P_i) \tag{3-1}$$

如光功率经过长 1km 的光纤传输后,输出光功率是输入的一半,则此光纤的衰减为

$$\alpha_f = 3\text{dB/km}$$

在光纤通信中常用的三个波段的中心分别位于 850nm、1300nm 和 1550nm。后两种情况的衰减都较小。850nm 波段的衰减较大,但在此波段的其他特性均较好。这三个波段都具有 25000~30000GHz 的带宽,可见光纤的通信容量非常大。光纤衰减与波长的关系如图 3-14 所示。

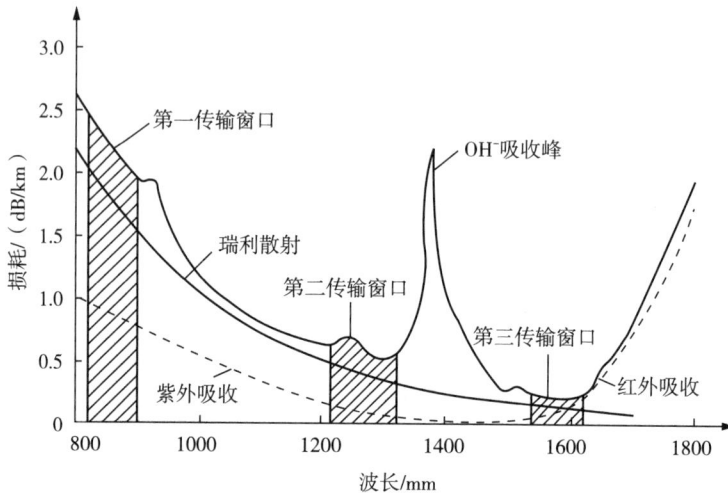

图 3-14 光纤衰减与波长的关系

引起光纤衰减的主要原因如图 3-15 所示。

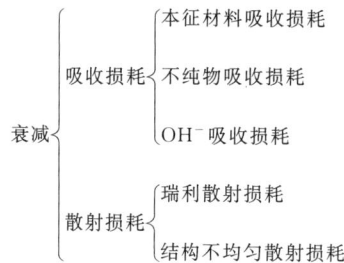

图 3-15 引起光纤衰减的主要原因

综合布线工程常用的光纤传输性能要符合表 3-3 和表 3-4 的规定。

表 3-3 光缆(最大)衰减 单位:dB/km

	OM3 和 OM4 多模		OM5 多模		OSla 单模			OS2 单模		
波长	850nm	1300nm	850nm	1300nm	1310nm	1383nm	1550nm	1310nm	1383nm	1550nm
衰减	3.5	1.5	3.0	1.5	1.0	1.0	1.0	0.4	0.4	0.4

表 3-4　多模光纤模态带宽①

		最小模式带宽/(MHz·km)				
		满注入带宽			有效激光注入带宽	
波长		850nm	953nm	1300nm	850nm	953nm
类别	纤芯直径/um	—	—	—	—	—
OM3	50	1500	N/A	500	2000	N/A
OM4	50	3500	N/A	500	4700	N/A
OM5	50	3500	1850	500	4700	2470

注:模态带宽要求用于能够生产相关光纤光缆类别的光纤。除了支持与 OM4 相同的 850nm 和 1300nm 带宽外,OM5 还为在 850nm 至 953nm 波长范围内使用波分复用的应用提供优势。

多模光缆为 OM3、OM4 和 OM5 的成缆光纤类别使用多模、渐变折射率光纤波导来实现,该光纤具有标称为 $50/125\mu m$ 的纤芯/包层直径和数值孔径。

单模光缆为 OS1a 和 OS2 的成缆光纤,一种用于室内(OS1a),一种用于户外(OS2)。

当实际工程要求光纤或线缆的弯曲半径必须小于 25mm 时,宜使用 B6 光纤。B6 光纤(即弯曲损耗不敏感单模光纤)是专门为接入网和复杂布线环境设计的光纤类型,具有优异的抗弯曲性能,适用于小弯曲半径场景。

传输时延可使用单位传输延迟为 5.00ns/m(0.667c)的保守转换值。该值可用于计算信道时延而无须验证。

3.2.2　综合布线系统的连接器件

连接器件(connecting hardware)用于连接电缆线对和光缆光纤的一个器件或一组器件。连接器件主要有配线架、信息插座、RJ45 模块/水晶头和光纤连接器等。

---

① 多模光纤的模态带宽是衡量其传输能力的重要参数,主要受模式间色散(模态色散)的影响。模态带宽指光纤在单位距离(通常为 1 公里)内能够支持的最大信号带宽,单位为 MHz·km。它反映了由于不同光模传播速度差异导致的脉冲展宽对信号传输的限制。影响因素折射率分布:阶跃折射率光纤,模式间时延差较大,带宽较低;渐变折射率光纤(如抛物线型折射率),通过优化折射率分布,减小高阶与低阶模式的群速度差异,显著提升带宽(如 OM3/OM4 光纤)。光源类型:激光光源(VCSEL),激发模式较少,减少色散,提升有效带宽;LED 光源,激发更多模式,带宽较低,逐渐被淘汰。波长:850nm 波段模态带宽较高,但衰减较大;1300nm 波段衰减较低,但带宽可能受限。OM1/OM2 多模光纤,带宽较低(如 OM1 带宽为 200MHz·km@850nm)。OM3/OM4 优化渐变折射率设计,支持更高带宽(OM3 为 1500MHz·km,OM4 为 3500MHz·km@850nm),适用于 10G/40G/100G 短距离传输。OM5 专为短波分复用(SWDM)设计,支持多波长传输,扩展了多模光纤的应用场景。带宽与距离的关系:模态带宽与传输距离成反比。例如,若光纤模态带宽为 500MHz·km,在 1 公里距离下支持 500MHz 带宽,2 公里时则降至 250MHz。测试方法:时域法测量脉冲展宽,计算带宽;频域法通过调制信号衰减确定带宽。遵循标准如 ISO/IEC 11801,确保光纤性能一致性。应用场景:多模光纤主要用于短距离通信(如数据中心、局域网),因其成本低、易于连接。单模光纤则用于长距离、高带宽需求场景。未来趋势:通过进一步优化折射率剖面和采用新型光源(如高速 VCSEL),多模光纤将继续支持更高速率(如 400G/800G 以太网)。总结:多模光纤的模态带宽是模式色散、折射率设计、光源特性共同作用的结果。随着技术进步,其带宽性能不断提升,满足了日益增长的高速短距离通信需求。

配线架(patch panel)分铜缆配线架(24/48 口)和光纤配线架(熔纤盘)。

信息插座(信息模块)分墙面或地面安装,提供用户接入点(如 RJ45 接口)。

RJ45 模块/水晶头用于双绞线端接,匹配 Cat5e/6/6A 等级;光纤连接器分 LC(小型)、SC(方形)、MTP/MPO(高密度多芯)。

1. 铜缆连接器件

1)电缆配线架

配线架(distributor)是用来端接(或连接)电缆,并用跳线(或压接跳线)来管理(连接、移动或改变)接(端)口的装置。

电缆配线架分卡(压)接式配线架和插接式(RJ45)配线架等。卡(压)接式配线架主要用于低俗的语音传输,插接式配线架主要用于数据或视频传输。

(1)卡(压)接式配线架。110 配线架是由高分子合成阻燃材料压模而成的塑料件,其上装有若干齿形条,每行最多可端接 25 对线。沿配线架正面从左到右均有色标,以区别各条输入线。这些线放入齿形条的槽缝里,再与连接块接合。利用工具(788J1),就可以把配线环的连线"冲压"到 110C 连接块上。一次操作,最多可端接 5 对线,具体数目取决于所选用的连接块大小。

110 型配线架有 A 型、D 型和 P 型三种。

① 110A 配线架。110A 配线架配有若干引脚,以便为其后面的安装电缆提供空间。配线架侧面的空间,可供垂直跳线使用。

② 110D 配线架。110D 配线架没有支撑腿,不能安装在墙上,只用于某些空间有限的特殊环境,如装在机柜内。

③ 110P 配线架。110P 型配线架由 100 对 110D 配线架及相应的水平过线槽组成,安装在一个背板支架上,底部有一个半密闭状的过线槽,如图 3-16 所示。110P 型配线架有 300 对和 900 对两种型号。它用插接式跳线代替跨接线,为管理提供方便。110P 型配 188C2 和 188D3 垂直底板,这两种地板上配有分线环,以便为 110P 终端块之间的跳线提供垂直通路。188E3 底版为 110P 终端块之间的跳线提供水平通路。

④ 110C 连接场。110 配线架都采用 110C 连接块。110 连接块(connecting block)是 110 连接场的"心脏",它是一个小型的阻燃的塑料模密封器,内含熔锡快速

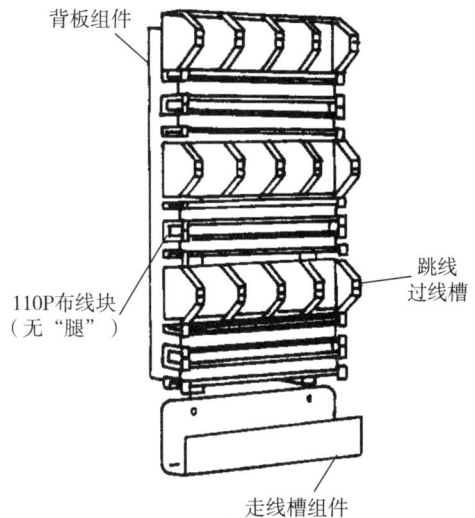

图 3-16 110P 型 300 对线的接线块组装件

接线夹子。当连接块推入接线场的齿形条时,这些夹子就切开连线的绝缘层。连接块的顶部用于交叉连接,顶部的连线通过连接块与齿形条内的连线相连。

110C 连接块如图 3-17(a)所示。110C 连接块有 3 对线(110C-3)、4 对线(110C-4)和 5 对线(110C-5)三种规格。每个连接块包括一个单层、耐火的塑模密封器,内含熔锡接线柱,穿过双绞线的绝缘层,接到连接块的底座上,并在配线间上为双绞线和跳线之间提供电

气的紧密连接。连接块上的颜色标识顺序:5 对连接块为蓝、橙、绿、棕、灰,4 对连接块为蓝、橙、绿、棕,3 对连接块为蓝、橙、绿。在 25 对 110C 配线架基座上,可使用 5 个 4 对连接块和 1 个 5 对连接块,也可使用 7 个 3 对线连接块和 1 个 5 对线连接块。从左到右压接,与 25 对大对数电缆色序一致。110C 型终端块便于每个 3 对线和 4 对线的线路都断开,以利于进行测试,而不会影响邻近的线路。110C 连接块的组装如图 3-17(b)所示。

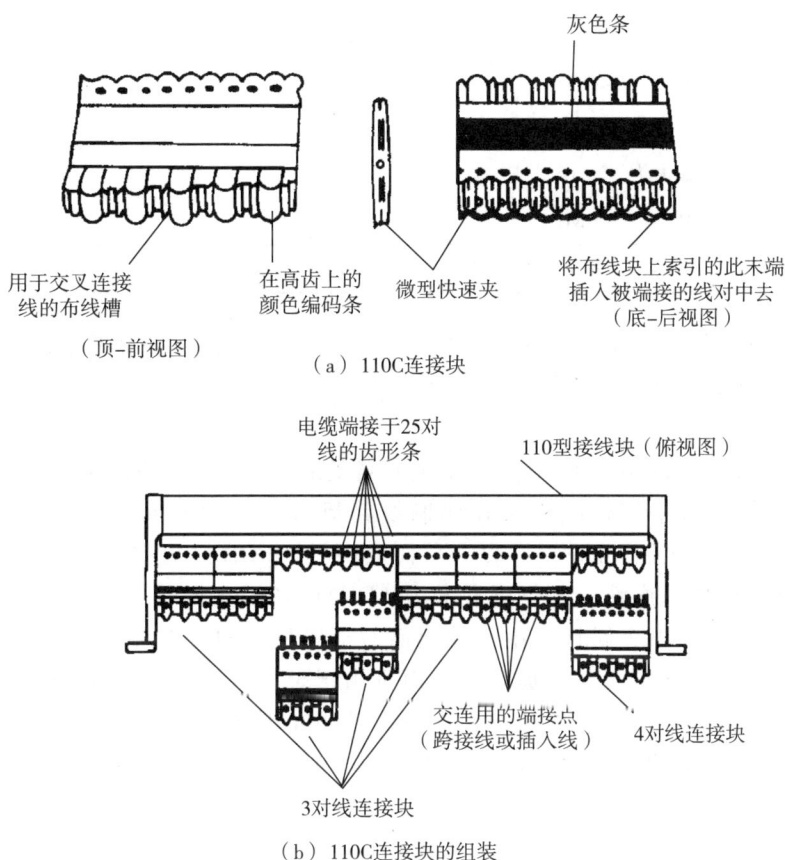

（a）110C连接块

（b）110C连接块的组装

图 3-17 110C 连接场

(2)模块化插接式配线架。一般安装在 19 英寸机架上的模块化(插接式)配线架如图 3-18 所示,其间隔消除邻近信道的外部串扰(alien crosstalk),支持信息(10Gbps)传输。它的高度可容纳 24 个非屏蔽信息模块,后端(背面)可卡接双绞线(如 4 对双绞线),而前端(正面)插入较短的插接式跳线。前端(正面)贴上标签便于识别,使移动、增加、改变更容易。配线架的机械特性和电气特性见表 3-5 所列。

图 3-18 通用模块式配线架

表 3-5　配线架的机械特性和电气特性

机械特性	
材料	镀镍层的磷青铜,有 $50\mu m$ 镀金层和 $100\mu m$ 镀镍层
模块式触点	RJ45,8 针
IDC 触点	卡接 22～26 线规实芯电缆
电气特性	
额定电压	最大交流为 150V
额定电流	最大为 1.5A
接触电阻	最大为 $10m\Omega$
绝缘层电阻	最小为 $500M\Omega$
介电强度①	在 50Hz 条件下,1000V(有效值),1min

理线架是配线架的一种辅助装置,它能有效地降低线缆变形,提高网络连接点的工作稳定性,避免发生由线缆松动、变形等引起的网络故障。

2)电缆信息插座

信息插座(telecommunications outlet)支持各类通信业务的线缆终端模块。

电缆信息插座有采用连线焊接在印刷线路板(Printed Circuit Board,PCB)上[见图 3-19(a)]和金属针压制[见图 3-19(b)]而成两类。PCB 模块中的各个零件安装在环氧树脂线路板上,技术成熟。数据通信模块(DCM)采用金属针压制而成,即从端接面到插座面是完整的一根金属针。由于端接面对金属材质的需求与插座面的需求是有差异的,这就意味着对材质的要求提高了。而且由于金属针的长度较 PCB 结构的金属针要长,因此带来的好处是信息传输过程中不再需要在不同的介质之间切换,而每一次切换就意味着一次能量的辐射和衰减。RJ45 模块内具有与 RJ45 跳线配套的补偿,可以将模块的性能指标提到最高。

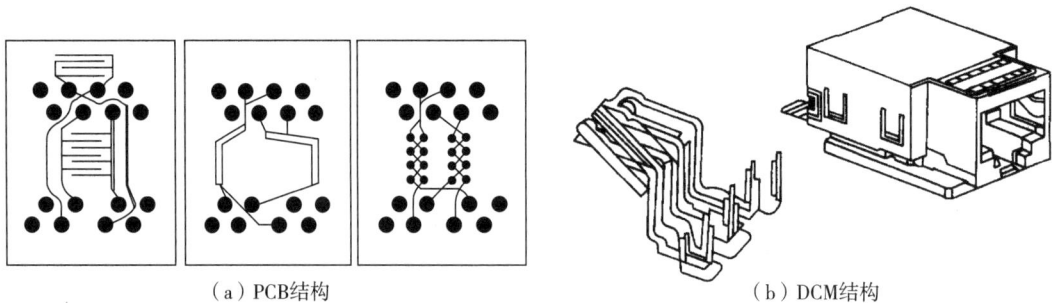

（a）PCB结构　　　　　　　　　　　　　（b）DCM结构

图 3-19　信息插座模块内在结构

---

① 介电强度是指材料能承受而不致破坏的最高电场强度。

事实上,RJ45 模块内部及周边是链路损耗最大的地方:在模块内,线路必然会弯曲,当弯曲度超过全反射角时,必然会出现辐射,从而造成信号衰减;在模块外部,RJ45 头与模块的连接处、水平双绞线与卡接处、金属针之间、线与 V 形槽之间无法做到弧线形连接,因此必然会出现辐射和衰减。

信息插座模块既可安装在信息插座接线盒内,也可安装在配线架上,亦可与面板或配线架连接成一体。任选垂直(90°)和可变角度(45°)安装方式,而不需要特别面板。信息插座(MGS600)的基座背面 IDC 端子卡(压)接电缆(22AWG 至 24AWG)。六类非屏蔽模块与六类水平线缆配合时,能够满足高速数据及语音信号的传输,传输可达到 250MHz。超六类非屏蔽模块与超六类水平线缆配合时,传输可达到 500MHz。六类非屏蔽模块改良的端口部分使线缆终端部分更容易安装和更稳固,背面加入交叉结构,可进行适当的成对定位,六类非屏蔽模块后侧面盖板可防止脏污。超六类非屏蔽模块向后兼容,接口形式为 RJ45,支持 568A/B 打线方式,并与电话接口(RJ11 型)兼容,可随时转换接插语音或数据终端。插拔最少为 750 次。

3)电缆连接线

电缆连接线可分为电缆跳线和电缆接插线,长度为 0.6~20m,支持以太网供电应用。

(1)电缆跳线。若连接压接式配线架,可把一段双绞线(4 对线)的外护套剥去,对线压接在压接式配线架的 110C 连接块上。这种压接方式用的一段双绞线称为跳线(跨接线)。跳线有 1、2、3 对线或 4 对线几种,即用即作。

(2)电缆接插线。电缆接插线是在一段双绞线(4 对线)的一端或两端装上连接器,连接器通常是 RJ45 或 RJ11 插头。这种在一段双绞线一端或两端装上连接器称为电缆接插线。RJ45 或 RJ11 插头内部防刺破结构可抵消串扰,锁定销可防止接插极性接反或各个线对错开。在双绞线一端或两端装上的连接器,一般由专用设备制作。

电缆接插线把终端设备连接到信息插座上,称为工作区连接线(work area cord);电缆接插线把设备连接到配线架上,称为设备连接线(equipment cord)。

电缆接插线用的实芯裸铜导体直径不宜小于 0.574mm(23AWG),绝缘层标称直径为 1.02mm,RJ45 或 RJ11 插头触点材料磷青铜,有 50mm 镀金层和 100mm 镀镍层;介电强度在 60Hz 条件下,100V(有效值),1min;额定电压最大交流为 150V,额定电流为 1.5A,绝缘层最小电阻为 500MΩ,接触电阻最大为 10mΩ。

跳线的性能直接决定整个信道的性能。相对固定线缆,跳线的移动、增加和变动对信道传输性能的影响大,应使用原厂商制作的电缆连接线。

4)铜缆连接器件连接工艺

在综合布线系统中,双绞线与配线架或信息插座都采用绝缘体位移连接,其步骤如图 3-20 所示。这种连接方法是一种无须剥离电线保护层的连接方式。当接线无误时,其绝缘层被移位形成连接。所形成的触点是被绝缘层气密保护的,外界的气体很难以进入接触区。所以触点的连接可以保证有长时间的可靠性。与端子进行连接的电缆并不需要像焊接那样进行脱皮,提高了工效。

通常绝缘体位移连接分为三步:

(1)将电缆和绝缘体位移连接触点的相对位置固定;

(2)在外力作用下将电缆线压入绝缘体位移连接触点所形成的"刀口"当中,此时,电缆

线外皮被刀口割开,触点与内层的芯线实现了接触;

(3)电缆线被定位在合适的深度。

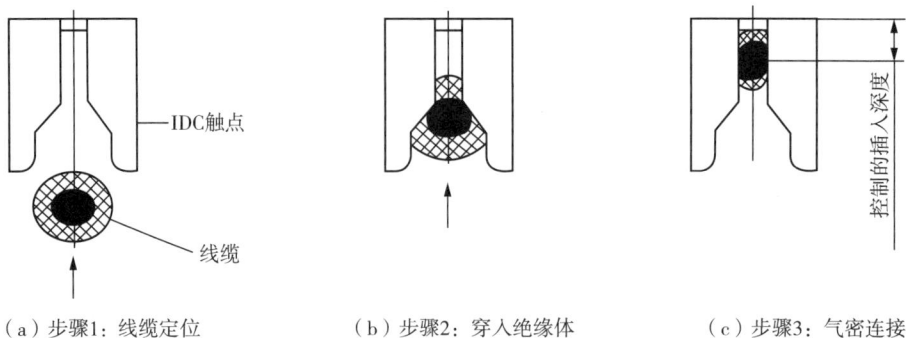

（a）步骤1：线缆定位　　　　（b）步骤2：穿入绝缘体　　　　（c）步骤3：气密连接

图 3-20　绝缘体位移连接

　　配线架(或信息插座)上连接模块与电缆导线之间的接触,由接触缝和具有弹性的镀银接触片组成,如图 3-21 所示。它们与嵌入导线的轴线呈 45°。用插入工具把导线压入接缝时,切刀自动割开导线的保护层,并将导线压入接触簧片的两个接触面之间。通过绝缘层的压移,接触簧片产生恒定的扭转力和恢复力,与导线建立了两个永久性的且与空气隔离的接触点。夹助使接点从两面把导线紧紧地夹住,保证了机械连接的完整性。对接线工具的一次简单的压入动作,就能端接好导线,并切断多余的部分。

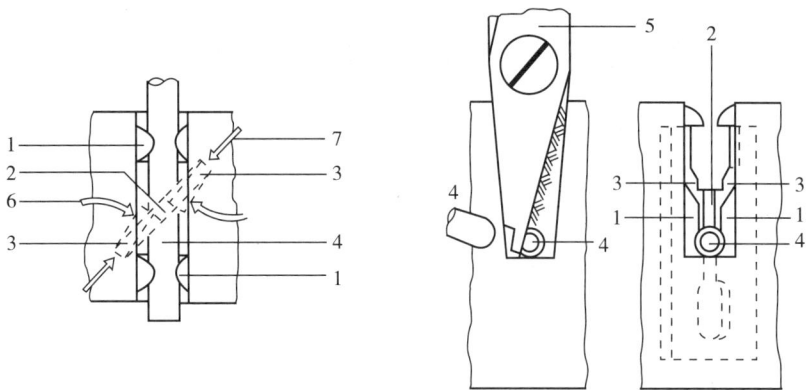

1—夹助；2—接触缝；3—镀银接触片；4—导线；5—插入工具；6,7—接触簧片。

图 3-21　接触点技术

　　这种不用焊接、不用剥除导线保护层的接触点技术能重复卡接 200 多次,可以防止腐蚀,从而提高了传输通道的信息传输质量。

　　2. 光纤配线架

　　1)光纤配线架

　　光纤配线架用于光缆与光通信设备之间的成端、连接、调度和管理,支持光纤线路的灵活分配与维护。

　　光纤配线架分为单元式、抽屉式和模块式光纤配线架。光纤配线架一般由光纤耦合器、光纤固定装置、熔接单元和标识部分等构成,能方便光纤的跳接、固定和保护。

柜式光纤互连装置采用拉出式托盘、支架安装。它可装在 48.26cm(19in)机柜内,用于端接和(或)熔接光缆,并使光缆按顺序对接。

光纤配线架可支持 24 条 ST、24 条 SC 或 12 个 SC 双工接头终端。当用作拼接盘时,可容纳 24 个拼接、32 个独立熔接或 12 个大量熔合拼接。组合柜本身含有一个滑动式抽盘,其中包含两个 7.6cm 的储存轴及两个防水电缆扣锁开口,它可以保证足够的光纤弯曲半径。亦可自行加上拼接组织器。光纤组合柜亦有两个用纤维制造的、可自动上锁的滑架,可把组合柜从框架上拉开,以方便存取。组合柜本身以两个钢制的托架装在支架上,如图 3-22 所示。

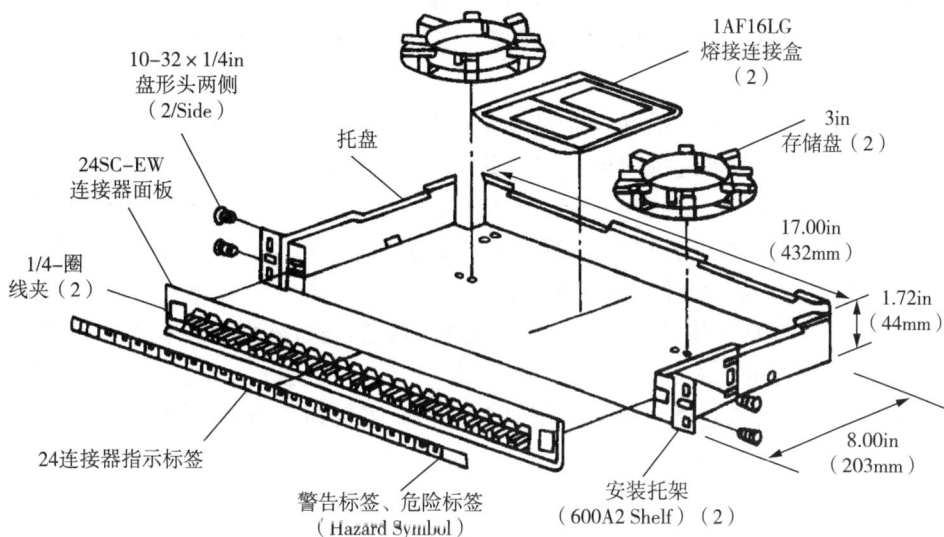

图 3-22 光纤配线架结构(600A2)

光纤配线架用于室内光缆端接和/或接续。组件包括:

- 容纳后面拐角和侧面线槽的铝制托架;
- 用于固定光缆的光缆固定器(图 3-22 中未显示);
- 弯曲半径为 3.81cm 的光纤存储盘(storage);
- 连接器前面板(24SC-EW),用来固定连接器耦合;
- 防尘盖(183UI),放置于配线盒顶部,保护光纤避免尘土和其他损害(图 3-22 中未显示);
- 熔接连接盒(IAF1-16LG),用于容纳和保护光纤熔接点的托盘式组件;
- 线槽(IU-19)实现与配线架连接的光纤跳接管理之用(图 3-22 中未显示)。

模块化光纤配线架(600G2)高度为 1U(1U=44.45mm)或 2U,深(含理线器)为 45.72cm(18in),支持 48 芯光纤,熔接或磨接 ST、SC 或 LC 光纤连接头,集成一体化的理线器,采用固定式或滑轨式配线盘。前部可翻转,配置前部理线器,阻水式线缆入线管,支持线缆直径从 6.35mm 到 12.70mm,还支持室外光缆(OSP)。

2)光纤连接线

尾纤(tail fiber)是一段一端带有光纤连接插头的光缆组件。

跳纤(optical fiber jumper)是一段光纤两端均带有光纤活动连接插头的光缆组件。

光纤连接器(optical fiber connector)由跳纤或尾纤和一个与插头匹配的适配器组成。光纤适配器(optical fibre adapter)将光纤连接器实现光学连接的器件。

光缆引入与接地单元(optical cable entry and grounding unit)供光缆固定、开剥并对光缆、纤芯提供保护,同时使光缆金属部分可靠接地并与机架绝缘的构件。

光纤连接器的接头主要有 SC、LC 两个型号,LC 接头采用 RJ45 插拔锁扣方式,外形尺寸为 1.25mm,比 SC 接头减小 50%,端接密度大,插入损耗小(多模为 0.1dB,单模为 0.1dB)。普通双工 LC 连接器与双工 Mini LC 连接器相比,主要的差别是双工 Mini LC 连接器的两个 LC 接头间距从 6.25mm 缩减到了 5.25mm。

选用光纤跳线或尾纤,要与所连接的光纤传输通道所用的光纤相匹配。当采用一根或两根光纤建立一个连接时,可选用 LC 连接器。当采用两根以上的光纤建立一个连接时,宜优先选用 MPO/MTP 连接器。

为了提高端接密度,光纤的接头是从 LC 向 MTP/MPO 演变,可将单个光纤连接器组合在一起,称为多芯光纤推进锁闭连接器。其外围零件为推/拉式结构,插头由芯部和外壳组成。芯部采用插头体和导向销,外壳的内部可以容纳弹簧,以施力于插头体,外部形状则与插座中的有关零件相配,形成如 SC 型连接器那样的插入锁紧机构。拔出时,只要按规定方向牵拉,锁紧力就可解除,插头即可拆下。

多芯光纤连接器都是基于多插芯的多芯光纤连接器,通过阵列连接多芯(如 2 芯、4 芯、8 芯、12 芯、24 芯等)光纤。多芯光纤机械推拉连接器是基于多芯光纤推进锁闭连接器发展而来的,在光学性能和机械性能上都得到了加强,MTP 可以向下兼容 MPO。MPO/MTP 连接器和适配器如图 3-23 所示。

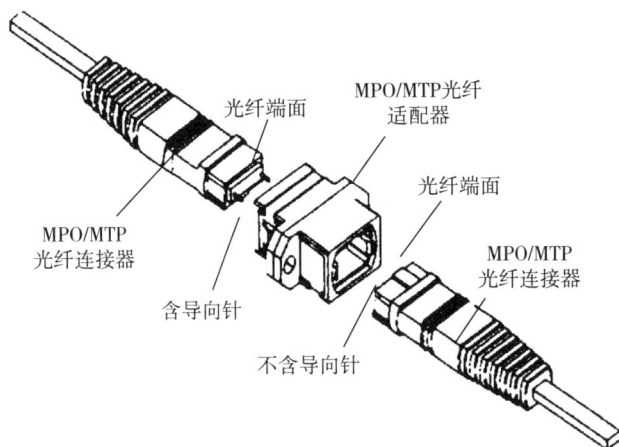

图 3-23　MPO/MTP 连接器和适配器

MPO 连接器主要用于数据中心的高密度环境以及分光器(40G、100G,QSFP+等)的光收发器件。MPO 连接器内排放的总数个同,分为一列(12 芯)、多列(24 芯或以上)。

MPO 可由几个因素来区分:芯数(光纤阵列数 array number)、公母头(male-female)、极性(key)、抛光类型(PC 或 APC)。选择 MPO 连接器时需明确以下几点。

（1）芯数：根据网络速率和链路需求（如 12 芯或 24 芯）。

（2）公母头：成对匹配（公头插母头）。

（3）极性：按布线标准（Type A/B/C）确保链路正确。

（4）抛光类型：APC 用于低反射场景，PC/UPC 用于通用高速链路。

3）光纤连接分配方式

（1）双芯光纤连接硬件。双芯光纤连接分配方式应如图 3-24 所示。

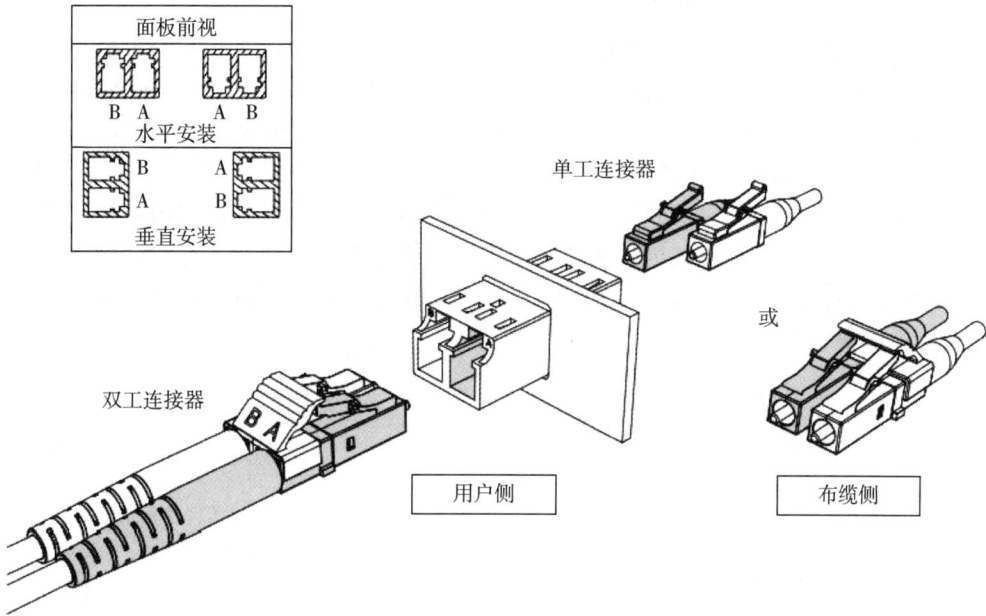

图 3-24　双芯光纤连接分配方式

注：注意阴影和 A/B 标记，仅供参考。

（2）多芯光纤连接硬件。对于超过 2 芯以上的光纤终端接口（如 MPO 型连接器）每排最多 12 芯，宜采用单排或双排 12 芯，光纤终端连接硬件分配方式如图 3-25 所示。

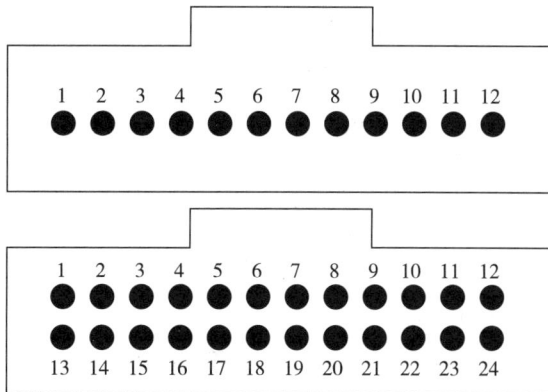

图 3-25　光纤终端连接硬件分配方式（固定或活动连接器的正面视图）

3.3 综合布线系统配置

3.3.1 综合布线系统的拓扑结构

1. 综合布线系统基本拓扑结构

综合布线系统的拓扑结构一般为树状,如图 3-26 所示。在建筑物的每个楼层,通常以本楼层的楼层配线架为中心,本楼层各工作区的信息插座通过水平子系统的线缆与楼层配线架直接相连。信息插座与楼层配线架为星形分布。在每栋建筑物设置一个设备间,放置本栋建筑物配线架。该建筑物各楼层的楼层配线架通过垂直(干线)子系统的线缆与建筑物配线架直接相连。因此,楼层配线架与建筑物配线架也为星形分布。在园内的建筑群,一般设置一个建筑群配线架,与园区内各建筑物配线架同样为星形分布。这样,贯穿整个建筑群的综合布线系统便是一个三级树形拓扑结构。建筑群配线架是树的根,建筑物配线架是主枝,楼层配线架是分枝,信息插座是树叶。

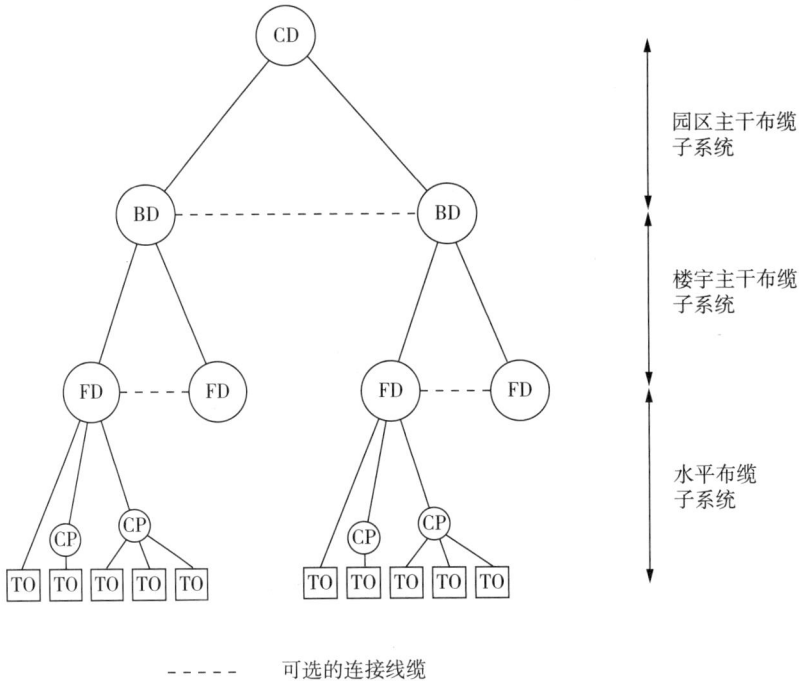

- - - - - 可选的连接线缆

图 3-26 综合布线系统的拓扑结构图

2. 综合布线系统拓扑结构冗余

在某些建筑物,为火灾或外部服务连接故障等危害提供防护,综合布线系统可采用冗余结构,结构化框架中各功能(元素)之间连接的内在关系如图 3-27 所示。

从图 3-26 和图 3-27 可以看出,可把综合布线系统划分为 6 个部分(子系统):工作区、水平子系统、配线间、干线子系统、设备间、建筑群子系统,按结构化结构进行配置设计。但并非所有的建筑物都包括 6 个子系统,如楼层配线架可以根据具体建筑物的结构和应用需要进行取舍。

(1)建筑物楼层面积较大(如会展中心、体育场馆、机场/车站)等,若楼层配线架传输到信息插座的距离超过双绞线传输距离 100m,一个楼层配线架管理的范围难以覆盖整个楼层,可以设置两个楼层配线架管理该层的信息插座。

(2)建筑物信息插座密集的楼层,可以在一个楼层中心设置一个以上的楼层配线架。

若建筑物各楼层面积不大,信息插座数量也不多,可以多层(如两层或三层)共用一个楼层配线架。

(3)在一些特殊应用场合,楼层配线架和楼层配线架之间以及建筑物配线架和建筑物配线架之间也是可以直接相连的,在图 3-26 中用虚线表示。甚至信息插座可以越过楼层配线架直接与建筑物配线架相连,楼层配线架越过建筑物配线架直接与建筑群配线架相连。

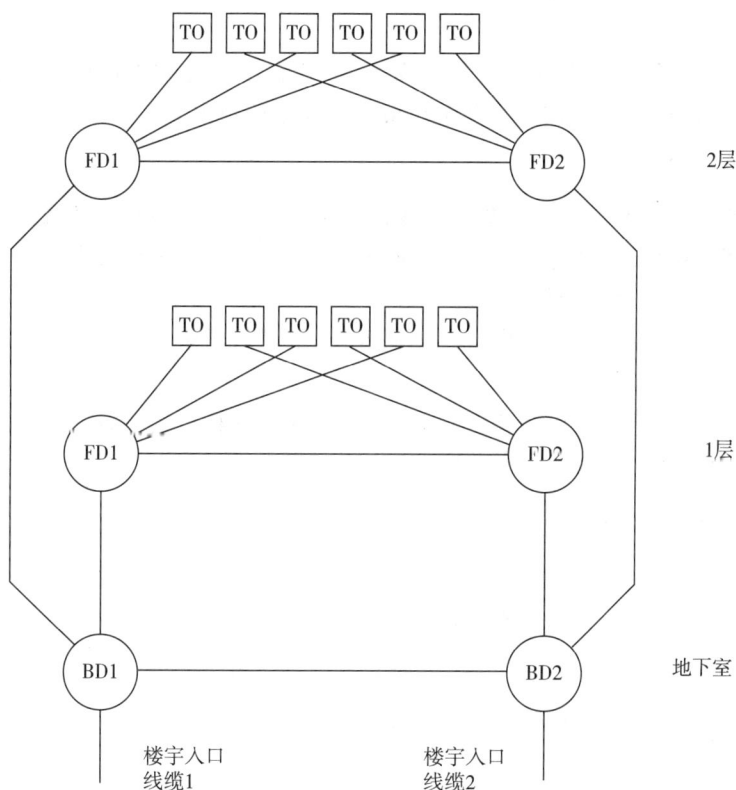

图 3-27　结构化框架中各功能(元素)之间连接的内在关系

3.3.2　工作区

一个独立的需要设置终端设备的区域宜划分为一个工作区。工作区应包括信息插座模块与终端设备连接的缆线及适配器。

1. 工作区面积的划分

建筑物的功能类型较多,每个工作区的服务面积应按不同的应用功能确定,工作区面积需求一般可参照表 3-6。

表 3-6　工作区面积划分表

建筑物类型及功能	工作区面积/m²
网管中心、呼叫中心、信息中心等座席较为密集的场地	3～5
办公区	5～10
会议、会展	10～60
商场、生产机房、娱乐场所	20～60
体育场馆、候机室、公共设施区	20～100
工业生产区	60～200

注:(1)如果终端设备的安装位置和数量无法确定,或使用场地为大客户租用并考虑自行设置计算机网络,工作区的面积可按区域(租用场地)面积确定。

(2)数据通信托管业务机房或数据中心机房,可按生产机房每个机架的设置区域考虑工作区面积。此类项目涉及数据通信设备安装工程设计,应单独考虑实施方案。

为了满足不同功能与特点的建筑物的需求,综合布线系统的工作区面积划分与信息点配置数量也可参照国家现行标准《综合布线系统工程设计规范》(GB 50311—2016)。

2. 工作区适配器

终端设备如计算机网络设备的物理连接接口采用 RJ45 接口,可以不考虑适配器。若终端设备的物理连接接口采用非 RJ45 接口,如 RS232、BNC 等,则需要为其选配适配器。工作区适配器的选用应符合下列规定:

(1)设备的连接插座应与连接电缆的插头匹配,不同的插座与插头之间互通时应加装适配器;

(2)在连接使用信号的光电转换、数据传输速率转换等相应的装置时,应采用适配器;

(3)对于网络规程的兼容,应采用协议转换适配器。

3.3.3　水平子系统

水平(配线)子系统是由工作区内的信息插座模块、信息插座模块至配线间配线架的水平缆线、配线间的配线架及设备缆线和跳线等组成。

1. 信息插座

信息插座是连接配线线缆和工作区域跳线的物理接口。

1)信息插座设置

应按近期和远期终端设备的设置要求、用户性质、网络构成及实际需要确定建筑物各层需要安装信息插座模块的数量及其位置。每一个工作区信息插座模块数量不宜少于 2 个,并应满足各种业务的需求。表 3-7 作了一些分类,可提供设计者参考。

表 3-7　信息点数量配置

建筑物功能区	信息点数量(每一工作区)			备注
	电话	数据	光纤(双工端口)	
办公区(基本配置)	1 个	1 个	—	—
办公区(高配置)	1 个	2 个	1 个	对数据信息有较大的需求

建筑物功能区	信息点数量（每一工作区）			备注
	电话	数据	光纤（双工端口）	
出租或大客户区域	2个或2个以上	2个或2个以上	1个或1个以上	指整个区域的配置量
办公区（政务工程）	2～5个	2～5个	1个或1个以上	涉及内、外网络时

注：对出租的用户单元区域可设置信息配线箱，工作区的用户业务终端通过电信业务经营者提供的光网络单元（Optical Network Unit，ONU）直接与公用电信网互通。大客户区域也可以为公共设施的场地，如商场、会议中心、会展中心等。

2）信息插座安装方式

信息插座安装方式有两大类：暗装（嵌入式）和明装（表面式）。

暗装是指插座的底盒嵌在墙壁内或地板下，仅面板露在外面。

明装插座的底盒是裸露的，可以安装在墙面的表面。明装插座主要用在既有建筑的布线改造和临时性布线场合。

暗装插座的底盒，一般由"土建方"负责施工；明装插座的底盒、面板和模块由"综合布线施工方"统一提供。

信息插座的面板和模块有多种颜色，应根据建筑内部装修风格，选择尽可能协调一致的面板颜色。常用面板一般有单孔、双孔、四孔。面板的选择除了考虑出孔数量之外，还要考虑安装方式。

信息插座的底盒数量应由插座盒面板设置的开口数确定，并应符合下列规定：

（1）每一个底盒支持安装的信息点（RJ45模块或光纤适配器）数量不宜大于2个；

（2）光纤信息插座模块安装的底盒大小和深度应充分考虑到水平光缆（2芯或4芯）终接处的光缆挽留长度的盘留空间和满足光缆对弯曲半径的要求；

（3）信息插座底盒不应作为过线盒使用。

RJ45 8位模块通用插座可按568A或568B的方式进行连接（见图3-28）。

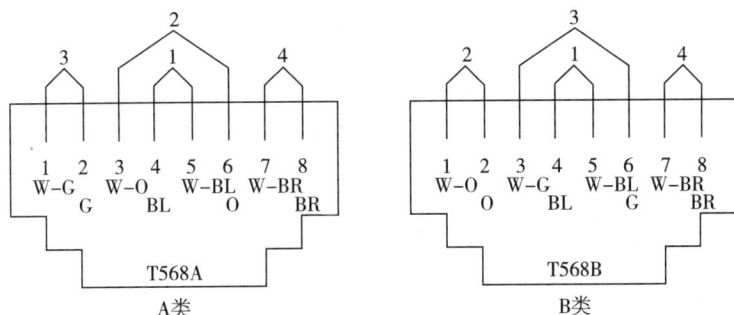

图3-28　8位模块式通用插座连接

注：G—绿（Green）；BL—蓝（Blue）；BR—棕（Brown）；W—白（White）；O—橙（Orange）。

各种不同的终端设备或适配器均应安装在工作区的适当位置，并应考虑现场的电源与接地。

2. 水平缆线敷设

水平子系统的缆线一般指连接楼层配线架和各工作区信息插座的线缆。水平（配线）子系统的水平缆线应与其配线架及信息插座模块、设备缆线和跳线等类型相适应。

1)确定线缆的路由

工作区的信息插座与楼层配线架呈星形分布。因此需要确定水平线缆从楼层配线架到各信息插座的布线方式。

敷设水平子系统的线缆要按建筑物的结构特点,从路由(线)最短、施工方便和造价最低等几个方面考虑。水平缆线一般可在吊顶内敷设或穿保护管在楼板内敷设方式,或这两种方式的组合。

(1)缆线在吊顶内敷设包括从配线间直接引至信息点和吊顶内设置集合点等。

① 从配线间直接引至信息点的敷设方式。从配线间直接引至信息点的敷设方式如图3-29所示。它适用于楼层面积不大、信息点不多的一般办公室环境。吊顶内缆线保护宜选用金属管或金属槽盒。金属管采用套接紧定式钢导管,信息插座模块安装在86型开关底盒内。

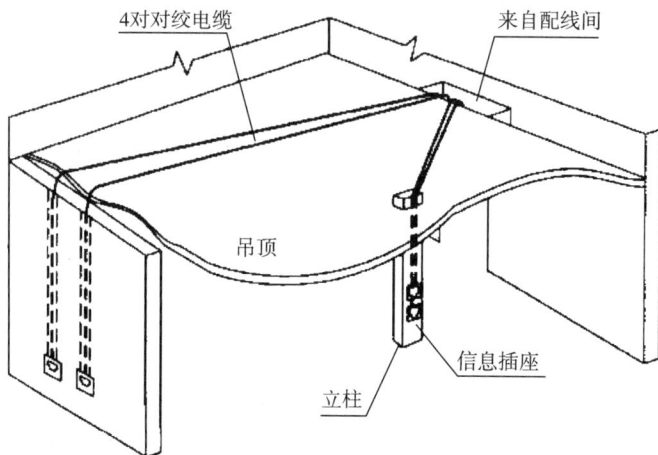

图3-29 从配线间直接引至信息点的敷设方式

② 吊顶内设置集合点的敷设方式。集合点是楼层配线架与工作区信息点之间水平缆线路由中的连接点。集合点缆线是连接集合点至工作区信息点的缆线。吊顶内设置集合点的敷设方式如图3-30所示。

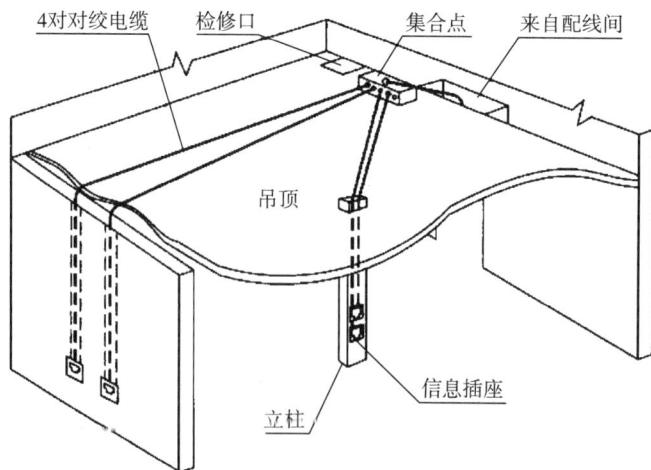

图3-30 吊顶内设置集合点的敷设方式

吊顶内设置集合点的分区布线法适用于大开间工作环境,通过集合点将线缆布至各信息插座,比较灵活、经济。集合点宜设置在检修口附近,便于更改与维护。

采用集合点时,集合点配线装置与配线架之间水平缆线的长度不应小于15m,并应符合下列规定:

　　a. 集合点配线装置容量宜为12个工作区信息点;

　　b. 同一个水平电缆路由中不应超过一个集合点;

　　c. 从集合点引出的集合点电缆应终接于工作区的8位模块通用插座或多用户信息插座;

　　d. 从集合点引出的集合点光缆应终接于工作区的光纤连接器。

　　③ 槽盒、保护管相结合的敷设方式。槽盒、保护管相结合的敷设方式如图3-31所示。它适用于大型建筑物或布线系统较复杂的场合。设计时应尽量将槽盒放在走廊的吊顶内,去各房间的支管适当集中敷设在检修口附近,以便于维修。一般走廊处在整个建筑物的中间位置,布线平均距离最短。因此,这种方法既便于施工,工程造价也较低,综合布线工程中普遍采用这种方法。

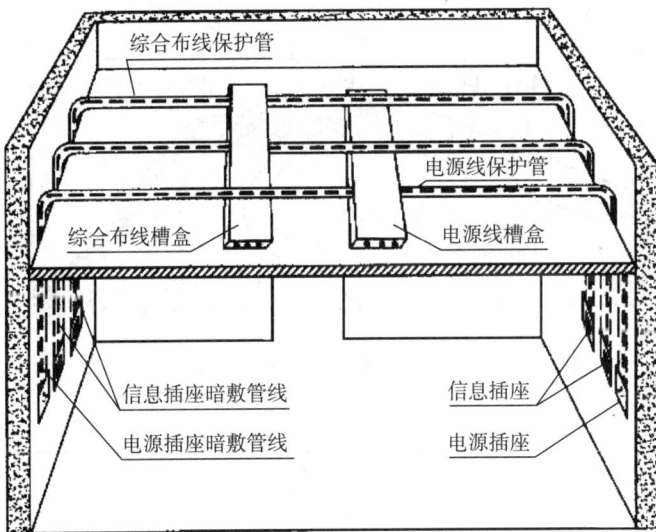

图3-31　槽盒、保护管相结合的敷设方式

(2)缆线在楼板内敷设包括缆线穿保护管在楼板内敷设和缆线在地面槽盒内敷设等。

① 缆线穿保护管在楼板内敷设。水平缆线穿保护管在楼板内敷设适用于信息点较少的场所,如在地下层或住宅楼。

水平缆线穿保护管在楼板内敷设是将一系列的保护管埋在楼板混凝土内,如图3-32所示。这些金属管从配线箱(架)向信息插座的位置敷设。金属管的管径应根据地板厚度选择。一根金属管,宜穿一根电缆。为了经济、合理地利用金属管,允许一根金属管穿几根双绞线。综合布线使用较多的是套接紧定式钢导管或阻燃高强度PVC管,占空比取30%~50%。

② 缆线在地面槽盒内敷设。地面垫层下金属槽盒敷设方式(如图3-33所示)就是由弱

电间出来的线缆走地面槽盒敷设到地面垫层出线盒或由分线盒出来的支管到墙上的信息插座出口。由于地面出线盒或分线盒不依赖墙或柱体直接走地面垫层,因此这种方式适用于大开间或需要打隔断的场所。地面垫层的厚度不小于65mm。

在地面金属线槽方式中,是把长方形的金属线槽打在地面垫层中,每隔4~8m设置一个过线盒或出线盒(在支路上出线盒也起分线盒的作用),直到信息插座出口的接线盒。分线盒与过线盒有两槽和三槽两种,均为正方形,每面可接两根或三根地面金属线槽。因为正方形有四面,分线盒与过线盒均有将2~3个分路汇成一个主路的功能或起到90°转弯的功能。四槽以上的分线盒都可用两槽或三槽分线盒拼接。

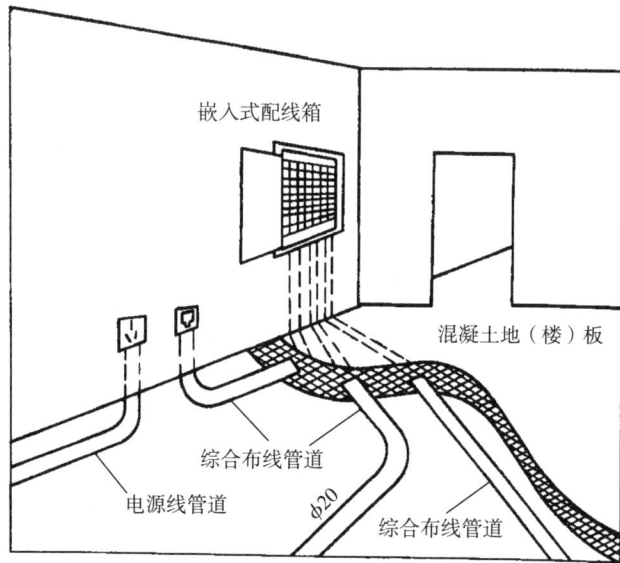

图 3-32　水平缆线穿保护管在楼板内敷设方式

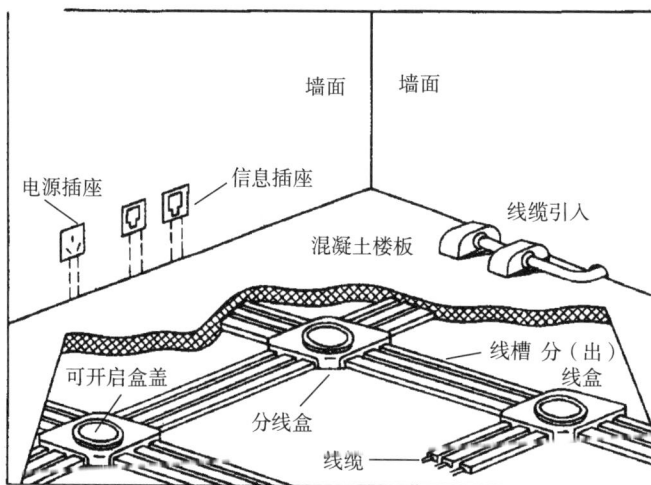

图 3-33　地面垫层下金属槽盒敷设方式

　　若楼层信息点较多,应同时采用地面金属线槽与吊顶金属线槽相结合的方式。

　　信息机房(设备间)可在活动地板下走线,信息插座可安装在墙面,也可安装在地板上,如图 3-34 所示。机房线缆宜沿墙敷设;线缆在中间敷设,应顺着空调机送风的风向。线缆应穿金属管或金属线槽。

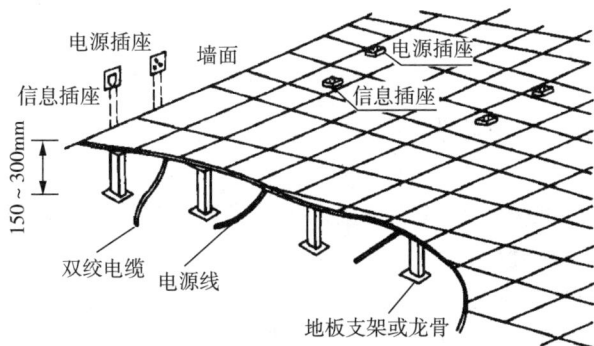

图 3-34　活动地板布线方法

　　2)确定信息插座模块与缆线的类型

　　水平子系统的每一根 4 对双绞线对应(连接)工作区的一个 RJ45 插座模块,不允许一根 4 对双绞线连接两个插座模块。每一根 2 芯光缆或 4 芯光缆(1+1 备份)对应(连接)工作区的一个光纤信息模块(2 芯构成一个模块)。

　　水平线缆多数埋在墙(地板)内,更换不易。为了适应信息传输速率的不断提高,避免打洞穿墙、切割楼板,一般水平子系统的电类信息插座模块和电缆宜选用 6 类及以上的;光纤宜选用标称波长为 850nm 和 1300nm 的多模光纤(OM3、OM4、OM5)或标称长为 1310nm 和 1550nm(OS1a),1310nm、1383nm 和 1550nm(OS2)的单模光纤;信息插座模块宜与选用的光纤相匹配。在建筑物内宜采用多模光缆,超过多模光纤支持的应用长度或需直接与电信业务经营者通信设施相连时应采用单模光缆。单模和多模光纤的选用应符合网络的构成方式、业务的互联方式、网络交换设备端口类型及网络规定的光纤应用传输距离。

　　3)计算线缆的用量

　　水平子系统的缆线分为电缆和光缆两种。

　　(1)水平子系统的电缆用量。水平子系统的电缆用量可采用以下方法确定:估算每楼层电缆的平均长度→计算每箱电缆支持的信息点数量→计算第 i 层水平电缆用量→计算整个建筑物的水平电缆总用量。

　　① 估算每楼层电缆的平均长度。在第 i 层建筑平面图上测量从配线间(弱电竖井)分别到该楼层最远的信息插座的布线距离和最近的信息插座的布线距离,分别设为 L_{imax} 和 L_{imin},则该楼层水平线缆的平均长度 L_{iavg} 为

$$L_{iavg}=[(L_{imax}+L_{imin})/2]\times 1.1+l \qquad (3-2)$$

式中,l 是层高的两倍加端接容差,端接容差视配线架的安装方式一般取 1~6m。常数 1.1 表示在测量值基础上增加 10% 的富余量。

　　② 计算每箱电缆支持的信息点数量。水平子系统的电缆一般采用 4 对水平双绞线,一

箱长度为 304.8m(1000FT)。每箱电缆支持信息点的数量 n_i,可用式(3-3)计算:

$$n_i = 305 / L_{iavg} \qquad\qquad (3-3)$$

若上式计算结果含小数,则省略小数点后的数,只取整数。

③ 计算第 i 层水平电缆用量。为得到第 i 层所需要的水平电缆的使用量 Q_i,可用式(3-4)计算:

$$Q_i = M_i / n_i \qquad\qquad (3-4)$$

式中,M_i 表示第 i 层信息点的总数(不包括光纤信息点)。若上式计算结果含小数,则进位取整数。

④ 计算整个建筑物的水平电缆总用量。将各层计算结果累加,可得到建筑物总的水平电缆使用量(以标准箱为单位)。

(2)水平子系统的光缆用量。水平子系统的光缆用量计算步骤基本与水平子系统的电缆用量计算方法相同。只是不同制造商生产的光缆长度不同,一般为 1000m、2000m 等。计算水平光缆,可以把各段光缆长度累加,求得总长度,选择相应规格的光缆[①]。

水平子系统距离不大于 550m,可以选用紧套结构多模(OM3/OM4,支持 10Gbps)。

如果采用不同类别水平混合布线,需要分别计算各种缆线的平均长度,然后用相应的信息点数分别除以每箱缆线支持的信息点数,得到各层所需要的不同类型的缆线用量,最后将各层的缆线用量求和得到整个建筑物水平线缆的总数。

3. 配线间的配线架

楼层配线架连接水平电缆、水平光缆和其他布线子系统或设备的配线架。

1)配线架的选型

选择配线架要考虑具体的应用系统。为了提供综合布线的利用率、灵活性,语音传输也选择 RJ45 接口的配线架,数据传输缆线有电缆和光缆两种。

水平缆线采用的是 6 类非屏蔽双绞线,与之相连的配线架也应选择 6 类配线架。水平缆线为屏蔽线缆,配线架必须选择屏蔽配线架。

水平缆线为光缆,与之相连的配线架也应选择光缆配线架。

配线架要安装在落地式 19 英寸机柜或挂墙的机箱等。

2)确定配线架的数量

在确定每种配线架的容量时,要把水平电缆和干线(垂直)光缆分开。

水平电缆一般采用 RJ45 接口的配线架。常见的 RJ45 配线架有 12 端口、24 端口和 48 端口。一个信息点对应一根 4 对双绞线,占用一个 RJ45 端口。要按水平电缆的规模以及网络交换设备的端口数量确定电缆配线架端接数量。在综合布线系统中,要求所有电缆的全部线对要端接到配线架上。电缆配线架(非屏蔽或屏蔽)要与 4 对双绞线和电信息插座类型

---

① 光缆的规格主要包括光纤的芯数、光纤的类型、光缆的结构和光缆的外护层等。其中,光纤的芯数决定光缆的传输容量,光纤的类型决定光缆的传输性能,光缆的结构决定光的敷设方式,光缆的外护层决定了光缆的防护能力。光缆的型号由一系列数字和字母组成,如 G652D,G555E 等,其中,G 代表光缆,652 和 555 等数字代表光缆的类型,D 和 E 等字母代表光缆的防护等级。选择光缆的规格型号,需要按光缆的用途、传输距离、传输容量、传输性能和保护能力等因素进行综合考虑。

相匹配。

干线(垂直)光缆一般采用 LC(SC)接口的配线架。常见的 LC(SC)配线架有 12 端口、24 端口和 48 端口。一个光信息点对应一根光纤,占用光缆配线架一个 LC(SC)端口。

光纤连接器件每个单工端口应支持 1 芯光纤的终接,双工端口则支持 2 芯光纤的终接。

4. 配线间的设备缆线、跳线

设备缆线是通信设备连接到配线设备的缆线。跳线是不带连接器件或带连接器件的电缆线对和带连接器件的光纤,用于配线设备之间进行连接。

配线间的配线架所用的设备缆线和各类跳线,宜按网络设备的使用端口量和电话的实装容量、业务的实际需求或信息点总数的比例进行配置,比例范围宜为 25%～50%。

设备缆线要与水平线缆和配线架端接模块同类别,要与所连设备接口一致。电缆按每根 4 对双绞线,跳线两端连接插头宜采用 RJ45 型。光纤跳线按每根 1 芯或 2 芯光纤配置,光纤跳线连接器件采用 SC 型或 LC 型。

电缆跳线接口主要有 110 接口－110 接口、110 接口－RJ45 接口和 RJ45－RJ45 接口几种形式,其中 110 接口还分单对、两对、三对和四对。此外,需要根据配线架的配置确定跳线的长度。

电话跳线按每根 1 对或 2 对双绞线配置,跳线两端连接插头采用 IDC(110)型或 RJ45 型。

6 类及以上跳线的 RJ45 水晶头与电缆是热塑成型的,手工制作无法通过性能测试,因此用户可选用原厂商的产品。

3.3.4　干线子系统

干线子系统由从建筑物设备间穿过建筑物配线间的干线缆线、安装在设备间的建筑物配线架、设备缆线和跳线组成。建筑物间的数据干线宜采用多模或单模光缆,语音干线可采用 3 类或 5 类大对数对绞电缆。

1. 干线线缆路由

建筑物干线缆线的路由一般是从设备间(信息机房)的主配线架引出,经线缆桥架至信息机房所在楼层的弱电竖井,再沿垂直桥架至各楼层的配线间,进配线柜或配线箱内的分配线架。

2. 干线缆线类型和数量

干线线缆要按建筑物配线架到各楼层配线架的实际布线距离和传输带宽,确定要选择的线缆类型。数据干线线缆常用光缆以及少量 4 对双绞线,语音干线用大对数双绞线。

1)干线电缆类型和数量

干线电缆主要是用于语音的 3 类或 5 类大对数电缆,3 类大对数电缆有 25 对、50 对和 100 对三种,5 类大对数电缆只有 25 对和 50 对两种。大对数电缆一个包装单位(轴)为 1000FT(约 305m)。

大对数干线电缆的对数应按每一个电话 8 位模块通用插座配置 1 对线,并在总需求线对的基础上至少预留 10%的备用线对。例如,某楼层的语音信息点数量为 65 个,可以选择两根 50 对电缆或 3 根 25 对电缆。

计算干线电缆用量,是从设备间的主配线架到楼层配线架止,不仅要计算弱电井的高度,还要计算设备间的配线架到弱电井的长度,并且每根电缆两端还要预留至少0.5m,便于电缆与配线架的连接。例如,设备间在一层,楼层高度4m,设备间的配线架到弱电井的长度为2m,楼层配线架到弱电井的长度为1m,一层配线架到二层配线架的干线电缆为4+2+1+0.5+0.5=8(m)。

设备间的主配线架到每楼层配线架的干线电缆均要分别计算,然后相加得出干线电缆的总量。

2)干线光缆类型和数量

在计算机局域网中,传输数据的带宽低于1Gb/s,可采用6类及以上双绞线作为传输介质,交换机到交换机之间或线缆长度一般不允许超过100m,而楼层配线架到建筑物配线架的布线长度不应超过90m。如果不能满足上述要求,只能选择光纤作为干线。

计算机网络传输数据的带宽达到1Gb/s以上,应优先选用多模光纤(OM4或OM5),也可以选用单模光纤(OS1a或OS2)。在计算机网络中,通常采用双纤传输,即每根光纤单工传输模式,每个物理网络需要一对光纤。

干线线缆用量计算的方法与干线电缆用量的计算方法相同。

3. 设备间的配线架所需的容量要求及配置

建筑物配线架端接建筑物干线电缆、干线光缆,并可连接建筑群干线电缆、干线光缆的配线架。

设备间配线架的容量要求及配置需综合考虑网络规模、终端数量、冗余需求及未来扩展性。

干线缆线侧的配线架容量应与干线缆线的容量相一致。设备侧的配线架容量应与设备应用的光、电干线端口容量相一致或与干线侧配线架容量相同。

外线侧的配线架容量应满足引入缆线的容量需求。引入缆线包括进线间安装的综合布线系统入口设施的引入缆线,或不少于3家电信业务经营者的引入光缆,或园区弱电系统引入缆线。

3.3.5　建筑群子系统

建筑群子系统是由连接多个建筑物之间的室外光缆(电缆)、建筑群配线架及设备线缆和跳线组成。

1. 单体建筑和建筑群的设备间设置

单体建筑指的是独立一栋的建筑物,如一栋住宅、一栋办公楼或一个体育馆等。单体建筑一般是一个相对独立的区域,与其他建筑没有直接的连接或依赖关系。通常在单体建筑的一层设置一个设备间。

建筑群则是由多个单体建筑组成的集合体。如学校、医院、住宅小区、工业园区等。这类建筑在规划和设计时,除了要考虑每栋单体建筑的功能和特点外,还需关注建筑物之间的相互关系、交通组织、环境协调等方面,以形成一个和谐、高效、有序的整体。为了缩短布线距离,应在建筑群中央的单体建筑一层设置一个单独的建筑群设备间(或信息机房)。若建筑群规模不大,则可以与信息点比较多的单体建筑的设备间合用。

建筑群传输的信息通常指在多个建筑物之间(如企业园区、大学校园、商业综合体等)实现数据、语音、视频等信息的高效、安全传输。语音主要是电话网,数据主要是计算机网络,视频网络主要是安全防范网络等。建筑物的语音要接入公共电话网、计算机网络要接入公共互联网、安全防范网络要接入公安安全防范网络,室外传输线路(光缆)主要由运营商提供。

2. 单体建筑和建筑群的入口设施

1)单体建筑

在单体建筑的底层设置入口设施。运营商通信业务的室外传输线路(光缆)由入口设施引入单体建筑物的设备间。入口管道孔数不少于 3 个,孔的尺寸应满足电信业务经营者通信业务接入的引入管道管孔容量的需求。

2)建筑群

(1)每栋建筑的入口设施。每栋建筑的信息传输线路(光缆)一般是从建筑群设备间的主配线间引出的。每栋建筑入口设施的管道应满足本栋建筑的室外传输线路(光缆)接入。管道不少于 3 个,每个管道的孔径不宜小于 100mm。

(2)建筑群的入口设施。建筑群的入口设施一般设置在建筑群设备间所在的单体建筑。引入运营商通信业务的室外传输线路(光缆)到建筑群设备间,管道不少于 3 个,每个管道的孔径不宜小于 100mm;从建筑群设备间引出传输线路(光缆)到每栋单体建筑的入口设施,管道不少于 4 个,每个管道的孔径不宜小于 150mm。

引入口、引出口最好分别设置在建筑群设备间所在单体建筑不同部位,高出地坪,防进水、防潮湿。

3. 布线路由

建筑群子系统的室外缆线敷设一般通过管道等方式,具体敷设方式可见本章 3.5.2 节。若对信息传输的可靠性要求高,则需考虑冗余或备份路由。

4. 建筑群子系统的光缆

室外光缆一般采用松套管中心束管式 G.652D 型单模光纤。

由于室外环境条件恶劣,针对自然环境的机械应力、温度变化、气候、雨水等作用,室外光缆大多采用松套管光缆。松套管光缆的主要特性如下:

(1)松套管为光纤提供加强部件,如中心加强元件、尼龙纤维或玻璃纤维纱线加强等保护;

(2)松套管可容纳填料、干式吸水材料、高分子材料或阻水油膏等阻水部件;

(3)松套管使光纤处在松弛状态。

5. 建筑群配线架

建筑群配线架端接建筑群干线布线的配线架。

运营商的室外光缆引入建筑群体的设备间,在设备间把室外光缆的铠装金属部分可靠地接到接地装置,光缆的缆芯接到建筑群体设备间的配线架。

建筑群体设备间的相关设备主要处理语音和数据信息。互联网接入计算机网络核心交换机)处理后,主配线架的用户侧分别把光缆引到建筑群体内每栋楼建筑物设备间的数据配线架。公共电话网接入 IP 电话交换机处理后,主配线架的用户侧分别把光缆引到建筑群体内每栋楼建筑物设备间的配线架。

建筑群体设备间应配置至少两台机柜,一台安装建筑群的配线架,另一台安装建筑群体设备间所在单体建筑的配线架。

建筑群配线架采用抽屉式结构,支持左右出纤要求;支持预端接光缆、熔接等接入方式;支持室内、室外光缆接线要求;具有可靠的保证室外光缆接地的接地装置。

19英寸机架式跳线管理模组宜采用托盘式结构模块化,每个配线架配置多个储纤型托盘组件,支持即插即用;采用储线型托盘组件存储并管理光纤跳线余长功能,每个组件含多只绕线盘,每只绕线盘容纳存储一根光纤跳线,单个托盘存储8~12芯跳线,跳线放出长度应不少于2.5m;保证充足的盘纤空间和光缆的弯曲半径,支持左右方向同时出纤。

安装配线架的机柜宜选用19英寸,采用框架结构形式,机柜宽度宜采用600mm或800mm的规格,其中800mm宽度的机柜后门宜为双开门。防护等级应不低于IP20。

按布线方式,应选择顶部或底部出线方式的机柜,底部出线孔宜按需调节大小。

3.3.6　设备间

设备间内的空间应满足:安装配线设备(机柜、机架、机箱等)和网络设备,安装干线线槽以及引出该场地的干线线槽,设置等电位接地体、配电柜等,缆线交接和管理等。

每栋建筑物内应设置不少于一个设备间,其使用面积不应小于10m²。

设备间宜处于干线子系统的中间位置,并考虑干线缆线的传输距离、敷设路由与数量。为了有利于外线的引入,通常与首层的配线间合用。当地下室为多层时,宜与地下一层配线间合用。

设备间内梁下净高不应小于2.5m;外开双扇防火门,房门净高不应小于2.0m,净宽不应小于1.5m;水泥地面应高出本层地面不小于100mm或设置防水门槛,室内地面应具有防潮措施。

设备间应远离供电变压器、发动机和发电机、X射线设备、无线射频或雷达发射机等设备以及有电磁干扰源存在的场所;应远离粉尘、油烟、有害气体以及存有腐蚀性、易燃、易爆物品的场所;不应设置在厕所、浴室或其他潮湿、易积水区域的正下方或毗邻场所。

设备间应防止有害气体侵入,并应有良好的防尘措施,室内空气污染物浓度限量符合《建筑环境通用规范》(GB 55016—2021)的规定[①]。灰尘粒子应是不导电的、非铁磁性和非腐蚀性的。

设备间室内温度应保持在10~35℃,相对湿度应保持在20%~80%,并应有良好的通风性。当室内安装有源的信息通信网络设备时,应采取满足设备可靠运行要求的对应措施。

设备间应设置TN-S或TN-C-S供电系统,配电线路采用三相导体(L1,L2,L3)+中性导体(N)+保护接地导体(PE)。在配电线路引入设备间处,中性导体与保护接地导体之间也应装设限压型电涌保护器(Surge Protection Device,SPD)。设备供电电源的总容量应满足所有有源设备运行需求,计算时应考虑设备的同时使用系数和未来发展裕量。设备间内所有设备的金属外壳、金属桥架等必须接等电位连结端子板。

设备间架设高架防静电地板,其内缆线大都采用上走线方式。配线架及相关设备一般

---

①　《建筑环境通用规范》(GB 55016—2021)规定,Ⅱ类民用建筑工程室内空气污染浓度限量应符合:氡≤150Bq/m³、甲醛≤0.08mg/m³、氨≤0.20mg/m³、苯≤0.09mg/m³、甲苯≤0.20mg/m³、二甲苯≤0.20mg/m³、总挥发性有机化合物(TVOC)≤0.50mg/m³。

都安装在标准 19 英寸机柜。19 英寸机柜的宽度为 600mm 或 800mm,深度为 600～1200mm,高为 2000mm(42U)、1800mm(38U)等,高度以占有的空间选用。

机柜单排安装时,前面净空不应小于 1.0m,后面及侧面净空不应小于 0.8m;多排安装时,列间距不应小于 1.2m。

设备间的建筑物配线架用于连接建筑物干线缆线与建筑群干线缆线。

3.3.7　配线间

配线间(telecommunications room,电信间)内的空间应满足楼层安装配线设备(机柜、机架、机箱等)和楼层网络设备,安装垂直线槽以及穿过该场地内的线槽,设置等电位接地体、配电箱等,缆线交接和管理等。

配线间的使用面积不应小于 5m²,配线间的数量应按所服务楼层范围及工作区面积来确定。当该层信息点数量不大于 400 个,最长水平电缆长度小于或等于 90m 时,宜设置 1 个配线间;最长水平电缆长度大于 90m 时,宜设 2 个或多个配线间;每层的信息点数量较少,最长水平电缆长度不大于 90m 的情况下,宜几个楼层合设一个配线间。

一般建筑物,楼层配线间应尽可能选择在本楼层的中央,以使配线间服务的工作区都在半径 90m 以内。各楼层配线间及穿过配线间的竖向缆线管槽宜上下对齐。配线间内不应设置与安装的设备无关的水、风管和低压配电缆线管槽与竖井。

配线间内,信息通信网络系统设备及布线系统设备宜与弱电系统布线设备分设在不同的机柜内。当各设备容量配置较少时,亦可在同一机柜内作空间物理隔离后安装。当有信息安全等特殊要求时,应将所有涉密的信息通信网络设备和布线系统设备等进行空间物理隔离或独立安放在专用的配线间内,并应设置独立的涉密机柜及布线管槽。

按工程中配线设备与网络设备的数量、机柜的尺寸及布置,配线间的使用面积不应小于 5m²。当配线间内需设置其他通信设施和弱电系统设备箱柜或弱电竖井时,应增加使用面积。

配线间的楼层配线架用于连接水平缆线和干线缆线。

配线间的机柜内可安装光纤连接盘、RJ45(24 口)配线模块、多线对卡接模块(100 对)、理线架、网络设备等。机柜的数量和尺寸宜按布线的规模确定。

配线间内通常不架地板,多采用上走线,设置上线孔洞和线缆桥架、线槽。配线间内梁下净高不应小于 2.5m,以便安装线缆托架。机柜单排安装时,前面净空不应小于 1.0m,后面及侧面净空不应小于 0.8m;多排安装时,列间距不应小于 1.2m;可以按机柜前门预留 1.2m。

为了网络设备等有源设备正常运行,配线间内温度应保持在 10～35℃,相对湿度应保持在 20%～80%;每立方米空气中大于或等于 0.5μm 的尘粒数要小于 1×10⁶ 个,照度 300lx。

配线间应采用外开防火门,房门的防火等级应按建筑物等级类别设定。房门的高度不应小于 2.0m,净宽不应小于 0.9m。超高层和 250m 以上的建筑,通常配线间防火门采用乙级及以上等级的防火门。房门净尺寸宽度应满足净宽 600～800mm 的机柜搬运通过的要求。

配线间的水泥地面应高出本层地面不小于 100mm 或设置防水门槛。室内地面应具有防潮、防尘、防静电等措施。

配线间供电电源宜采用单相导体(L)＋中性导体(N)＋保护接地导体(PE)。在配电线路引入配线间处,中性导体与保护接地导体之间也应装设限压型电涌保护器。设备供电电源的总容量应满足所有有源设备运行需求,计算时应考虑设备的同时使用系数和未来发展裕量。配线间内所有设备的金属外壳、金属桥架等必须接等电位连结端子板。

3.3.8 管理区

设备间、配线间的配线架、线缆和工作区的信息插座等设施的管理宜符合下列规定:

(1)综合布线的每一根电缆(光缆)、配线架、终接点、敷设管线和接地装置等组成部分均应给定唯一的标识符,并设置标签;标识符应采用统一数量的字母和数字等标明;

(2)电缆和光缆的两端均应采用相同的标识符;

(3)设备间、配线间的配线架宜采用统一的色标,区别各类业务与用途的配线区;

(4)所有标识符应保持清晰,并满足使用环境要求;

(5)综合布线系统的文档记录与保存宜采用计算机进行管理,工程简单且规模较小的综合布线系统可按图纸资料等纸质文档进行管理;

(6)工程规模较大的综合布线系统,为提高布线维护水平与保证网络安全,宜采用智能配线系统对配线架的端口进行实时管理,以显示与记录配线设备的连接、使用及变更状况。

3.3.9 用户电话交换系统中的综合布线

在现行工程中,用户电话交换系统用的是 IP 电话交换机(IPPBX)。一台万门用户的 IP 电话交换机,物理尺寸(宽×深×高)为 482mm(19 英寸)×327mm×87mm(2U)。IP 电话交换机一般放在建筑物设备间中一个(宽×深×高)482mm(19 英寸)×800mm×2000mm(42U)机柜内。IP 电话交换机的上行端口接室外引来的光缆,下行端口接相关转换和分配设备,用 RJ45 跳线插接 RJ45 配线架前端,RJ45 配线架后端压接 5 类大对数电缆(25 对),每根大对数电缆分别端接于配线间的 RJ45 配线架的后端端口,配线间的 RJ45 配线架的前端用 4 对双绞线分别连接至各工作区的电话插座。IP 电话交换机的电源:AC 为(85~264)V/(47~63)Hz,或 DC 为(48±4.8)V,功耗小于 200W,由设备间的 UPS 供电。

民用建筑一般采用 IP 电话交换机系统,电话运营商将光缆敷设至建筑物配线架或接入点,与用户楼内的综合布线衔接,由电话运营商负责实施。

3.4 综合布线供电技术

普通的固定电话机是由电话交换局通过承载语音的同一条对绞电缆供电的。以太网供电(Power over Ethernet,PoE)是指在以太网布线架构基础上不做任何改动的情况下,为一些基于 IP 的终端传输数据信号的同时,还能为此类设备供电的技术。

综合布线供电技术有以太网供电和光电复合缆供电(Power over Fiber,PoF)两种方式。

3.4.1 以太网供电

以太网供电是利用以太网(如 Cat5/Cat6/Cat8)的线对在传输数据同时传输直流电(通常为 48V)。

1. 以太网供电组成

以太网供电由供电端设备（Power Sourcing Equipment，PSE）和受电端设备（Powered Device，PD）组成。PSE 在业务端口（RJ45）耦合直流电源 48V，通过网线为终端设备供电。PD 具有不同的功率等级，PSE 通过功率等级对 PD 进行功率的规划和管理。PD 是在 PoE 中得到供电的设备，主要是指无线 AP、IP 电话、网络摄像机等终端设备。

PSE 可分为端跨 PSE 和中跨 PSE。

（1）端跨 PSE。端跨 PSE 内置在以太网交换机端口内，由以太网交换机的端口完成供电。端跨 PSE 的供电方式如图 3-35 所示，PSE 一般为端跨电源。

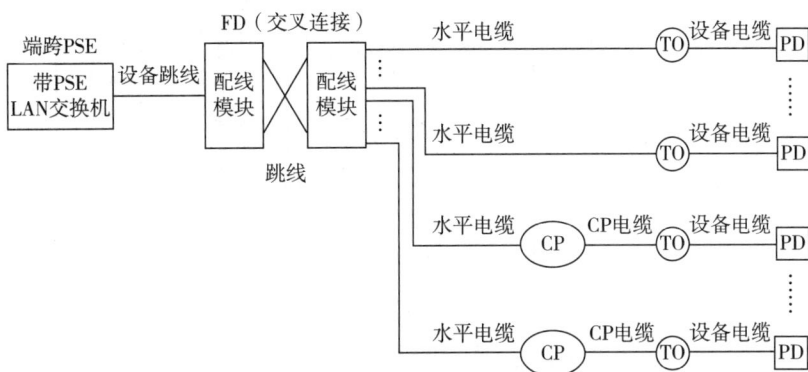

图 3-35　端跨 PSE 的供电方式（交叉连接方式）

（2）中跨 PSE。中跨电源位于以太网交换机和 PD 之间，在网络中提供 PD 所需的电源，不中断数据信号。中跨 PSE 通常指 PoE 供电器，也可用作独立电源。中跨 PSE 的供电方式如图 3-36 所示。

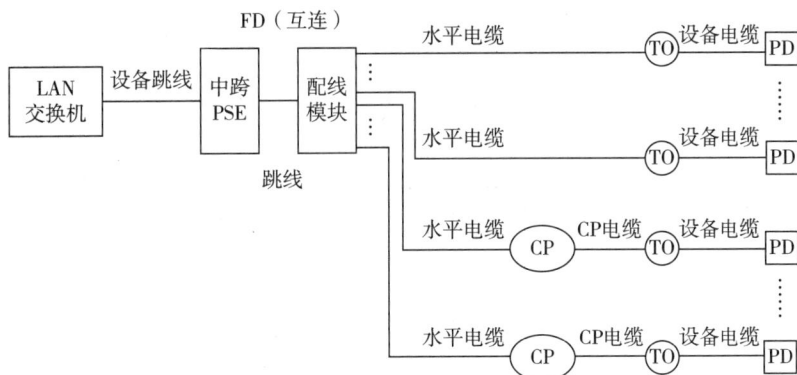

图 3-36　中跨 PSE 的供电方式（互连方式）

2. 综合布线支持 PoE 的对线

综合布线支持 PoE 供电应根据 PoE 功率等级采用 2 对线或 4 对线供电。

1）2 对线供电方式

2 对线供电有两种方式，供电方式 1 是通过电缆上的数据线对供电，供电方式 2 是通过电缆上的备用线对供电。

2 对线供电方式 1 为通过电缆上的数据线对供电，即用 4 对对绞电缆的 1/2 和 3/6 线对供电,如图3-37所示。带PSE的网络交换机,配线架采用交叉连接,通过信号线对(线对1/2和3/6)供电。由于以太对绞电缆对是在每一端经过变压器耦合,因此可以由隔离变压器的中心分接点提供DC功率,而不会扰乱数据传送。在这种工作模式下,针脚3和针脚6上的线对及针脚1和针脚2上的线对可以为任一极性。

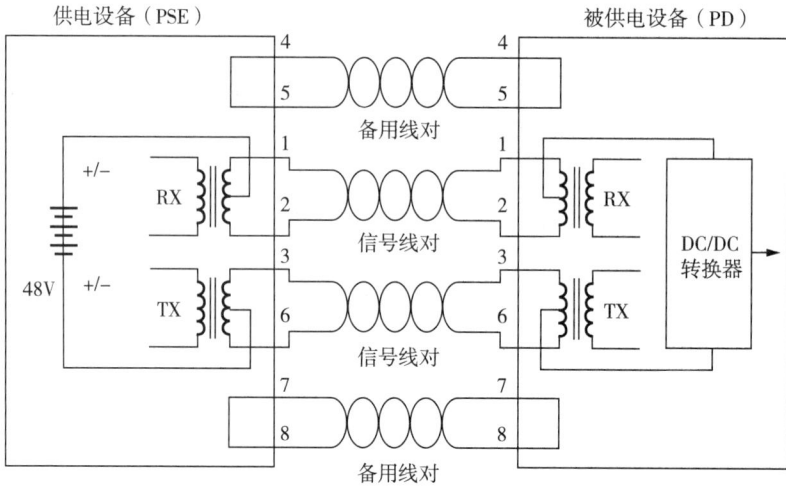

图3-37 2对线供电方式1(通过电缆上的数据线对供电)

2对线供电方式2为通过电缆上的备用线对供电,即用4对对绞电缆的4/5和7/8线对供电,如图3-38所示。带PSE的配线架内部跳线互连,通过备用线对(线对4/5和7/8)供电。使用备用线对针脚4和针脚5上的线对连接在一起,构成正极,针脚7和针脚8上的线对连接在一起,构成负极。电源与信号线对分别设置。

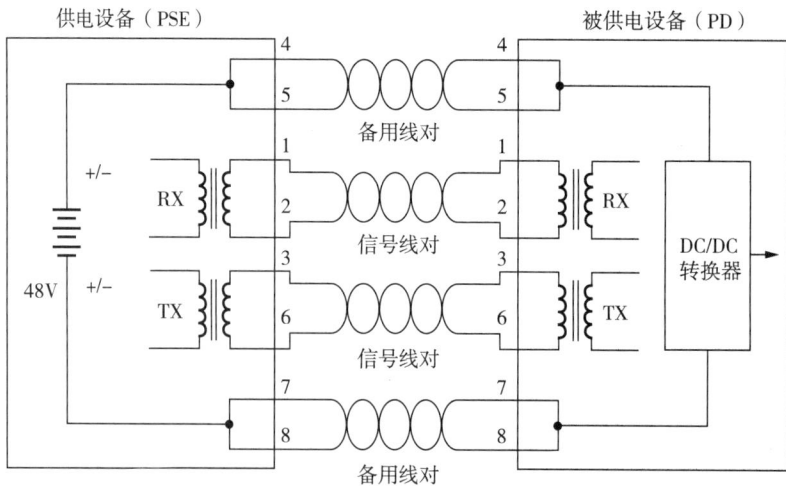

图3-38 2对线供电方式2(通过电缆上的备用线对供电)

2)4对线供电方式

4对线供电方式是通过4对对绞电缆的1/2、3/6、4/5和7/8线对供电。4对对绞电缆和配线模块要求:PSE输出功率和PD接受功率要求降低对绞芯线的电阻值。5类4对对绞电缆导体采用 24AWG,6 类、6A 类和 8 类 4 对对绞电缆导体采用 23AWG。

3. 以太网供电原理

按照 PoE(IEEE802.3af、IEEE802.3at、IEEE802.3bt)标准,在一定时间内,供电设备必须完成对终端网络设备的检测和分级,然后决定是否对其供电以及输出多少功率。这一规定可以保障不兼容的网络设备不至于受到 48V 电源的破坏。所以,供电设备的主要功能是检测是否有兼容的设备接入系统或从系统中断开,并对受电设备进行功率分级,以提供相应功率的电源或切断电源。

PSE 和 PD 对接时,其 PoE 供电流程如图 3 - 39 所示。整个流程共分为 5 个状态,各状态的功能见表 3-8 所列。

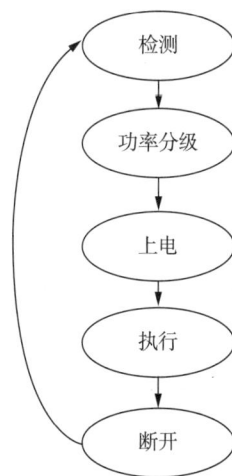

图 3 - 39　PoE 供电流程

表 3 - 8　PoE 供电状态说明

状态	功能
检测	PSE 通过检测端口的电源输出线对之间的电阻值和电容值来判断 PD 是否存在 说明:只有检测到合法的 PD,PSE 才会进行下一步的操作 检测 PD 存在的判断条件如下: 　• 直流阻抗为 19～26.5kΩ 　• 容值不超过 150nF
功率分级	PSE 通过检测电源输出电流来确定 PD 功率等级,不同的功率等级对应不同的功率
上电	当检测到端口下挂设备属于合法的 PD 设备时,即符合检测中描述的 PD 存在判断条件,并且 PSE 确定了此 PD 的功率等级,PSE 开始按照 PD 功率等级进行供电
执行	在此阶段,PSE 通过实时传输协议(Real - time Transport Protocol,RTP)及电源管理(Power-Management,PM)在进行供电的同时会实时检测 PD 设备是否断开
断开	如果 PD 断开,PSE 将关闭端口输出电压,端口状态返回到检测

4. PoE 功率等级与功率

PoE 标准 IEEE802.3bt 将 PoE 功率划分为 PoE Type1—PoE Type4 四个类别和 1—8 八个等级。PoE 功率等级与功率的关系见表 3-9 和表 3-10 所列。可在设计 PoE 设备时根据受电端设备的用电情况限定功率,同时可以让使用者更好地根据功率信息规划 PoE 交换机的供电需求,减少系统功耗的浪费,并防止电流过载所产生安全问题。

功率等级为 1—4 的 PoE 设备,供电设备支持 2 对线供电方式 1 或 2 对线供电方式 2 供电,受电设备必须同时支持 2 对线供电方式 1 和 2 对线供电方式 2 的受电。

功率等级为 5—8 的 PoE 设备,供电设备和受电设备必须同时支持全部 4 对线(1/2、3/6、4/5、7/8)的供电和受电。

表 3-9 标准、类别、等级对应表

标准	PoE 功率等级与类别		使用线对/对
	功率等级 PoE Class(1~8)	功率类别(PoE Type)	
IEEE 802.3bt	1、2、3	2P PoE Type1	2
	4	2P PoE Type2	2
	5、6	4P PoE Type3	4
	7、8	4P PoE Type4	4

表 3-10 PoE 受电电压与功率

功率等级	受电电压/V	受电端设备可用功率/W
1	42.8~57	3.84
2	42~57	6.49
3	39.9~57	13.0
4	42.5~57	25.5
5	41.1~57	40.0
6	42.5~57	51.0
7	42.9~57	62.0
8	41.1~57	71.3

5. 应用 PoE 时应考虑下列因素对 PoE 性能指标参数产生的影响

(1)信道端至端直流环路电阻值参数见表 3-11 所列。

表 3-11 信道端至端直流环路电阻值

类别	5	6	6a	8
布线信道/m	100	100	100	100
布线信道最大直流环路电阻值/Ω	25	25	25	7.22
信道直流环路电阻标称值/Ω	24.38	20.09	20.09	6.81

(2)线规/100m 长度的直流电阻值参数见表 3-12 所列。

表 3-12 线规/100m 长度的直流电阻值(20℃)

电缆线规 AWG	单芯铜导体直径/mm	类别	100m 实芯线电阻/Ω	100m 多股芯线电阻/Ω
23	0.574	6、6a、8	7.32	6.92
24	0.511	5	9.38	8.76
26	0.404	各种多股线缆	14.8	14

以太网供电类别(Type)4/等级(Class)8 线路等效电路如图 3-40 所示。

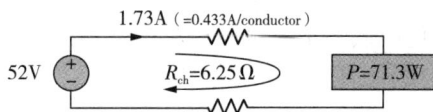

图 3-40　以太网供电类别(Type)4/等级(Class)8 回路电阻

类别(Type)4/等级(Class)8 可能消耗的最大功率为 71.3W。PSE 最低电压为 52V,最坏情况下的支持通道电阻为 6.25Ω,每条导线 1.73A 是可在兼容系统中流动的最高额定电流。

(3)屏蔽与非屏蔽电缆在不同温度下支持的传输距离见表 3-13 所列。

表 3-13　屏蔽与非屏蔽电缆在不同温度下支持的传输距离

温度/℃	非屏蔽电缆长度/m	屏蔽电缆长度/m
20	90	90
30	87	88.5
40	84	87
50	79.6	85.5
55	77.2	84.7

3.4.2　光电复合缆供电

随着信息技术的发展,AP 回传带宽要求达到 10Gbit/s,见表 3-14 所列,支撑 PoE 供电的 CAT5 网线已无法支持 10Gbit/s 承载,网络摄像机、无线保真以及分布式基站等设备在远端取电难度越来越大,可以采用光电混合缆为这些设备供电。

表 3-14　基于以太网线的 PoE 供电指标

参数	CAT5	CAT6	CAT6a	CAT7
传输速度/(Gbit/s)	1	10	10	10
频率带宽/MHz	100	250	500	600
传输距离/m	100	<55	100	100

1. 光电复合缆供电组成

光电复合缆供电由集中供电单元、光电复合缆和受电设备组成,如图 3-41 所示。光电复合缆供电采用 PoE 供电方式;集中供电单元内集成供电端设备,光电复合缆中的光纤传输数据、电缆远程供电;终端设备内置集成受电端设备。远距离供电可支持 200～1000m。

1)集中供电单元

集中供电单元分为内置分光器和不内置分光器两种类型,对外提供混合(Hybrid)SC 接口,用于连接光电复合缆,在传输光信号的同时进行远程供电。

(1)内置分光器的集中供电单元,将分光器与供电模块整合在同一设备内,同时完成光信号分配和电力传输。这种集中供电单元可减少外部连接节点,降低链路损耗和故障风险,节省安装空间,适合空间受限场景(如机房、光交箱)。

(2)不内置分光器的集中供电单元,供电单元独立于分光器,分光器外置(如单独的分光盒或配线架)。这种集中供电单元可根据需求选择分光器类型并动态调整,供电与分光功能分离,维护和升级互不影响。

集中供电单元的电源部分主要由主电源输入、电力分配、电压转换(AC/DC 或 DC/DC)、过载保护、远程监控等组成,支持多路独立输出(如 8/12/24 路),每路可配置不同电压(12V/24V/48V)和功率(PoE/PoE++)。

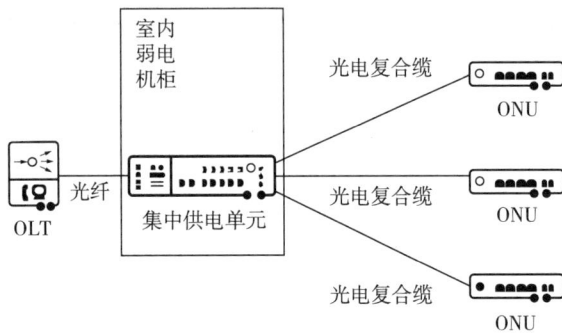

图 3-41　光电复合缆供电组成

2)光电复合缆

光电复合缆的一端是 Hybrid SC 光电一体连接器,用来连接集中供电单元;另一端是 RJ45 连接器和 SC/UPC 连接器,用来连接如光网络单元(Optical Network Unit,ONU)的无源光网络(Passive Optical Network,PON)上行端口和电源模块。光电复合缆一体化,插拔一次即可完成光和电的连接。

3)终端设备

受电设备(如摄像头、传感器、基站)需匹配光电复合缆的供电规格(电压/功率)。

2. 光电混合缆

1)光电混合缆结构

光电混合缆是由光纤(单元)、馈电线和其他金属线对复合而成的,可同时传输光信号、电能和电信号的复合型线缆。

光电混合缆由铜导体(正、负极)和光纤综合组成。正、负极导体可以根据传输距离和电流大小选择不同面积的导体,光纤也可根据需要选用单芯或多芯的光纤。光电混合缆结构如图 3-42 所示。图 3-42(a)所示的室内蝶形光电混合缆为单芯光纤,铜导体截面为 $0.6\sim 1.0\text{mm}^2$;图 3-42(b)所示的室内光电混合缆(内置蝶形光纤)为 2 芯光纤,铜导体截面为 $1.5\sim 6\text{mm}^2$;图 3-42(c)所示的室内光电混合缆(内置铠装光纤)为 2 芯光纤,铜导体截面为 1.5mm^2;图 3-42(d)所示的室外光电混合缆(内置多芯光纤)为 24 芯光纤,铜导体截面为 $1.5\sim 8\text{mm}^2$。

集中供电设备可采用交流电或直流电供电。交流电可采用 220V、380V,直流电可采用 48V、280V,推荐采用以直流电 48V(±20%)供电。

光电混合缆在满足通信传输、供电等性能外,还满足阻燃性能要求,应通过单根垂直燃烧试验,烟密度(透光率)>50%,酸碱度值>4.3,电导率<10uS/mm。

2)光电混合缆应用

按照敷设方式,光电混合缆可分为管道型、直埋型、室内布线型等。

远供电源系统(remote power feeding system)通过电力电缆或通信电缆进行电能远距离供电和接收的供电系统。

光电混合缆的传输距离与供电电缆的尺寸、供电电压、受电设备的功率相关。通常计算方法为

$$L = (U_{out} - U_{in}) \div (P_{in} \div U_{in} \times R) \tag{3-5}$$

式中,L——传输距离(m);

　　U_{out}——供电设备输出电压(V);

　　U_{in}——受电设备最低供电电压(V);

　　P_{in}——受电设备功率(W);

　　R——光电复合缆中每米电缆的电阻(Ω)。

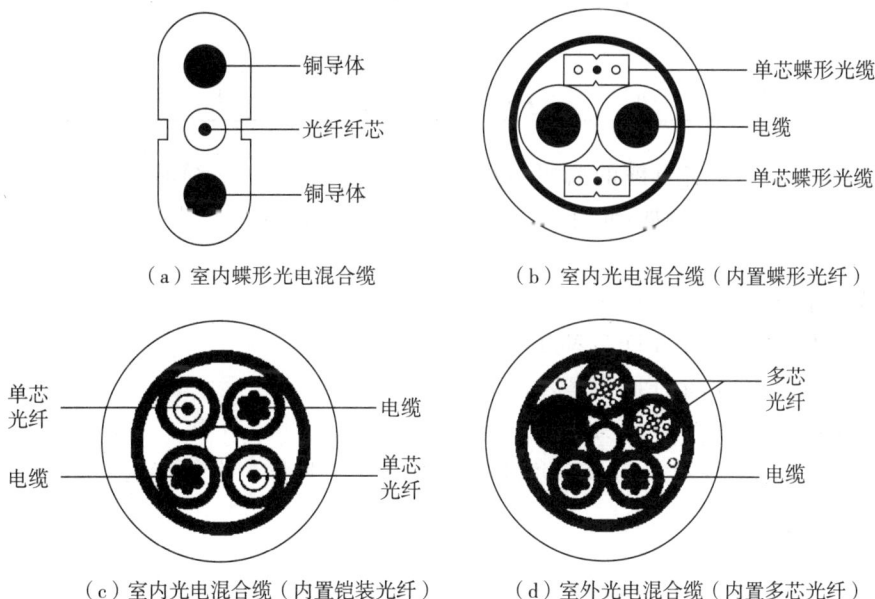

（a）室内蝶形光电混合缆　　　　　　　（b）室内光电混合缆（内置蝶形光纤）

（c）室内光电混合缆（内置铠装光纤）　　（d）室外光电混合缆（内置多芯光纤）

图 3-42　光电混合缆结构

光电混合缆上的电流不能超过光电混合缆的最大承载电流。

光电混合缆要保证安全,采用危险电压供电时,应设置醒目的有电警示牌;集中供电系统需支持短路保护、过流保护等功能。在末端未接设备时,光电混合缆上无输出电压或者输出安全低压。

3. 光电复合缆供电原理

PoF 按照 PoE 标准定义的标准流程进行。集中供电单元通过交流电输入,按照 PoE

(IEEE802.3af、IEEE802.3at、IEEE802.3bt)定义输出。供电设备首先对终端网络设备进行检测和分级,然后决定是否对其供电以及输出多少功率。这样确保集中供电单元能为支持PoE 的终端供电,同时能保障不兼容的网络设备不至于受到 48V 电源的破坏。

PSE 和 PD 对接时,其供电的流程同 PoE 供电流程。

4. 光电复合缆供电指标

PoF 使用的光电复合缆没有采用网线作为输电导体,因此不受 100m 限制,PSE 输出电压 56.5V 时,光电复合缆供电典型值见表 3-15 所列。

表 3-15　电缆典型供电参数

导体代号	导体面积/ mm²	导体直径/ mm	线路 电流/A	线上 压降/V	PD 输入电压/ V	PD 功率/ W	线路距离/ m
AWG 18	0.82	1.024	1.57	11.15	45.35	71	150
AWG 15	1.65	1.45	1.54	10.22	46.28	71	300
AWG 13	2.60	1.82	1.57	10.99	45.51	71	500
AWG 11	4.15	2.3	1.57	11.02	45.48	71	800
AWG 10	5.27	2.59	1.56	10.82	45.68	71	1000
AWG 8	8.35	3.26	1.54	10.08	46.42	71	1500
AWG 7	10.58	3.67	1.56	10.76	45.74	71	2000

表 3-15 给出的是各电缆的典型参数,实际中采用某一种电缆时,支持的线路距离和 PD 功率是动态变化的。例如,光电复合缆采用 AWG18 号电缆作为导体,线路距离和 PD 功率有如下关系:

(1)线路距离为 150m,PD 功率为 71W;

(2)线路距离为 200m,PD 功率为 65W;

(3)线路距离为 400m,PD 功率为 30W;

(4)线路距离为 800m,PD 功率为 15W。

混合光电缆中电缆单元的最大允许环路电阻 R 直接影响电能传输的距离,R 的计算如下:

$$R \leqslant \frac{U_{max} \times U_{min}}{P} \times \eta \qquad (3-6)$$

$$R = \rho \times L / S \qquad (3-7)$$

式中,R 为电缆环阻(Ω);U_{max} 为系统最大许可压降(V);U_{min} 为远端最小许可输入电压(V);P 为负载功率(W);η 为远端电源转换效率,通常取 0.85;ρ 为电阻率,对于铜芯电缆,ρ 取值为 0.01725Ω·mm²/m;L 为线缆长度(m);S 为线缆截面积(mm²)。

5. 光电复合缆供电应用

光电复合缆供电适合高密度、长距离的现代化基础设施。

光电复合缆在室内应用,需符合防火等级,避免强电干扰敏感设备;在室外应用需防水、防紫外线、抗拉抗压,长距离供电时需计算电压衰减。

1)室内场景

(1)室内办公 ONU:安装方式为嵌墙、办公桌桌面放置,通过光电复合缆远程供电,减免掉适配器,安装简单,不需要信息箱保护。

(2)室内无线 AP:安装方式为吸顶、挂墙,用光电复合缆提供大于 100m 的远程供电,利用 10GPON 技术实现回传带宽 10Gbit/s,未来带宽升级到 50Gbit/s 甚至 100Gbit/s 不需要更换线缆。

(3)室内摄像头:安装方式为吸顶、嵌墙,用光电复合缆替代原有的 PoE 网线,提供大于100m 的远程供电,超清视频数据回传,未来更高带宽无压缩视频回传升级不需要更换线缆。

2)室外场景

(1)室外无线 AP:安装方式为挂墙、抱杆,用光电复合缆提供大于 100m 的远程供电,利用 10GPON 技术实现回传带宽 10Gbit/s,未来带宽升级到 50Gbit/s 甚至 100Gbit/s 不需要更换光电复合缆。

(2)室外摄像头:安装方式为挂墙、抱杆,用光电复合缆提供大于 100m 的远程供电,超清视频数据回传以及未来更高带宽无压缩视频回传升级不需要更换线缆。

3.5 配线管网

配线管网(the wiring pipeline network)用于敷设通信线缆的一种通道,建筑物外由室外管道以及建筑物引入管和人(手)孔等组成,建筑物内由竖井、导管和桥架[1]等组成。为保障人员以及系统的安全,避免电力线缆的电磁场对信号线路的干扰,保障信号线缆正常工作,严禁电力电缆与信号线缆在同一导管或桥架内敷设。

3.5.1 室内管线

建筑物内管包括布放水平线缆的水平管线和布放垂直线缆的垂直管线两类。

1. 水平管线

水平管线在配线架与信息插座之间,一般为隐蔽工程施工或部分隐蔽工程施工。管线的设计内容包括管线的敷设方式、管线路由、管线材质、管线截面利用率和管线弯曲半径。

通常与信息插座相连的管线为暗敷配管,可采用 PVC 管,预埋在墙壁内。从楼层配线间引出的线缆采用架空的桥架或采用地板下线槽,一般为钢制。桥架往往安放在吊顶内,可以布放较多的线缆,适合水平主管线使用。金属桥架与暗敷配管的连接,可采用一段金属软管过渡,软管长度以小于 2m 为宜。金属线槽一般采用地板下暗敷,线槽的高度小于 25mm,

---

① 桥架是梯架、托盘及槽盒的统称。

宽度小于 300mm。

管径利用率为缆线的外径与配管的内经之比:

$$管径利用率=d/D \tag{3-8}$$

式中,d——缆线外径;

　　　D——管道内径。

截面利用率为缆线截面积之和与配管的内截面积之比:

$$截面利用率=A_1/A \tag{3-9}$$

式中,A_1——缆线截面积之和;

　　　A——配管内截面积。

弯导管的管径利用率应为 40%～50%;导管内穿放大对数电缆或 4 芯以上光缆时,直线管路的管径利用率应为 50%～60%;导管内穿放 4 对对绞电缆或 4 芯及以下光缆时,截面利用率应为 25%～30%;槽盒内的截面利用率应为 30%～50%。

当线槽长度大于 30m 或布线路径发生改变时,应设过线盒,在地面留有可开启的盖板。

导管或槽盒在下列位置宜设置过线盒:

(1)槽盒或导管的直线路由每 30m 处;

(2)有 1 个转弯,导管长度大于 20m 时;

(3)有 2 个转弯,导管长度不超过 15m 时;

(4)路由中有反向(U 形)弯曲的位置。

2. 垂直管线

垂直管线采用封闭式金属桥架,保护 BD-FD 之间、FD-FD 之间的垂直线缆。桥架分开放式和封闭式两类。开放式桥架有横掌,又称梯架,一般用于机房内,线缆可以绑扎在横掌(筋)上做固定。封闭式桥架形如线槽,有盖板,可以打开,线缆敷设完毕可以盖上盖板。封闭式桥架通常放置在配线间内。桥架可以敞开布放线缆,空间利用率高,施工方便。

桥架的规格有多种,可以根据线缆的数量和粗细计算截面积,选择合适尺寸的桥架。

导管、桥架穿越弱电间(电信间)内钢筋混凝土楼板,应按竖向导管、桥架的数量及规格预留楼板孔洞或预埋外径不小于 90mm 的竖向金属套管群。穿过墙壁或楼板上的套管要高出地面以防止漏水。在墙壁或楼板上开方孔,孔的大小以允许桥架穿过为限。

3.5.2 室外管线

室外管线[①],应按各使用单位发展需要,按照统建共用的原则,进行总体规划。新建、改建的建筑物,楼外预埋通信管道应与建筑物的建设同步进行,并应与公共通信管道相连接。通信管道和通道的建设宜与相关市政地下管线同步建设。

建筑物室外引入管道应符合建筑结构地下室外墙的防水要求。引入管道应采用热浸镀

---

① 室外管线和人(手)孔设置宜符合《通信管道与通道工程设计标准》(GB 50373—2019)的规定。

锌厚壁钢管,外径为 50~63.5mm 钢管的壁厚度不应小于 3mm,外径为 76~114mm 钢管的壁厚度不应小于 4mm。

1. 管线路由和位置确定

室外管线确定路由时,要注意以下事项:

(1)管路要远离电蚀和化学腐蚀地带;

(2)管路尽量建在道路旁,不占用道路;如道路旁有障碍物,可选择在人行道下;

(3)管路要尽量避免与燃气管道、高压电缆管道、供热管道和给排水管道同侧建设;

(4)与其他管道交叉时,交叉净距离最好在 0.5m 以上。

2. 管线选择

通信管道采用的管材主要有钢管和塑料管。钢管主要在过路或过桥时使用,钢管的尺寸、外形、技术要求应符合《低压流体输送用焊接钢管》(GB/T 3091—2015)的规定。

塑料管道防水性能、防腐蚀性能较好,摩擦系数小,管路占用截面小,易弯曲。塑料管道的材质有硬质和半硬质聚乙烯(或聚氯乙烯)两类。工程中使用的塑料管分为单孔管和多孔管。单孔管又分波纹管和硅芯管,多孔管有梅花管、栅格管和蜂窝管等。常用的梅花管[①]断面结构如图 3-43 所示。

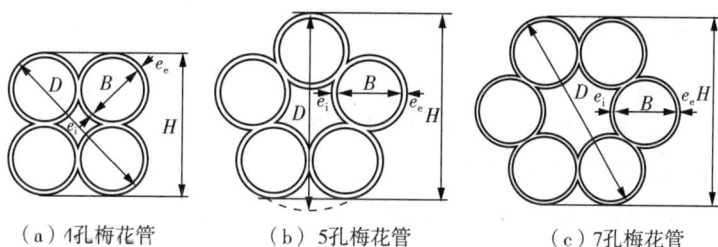

（a）4孔梅花管　　　（b）5孔梅花管　　　（c）7孔梅花管

B—内孔尺寸;H—管材的初始高度;D—管材总外径;e_i—内壁厚;e_e—外壁厚。

图 3-43　典型的梅花管断面结构

梅花管为若干个实心圆环结构组成的多孔塑料管,常用型号和尺寸见表 3-16 所列。

表 3-16　梅花管管材规格

规格	型号	单孔内径/mm	单孔截面积/mm²	等效外径/mm	长度/mm
5 孔	φ25×5	25	491	76.1	6000
5 孔	φ26×5	26	531	78.8	6000
4 孔	φ28×4	28	616	76.2	6000
5 孔	φ28×5	28	616	84.9	6000
4 孔	φ32×4	32	804	86.5	6000

---

① 《地下通信管道用塑料管 第5部分:梅花管》(YD/T 841.5—2016)规定了地下通信管道用梅花管的产品型号、分类、结构、要求、试验方法、检验规则、标志、运输、贮存等。本部分适用于地下通信管道系统中使用的梅花管。

(续表)

规格	型号	单孔内径/mm	单孔截面积/mm²	等效外径/mm	长度/mm
5孔	φ32×5	32	804	96.5	6000
7孔	φ32×7	32	804	117.3	6000

管孔数量主要与线缆的容量有关。确定管孔数量时,要综合考虑各项业务的发展。

3. 管线施工要求

1)埋设深度

通信管道的埋设深度应符合表 3-17 的规定。当达不到要求时,应采用混凝土包封或钢管保护。

表 3-17　路面至管顶的最小深度　(单位:m)

类别	人行道/绿化带	机动车道	与电车轨道交越(从轨道底部算起)	与铁道交越(从轨道底部算起)
塑料管、水泥管	0.7	0.8	1.0	1.5
钢管	0.5	0.6	0.8	1.2

管道铺设要有一定的坡度,以利于渗入管道的水流向人孔。管道的坡度一般为 3‰~4‰,不得小于 2.5‰。相邻两个人孔间的管道可以呈"人"字形。

管道需要弯曲时,塑料管道的曲率半径大于 10m。

在直线路由上,塑料管道的最大段长不得超过 200m。段长超过 200m 或管道路由方向发生改变时,要设人孔。

2)铺设

铺设塑料管道前,一般要在沟底回填 50mm 细沙或细土,岩石地区回填细沙或细土的厚度要达到 200mm。当采用多层塑料管组合布放时,塑料管间的缝隙要用水泥浆砂饱满填充。为保证管孔排列整齐、间隔均匀,塑料管每隔 3m 要采用框架或格架固定。

3)人(手)孔设置

在干线线缆的分支点、引上线缆汇接点、坡度较大的管线拐弯处、道路交叉路口和地下引入线路的建筑物旁要设置人孔或手孔,位置最好选在路旁,或者是在人行道上。人(手)孔的形式和型号按管孔数量做出选择。一般的选择基本要求如下:

(1)90mm 孔径管道在 6 个以下,或 28mm 和 32mm 孔径管道在 12 个以下,可以选择手孔;

(2)90mm 孔径管道在 6 个以上、12 个以下,或 28mm 和 32mm 孔径管道在 12 个以上、24 个以下,可以选择小号人孔;

(3)90mm 孔径管道在 12 个以上、24 个以下,或 28mm 和 32mm 孔径管道在 24 个以上、36 个以下,可以选择中号人孔;

(4)90mm 孔径管道在 24 个以上、48 个以下,或 28mm 和 32mm 孔径管道在 36 个以上、72 个以下,可以选择大号人孔。

3.6　综合布线防护

综合布线系统的防护是确保网络传输稳定性、延长设备寿命、保障信息安全的重要环节,尤其在复杂电磁环境、高雷击风险或工业场景中更为关键。

3.6.1　间距

综合布线电缆与附近可能产生高电平电磁干扰的电动机、电力变压器、射频应用设备等电器设备之间应保持间距,与电力电缆的间距应符合表 3-18 的规定。

表 3-18　综合布线电缆与电力电缆的间距

类别	与综合布线接近状况	最小间距/mm
380V 电力 电缆＜2kV·A	与缆线平行敷设	130
	有一方在接地的金属槽盒或钢管中	70
	双方都在接地的金属槽盒或钢管中	10①
380V 电力电缆 2～5kV·A	与缆线平行敷设	300
	有一方在接地的金属槽盒或钢管中	150
	双方都在接地的金属槽盒或钢管中	80
380V 电力 电缆＞5kV·A	与缆线平行敷设	600
	有一方在接地的金属槽盒或钢管中	300
	双方都在接地的金属槽盒或钢管中	150

注:双方都在接地的金属槽盒中,系指两个不同的线槽,也可在同一线槽中用金属板隔开,且平行长度不大于 10m。

室外墙上敷设的综合布线管线与其他管线的间距应符合表 3-19 的规定。

表 3-19　综合布线管线与其他管线的间距

其他管线	最小平行净距/mm	最小垂直交叉净距/mm
防雷专设引下线	1000	300
保护地线	50	20
给水管	150	20
压缩空气管	150	20
热力管(不包封)	500	500

（续表）

其他管线	最小平行净距/mm	最小垂直交叉净距/mm
热力管（包封）	300	300
燃气管	300	20

3.6.2 防雷

为防止雷击瞬间产生的电流与电压通过电缆引入建筑物内布线系统，对配线设备和信息设施产生损害，甚至造成火灾或人员伤亡的事件发生，应采取相应的防雷与接地保护措施。

1. 电涌保护器

雷电电磁脉冲是以电涌形式（即瞬态过电压或过电流）损坏电子电气器件及设备的。电子电气工程中采用电涌保护器件进行合理搭配，逐级分流和限压电涌。电涌保护器（Surge Protective Device，SPD）是用于限制瞬态过电压和泄放电涌电流的电器，它至少包含一个非线性元件。非线性元件用来完成泄放雷电流和限制电涌电压的任务。当保护电路无电涌侵入、正常工作时，非线性元件表现为高电阻状态，不会影响电路的正常工作；当电涌侵入电路时，非线性元件由于其伏安特性的特殊性，将呈现为低电阻状态，从而将电涌电流泄放旁路，发挥箝位限压的作用，使得被保护设备在正常的电压范围之内工作。当电涌电流结束后，非线性元件又自动恢复为高电阻状态。如果所选择的非线性元件高低阻状态动作转换迅速，既可使保护对象免受雷电和电涌危害，还可保证其正常工作不会受到影响。

电涌保护器件由气体放电管（Gas Discharge Tube，GDT）、压敏电阻、瞬态电压抑制二极管（Transient Voltage Suppressor，TVS）等组成，性能特点见表 3-20 所列。在实际使用时，应结合被保护对象的具体使用要求，充分考虑、比较各电涌器件的性能特点，扬长避短，合理匹配应用，以达到可靠保护。

表 3-20　典型电涌保护器件的性能比较

类型	通流容量	箝压水平	响应时间	寄生电容	泄漏电流	续流	抗干扰能力	老化现象
放电管	大（1～100kA）	高	慢（1us）	小	无	有	较强	有
压敏电阻	大（0.1～100kA）	中等	较快（1ns）	大	小	无	强	有
瞬态电压抑制二极管	较小（0.1～1kA）	低	快（几十ps）	大	小	无	弱	几乎没有

电子设备比较灵敏、脆弱，防雷保护可以采用多级保护电路，如图 3-44 所示。第一级为气体放电管电路，第二级为压敏电阻电路，最后一级为瞬态电压抑制二极管电路。从图 3-44箝位限压波形可以看出，一个起初电压很高的雷电波形在经过各电涌保护器件的逐级

滤波限压后,末端输出一个电压比较低的暂态过电压信号。

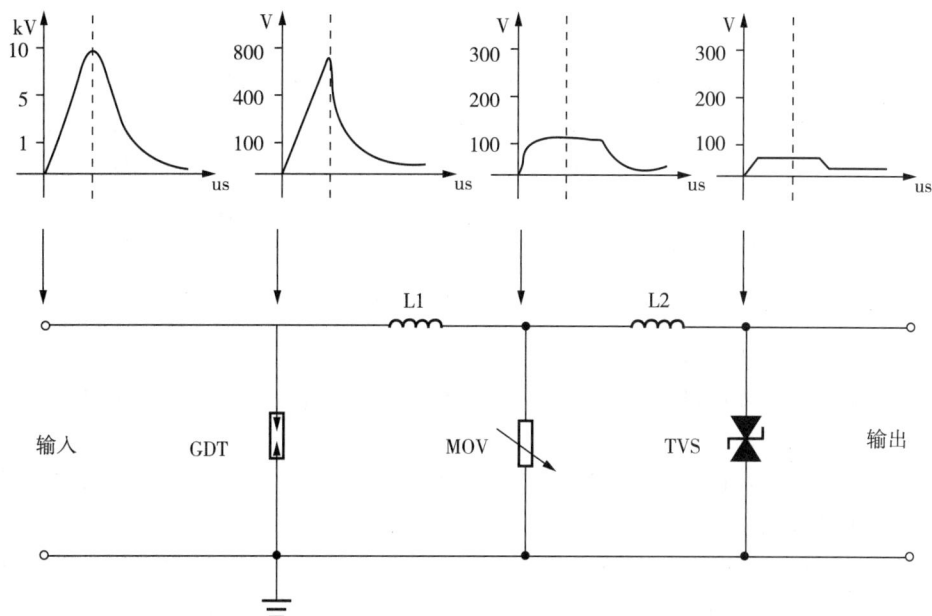

图 3-44　采用放电管、压敏电阻和瞬态抑制二极管的三级保护电路

按照电涌保护器在电子信息系统中的使用特性,将电涌保护器分为电源线路电涌保护器和信号线路电涌保护器等。下面只介绍信号线路电涌保护器。

2. 信号线路电涌保护器

1)信号线路电涌保护器的电路结构

信号线路电涌保护器的电路结构如图 3-45 所示。它是由第一级气体放电管、退耦[①]电阻,第二级瞬态电压抑制二极管组成的。由于雷电的静电感应和电磁感应在信号线路上感应出雷电过电压,其幅值一般在几十到几百伏。在信号线路 SPD 的第一级利用 GDT 对瞬态过电压的能量进行泄放,第二级使用 TVS 将电压箝位在一个较低的水平,以保护电子设备的信号端。在第一级与第二级之间加装退耦电阻来实现两极间的能量配合,使 GDT 在瞬态过电压波到达 TVS 之前导通泄流,以保证 TVS 不被击穿。在保证 SPD 保护效果的前提下,应尽量减小因加入退耦电阻而对信号线路正常通信造成的影响。退耦电阻值既不能过大,也不能偏小。若过大,则会影响信号电路的正常运行,对信号的传输造成较大的衰减;若偏小,则会使第一级的气体放电管放电特性得不到改善,也不能有效地限制其后面 TVS 中的暂态电流。在不影响信号传输的前提下,退耦电阻的阻值越大越好,因为增大电阻可以提

---

① 退耦元件(decoupling elements)是在被保护线路中并联接入多级 SPD 时,如果开关型 SPD 与限压型 SPD 之间的线路长度小于10m 或限压型 SPD 之间的线路长度小于 5m 时,为实现多级 SPD 间的能量配合,应在 SPD 之间的线路上串接适当的电阻或电感,这些电阻或电感元件称为退耦元件。低压配电系统线路多用电感,电子信息线路中多级 SPD 之间的能量配合多用电阻。

103

高 GDT 与 TVS 的匹配效率。TVS 的分布电容值较大,而信号线路中分布电容值越大,越不利于信号的正常传输。

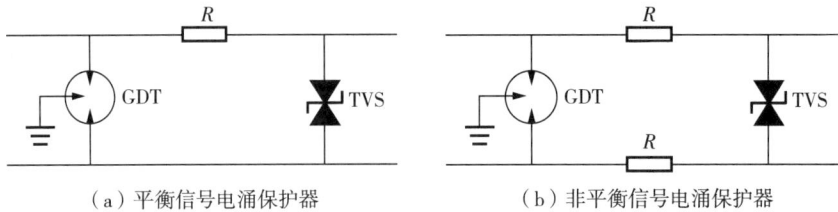

(a)平衡信号电涌保护器   (b)非平衡信号电涌保护器

图 3-45 信号线路电涌保护器的电路基本结构

2)电涌保护器性能参数

当电缆从建筑物外面进入建筑物内时,应选用适配的信号线路电涌保护器。电涌保护器的作用是泄流和限压。

泄流:把入侵的雷电流分流入地,让雷电的大部分能量泄入大地,使雷电电磁脉冲无法达到或仅极少部分到达电子设备。

限压:在雷电过电压通过电源(或信号)线路时,在 SPD 两端保持一定的电压(残压),而这个限压又是电子设备所能接受的。

泄流和限压这两个功能应同时获得,即在分流过程中达到限压,使电子设备受到保护。因此,电涌保护器性能参数主要是电压、电流以及响应时间。

(1)电压具体如下:

① 最大持续工作电压(U_c)是可连续施加在电涌保护器上的最大交流电压有效值或直流电压,其值等于额定电压(U_n)。

② 电压保护水平(U_p)是表征电涌保护器限制接线端子间电压的性能参数,该值应大于限制电压的最高值($U_p > U_c$)。

③ 有效保护水平($U_{p/f}$)是电涌保护器连接导线的感应电压降与电涌保护器电压保护水平 U_p 之和。

④ 残压(U_{res})是放电电流流过电涌保护器时,在其端子间的电压峰值。其值与冲击电流的波形和峰值电流有关。U_{res} 是确定 SPD 的过电压保护水平的重要参数。

(2)电流具体如下:

① 标称放电电流 I_n(额定放电电流)是流过 SPD 具有 $8/20\mu s$ 波形的电流峰值。

② 最大放电电流 I_{max} 是通过 SPD 的 $8/20\mu s$ 电流波的峰值电流,所以最大放电电流也称为极限冲击通流容量。显然,$I_{max} > I_n$。

③ 冲击电流(I_{imp})是由电流峰值 I_{peak}、电荷量 Q 和比能量 W/R 三个参数定义的电流,用于电涌保护器的 I 类试验,典型波形为 $10/350\mu s$。

(3)响应时间。SPD 的响应时间是从暂态过电压开始作用于 SPD 的时间到 SPD 实际导通放电时刻之间的延迟时间,其值越小越好。响应时间依赖于电涌保护器所采用的元器件的特性。信号电涌保护器对信号传输的影响,主要表现在瞬态电压抑制二极管的分布电容上。TVS 的分布电容值为 $50\sim350pF$。目前的技术很难做到频率大于 250MHz 的电涌保护器。信号频率越高,衰减越大,平衡传输(差分传输)时的幅频特性曲线 $-3dB$ 的频率

(截止频率)范围比非平衡传输(单端传输)时的幅频特性曲线－3dB 的频率(截止频率)范围宽。

3.6.3　接地

在建筑物配线间、设备间、进线间及各楼层信息通信竖井内均应设置局部等电位联结端子板。当缆线从建筑物外引入建筑物内时,电缆、光缆的金属护套或金属构件应在入口处就近与等电位联结端子板连接。综合布线在建筑物内配线间、设备间、进线间及各楼层信息通信竖井内的局部等电位联结端子板与总等电位连结端子板连接,如图 3－46所示。

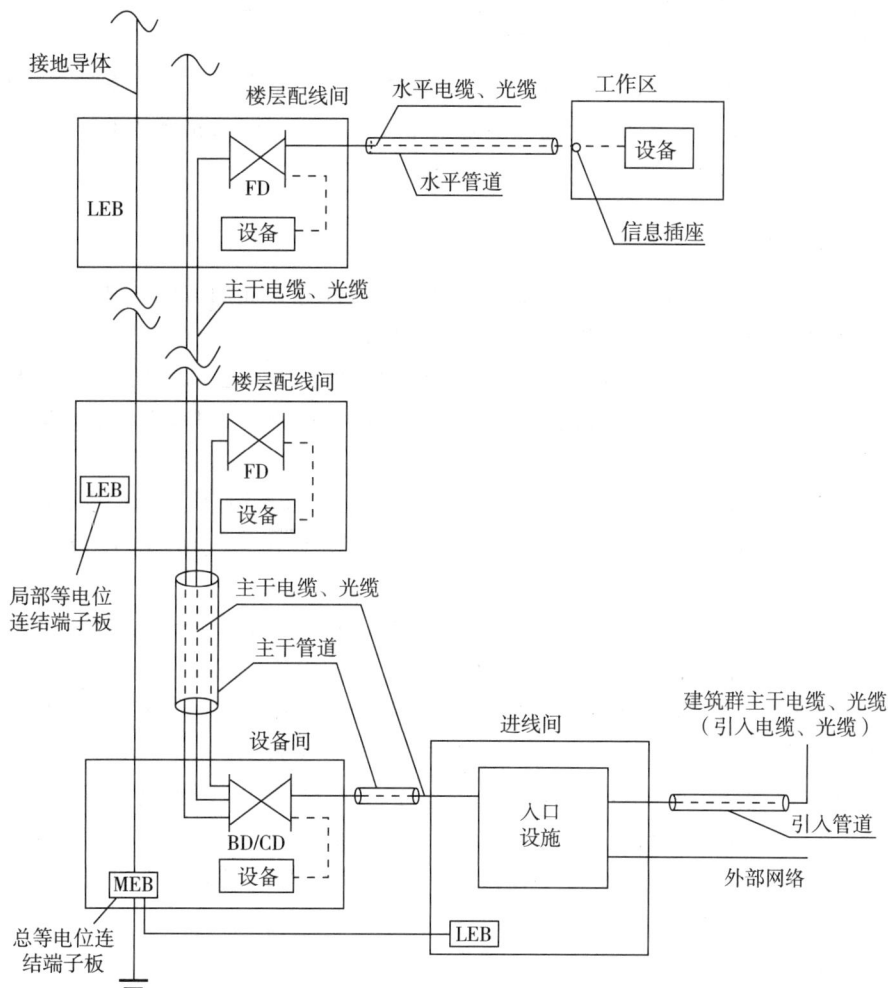

图 3－46　综合布线的等电位联结端子板与总等电位连结端子板连接

配线柜接地端子板应采用两根长度不等且截面不小于 6mm² 的绝缘铜导线接至就近的等电位联结端子板。采用两根不同长度的连接导体,为高频干扰信号提供低阻抗的泄放通道,可以避免单根导体长度为干扰频率波长的 1/4 或其奇数倍时形成接收或辐射干扰信号的情况。综合布线系统接地导线截面积可参考表 3－21确定。

表 3-21　接地导线选择

名称	楼层配线设备至建筑等电位接地装置的距离	
	≤30m	≤100m
信息点的数量/个	≤75	>75,≤450
选用绝缘铜导线的截面/mm²	6~16	16~50

综合布线的电缆采用金属管槽敷设时,管槽应保持连续的电气连接,并应有不少于两点的良好接地。

屏蔽布线系统的屏蔽层应保持可靠连接、全程屏蔽,在屏蔽配线设备安装的位置应就近与等电位联结端子板可靠连接。为了保证全程屏蔽效果,工作区屏蔽信息插座的金属罩可通过相应的方式与 TN-S 系统的 PE 线接地。

综合布线系统应采用建筑物共用接地的接地系统。当必须单独设置系统接地体时,其接地电阻不应大于 4Ω。当布线系统的接地系统中存在两个不同的接地体时,其接地电位差有效位不应大于 1VRMS。

3.6.4　防火

综合布线工程应从建筑物的高度、面积、功能、重要性等方面加以综合考虑,选用经具有资质的检测机构检测耐火等级合格的缆线及其连接件。

(1)普通通信(Communication General,CMG)电缆的外护套多为聚氯乙烯(Polyvinyl Chloride,PVC)材料,绝缘层为高密度聚乙烯(Polyethylene,PE)材料,它在燃烧时会散发出有毒的卤素、烟雾,释放出大量的热量。

(2)竖(井)管通信(Communication Riser,CMR)电缆的外护套为高阻燃 PVC 材料,绝缘层为高密度 PE 材料,在遇到火焰燃烧后,会散发出有毒的卤化气体(氯气)及铅蒸气,卤化气体会迅速消耗在空气中,使火焰熄灭。

(3)通风管道通信(Communication Plenum,CMP)电缆的外护套为氟材料,如聚四氟乙烯(Poly Tetra Fluor Ethylene,PTFE)、氟化乙丙烯(Fluorinated Ethylene Propylene,FEP)等,其分解温度高、燃点高,可阻止燃烧扩散,使散发的烟雾和毒素达到最小,即使在发生火灾时,室内也不会充满大量因电缆燃烧而散发的烟雾或危害毒素。

由于 CMG 电缆、CMR 电缆、CMP 电缆三者之间的外护套以及燃烧情况不同,故防火等级也不同,为 CMP 电缆>CMR 电缆>CMG 电缆。因此,一般情况下,CMG 电缆用于同一楼层的水平布线,CMR 电缆可用于室内的垂直干线布线,CMP 电缆用于通风管道或空气处理设备环境中的水平布线。

(4)低烟无卤(Low Smoke Zero Halogen,LSZH)电缆具有低烟、低毒、低腐蚀与高阻燃等特性,可用于室内、室外水平或干线布线。

3.7　综合布线系统测试

综合布线系统工程测试分为验证测试和认证测试。

验证测试属于随工测试,即施工人员边施工边测试。验证测试的内容主要是线路的连通性测试,包括线对通、断,线序正确性和编号的正确性。

认证测试属于验收测试,一般由具有"CMA"或"CNAS"的第三方检测机构(单位)负责实施。认证测试的内容除连通性和线序外,主要是测试电(光)性能指标。不同等级(级别)的布线系统,测试的参数有所区别。验收测试的指标参数应符合《信息技术 用户建筑群通用布缆 第 1 部分:通用要求》(GB/T 18233.1—2022)等的规定。

3.7.1 综合布线系统测试仪表

1. 综合布线系统测试仪表基本要求

测试仪表能测试综合布线各等级的性能及传输性能,应符合下列规定:

(1)测试仪表应具有测试结果的保存功能并提供输出端口;

(2)可将所有存贮的测试数据输出至计算机和打印机,测试数据不应被修改;

(3)测试仪表应能提供所有测试项目的概要和详细的报告;

(4)测试仪表宜提供汉化的通用人机界面。

测试仪器应为数字式线缆分析仪。仪器测试频率覆盖范围不应少于电缆 6 类(Cat6)1～250MHz;电缆超 6 类(Cat6A)1～500MHz;电缆 7 类(Cat7)1～600MHz;电缆超 7 类(Cat7A)1～1000MHz 和电缆 8 类(Cat8)1～2000MHz。

数字式线缆分析仪其精度应符合以下规定:

(1)电缆 7 类/超 7 类(Cat7/Class FA)及其以下精度 V 级;

(2)电缆 8 类(Cat8)精度 2G 级。

各级别精度应符合表 3-22 的要求。

表 3-22 各级别精度要求

级别	精度要求
Level Ⅱe	100MHz
Level Ⅲ	250MHz
Level Ⅲe	500MHz
Level Ⅳ	600MHz
Level Ⅴ	1000MHz
Level2G	2000MHz

永久链路测试适配器要求参数居中、稳定、离散性小,以便支持电缆永久链路的居中性和可重复性测试。跳线测试适配器含离散度小的支持居中性认证的测试插座,以便支持认证电缆跳线互换。

光纤测试仪表应能测试多模光纤(OM1、OM2、OM3、OM4、OM5)、单模光纤(OS1a、OS2)及光纤链路。尤其通信设施工程中使用的 G.652、G.657 单模光纤的性能。光时域反射仪光纤事件盲区不应大于 1m。

2. 综合布线系统测试仪表检验

综合布线测试仪表的指示或信号准确与否,关系到能否正确判断缆线及连接器件的性能指标。因此,在使用前应事先对工程中需要使用的仪表(和工具)进行检验。缆线测试仪表应附有检测机构的证明文件。相应检测机构的证明文件包括国内(国际)检测机构的认证书、产品合格证及计量证书等。

测试仪表的精度应按相应的鉴定规程和校准方法进行定期检查和校准,经过计量部门校验取得合格证后,方可在有效期内使用。

测试仪器的设置、测试的程序、仪器的校正等问题,具体内容参考所选用的仪器的使用手册。

3.7.2　综合布线系统的电信道测试

根据不同的测试需求和布线系统等级,综合布线系统有两种测试模型,分别是永久链路测试和信道测试。同一种布线等级,不同的测试模型下检测的项目是相同的,但是认证要求的指标不同。

1. 永久链路测试模型

永久链路是信息点与楼层配线设备之间的传输线路。它不包括工作区缆线和连接楼层配线架的跳线,但可以包括一个集合点链路。永久链路测试模型如图 3-47 所示。

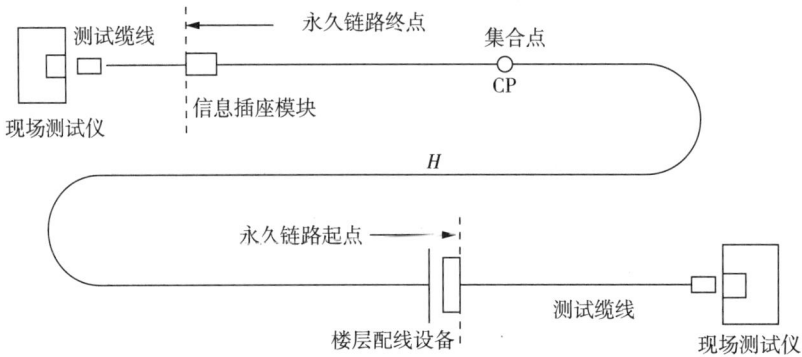

H—从信息插座至楼层配线架(包括集合点)的水平电缆长度,$H \leqslant 90\text{m}$。

图 3-47　永久链路测试模型

集合点是楼层配线架与工作区信息点之间水平缆线路由中的连接点。

2. 信道测试模型

信道是连接两个应用设备的端到端的传输通道。信道参数是对用户设备之间端到端整体信道性能的测试。信道性能测试连接模型应在永久链路连接模型的基础上包括工作区和配线间的设备跳线。信道测试模型如图 3-48 所示。

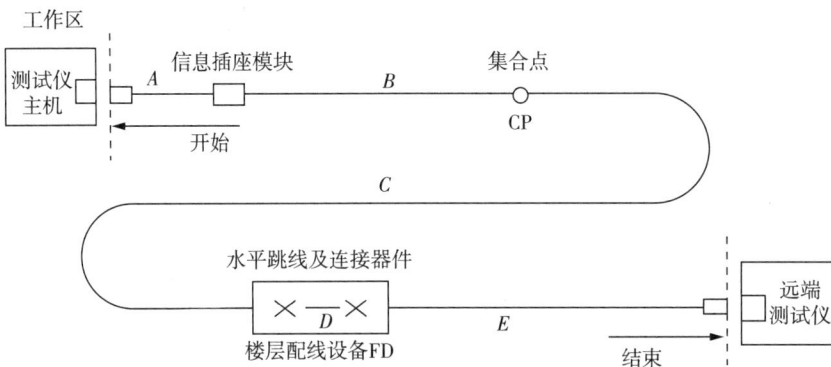

A—工作区末端设备电缆长度;B—CP 缆线长度;C—水平缆线长度;
D—配线架连接跳线长度;E—配线架到设备连接电缆长度;$B+C \leqslant 90\text{m}$,$A+D+E \leqslant 10\text{m}$。

图 3-48　信道测试模型

综合布线电链路和信道的等级不同,测试的参数①是不同的。

3.7.3　综合布线系统光信道测试

1. 光纤信道或链路等级

应根据工程设计的应用情况按等级 1 或等级 2 测试模型与方法完成测试。

1)等级 1 内容

(1)测试内容应包括光纤信道或链路的长度与极性和衰减。

(2)应使用光损耗测试仪测量每条光纤链路的衰减并计算光纤长度。

2)等级 2 内容

等级 2 测试应包括等级 1 测试要求的内容,还应包括利用光时域反射仪曲线获得信道或链路中各点的衰减、回波损耗值。

2. 光纤的性能指标及光纤信道指标

用光纤测试仪测试光纤信道或链路的连通性、光纤长度和衰减。当测试光纤信道或链路的衰减时,可测试光跳线的衰减值作为设备光缆的衰减参考值。

不同类型的光缆在标称的波长,光纤传输性能要符合表 3-3 和表 3-4 的规定。

光缆布线信道在规定的传输窗口测量出的最大光衰减不应大于表 3-23 规定的数值,该指标应已包括光纤接续点与连接器件的衰减在内。

表 3-23　光缆信道衰减范围

级别	最大信道衰减/dB			
	单模		多模	
	1310nm	1550nm	850nm	1300nm
OF-300	1.80	1.80	2.55	1.95
OF-500	2.00	2.00	3.25	2.25
OF-2000	3.50	3.50	8.50	4.50

注:光纤信道包括的所有连接器件的衰减合计不应大于 1.5dB。

光纤信道和链路的衰减也可按下式计算:

光纤信道和链路损耗=光纤损耗+连接器件损耗+光纤接续点损耗

光纤损耗=光纤损耗系数×光纤长度

连接器件损耗=连接器件损耗/个×连接器件个数

光纤接续点损耗=光纤接续点损耗/个×光纤连接点个数

光纤接续及连接器件损耗值的取定应符合表 3-24 的规定。

---

① 综合布线系统检测参数的物理含义,可参考 1997 年刘国林编著在电子工业出版社出版的《综合布线》第 8 章。

表 3-24　光纤接续及连接器件损耗值　　　　　　　　　（单位:dB）

类别	多模		单模	
	平均值	最大值	平均值	最大值
光纤熔接	0.15	0.3	0.15	0.3
光纤机械连接	—	0.3	—	0.3
光纤连接器件	0.65/0.5②		—	
	最大值 0.75①			

注:① 为采用预端接时含 MPO-LC 转接器件。

　　② 针对高要求工程可选 0.5dB。

3. 光纤链路衰减测试

光纤到用户单元系统工程,光纤链路测试前应对综合布线系统工程所有的光连接器件进行清洗,并应将测试接收器校准至零位。

光纤链路测试连接模型应包括两端的测试仪器所连接的光纤和连接器件(见图 3-49)。

图 3-49　光纤链路衰减测试连接方式

工程检测中应对图 3-49 所示光链路采用 1310nm 波长进行衰减指标测试。用户接入点用户侧配线架至用户单元信息配线箱,光纤链路全程衰减限值可按下式计算:

$$\beta = \alpha_f L_{max} + (N+2)\alpha \qquad (3-10)$$

式中,β 为用户接入点用户侧配线架至用户单元信息配线箱的光纤链路衰减(dB);α_f 为光纤衰减常数(dB/km),采用 G.652 光纤时为 0.36dB/km,采用 G.657 光纤时为 0.38~0.40dB/km;L_{max} 为用户接入点用户侧配线架至用户单元信息配线箱的光纤链路最大长度(km);N 为用户接入点用户侧配线架至用户单元信息配线箱的光纤链路中熔接的接头数量;2 为光纤链路光纤终接数(用户光缆两端);α 为光纤接续点损耗系数,采用热熔接方式时为 0.06dB/个,采用冷接方式时为 0.1dB/个。

3.7.4　综合布线系统测测试结果

综合布线产品及其链路、信道的测试参数应符合国家标准《信息技术　用户建筑群通用布缆　第 1 部分:通用要求》(GB/T 18233.1—2022)和《综合布线系统工程验收规范》(GB/T 50312—2016)的规定。这些规定的技术指标已被内置到专用的认证检测仪器中,在检测时可按测试仪器内置的参数说明直接对被测链路或信道做出合格(通过)或失败(不通过)结论。

采用综合布线系统专用的线缆测试仪测试链路或信道的各项参数,结果均列于测试仪的表单中。表单右上角的标识"√"表示该链路或信道的测试结果是合格的,测试结论为"通过"。

复习思考题

1. 简述综合布线系统的定义及其核心组成部分。
2. 综合布线系统的拓扑结构是什么?请结合示意图说明其特点。
3. 水平子系统和干线子系统的区别是什么?各自的作用是什么?
4. 什么是永久链路?它与信道的区别是什么?
5. 综合布线系统的传输通道分为哪几类?各支持哪些应用场景?
6. 双绞线的主要屏蔽类型有哪些?简述其命名规则及典型应用场景。
7. 比较非屏蔽双绞线和屏蔽双绞线的优缺点。
8. 双绞线的类别(如 Cat5、Cat6A、Cat7)如何影响其带宽和传输距离?
9. 单模光纤与多模光纤的主要区别是什么?各适用于哪些场景?
10. 光纤的模态带宽是什么?它对多模光纤的传输性能有何影响?
11. 工作区信息插座的数量和位置应如何规划?举例说明不同场所的配置要求。
12. 水平缆线的敷设方式有哪些?简述吊顶内敷设与楼板内敷设的适用场景。
13. 如何计算水平子系统的电缆用量?列出关键公式并说明各参数含义。
14. 干线子系统中大对数电缆和光缆的选择依据是什么?
15. 建筑群子系统的光缆设计需考虑哪些因素?室外光缆的典型结构特点是什么?
16. 以太网供电的两种供电方式(端跨 PSE 与中跨 PSE)有何区别?
17. 简述以太网供电的功率等级划分及对应的线缆要求。
18. 光电复合缆供电的结构特点是什么?其适用于哪些场景?
19. 如何根据光电复合缆的供电距离和负载功率选择合适的电缆规格?
20. 水平管线和垂直管线的敷设要求有哪些?管径利用率与截面利用率如何计算?
21. 室外通信管道的埋设深度和坡度有何规范要求?梅花管的结构特点是什么?如何根据管孔数量选择人(手)孔类型?
22. 电涌保护器的工作原理是什么?其在信号线路中的典型电路结构是怎样的?
23. 综合布线系统的接地要求有哪些?如何实现等电位联结?
24. 屏蔽布线系统的全程屏蔽应如何实现?接地导线的截面积如何选择?
25. 验证测试与认证测试的区别是什么?各包含哪些测试内容?
26. 永久链路测试模型和信道测试模型的区别是什么?两者的测试范围有何不同?
27. 光纤链路的衰减测试需考虑哪些因素?如何计算光纤链路的全程衰减?
28. 光时域反射仪在光纤测试中的作用是什么?其关键参数有哪些?

第4章 全光网络

全光网络(All Optical Network,AON)是指信号只是在进出网络时才进行电/光和光/电的变换,而在网络中传输和交换的过程中始终以光的形式存在。全光网络中的信息传输、交换、放大等无须经过光电/电光转换,在整个传输过程中没有电的处理,不受网络中电子设备响应慢的影响,有效地解决了"电子瓶颈"的影响。如一根光纤利用 n 路波分复用,每路带有 10Gb/s 的数字信号,则光纤传输容量将是 $n \times 10$Gb/s,提高了网络资源的利用率。

全光网络采用两种不同的网络技术路线:一种是无源光网络,另一种是全光以太网。无源光网络是由光线路终端、无源光分配网、光网络单元组成的点到多点信号传输系统。全光以太网是基于以太网通信技术标准,由核心交换机、汇聚全光交换机、接入全光交换机、光介质链路、网络管理单元组成。全光以太网和无源光网络在拓扑结构、数据传输速度、覆盖范围和适用场景等方面存在差异。

本章首先阐述光通信系统的基本原理,接着讨论无源光网络、无源光局域网和全光以太网的工作原理,最后对比全光以太网与无源光局域网采用的架构和技术。本章重点内容:光通信系统的基本原理,无源光网络和全光以太网的工作原理。

4.1 光通信系统

4.1.1 光通信系统的基本概念

光通信系统主要由发射系统、传输光路和接收系统等组成,如图 4-1 所示。发射端和接收端一般都采用光模块。光模块主要由光电子器件(光发射器和光接收器)、功能电路和光接口等部分组成。光模块(optical modules)也称为光纤收发器(fiber optic transceiver)是将电信号转换为光信号,或者将光信号转换为电信号,实现光通信系统中的光电转换和电光转换功能。

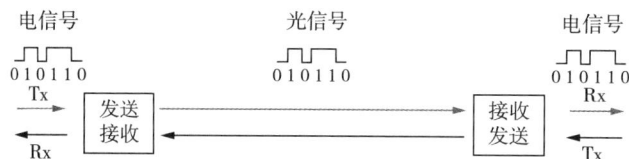

图 4-1 光通信系统的基本结构

在发送端,输入的电信号经过驱动芯片处理后,驱动半导体激光器或发光二极管发射出相应速率的调制光信号。在接收端,光探测二极管将接收到的光信号转换成电信号,并经过前置放大器后输出相应码率的电信号。

光模块还支持智能诊断功能,如数字诊断监控,可实时监测温度、光功率等参数,提升网络运维效率。

光模块的工作原理涉及光电转换和电光转换的过程,需要考虑到多种因素,如传输速率、波长专输距离等。因此,光模块的性能指标和特性对于光纤通信系统的传输质量和传输距离有着重要的影响。

4.1.2　光模块的主要性能指标

光模块在 OSI 模型的物理层工作,主要作用是实现光纤通信中的光电转换和电光转换功能。光模块的关键性能指标可以从两个方面来衡量:光模块发送端和光模块接收端。

1. 光模块发送端

光模块发送端关键性能指标主要包括平均发射光功率、消光比和光信号的中心波长。

1)平均发射光功率

平均发射光功率是指光模块在正常工作条件下发射端光源输出的光功率,可以理解为光的强度。在通信中,通常使用 dBm 来表示光功率。发射光功率和所发送的数据信号中"1"占的比例相关,"1"越多,光功率也越大。光模块发射光功率是影响光模块传输距离的重要参数。

2)消光比

消光比是指全调制条件下激光器在全"1"码时的平均光功率与全"0"码时的平均光功率之比的对数值(单位为 dB),典型值范围为 8.2~12dB。消光比过低会导致信号误码率升高,过高则可能缩短激光器寿命。实际应用中需根据传输距离和速率动态调整。

3)光信号的中心波长

常用的光模块的中心波长主要有三种波段:850nm、1310nm 以及 1550nm。光纤损耗通常随波长加长而减小,850nm 损耗较少,900~1300nm 损耗又变高了;而 1310nm 又变低,1550nm 损耗最低,1650nm 以上的损耗趋向加大。所以,850nm 就是所谓的短波长窗口,1310nm 和 1550nm 就是长波长窗口。

2. 光模块接收端

光模块接收端关键性能指标主要包括过载光功率、接收灵敏度和接收光功率。

1)过载光功率

过载光功率又称饱和光功率,是指光模块在一定的误码率条件下,接收端组件所能接收的最大输入平均光功率,单位是 dBm。

需要注意的是,光探测器在强光照射下会出现光电流饱和现象。当出现此现象后,探测器需要一定的时间恢复,此时接收灵敏度下降,接收到的信号有可能出现误判而造成误码现象。简单地说,输入光功率超过了过载光功率,可能会对设备造成损害,在使用操作中应尽量避免强光照射,防止超出过载光功率。

2)接收灵敏度

接收灵敏度是指光模块在一定的误码率条件下,接收端组件所能接收的最小平均输入光功率,单位是 dBm。如果发射光功率指的发送端的光强度,那么接收灵敏度指的就是光模块可以探测到的光强度。

一般情况下,速率越高,接收灵敏度越差,即最小接收光功率越大,对于光模块接收端器件的要求也越高。

接收灵敏度受光探测器类型影响,雪崩光电二极管因内部增益机制,可在相同误码率下实现更低的最小接收光功率(如-32dBm),适用于长距传输场景;而 PIN 二极管成本更低,适合短距应用。

3)接收光功率

接收光功率是指光模块在一定的误码率条件下,接收端组件所能接收的平均光功率范围,单位是 dBm。接收光功率的上限值为过载光功率,下限值为接收灵敏度。

综合来讲,就是当接收光功率小于接收灵敏度时,可能无法正常接收信号,因为光功率太弱了。当接收光功率大于过载光功率时,可能也无法正常接收信号,因为存在误码现象。

4.1.3 光模块的结构

光模块多种多样,其主要由 8 个部分组成,如图 4-2 所示。光模块基本结构部件见表 4-1 所列。

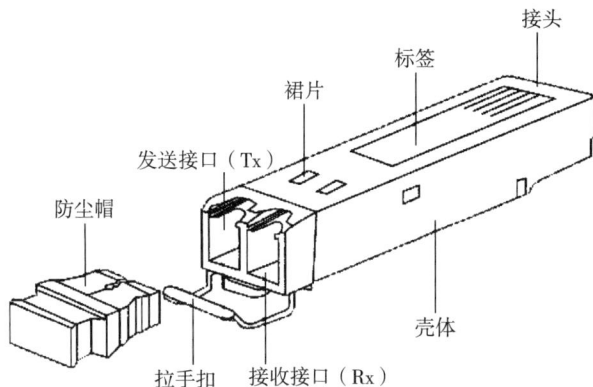

图 4-2 光模块的基本结构

表 4-1 光模块基本结构部件

编号	名称	功能描述
1	防尘帽	用于保护光模块的光接口不受外部环境污染和外力损坏
2	裙片	用于保证光模块和设备光接口之间良好的搭接(仅小型可插拔式封装的光模块上有)
3	标签	用于标识光模块的关键参数及厂家信息等
4	接头	用于光模块和设备之间的连接、传输信号、给光模块供电等
5	壳体	保护内部元器件
6	接收接口	光纤接收接口
7	发送接口	光纤发送接口
8	拉手扣	用于辅助光模块拔插,且为了辨认方便,不同距离所对应的拉手扣的颜色也是不一样的

4.2 无源光网络

4.2.1 无源光网络的基本概念

1. 无源光网络的组成

随着信息技术的发展,长距离传输信号,基本上都实现了光纤化。一个用户远用不了一根光纤的通信容量。只是到了临近用户终端,才转为铜缆。为了有效地利用光纤资源,在光纤干线和广大用户之间,还需要铺设一段中间的转换装置即光分配网(Optical Distribution Network,ODN),使得数十个用户终端能够共享一根光纤干线。广泛使用的无源光配线网如图 4-3 所示,这种无源光配线网常称为无源光网络(Passive Optical Network,PON)。"无源"表明在光配线网中无须配备电源,因此基本上不用维护。

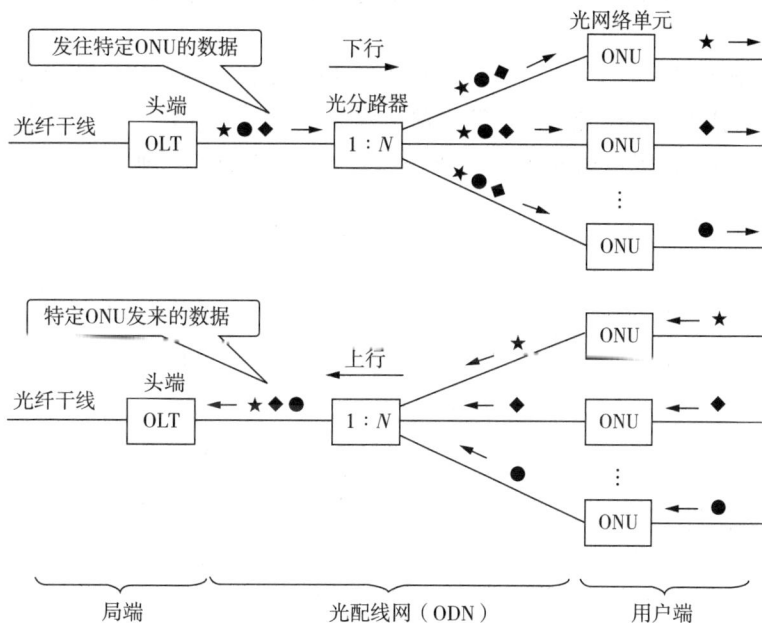

图 4-3 无源光网络的组成

从图 4-3 中可见,从光线路终端(Optical Line Terminal,OLT)到光网络单元(Optical Network Unit,ONU)为光传输网络,光分器(splitter)为物理分光,不存在光电转换。PON技术组网消除了光分配网(Optical Distribution Network,ODN)范围内的有源设备,所有的信号处理均在 OLT、ONU 及用户设备完成。

PON 涉及以下三个全光技术。

(1)PON 的数据收发。PON 中主要的通信网元称为光线路终端和光网络单元。

① 光线路终端与前端(汇聚层)交换机用网线相连,转化成光信号,用光纤与用户端的光分器互联,实现对用户端光网络单元的控制、测距、管理。光线路终端是光电一体的设备。

② 光网络单元向用户提供多个业务接口。它的网络一侧为光接口,而用户一侧是电接口。因此,光网络单元具有光/电转换和电/光转换的功能,还具有对信号的数/模和模/数转换功能以及复用、信令处理和维护管理的功能。

(2)光分配网络是为 OLT 和 ONU 之间提供光传输通道,采用波分复用技术,上行和下行分别使用不同的波长。

(3)PON 冗余保护技术,提供设备冗余和链路冗余来保障网络可靠性。

2. 无源光网络的主要设备

1)OLT 设备介绍

OLT 设备是 PON 网络的核心部件,其主要功能是完成多个 PON 接口的汇聚,进行 PON 业务处理以及 ONU 的管理。

(1)OLT 功能模块。OLT 功能模块由 PON 核心功能模块、二层交换功能模块和业务功能模块三部分组成,如图 4-4 所示,各部分基本功能如下。

① PON 核心功能模块:由 ODN 接口功能模块和 PON TC 功能模块两部分组成。PON TC 功能包括成帧、媒质接入控制、OAM、DBA,为二层交换功能模块提供 PDU 定界和 ONU 管理。

② 二层交换功能模块:提供了 PON 核心功能模块和业务功能模块之间的通信通道。连接这个通道的技术取决于业务、OLT 内部结构等。

③ 业务功能模块:提供业务接口和 PON TC 帧接口之间的转换。

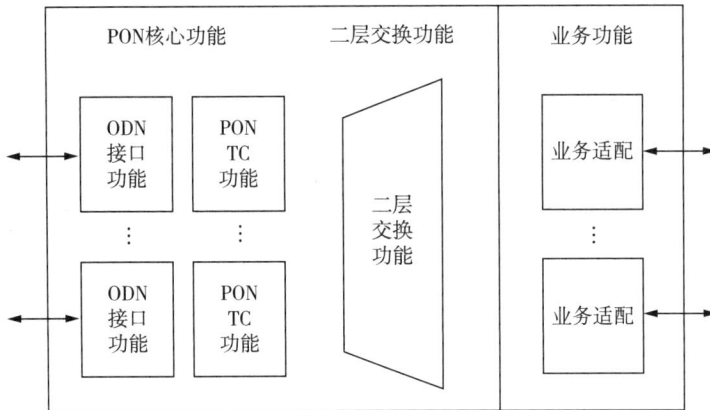

图 4-4 OLT 功能模块

(2)业务转发处理流程如下。

下行方向:OLT 将接收的以太信号进行汇聚处理,首先判断应送到哪个 PON 端口,然后将以太信号转换为 PON 信号,再将 PON 信号发送到业务单板的 PON 端口,最后 PON 端口通过 ODN 网络发送至 ONU 设备。

上行方向:OLT 通过 PON 端口控制所连接 ONU 的发送时隙(也控制分配各个 ONU 的上行带宽),确保不同的 ONU 发送的数据能无冲突地到达 OLT。OLT 的每个 PON 端口接收到 PON 信号后,转换为相应的以太信号,通过 OLT 的上行接口发送到上层网络设备。

(3)管理 ONU 设备。OLT 对其所连接的 ONU 进行管理。GPON 和 10G GPON 系统中,OLT 通过 ONU 管理和控制接口(ONU Management and Control Interface,OMCI)协议对 ONU 进行统一管理,支持对 ONU 的业务配置、告警管理、软件升级等操作。

2)ONU 设备介绍

ONU 设备是 PON 网络的业务接入点。ONU 的主要功能是完成用户终端业务的接入和转换,通过 ODN 网络传输至 OLT 设备。

(1)ONU 功能模块。ONU 功能模块和 OLT 功能模块设置相似,如图 4-5 所示。ONU 通过 PON 接口接收业务流信号(使用一个 PON 接口或者出于保护的目的,也可以使用两个 PON 接口,甚至更多的 PON 接口),使用业务复用和解复用模块来处理业务流。

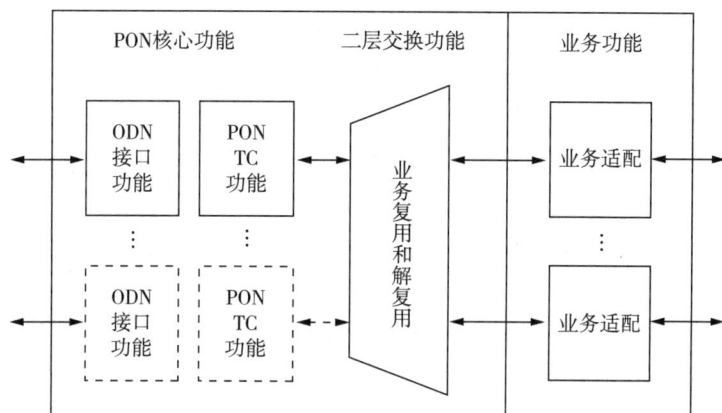

图 4-5　ONU 功能模块

(2)业务转发处理流程如下。

下行方向:ONU 对接收到的来自 OLT 的信号进行判断,如果不是发给本 ONU 的信息,直接在 PON 层丢弃,不会转换为以太网帧。如果是发给本 ONU 的信息,通过专有的密钥解密之后,转换为相应的报文(以太网端口的转换为以太网报文,POTS 语音接口的转换为语音信号)发送到对应的用户侧端口到达用户终端设备。

上行方向:ONU 将不同的用户侧端口接收到的各种报文(以太网端口的以太网报文,POTS 语音接口的语音信号),采用专有的加密密钥进行加密之后,按照 OLT 分配的上行发送时隙和业务等级,通过 ODN 网络发送到 OLT 设备上。

ONU 的上行和下行带宽是由 OLT 设备进行分配的。

(3)设备管理。在 PON 网络中,ONU 设备不需要独立地管理 IP 地址,而是通过 OMCI 管理协议接受 OLT 的远程集中管理。

4.2.2　无源光网络的工作原理

1. 无源光网络的数据收发

OLT 与 ONU 作为 PON 的边界,承担数据转换为光信号进行发送,并接收光信号转换为数据进一步传输的任务。OLT 和 ONU 常用两种主流标准协议:以太无源光网络(Ethernet Passive Optical Network,EPON)和千兆无源光网络(Gigabit-Capable Passive Optical Network,GPON)。

EPON:由 IEEE 802.3ah—2008 定义,在链路层使用以太网协议,利用 PON 的拓扑结构实现以太网的接入。EPON 与已有的以太网的兼容性好,成本低,扩展性强,管理方便。IEEE802.3av 定义了 10G EPON(简称 XEPON),将速率提高到 10G。

GPON:由 ITU－T G.984.x 系列标准定义,采用通用封装方法,可承载多业务,对各种业务类型都能够提供服务质量保证,总体性能比 EPON 好,是很有潜力的宽带光纤接入技术。ITU－T G.987.x 系列标准定义了两种 GPON:①非对称 10G GPON(简称 XG-PON),将下行速率提高到 10G,上行速率提高到 2.5G;②对称 10G GPON(简称 XGS-PON),将上、下行速率均提高到 10G。

虽然 EPON 和 GPON 采用不同的封装和处理技术,但在 OLT 和 ONU 之间进行光收发的机制类似:首先将 ONU 注册到 OLT,由 OLT 为 ONU 分配唯一的 ID,然后 OLT 为每个 ONU 下发不同的配置,最后将数据按对应协议处理,转化为光信号发送和接收。

OLT 发送给 ONU 的数据,称为"下行"数据。OLT 把收到的下行数据发往无源的1:N光分路器,然后用广播方式向所有用户端的光网络单元发送,即点到多点。

无源光分器是把从一条光纤中接收光信号,并将光信号同等(或不等)分配给另外几条光纤。典型的光分路器使用分路比是 1:32,有时也可以使用多级的光分路器。

由图 4-6 可见,OLT 将发送给 ONU 的数据标记为 ONU 的 ID 后合并一路发送。光分器根据分光比分成相同的多份发送给 ONU,而 ONU 仅处理标记自己 ID 的数据,丢弃不属于自己的数据,然后转换为电信号发往用户终端中。每一个 ONU 到用户终端中的距离可按具体情况来设置,OLT 则给各 ONU 分配适当的光功率。若 ONU 在用户家中,则就是光纤到户了。

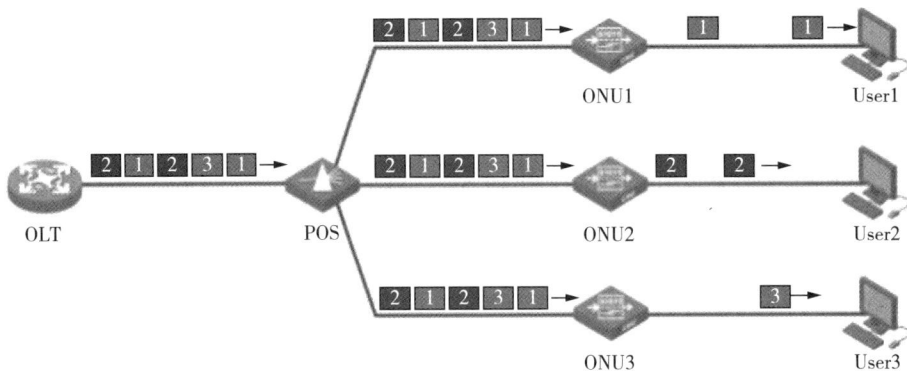

图 4-6　OLT 数据下行广播方式

当 ONU 发送上行数据时,先把电信号转换为光信号,光分路器把各 ONU 发来的上行数据汇总后,以时分多址方式发往 OLT,单位时间只允许一台 ONU 向 OLT 发送报文,而发送时间和长度都由 OLT 集中控制,以便有序地共享光纤干线。ONU 向 OLT 发送数据,称为"上行"数据,采用时分复用的方式实现多对一。每个 ONU 的发送时隙均由 OLT 统一分配,每个 ONU 只能在属于自己的时隙发送数据。时隙的分配原则可以根据不同业务需求配置,最简单的方式是平均分配,也可以按 ONU 上连接的业务优先级实现高优先级业务的质量保障。

OLT 通过动态带宽分配(Dynamic Bandwidth Allocation,DBA)算法实时调整 ONU 的时隙分配,优先保障高优先级业务(如语音、视频)的传输时延和带宽需求。DBA 支持静态分配(固定带宽预留)和动态分配(基于流量负载调整)两种模式。

每个 ONU 将从用户收到的数据先缓存,在属于自己的时隙全速发送。上行数据在光分器中合并为一路发送到 OLT,OLT 按分配的时隙解析出不同 ONU 的数据。图 4-7 中 ONU1 和 ONU2 分配的时隙较长,ONU3 分配的时隙较短,并且在一个发送周期中 ONU1 是最靠前的时隙,则 ONU1 的数据总是最优先发送,而 ONU3 仅能满足少量上行数据的发送。

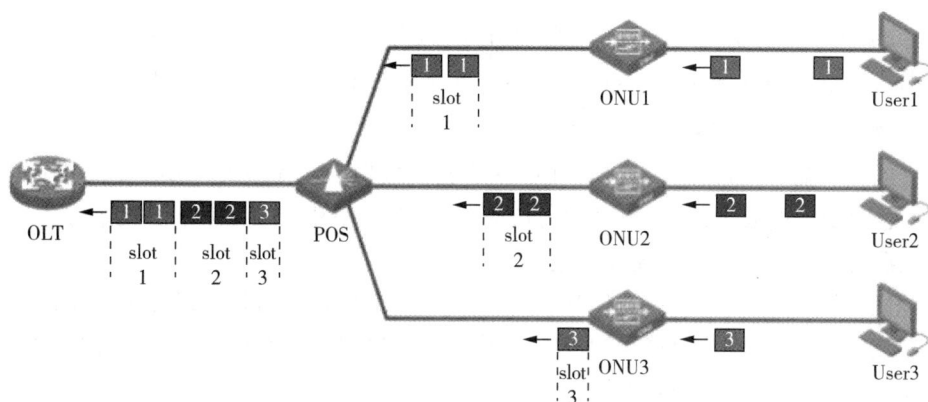

图 4-7 OLT 数据上行时分复用方式

从 OLT 和 ONU 的数据传输方式可以看出,这种方式适合需要高速下载的场景,而以高速上传为主的场景,使用 PON 的优势就不明显了。

采用光纤接入时,究竟把光网络单元 ONU 放在用户什么地方,要结合实际应用场合确定。从总的趋势来看,光网络单元 ONU 越来越靠近用户,因此就有了"光铜并进"的说法。

2. 光分配网络

光分配网络是为 OLT 和 ONU 之间提供光传输通道,采用波分复用技术,上行和下行分别使用不同的波长。

光分配网络为无源物理分光,不对光携带的信息做任何改变。

光分配网络主要由光纤和光分器(也称为 POS)组成,采用树形结构分光,可以按需要采用一级分光或多级分光。一般不会超过二级分光。无源光纤分路器是一个连接 OLT 和 ONU 的无源设备,其功能是分发下行数据并集中上行数据。

光分路器按分光原理可以分为熔融拉锥光分器和平面波导光分器两种,常用的为后者。平面光波导是在平面基底上制造的光波导结构,通过光刻和蚀刻技术形成微米级光路,实现光信号的传输与分配。它包括三层:基板、波导和盖子。平面光波导型光分器如图 4-8 所示。光分

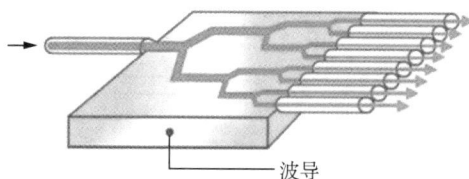

图 4-8 平面波导型光分器

路器的波导指的是在平面波导型光分器(PLC Splitter)中,用于精准传导和分配光信号的微型通道。

光分器为无源设备,多数按 $M：N$ 等比物理分光。比如分光比为 1：2,表示将 1 路光平均分为 2 路。如果不考虑各种损耗,1：2 分光后每路光的光功率为分光前的 1/2。

M 取值为 1 或 2。在启用光链路冗余保护时,M 可能会使用 2,需要使用特定的光分器。

N 取值为 2 的多次方,比如 2、4、8、16、32 等。1G EPON 和 GPON 中,N 最大值为 64。考虑光衰等因素,也为了保障 ONU 上接入速率满足用户需求,一般实际使用中不会超过 32。

10G EPON 和 10G GPON 中,N 最大值可达到 256。

分光器多数为物理等比分光,也采用非均分光器组手拉手网络的情况。

3. 无源光网络冗余保护技术

网络的高可靠性一般体现在设备和链路的冗余保护。在无源光网络中,为了应对 OLT 和 ONU 之间的单点故障风险,可采用无源光网络 Type B 类和 Type C 类冗余方式。

1)无源光网络冗余保护的基本概念

(1)Type B 保护:PON 网络中 OLT 的 PON 口、干线光纤均为双路冗余的保护。

(2)Type C 保护:PON 网络中 OLT 的 PON 口、ONU 的 PON 口、干线光纤、光分路器和配线光纤均为双路冗余的保护。

(3)单归属:同一光分路器的 2 根上行光纤(干线光缆)接到同一 OLT 的 2 个不同 PON 端口的形式。

(4)双归属:同一光分路器的 2 根上行光纤(干线光缆)分别接到 2 台 OLT 的 PON 端口。

2)无源光网络保护方式分类

无源光网络保护方式分为 Type B 单归属保护组网、Type B 双归属保护组网、Type C 单归属保护组网和 Type C 双归属保护组网。

3)无源光网络保护方式选择

无源光网络通常采用 Type B 双归属保护组网;对于可靠性要求更高的专网场景,可采用 Type C 双归属保护组网,实现全光纤光缆保护。

4)保护方式

(1)Type B 单归属保护组网如图 4-9 所示。由 $2×N$ 光分路器通过 1 芯光纤(配线光缆)连接 ONU(1 个 PON 端口)。Type B 单归属保护组网可实现对干线光缆和 OLT PON 端口的保护。

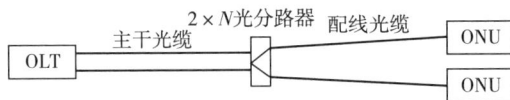

图 4-9 Type B 单归属保护组网图

(2)Type B 双归属保护组网如图 4-10 所示。由 $2×N$ 光分路器通过 1 芯光纤(配线光缆)连接 ONU(1 个 PON 端口)。Type B 双归属保护组网可实现对干线光缆、OLT 设备(包括 PON 端口)、OLT 设备上行链路的保护,同时实现 OLT 设备的双机热备保护。

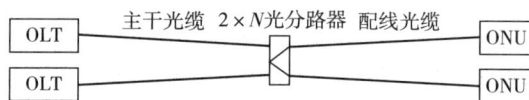

图 4 - 10　Type B 双归属保护组网图

(3)Type C 单归属保护组网如图 4 - 11 所示。2 个光分路器的上行光纤(干线光缆)连接到同一台 OLT 不同 PON 端口,每个光分路器通过独立的光纤路由(配线光缆)连接到不同 ONU 提供的不同 PON 端口。Type C 单归属组网可实现对配线光缆、干线光缆、OLT PON 端口和 ONU PON 端口的保护。

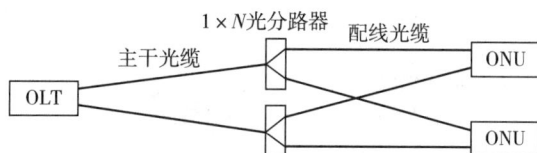

图 4 - 11　Type C 单归属保护组网

(4)Type C 双归属保护组网如图 4 - 12 所示。2 个光分路器的上行光纤(干线光缆)连接到两台 OLT 的 PON 端口,每个光分路器通过独立的光纤路由(配线光缆)连接到不同 ONU 提供的不同 PON 端口。Type C 双归属保护组网可实现对干线光缆、配线光缆、OLT 设备(包括 PON 端口)、OLT 设备上行链路、ONU PON 端口的保护。

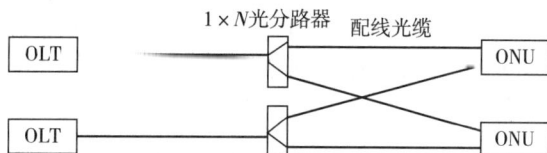

图 4 - 12　Type C 双归属保护组网

4.2.3　无源光网络的主要网络设备

1. OLT 产品形态

OLT 主要有独立 OLT 设备和交换机内的 OLT 插卡两种产品形态。插卡方式可以复用已有交换机机框,适合旧网平滑升级场景,也可以兼容已有的设备级可靠性,并提供 PON 链路级冗余保护。同时,插卡方式也确保可以在同一机框承载以太、EPON、XEPON、GPON、XG(S)PON 等。

新一代 OLT 支持多业务融合,可同时承载 GPON、XGS - PON 和 10G EPON,并支持平滑升级至 50G PON,单波长速率可达 50Gbps,满足未来带宽需求。此外,部分 OLT 集成 AI 芯片,支持流量预测和光功率自动优化。

2. ONU 产品形态

ONU 主要有 ONU 交换机、ONU AP 和 ONU Stick 三种产品形态。

ONU 上联光分器，下行口包括多个以太接口，如图 4-13(a)所示，可能还有电话接口和电视接口等。部分支持 PoE 的 ONU 可以为其下联无线接入点供电，如图 4-13(b) 所示。

ONU AP 是可以直接连接光分器的 AP，如图 4-13(c)所示，主要提供 Wi-Fi 接入，还可以有少量以太口接入，但 ONU AP 需要本地供电，可以多个 AP 在本机集中供电。

ONU AP 有两大类，一类是瘦 AP，由无线控制器①集中管理；另一类是无线家庭网关 AP，类似一个胖 AP，不能被无线控制器管理，支持网关、NAT 等功能，也可提供少量以太网口接入。

ONU Stick 是一种光模块 ONU，如图 4-13(d)所示，插入以太交换机或 AP 的光口，上联光分器，可以使以太网设备无需适配即可接入 PON。

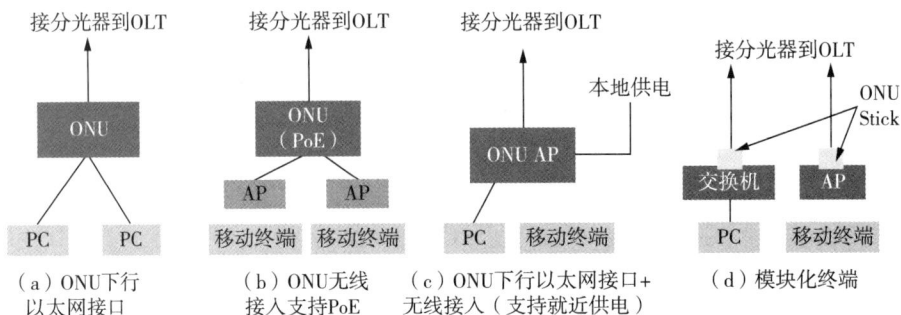

图 4-13 ONU 连接

ONU Stick 支持即插即用功能，可通过 OLT 自动识别并配置参数，部署时间缩短 70%。部分高端 ONU 支持 Wi-Fi 6 和 5G 小基站功能，实现多业务融合接入。

ONU 按上、下行速率不同，存在对称和非对称两种模式的产品，可以为多种不同场景提供合适的产品。xPON/10GPON 的线路速率见表 4-2 所列。

表 4-2 xPON/10GPON 的线路速率

类型	EPON	GPON	10G EPON		10G GPON	
			非对称	对称	非对称	对称
线路速率	上行：1.25Gbit/s	上行：1.25Gbit/s	上行：1.25Gbit/s	上行：10.3125Gbit/s	上行：2.48Gbit/s	上行：9.95Gbit/s
	下行：1.25Gbit/s	下行：2.5Gbit/s	下行：10.3125Gbit/s	下行：10.3125Gbit/s	下行：9.95Gbit/s	下行：9.95Gbit/s

为了实现光纤入室，多数 ONU 采用无风扇自然散热的方式，使 ONU 可以入室部署。

4.2.4 无源光网络的组网

在大规模无源光网络中，OLT 往往位于汇聚交换机的位置，可以是单独的 OLT 设备，

---

① 无线控制器是一种网络设备，用来集中化控制无线 AP，是一个无线网络的核心，负责管理无线网络中的所有无线 AP，对 AP 管理包括下发配置、修改相关配置参数、射频智能管理、接入安全控制等。

也可以是汇聚交换机内的 OLT 插卡,如图 4-14 所示。如果是小规模全光组网(见图 4-15),核心层与汇聚层合一,以 OLT 插卡方式插在核心交换机槽内。无论是哪种类型,光分器可部署在楼栋或楼层的配线间;ONU 对应接入层,部署在楼道或入室,甚至桌面。由于光分器的无源及 ONU 的远程管理减少了运维难度和工作量。

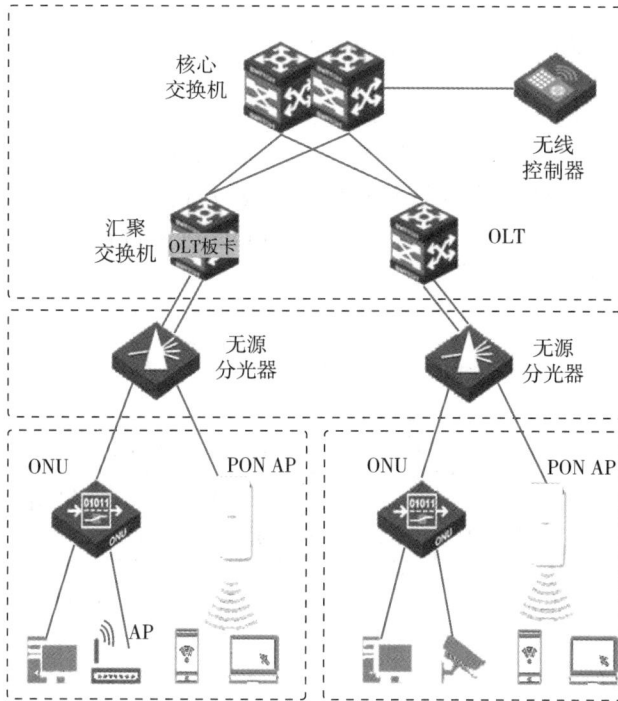

图 4-14　人规模无源光网络典型组网

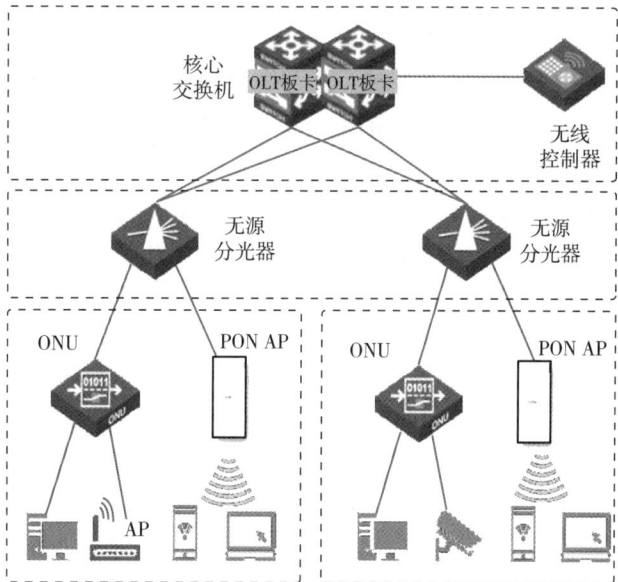

图 4-15　小规模无源光网络典型组网

4.3 无源光局域网

4.3.1 无源光局域网的基本概念

基于 PON 技术的 POL 结合以太网技术和高速光传输技术,实现语音、数据、视频等多业务的综合承载,是一种"汇聚—分散"的树型网络结构形式。

无源光局域网主要由无源光网络和网络交换设备、网络管理单元、网络出口设备等组成。PON 包括 OLT、ODN、ONU 等三大部分。POL 与入口设施、终端共同组成建筑物(群)的网络,如图 4-16 所示。

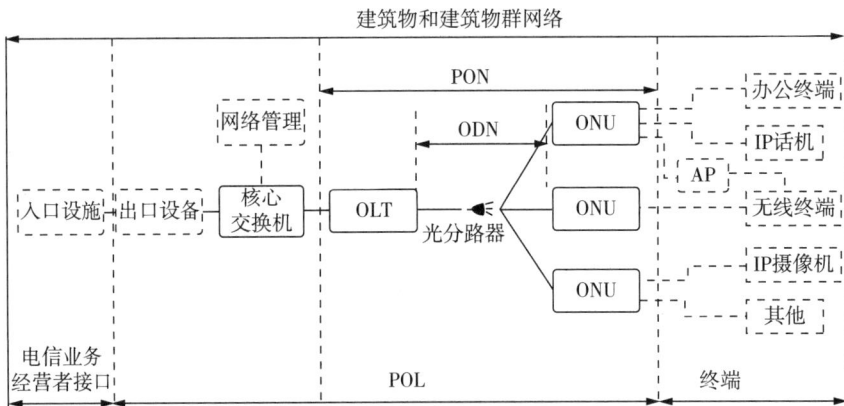

图 4-16 无源光局域网(POL)基本构成

(1)出口设备是指 POL 交换机配套的路由器和防火墙等设备。

(2)OLT 的作用是将各种业务信号按一定的信号格式汇聚后向终端用户传输,将来自终端用户的信号按照业务类型分别进行汇聚后送入各业务网。

(3)ODN 的作用是提供 OLT 与 ONU 之间的光传输通道,包括 OLT 和 ONU 之间的所有光缆、光缆接头、光纤交接设备、光分路器、光纤连接器等无源光器件组成。

(4)ONU[①] 负责用户终端业务的接入和转发。在上行方向将来自各种不同用户终端设备的业务进行复用,编码成统一的信号格式发送到 ODN 中。在下行方向上将不同的业务解复用,通过不同的接口送到相应的终端设备中。

光配线网络的主要作用是将一个 OLT 和多个 ONU 连接起来,提供光信号的双向传输。多个 ODN 可以通过光纤放大器结合起来延长传输距离和扩大服务用户的数目。从网络结构来看,ODN 由馈线光纤、光分路器和支线组成,它们分别由不同的无源光器件组成。

---

① ONU 是光分配网络的分布式端点,实现 PON 协议,并将 PON 适配到用户业务接口的设备。ONT 是 ONU 的一部分。ONT 和 ONU 的区别在于 ONT 直接位于用户端,而 ONU 与用户间还可能有其他的网络,比如以太网。

主要的无源光器件包括单模光纤和光缆、光纤带和带状光缆、光连接器、无源光分支器、无源光衰减器和光纤接头等。

ODN 在一个 OLT 和一个或多个 ONU 之间提供一个或多个光通道。每一个光通道被限定在一个特定波长窗口里的 S 与 R 参考点之间。在物理层,接口 Or 和 Os 可能需要一根以上的光纤,例如,分隔不同传输方向或不同类型的信号(业务)。接口 Om 物理上可以位于 ODN 中的多个点,而且既可以使用专用光纤,也可以使用传送业务的网络光纤。ODN 的光特性应能够在不需要大规模改造 ODN 本身的情况下,提供可以预见的任何业务。这种要求对构成 ODN 的无源光器件将产生影响。

4.3.2　无源光局域网的基本配置

POL 的功能和架构配置应根据应用场景确定,并应符合下列规定。

(1)当每层楼终端数量较多,光分器置于建筑物的楼层配线间作为一级分光时,楼层配线间内光分路器宜通过成端用户光缆直接与 ONU 连接(见图 4-17)。

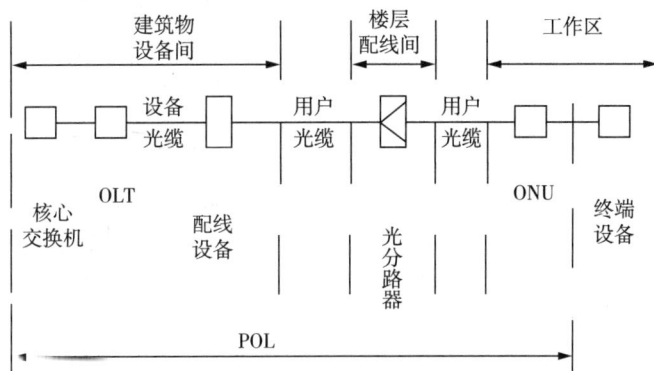

图 4-17　为一级分光时光分路器位置

(2)当每层楼终端数量较少,光分器置于建筑物设备间和楼层配线间为二级分光时,楼层配线间内光分路器宜通过成端用户光缆直接与 ONU 连接(见图 4-18)。

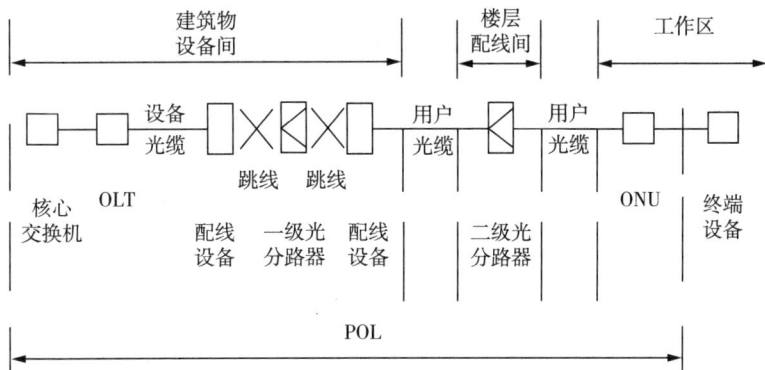

图 4-18　为二级分光时光分路器位置

（3）当单体建筑物终端数量较少，光分器置于建筑物设备间为一级分光时，楼层配线间内光纤接续点宜通过成端用户光缆直接与 ONU 连接（见图 4-19）。

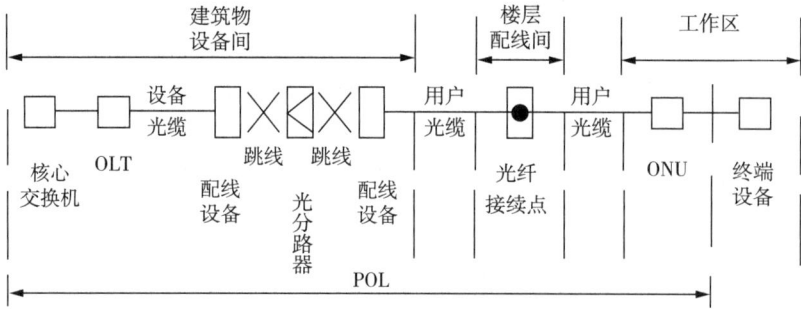

图 4-19　为一级分光时光分路器和光纤接续点位置

4.3.3　无源光局域网的带宽及分光比计算

光分配网络分光一般不会超过二级。无源光局域网的光分路器架构如图 4-20 所示。

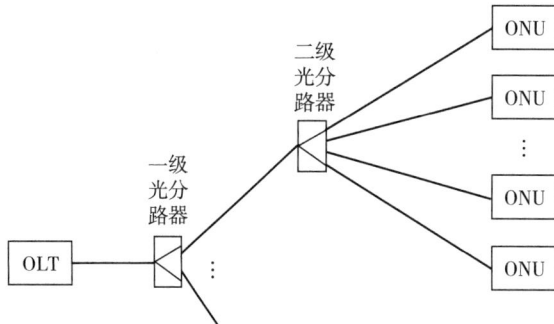

图 4-20　无源光局域网的光分器架构

xPON、10G PON 基于以太网/IP 业务的传输性能指标参数见表 4-3 所列。

表 4-3　xPON、10G PON 的技术参数表

类型	xPON		10G PON			
	GPON	EPON	10G GPON		10G EPON	
			非对称	对称	非对称	对称
线路速率/ (Gbit/s)	上行:1.25 下行:2.50	上行:1.25 下行:1.25	上行:2.48 下行:9.95	上行:9.95 下行:9.95	上行:1.25 下行:10.31	上行:10.31 下行:10.31
波长	上行: 1290~1330nm 下行: 1480~1500nm	上行: 1260~1360nm 下行: 1480~1500nm	上行: 1260~1280nm 下行: 1575~1580nm	上行: 1260~1280nm 下行: 1575~1580nm	上行: 1260~1360nm 下行: 1575~1580nm	上行: 1260~1280nm 下行: 1575~1580nm
有效带宽 (64 ONU)/ (Gbit/s)	上行: 1.05~1.24 下行: 2.44~2.50	上行: 0.77~0.90 下行: 0.87~0.98	上行: 2.25~2.48 下行: 8.60~9.50	上行: 8.50~9.40 下行: 8.60~9.50	上行: 0.71~0.86 下行: 8.40~8.70	上行: 8.30~8.60 下行: 8.40~8.70

（续表）

类型	xPON		10G PON			
	GPON	EPON	10G GPON		10G EPON	
			非对称	对称	非对称	对称
最大光链路损耗/dB	CLASS B+:28 CLASS C+:32 CLASS D:35	PX20:24 PX20+:28	N1:29 N20:31 E1:33		PR(X)30:29	
最小光链路损耗/dB	CLASS B+:13 CLASS C+:17 CLASS D :20	PX20:10 PX20+:10	N1:14 N2a:16 E1:18		PR(X)30:15	

50G PON 技术指标:下行 50Gbps,上行 25Gbps,分光比 1:128。

POL 承载视频、数据、语音等业务,满足 PON 技术和以太网的相关规范和标准,具备有线和(或)无线等接入业务在同一网络传送的能力。POL 可以支撑的业务及相关带宽需求见表 4-4 所列。

表 4-4　POL 支撑的业务及带宽需求

主要业务类型	有线办公网络	WLAN	视频监控系统	视频会议系统	IP语音系统	其他系统（出入口控制、一卡通等）
典型配置参考带宽值/(bit/s)	2~10M	均值:100~500M 峰值:500~800M (双频 AP) 1.1~1.3G (三频 AP)	1080P: 2~5M 4K: 15M	单屏:2M 三屏:6M	200k	1M

分光比设计需综合考虑光纤链路损耗和 ONU 的最小接收光功率。例如,若分光比为 1:32,每路光功率衰减约 15dB(分光损耗=10×lg(1/32)=15dB),需确保 ONU 接收光功率高于其灵敏度阈值(如−28dBm)。若总链路损耗超过阈值,则需增加光放大器或降低分光比。

4.3.4　无源光局域网设计及选型

1. 光网络单元

应按使用需求确定 ONU 配置和选型。室内型 ONU 数量及端口规格应按实际使用场景和带宽需求确定。独立安装的室外型 ONU 可支持 PoE 为终端设备供电。ONU 设备可采用信息配线箱内安装、嵌墙安装、墙面明装、抱杆安装等方式,适用于不同的应用场景及业务需求,见表 4-5 所列。

表 4-5　ONU 设备设置要求

安装方式	安装位置	适用场景	支持业务类型
信息配线箱内安装 ONU	信息配线箱内	办公建筑群所在园区、居住型接入、 公共安全系统接入	数据、视频、语音

安装方式	安装位置	适用场景	支持业务类型
86 面板式 ONU	墙体内	办公建筑群所在园区、居住型接入	数据、视频、语音
墙面明装式 ONU	墙面层		
抱杆安装式 ONU	金属支杆	建筑群所在园区室外系统接入	数据、视频

ONU 设备宜就近引入交流电源 220V,可按工程实际需要配置后备供电系统。

2. 光分路器

1)插片式和盒式光分路器指标

插片式和盒式光分路器指标要求应符合《平面光波导集成光路器件 第 1 部分:基于平面光波导(PLC)的光功率分路器》(GB/T 28511.1—2012)的规定,光学性能应符合表 4-6、表 4-7 的规定。

表 4-6 1×N PLC 均光分路器光学特性

光分路器规格	1×2	1×4	1×8	1×12	1×16	1×24	1×32	1×64	1×128
工作带宽/nm	1260~1650								
插入损耗/dB	≤3.8	≤7.4	≤10.5	≤12.5	≤13.5	≤15.1	≤16.8	≤20.5	≤24.0
偏振相关损耗/dB	≤0.3								
回波损耗/dB	≥55								
方向性/dB	≥55								
工作温度范围/℃	−40~+85								

注:1×N 中的 1 为光分路器输入端口数,N 为输出端口数(分光路数)。

表 4-7 2×N PLC 均光分路器光学特性

光分路器规格	2×2	2×4	2×8	2×12	2×16	2×24	2×32	2×64	2×128
工作带宽/nm	1260~1650								
插入损耗/dB	≤4.0	≤7.6	≤10.8	≤12.8	≤13.8	≤15.4	≤17.1	≤20.8	≤24.3
偏振相关损耗/dB	≤0.3								
回波损耗/dB	≥55								
方向性/dB	≥55								
工作温度范围/℃	−40~+85								

注:2×N 中的 2 为光分路器输入端口数,N 为输出端口数(分光路数)。

PLC 均光分路器光学特性主要包括插入损耗、方向性、均匀性、偏振相关损耗和回波损耗。

(1)插入损耗(insertion loss)。插入损耗是指 PLC 分路器工作波长在规定输出端口的光功率相对全部输入光功率的减少值,由公式(4-1)表示:

$$IL_i = -10\lg\frac{P_{outi}}{P_{in}} \qquad (4-1)$$

式中,IL_i——第 i 个输出端口的插入损耗(dB);

P_{outi}——第 i 个输出端口的输出光功率(mW);

P_{in}——输入端口的全部输入光功率(mW)。

(2)方向性(directivity)。方向性指 PLC 光分路器正常工作时,同一侧中非注入光一端的输出功率与注入光功率(被测波长)的比值,由式(4-2)表示:

$$DL_{ij} = -10\lg\frac{P_j}{p_i} \qquad (4-2)$$

式中,DL_{ij}——第 i 个端口输入光功率对同一侧非注入光端口 j 的方向性(dB);

P_i——第 i 个端口注入光功率(mW);

P_j——同一侧非注入光端口 j 的输出光功率(mW)。

(3)均匀性(uniformity)。均匀性是指 PLC 光分路器在工作带宽范围内,均匀分光的光分路器各输出端口输出光功率 P_{out} 的最大变化量,由式(4-3)表示:

$$FL = -10\lg\frac{(P_{out})_{min}}{(P_{out})_{max}} \qquad (4-3)$$

式中,FL——PCL 光分路器的均匀性(dB);

$(P_{out})_{min}$——PCL 光分路器输出端口中最小输出光功率(mW);

$(P_{out})_{max}$——PCL 光分路器输出端口中最大输出光功率(mW)。

(4)偏振相关损耗(polarization dependent loss)。偏振相关损耗是指传输光信号的偏振态在全偏振态变化时,PLC 分路器各输出端口输出光功率的大变化量,由公式(4-4)表示:

$$PDL_j = -10\lg\frac{(P_{outj})_{min}}{(P_{outj})_{max}} \qquad (4-4)$$

式中,PDL_j——第 j 个输出端口的偏振相关损耗(dB);

P_{outj}——第 j 个输出端口的输出光功率(mW),$j = 1,2,\cdots,n$。

(5)回波损耗(return loss)。回波损耗是指对 PLC 分路的输入光功率中沿输入路径返回的量度,由公式(4-5)表示:

$$RL_i = -10\lg\frac{P_r}{p_i} \qquad (4-5)$$

式中,RL_i——输入端口 i 的回波损耗(dB);

P_i——入射到输入端口 i 的光功率(mW);

P_r——从同一输入端接收到返回的光功率(mW)。

2)机架式光分路器

机架式光分路器安装架选型应符合《光纤配线架》(YD/T 778—2011)等的规定,宜按 19″标准机柜进行设计,应满足不同场景下对插片式光分路器的配置,安装侧耳应可调节。

3)光分路器分光比参数设计

POL 中,光分路器分光比的设计应根据信息设备业务平均带宽需求,结合设计中选定的 PON 技术带宽和 ONU 设备的使用端口数,计算出光分路器的所用分光比参数,可按下列公式计算:

分光比参数＝OLT 的 PON 口带宽÷ONU 用户端口数÷信息设备业务平均带宽需求

式中,分光比参数按照 2、4、8、16、32、64、128 进行选择,若位于两个数字中间,则往下取值,若计算得到 20,需向下取值为 16;OLT 的 PON 口带宽为所采用 PON 技术的带宽,见表 4－3 所列;ONU 用户端口数为所采用的 ONU 用户侧端口数量,如 2 个 GE 接口;信息设备业务平均带宽需求为所支持的业务平均带宽需求,如 50Mbit/s。

光分路器分光比参数计算示例:已确定选择 GPON 技术建设网络,根据 ONU 应用场景和覆盖范围选择 4 个 GE 接口的 ONU,信息设备业务平均带宽求为 60Mbit/s(下行),则

分光比参数＝OLT 的 POND 带宽÷ONU 用户端口数÷信息设备业务平均带宽需求

$$＝2.5\text{Gbit/s}÷4÷60\text{Mbit/s}＝10.4$$

根据分光比参数向下取值的要求,选择分光比为 8 的光分路器。

3. 光线路终端

OLT 设备规格 1、规格 2、规格 3 为插卡式,规格 4 为单机版。其选型方法参见表 4－8 所列。

表 4－8　OLT 选型表

负荷分担模式	插卡式			单机版
规格类型	规格 1	规格 2	规格 3	规格 4
双主控板、双电源热备	支持	支持	支持	—
单台设备支持 xPON 端口数量/个	≥200	≥96	≥32	≤16
单台设备支持 10G PON 端口数量/个	≥100	≥48	≥16	≤16
单台设备接入 xPON ONU 数量/台	≥6000	≥3000	≥1000	≤512
单台设备接入 10G PON ONU 数量/台	≥6000	≥3000	≥1000	≤1024

单台设备接入 ONU 数量,xPON 按照 32 分光比,10G PON 按 64 分光比计算。

POL 中,OLT 的 PON 端口计算和选择应根据 ONU 的总数量,结合选定的光分路器分光比,计算出 OLT 的 PON 端口数量,可按下列公式计算:

$$PON 端口数量＝ONU 总数量÷分光比参数$$

式中,PON 端口数量为 OLT 的 PON 所需要端口数量;ONU 总数量为整个 POL 项目中所采用的 ONU 总数;分光比为根据信息设备业务带宽需求选择的分光比参数。

OLT 的 PON 端口数量计算示例如下。

(1)某个园区办公 POL 设有 500 个 4GE 接口的 GPON ONU(服务 2000 个用户),分光比参数经过计算为 8,采用 Type B 双归属保护组网(采用 2×8 光分路器),具体组网如图 4－21 所示。

(2)PON 端口数量＝ONU 总数量÷分光比参数＝500÷8＝62.5(个),需要取整为 63 个;每台 OLT 至少需配置 63(个)GPON 端口,2 台 OLT 需配置 63×2＝126 个 GPON 端口。

（3）OLT 选型参考表 4－8，每台 OLT 配置 63 个 GPON 端口，考虑到今后端口扩展需要，选用 2 台规格 2 的 OLT 设备组成 Type B 双归属保护组网。

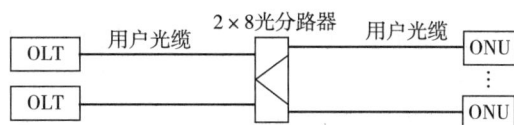

图 4－21　Type B 双归属保护组网

4．光缆、光纤配线架

（1）室外光缆中光纤宜采用 G.652D 型单模光纤，室内光缆宜选用模场直径与 G.652 光纤相匹配的 G.657 类单模光纤。

（2）ONU 的接入用户光缆应根据用户分布情况配置，每个 ONU 配置一条 2 芯光缆。对特殊要求的用户，应根据用户需求设计。

（3）建筑物之间和建筑物内布放的光缆芯数应预留不少于 10% 作为备用。

（4）光纤连接器宜采用 SC、LC 和 FC 型。

（5）光纤配线架选型应符合《光纤配线架》（YD/T 778—2011）等相关配线设备标准的规定；宜采用抽屉式结构，并支持左右出纤要求；应支持预端接光缆、熔接等接入方式；应支持室内、室外光缆接线要求；应具有可靠的保证室外光缆接地的接地装置。

（6）光缆交接箱及光缆配线箱选型。

① 箱体内宜配置熔接配线一体化模块，适配器或连接器宜采用 SC 或 LC 类型。

② 应有光分路器的安装位置；应有光缆终接，保护及跳纤的位置。

③ 室外型箱体应防雨、通风，光缆进、出口处应采取密封防潮措施，防护等级不低于 P65。

5．设备间

设备间的使用面积不宜小于 10m²，应为多家电信业务经营者提供独立安装光缆配线设备的空间，满足 POL、配线、网络及电源等设备的安装需要，环境及供电应满足网络设备的要求。

4.3.5　光信道参数计算

基于 PON 的 POL 传输性能应满足网络端到端的全程光信道损耗要求，全程光信道损耗值应控制在表 4－3 要求的最大值和最小值之间。

POL 中 OLT 至单个 ONU 之间全程光信道衰减指标的设计应按光纤信道的实际配置，结合设计中选定的各种无源器件的技术性能指标，计算出工程实施后预期指标应满足表 4－3 全程光信道损耗要求，可按下列公式计算：

$$\text{全程光信道衰减 } A = \sum_{i=1}^{n} L_i \times A_f + X \times A_\text{熔} + N \times A_c + \sum_{i=1/\text{分}i}^{m} + \beta + M_c$$

式中，A——全程光信道衰减值；

$\sum_{i=1}^{n} L_i$——OLT 至单个 ONU 之间光信道中各段光纤长度的总和（km）；

A_f——设计中规定的光纤(不含接头)衰减系数(dB/km);

X——OLT 至单个 ONU 之间光纤信道中光纤熔接(含光缆接续、尾纤熔接)接头数(个);

$A_{熔}$——设计中规定的光纤接续(熔接方式)平均衰耗指标(dB);

N——OLT 至单个 ONU 之间光信道中活动接头数量(个);

A_c——设计中规定的活动连接器的损耗指标(0.5dB/个);

$\sum_{i=1/分i}^{m}$——OLT 至单个 ONU 之间光信道中所有光分路器插入损耗的总和(dB),单个光分路器插入损耗见表 4-6、4-7 所列;

β——OLT 至单个 ONU 之间光信道中存在模场直径不匹配的光纤连接时所引入的附加损耗(dB),如 G.652D 光纤与模场直径不匹配的 G.657B 光纤连接时引入附加损耗可取 0.2dB/连接点;

M_c——线路维护余量(dB)。

PLC 均光分路器插入损耗(/分)见表 4-6、表 4-7 所列,表中光纤为单模光纤,带连接器 PLC 分路器的插入损耗均应加上相应连接器的附加损耗。

设计中规定的光纤(不合接头)衰减系数(A_f)可参照表 4-9。

表 4-9 光纤衰减系数

光纤类别	G.652	G.657
1310nm 衰减系数最大值/(dB/km)	0.35	0.38
1550nm 衰减系数最大值/(dB/km)	0.21	0.24
1625nm 衰减系数最大值/(dB/km)	0.24	0.28

设计中规定的光纤接续(熔接方式)平均衰耗指标($A_{熔}$)可参照表 4-10。

表 4-10 平均衰耗指标

光纤类别	接线衰减				测试波长/nm
	单芯光纤/dB		多芯光纤/dB		
	平均值	最大值	平均值	最大值	
G.652	≤0.06	≤0.12	≤0.12	≤0.38	1310/1550
G.657	≤0.06	≤0.12	≤0.12	≤0.38	1310/1550

线路维护余量(M_c)可参照表 4-11。

表 4-11 线路维护余量取值要求

传输距离/km	线路维护余量取值/dB
$L \leq 5$	$1 \leq M_c$
$5 < L \leq 10$	$2 \leq M_c$
$10 < L$	$3 \leq M_c$

室外光缆中光纤宜采用 G.652D 型单模光纤,室内光缆宜选用模场直径与 G.652 光纤相匹配的 G.657 类单模光纤。

光纤熔接的衰减值通常在 0.1dB 以下,冷接方式衰减值通常为 0.5～0.6dB。

保证开通业务一般要做 1～2dB 的光功率富裕度预留。

全程光信道衰减计算示例:OLT 至 ONU 采用二级分光,第一级光分路器为 1∶4,第二级光分路器为 1∶8;OLT 至最远 ONU 距离为 5km,其中室外光缆(G.652D)长度为 4.8km,室内光缆(G.657)长度为 0.2km;热熔接接头数量为 5 个;连接器数量为 10 个。因此,

$$\text{全程光信道衰减 } A = \sum_{i=1}^{n=2} L_i \times A_f + X \times A_\text{熔} + N \times A_c + \sum_{i=1/分i}^{m=2} + \beta + M_c$$

$$= (4.8 \times 0.35 + 0.2 \times 0.38) + 5 \times 0.12 + 10 \times 0.5$$

$$+ (7.4 + 10.5) + 0.2 + 1$$

$$= 26.46 (\text{dB})$$

根据表 4-3 中全程光信道衰耗要求、最大光链路损耗要求,POL 可采用 GPON 的 Class B+型光模块方案。

4.3.6 无源光局域网工程案例

1. POL 设计要点

1)ONU 数量计算

GPON 提供上下行非对称的高带宽,理论下行最大传输速率约为 2.5Gbit/s,上行最大传输速率约为 1.25Gbit/s。10G GPON(XGS-PON)可以提供下行 10Gbit/s、上行 10Gbit/s 的带宽。带宽分配是统计复用的,即同一 PON 口卜所有用户一起使用时分享带宽,如果只有一个用户使用时可以独享带宽。而每个 PON 口可以接 1 个光分器,光分器的分光比需要根据所带 ONU 的总上行带宽确定。计算单个 ONU 的上行带宽不仅要按所接各类终端设备的平均带宽计算,还需要考虑各种终端设备在某一时间段传送信息的总并发量,以满足信息的无阻塞传输。

ONU 分为非 PoE 和 PoE 两种类型,其中 PoE 主要用于接入无线 AP 及监控摄像机等需要 PoE 供电的终端设备。ONU 端口数量一般为 4 口、8 口或者 24 口。在建筑物内 ONU 一般设置于楼层弱电井,可以按照每层楼电话、数据、IPTV、监控、WLAN 及智能化系统等终端用户点数量来合理配置非 PoE 及 PoE ONU 各自的数量,并根据各类业务的平均带宽计算每层楼 ONU 的上行带宽总和。

一般数据业务平均带宽为 50Mbit/s,IP 电话为 200kbit/s,无线 AP 为 500Mbit/s,监控摄像机为 10Mbit/s,智能化控制点为 1Mbit/s。

计算步骤如下:

(1)确定接入的各终端设备业务的传输带宽,可适当考虑发展的余量;

(2)确定 ONU/ONT 设备的接入端口数量(4 口、8 口、24 口);

(3)根据实际的工程应用情况确定每一个 ONU 设备或多个 ONU 设备经过光分比的总的上联端口传输带宽;

(4)OLT 端口下联 ONU 数量的最大值计算公式:ONU 所连 OLT 端口的最大上联端口传输带宽÷ONU 所连接终端设备传输带宽总和÷ONU 设备的接入端口数量＝ONU 设备个数;

(5)确定光分路器分光比规格,一般接入选用分光比为 1/2:8～1/2:32,按上步计算的 ONU 数量,向上选取光分器端口规格;

(6)根据光分器数量确定 OLT PON 端口数量。

2)ODN 光信道衰减

全光网络系统传输性能应满足网络端到端的全程光信道损耗要求,损耗值应控制在表 4－12 所列最大值与最小值之间。

表 4－12　全程光信道损耗要求

类型	GPON		10G GPON	
	Class B+	Class C+	N1	N2a
最大光链路损耗/dB	28	32	29	31
最小光链路损耗/dB	13	17	14	16

影响 ODN 光路衰减的因素有光纤距离拉长导致的衰减、光分器分光后各输出端功率下降导致的衰耗及分光过程损耗、光路熔接、接续导致的功率衰减。计算公式为

全程光信道衰减值＝光纤衰减(dB/km)×OLT 至单个 ONU 之间各段光纤总长度(km)＋光纤熔接衰减值(dB)×光纤熔接个数＋活动连接器损耗(dB/个)×活动接头数量＋光分器插入损耗总和＋线路维护余量

一般全光网络工程室外光缆中光纤宜采用 G.652D 型单模光纤,室内光缆宜选用直径与 G.652 单模光纤相匹配的 G.657 类单模光纤。在 1310nm 衰减系数最大值为 0.35dB/km,在 1550nm 衰减系数最大值为 0.21dB/km,熔接衰减值平均为 0.06dB,活动连接器平均插损 0.5dB。常用的光分器如 2:8 光分器插入损耗≤11dB,2:16 光分器插入损耗≤14.8dB,2:32 光分器插入损耗≤17.9dB。线路维护余量在传输距离≤5km 时取 1dB,5km<传输距离≤10km 时取 2dB,大于 10km 时取 3dB。

2. 工程项目示例

某新建三甲医院的住院楼外网采用全光以太网络。以住院楼标准层 3—7 层为例(见图 4－22),每层外网信息点 29 个、外网无线(AP)7 台、网络电视信息点 22 个。

(1)每层各类业务的传输带宽为 50×(29+22)+500×7＝6050(Mbit/s),故本项目应采用 10G GPON(XGS－PON)标准接口。

(2)外网及 IPTV 信息点采用 4 口 ONU(定义为 Ⅰ 类 ONU),无线 AP 采用 8 口 PoE ONU(定义为 Ⅱ 类 ONU)。

(3)每个 Ⅰ 类 ONU 的 E 联带宽为 50×4＝200(Mbit/s),每个 Ⅱ 类 ONU 的上联带宽为 500×8＝4000(Mbit/s)。

楼层	弱电竖井	用户

7F
单芯光纤跳线×32
48芯SC光纤配线架
外网（2：16分光器×2）
4芯单模光纤
2芯室内光纤×13 → 4口ONU ×13 → 51×LSZH-CAT6e-UTP → TO ×29 外网信息点 / IPTV ×22 IPTV信息点
2芯室内光纤×1 → 8口PoE ONU ×1 → 7×LSZH-CAT6e-UTP → AP ×7 无线外网AP

6F
单芯光纤跳线×32
48芯SC光纤配线架
外网（2：16分光器×2）
4芯单模光纤
2芯室内光纤×13 → 4口ONU ×13 → 51×LSZH-CAT6e-UTP → TO ×29 外网信息点 / IPTV ×22 IPTV信息点
2芯室内光纤×1 → 8口PoE ONU ×1 → 7×LSZH-CAT6e-UTP → AP ×7 无线外网AP

5F
单芯光纤跳线×32
48芯SC光纤配线架
外网（2：16分光器×2）
4芯单模光纤
2芯室内光纤×13 → 4口ONU ×13 → 51×LSZH-CAT6e-UTP → TO ×29 外网信息点 / IPTV ×22 IPTV信息点
2芯室内光纤×1 → 8口PoE ONU ×1 → 7×LSZH-CAT6e-UTP → AP ×7 无线外网AP

4F
单芯光纤跳线×32
48芯SC光纤配线架
外网（2：16分光器×2）
4芯单模光纤
2芯室内光纤×13 → 4口ONU ×13 → 51×LSZH-CAT6e-UTP → TO ×29 外网信息点 / IPTV ×22 IPTV信息点
2芯室内光纤×1 → 8口PoE ONU ×1 → 7×LSZH-CAT6e-UTP → AP ×7 无线外网AP

3F
单芯光纤跳线×32
48芯SC光纤配线架
外网（2：16分光器×2）
LIU　24芯LC光纤配线架
2芯室内光纤×13 → 4口ONU ×13 → 51×LSZH-CAT6e-UTP → TO ×29 外网信息点 / IPTV ×22 IPTV信息点
2芯室内光纤×1 → 8口PoE ONU ×1 → 7×LSZH-CAT6e-UTP → AP ×7 无线外网AP

24芯单模光纤
Internet — 防火墙 — 路由器 — SPD
网络管理工作站 PC — 管理服务器
外网核心交换机×2 — OLT1 / OLT2
住院楼4层信息机房
信息机房外网总光纤配线架 — MDF — 24芯单模光纤

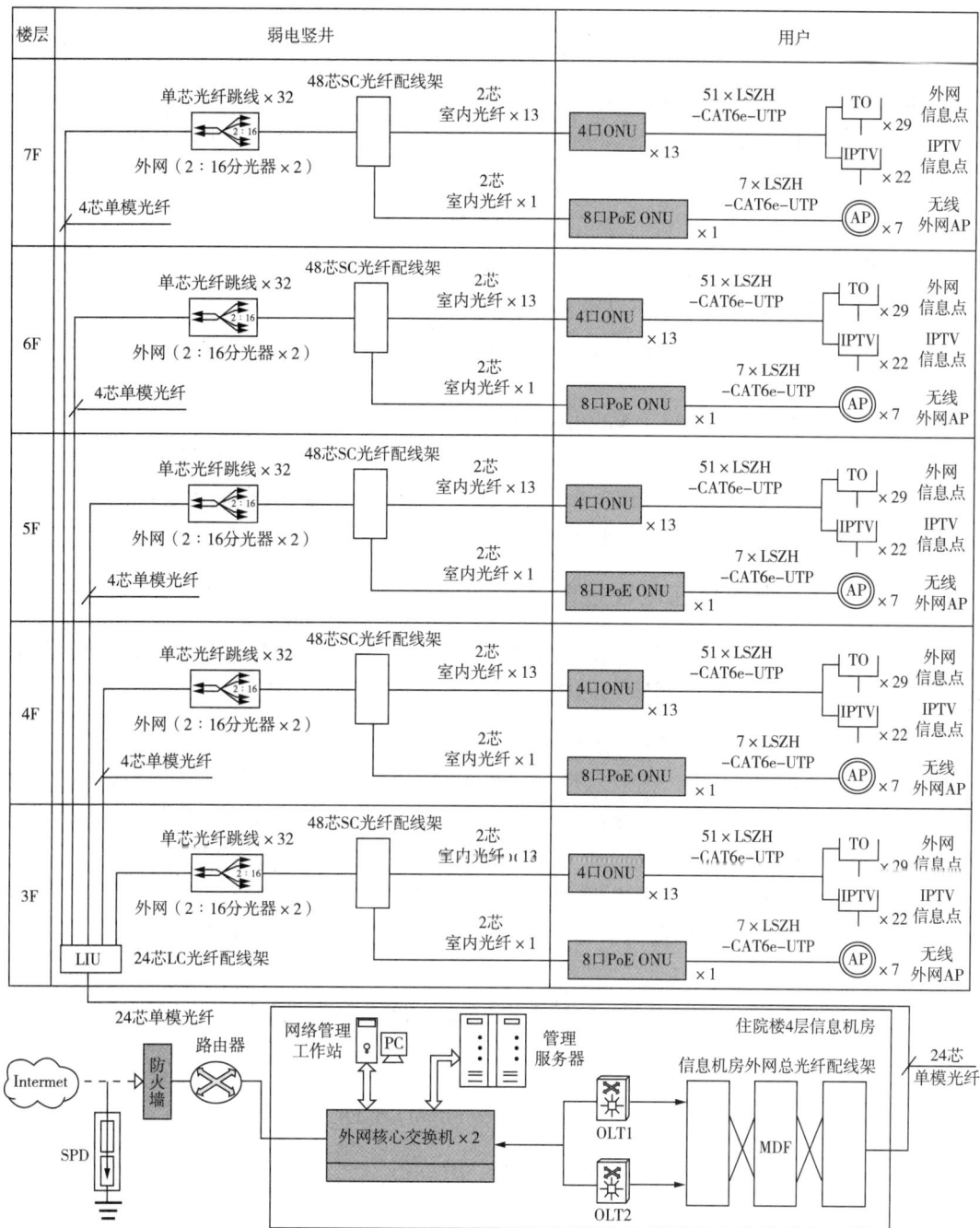

图 4-22　住院楼 3—7 层外网全光通信综合布线

（4）每层Ⅰ类 ONU 的个数为 50×（29＋22）÷200＝13（个），Ⅱ类 ONU 的个数为 1 个。

（5）因为采用双 OLT、双光分器的网络架构，实现了双核心、双汇聚，但 2 台光分器其中 1 台用来接 ONU，另一台作为冗余备用，所以本项目 PON 线路备份采用的是 Type B 双归属保护，ONU 也需支持 Type B 双归属保护。光分器选择 2 台 2：16 光分器。

（6）每层楼 10G GPON 端口需要 2 个。

（7）以 7 层为例，全程光信道损耗值＝0.21×0.05＋0.06×8＋0.5×8＋14.8＋1＝

20.2905(dB)，该损耗值<31dB，满足网络通信需求。

(8)每台4口非PoE ONU最大功耗为6W，每台8口PoE ONU最大功耗143W，每层ONU用电为6×13＋143＝221(W)。

(9)因为住院楼标准层每层需2台2：16光分器，每个光分器需使用1芯单模光纤，所以每层需要2芯单模光纤，考虑2芯备份，每层需要4芯；综合考虑每5层设置1个24芯光纤配线架。每台ONU至光分器采用2芯室内光纤连接。

3. 全光网体现的优势

(1)医院网络带宽流量可平滑升级到100G，综合布线不需改动。

(2)弱电井的面积按传统布线方案至少需要5m²，按全光通信网络可减少一半以上面积。

(3)按传统布线计算，24口千兆交换机功耗为40W，8口PoE千兆交换机功耗为160W，每层外网设备用电量为40×3＋160＝280(W)，全光网只需221W，电源容量减少。

(4)布线成本减少，从弱电井到每个末端插座每层减少58根网线，使用皮线光缆体积和重量减小，对应水平段桥架规格降档。

4.3.7 无源光网络在电视接收系统的应用

在现行园区工程中，电视接收系统一般采用接入网、智能家庭网关、路由器、机顶盒与电视机的连接方案，运营商把光缆敷设到楼，与用户楼内的综合布线相接。

1. 接入网、智能家庭网关、路由器、机顶盒与电视机的连接

运营商(接入网)的光纤(一芯)入户接入智能家庭网关(吉比特无源光纤接入用户端设备)的上端口，智能家庭网关将光纤传输的光信号转换为电信号，智能家庭网关的下端口提供RJ45千兆(1Gbps及以上)电信号。其中一口RJ45接入无线路由器上端口。

若无线路由器与机顶盒距离很近，则可将无线路由器与机顶盒用两端带RJ45双绞线(一般为6类)直接相连，机顶盒的下端口用HDMI线与电视机连接，如图4-23(a)所示。

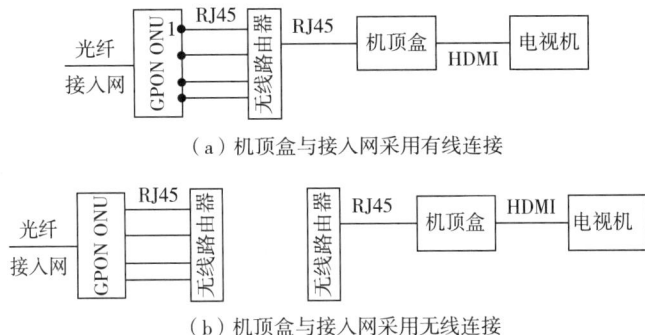

(a)机顶盒与接入网采用有线连接

(b)机顶盒与接入网采用无线连接

图4-23 接入网、智能家庭网关、路由器、机顶盒与电视机的连接方案

若无线路由器与机顶盒距离较远，可在机顶盒旁放置一台无线路由器，将无线路由器与机顶盒用两端带RJ45双绞线(一般为6类)相连，机顶盒的下端口用HDMI线与电视机连接，如图4-23(b)所示。无线路由器应放置在中心位置，远离金属障碍物和电器干扰。

吉比特无源光纤接入用户端设备(GPON ONU)是家庭千兆网络的核心入口，ONU由

运营商远程管理,首次通电后自动完成 OLT 注册(需 LOID/SN 认证)。

2. 智能家庭网关、路由器、机顶盒

1)吉比特无源光纤接入用户端设备

运营商光纤到户的核心终端设备,负责将光纤传输的光信号转换为电信号,提供千兆(1Gbps 及以上)网络接入。

千兆无源光网络,主流光纤接入技术标准。

光网络单元,通常指多用户共享设备(如楼道分光器后的终端)。

核心功能包括光信号转换、网络接入和协议支持等。

光信号转换:通过 SC/APC 光纤接口接收光信号,转换为以太网电信号。

网络接入:提供 1~4 个千兆 LAN 口,支持宽带上网、IPTV、VoIP 电话等多业务传输。

协议支持:兼容 GPON/EPON 标准,自动适配运营商 OLT(光线路终端)配置。

2)机顶盒

机顶盒是将数字信号转换为电视可识别的音视频信号。机顶盒的上端口为 RJ45,下端口为高清多媒体接口。

高清多媒体接口能传输未经压缩的高清视频和多声道音频数据,最高数据传输速度为 5Gbps。同时无须在信号传送前进行数/模或者模/数转换,可以保证最高质量的影音信号传送。高清多媒体接口线支持 5Gbps 的数据传输率,最远可传输 30m。高清多媒体接口可用于机顶盒、DVD 播放机、数字音响与电视机等设备。高清多媒体接口可以同时发送音频和视频信号,由于音频和视频信号采用同一条线材,大大简化系统线路的安装难度。

3)无线路由器

无线路由器是家庭和办公网络中常见的设备,用于将有线网络(如光纤、宽带)转换为无线信号,供手机、电脑、智能家居等设备连接互联网。

核心功能包括网络接入、无线覆盖、路由与交换、多设备连接。

网络接入:通过 WAN 口连接光猫或宽带,接入互联网。

无线覆盖:通过天线发射 Wi-Fi 信号,支持 2.4GHz 和 5GHz 双频段(部分高端路由器支持三频)。2.4GHz 穿墙能力强但速度慢,5GHz 速度快但覆盖范围小。

路由与交换:管理内网设备 IP 分配(DHCP)、数据包转发、防火墙保护等。

多设备连接:支持数十台设备同时联网(性能取决于硬件配置)。

主要技术参数包括 Wi-Fi 标准、无线速率等。

(1)Wi-Fi 标准。

① Wi-Fi4(802.11n):支持 2.4GHz/5GHz,理论速率最高 600Mbps。

② Wi-Fi5(802.11ac):主流标准,支持 5GHz 频段,速率可达 1.3Gbps 以上。

③ Wi-Fi6(802.11ax):最新标准,支持更高带宽、更低延迟,适合多设备场景。

(2)无线速率。

① 如 AX3000,"AX"表示 Wi-Fi6 标准,理论总速率为 3000Mbps(2.4GHz/574Mbps+5GHz/2402Mbps)。

② 天线与 MIMO:多天线设计(如 4×4MIMO)提升信号稳定性和覆盖范围。

③ 处理器与内存:高性能 CPU 和大内存(如双核 1GHz+,256MBRAM)保障多设备流畅运行。

4.4　全光以太网

以太网则是一种基于载波监听多路访问/冲突检测（CSMA/CD）协议的局域网技术。它主要使用双绞线或光纤作为传输介质,通过物理层和数据链路层实现数据的传输。以太网的作用主要是连接计算机和其他网络设备,实现数据的传输和共享。

全光以太网,其整个网络传输和交换过程都通过光纤实现。信号在进出网络时才进行电光转换,而在网络中传输和交换的过程中,信号始终以光的形式存在。这种特性使得以太网能够大大提高网速。全光以太网络是基于以太网通信技术标准,它仍然由核心光交换机、汇聚全光交换机、接入全光交换机、网络管理单元等组成。

4.4.1　全光以太网的基本概念

光模块是由多个光学元件组成的光电子设备,它可将电信号转换成光信号进行传输。在光模块中,光源发出的光经过输送和调制后,光电接收器将光信号转换成电信号,完成信号的传输和处理。

1. 彩光传输系统

光通信使用的波长范围为 850～1650nm,光模块所使用的光源发的不管是"白光（灰光）"还是"彩光",都是人眼看不见的。

灰光是一种单色光,在光谱中只包含一个波长。灰光是灰白色的,没有明显的色彩。灰光的波长是在某个范围内波动的,没有特定的标准波长,如波分设备的客户侧光口,相应接口称为灰光接口。灰光的中心波长指的是光源发出的单色光,即波长范围极窄的光线。灰光可以用于传输单路数据信号,具有成本低、品质稳定、抗干扰能力强的优势。

彩光是由不同波长和强度的光线混合而成的光,其中包括红、橙、黄、绿、蓝、靛、紫等多种颜色。彩光在某个中心波长附近很小的范围内波动,可直接上合波设备,具有标准波长,波分系统中线路单板波分侧光信号,相应接口称为彩光接口,常用于传输多路数据信号。

由图 4-24 可见,彩光传输系统（color light transmission system）发射多个波长不同的光,经过合波器合为一路光后在光纤上传输,之后,光到达接收端之前先进入分波器,分离出多路光。这些分离出的光与彩光系统发射的光完全相同,实现彩光在长距离传输后的复原。

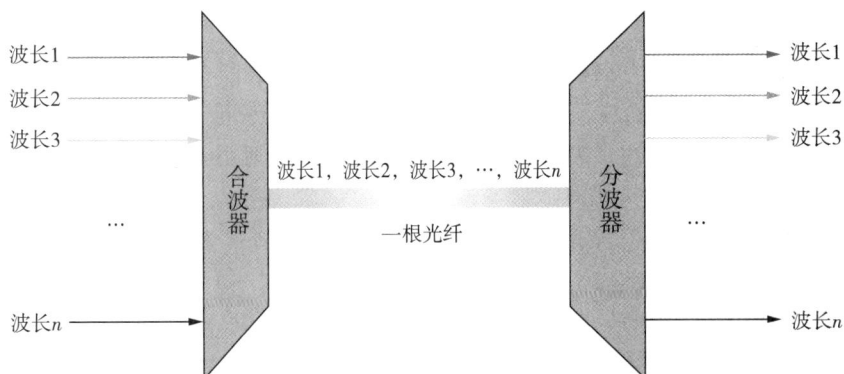

图 4-24　彩光传输系统

为了发射和接收不同波长的光,彩光系统的每路光的收发光模块都是特殊光模块,仅接收或发送自己支持的波长的光,不能混用。若有 n 路光,则需要有 $2n$ 种不同的光模块。

实际应用中,信息都是双向传输的,所以需要采用双芯双向或单芯双向方式进行信息的收发,如图 4-25 所示。

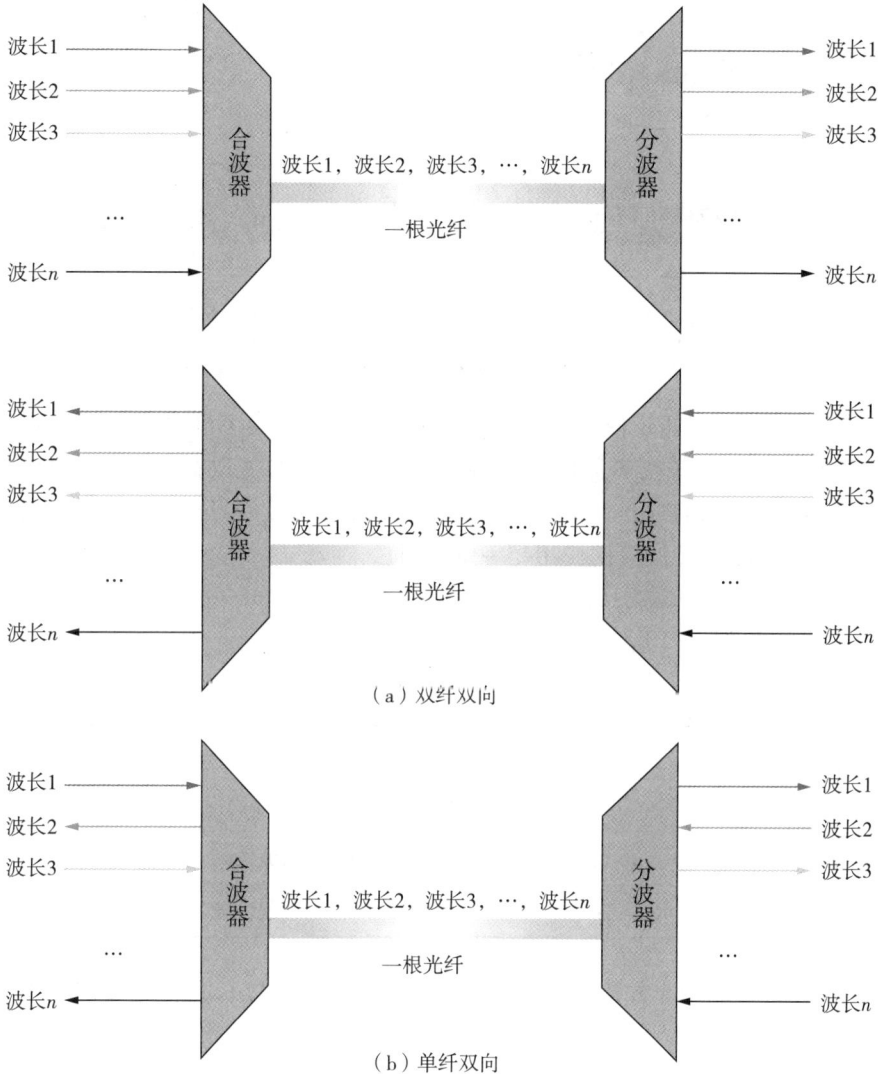

(a) 双纤双向

(b) 单纤双向

图 4-25　彩光双向通信方式

彩光模块采用 ITU-T 标准波长(如 CWDM 的 1271~1611nm,间隔 20nm),支持复用 18 个波长,适用于园区网短距离高密度传输。最新 DWDM 彩光模块支持 C+L 波段 (1530~1625nm),单纤容量可达 96Tbps。

2. 光波分复用基本原理

光的波长不同,在纤芯中的损耗也不同。在光纤中传输的低损耗波长区域为 1260~

1625nm 的光。这个区域可划分为五个波段,分别是 O 波段、E 波段、S 波段、C 波段和 L 波段,并验证了光纤传输损耗与光波波长之间的规律,如图 4-26 所示。

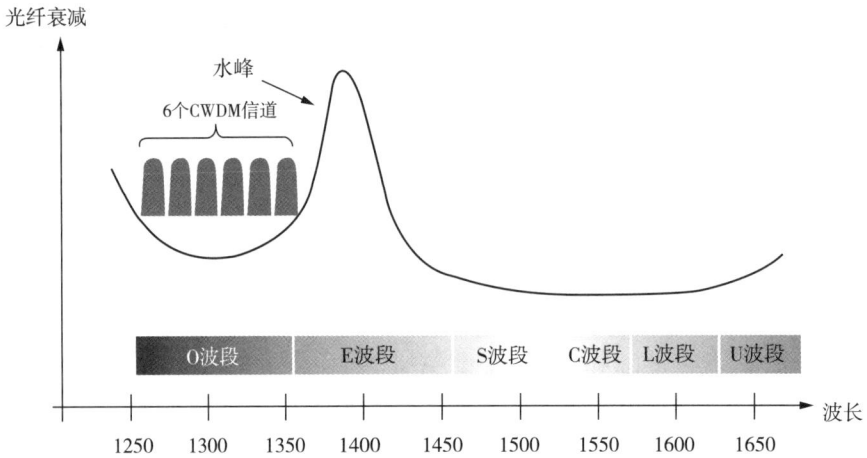

图 4-26　低损耗波长区域传输损耗

常用的是 C 波段,损耗较低;L 波段损耗第二,会在 C 波段不满足带宽需求时作为 C 波段的补充。PON 下行波长在 S 波段,上行波长在 O 波段。E 波段存在一个明显的损耗激增区域,是由于在 1370～1410nm 波段,氢氧根离子(OH^-)吸收峰导致损耗大幅度增加。这也称为水峰。该现象使得 E 波段的使用受一定限制。

光通信广泛使用 850 波段(850nm 窗口)、O 波段(1310nm 窗口)、C 波段(1550nm 窗口)、L 波段的光,见表 4-13 所列。

表 4-13　光通信波段

波段	窗口类型	全称	波长范围
850 波段	第 1 窗口(850nm 窗口)	850nm band(850nm 波段)	770nm～910nm
O 波段	第 2 窗口(1310nm 窗口)	Original band(原始波段)	1260nm～1360nm
C 波段	第 3 窗口(1550nm 窗口)	Conventional band(常规波段)	1530nm～1565nm

灰光位于 850 波段(850nm 窗口)和 O 波段(1310nm 窗口),光信号没有标准波长。灰光通常用于同步数字体系(Synchronous Digital Hierarchy,SDH)、IP 等网络中,适合短距传输场景。

彩光位于 C 波段(1550nm 窗口),光信号具有标准波长。彩光通常用于光传送网(Optical Transport Network,OTN)中,适合长距传输场景。

标准波长是指光信号在某个中心波长附近,在很小的范围内波动,是单一波长的光,如图 4-27(a)所示;没有标准波长是指光信号在某个范围内波动,是一个较宽的范围,无中心波长,如图 4-27(b)所示。

为了提高光纤传输利用率,光通信采用波分复用技术。波分复用是将两种或多种不同波长的光载波信号(携带各种信息)在发送端经复用器(亦称合波器)汇合在一起,并耦

合到光线路的同一根光纤中进行传输；在接收
端,解复用器(亦称分波器或称去复用器)将各种
波长的光载波分离,然后由光接收机作进一步处
理以恢复原信号。它可以实现在一根光纤上同
时传输多路信号,提高了通信网络的带宽和传输
速度。

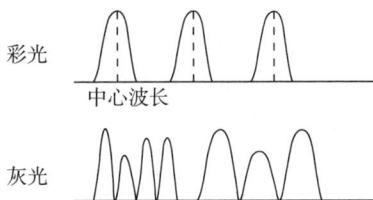

图 4-27　标准波长波动范围

　　每一个不同波长的光都有自己的标准波长,不
能使用随意的波长。为了避免不同波长的光由于
一定偏差而互相重叠干扰,每一路光的中心波长与相邻一路光的中心波长都会有一定间隔。
按中心波长间隔宽度不同,波分复用分为粗波分复用(Coarse Wavelength Division
Multiplexing,CWDM)和密集波分复用(Dense Wavelength Division Multiplexing,DWDM)
两种类型。

　　粗波分复用是波长间隔较大的波分复用。CWDM 使用的中心波长从 1270nm 到
1610nm,相邻光波的中心波长间隔 20nm,可复用 18 个波。其中由于水峰问题,1370nm 和
1390nm 损耗较大,一般不选择使用,则可复用的为 16 个波。目前使用是 1270～1370nm 的
6 个波,如图 4-28 所示。CWDM 适合短距离传输,一般应用于千兆以太网,设备和光模块
的成本都比较低。

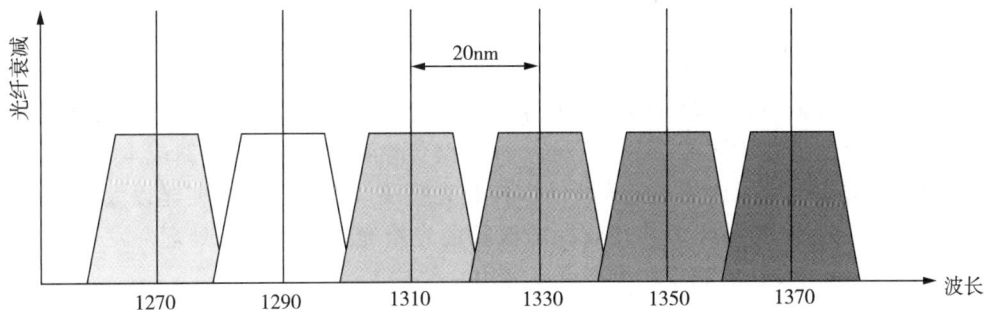

图 4-28　粗波分复用

　　密集波分复用是波长间隔较小的波分复用。DWDM 会充分利用 1550nm 附近低损耗
区,波长间隔一般小于等于 1.6nm,最小可以到 0.2nm,远远小于 CWDM,可以复用 192 路
光,如图 4-29 所示。DWDM 适合长距离传输,一般应用在城域网,设备和光模块成本比
较高。

　　从波分复用技术可以看出,在建筑群(园区)的全光以太网络中适合使用 CWDM 方式。
其实在 PON 网络中,也会用到波分复用技术,将上、下行不同波长的光进行波分复用,甚至
将 1G PON 和 10G PON 的光进行波分复用,都可以起到复用光分配网,减少光纤投入。

　　3. 全光以太网的光模块

　　全光以太网(以 10GE 接入为例)的核心交换机采用 8 种不同波长的 10GE 彩光光模块,
接入交换机采用另外 8 种不同波长的 10GE 彩光光模块,核心交换机彩光模块需要和接入
交换机的彩光光模块需要一一对应,不能混用。如核心交换机端口 1 采用的彩光模块发送
波长为 1271nm、接收波长为 1431nm,接入交换机 1 采用的彩光模块发送波长为 1431nm、接

收波长为 1271nm,核心交换机的端口 1 和无源分波器(合路)的分路 1 必须一一对应,接入交换机 1 和无源分波器(分路)的分路 1 必须一一对应,发送和接收光纤也不能连错,连线复杂。全光以太网的彩光光模块组网方式如图 4-30 所示。

图 4-30 中①~⑧共 8 个关键连接点,必须保证都采用正确的光模块,连接正确的分路和合路端口,光纤收发连线不能交叉,任何一个地方接错,业务就不能正常工作。

全光以太彩光方案,如果 10GE/GE 混用,需要维护 32 种不同波长的光模块。

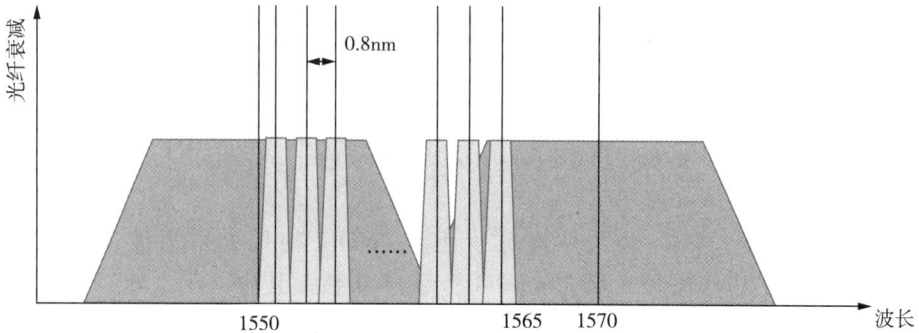

图 4-29 密集波分复用

4.4.2 全光以太网主要设备

1. 彩光模块和合、分波器

彩色光模块根据波长密度的不同,可分为粗波分复用光模块和密集波分复用光模块。彩光模块搭配合波器将不同波长的光信号合成一路传输,大大减少了链路成本。

每种标准波长都有对应的发送光模块和接收光模块。发送光模块使光以太交换机发出的光按标准波长发送,接收光模块接收标准波长的光给光以太交换机处理。发送和接收光模块不能混用,不同波长的光模块也不可以混用。

合、分波器一般都是配对使用,无源设备,不需要供电,内置标准彩光收、发模块。在光以太交换机一侧和用户一侧的合、分波器一般是不同的设备,以便综合不同波长的光在光学器件中走不同光路产生的延迟误差。对时延要求不高的场景,也可以在两侧使用相同的合、分波器。

需要注意,光以太交换机的彩光模块连接合波器的光纤必须一一对应正确的彩光模块,一旦连错就会造成接收失败。同时,在管理和运维上,由于合波器和分波器都是无源设备,不能被网管系统纳管,且合波器和分波器之间没有冗余备份机制,在实际使用时,彩光系统的运维难度会有所增加。

2. 彩光和灰光设备在网络中的应用

结合实际的网络设备,彩光和灰光模块在网络中的应用如图 4-31 所示。

CWDM 光模块适合短距离传输,一般应用千兆、万兆以太网和点对点网络中,DWDM 光模块适合长距离传输,一般应用于城域网和局域网等大型网络环境中。

和彩光模块相对应的,是灰光模块。灰光模块也叫白光模块或黑白光模块。一般客户侧光模块会采用灰光模块。用户侧的 SDH/IP 设备,通过灰光模块发出灰光进入光传送网,

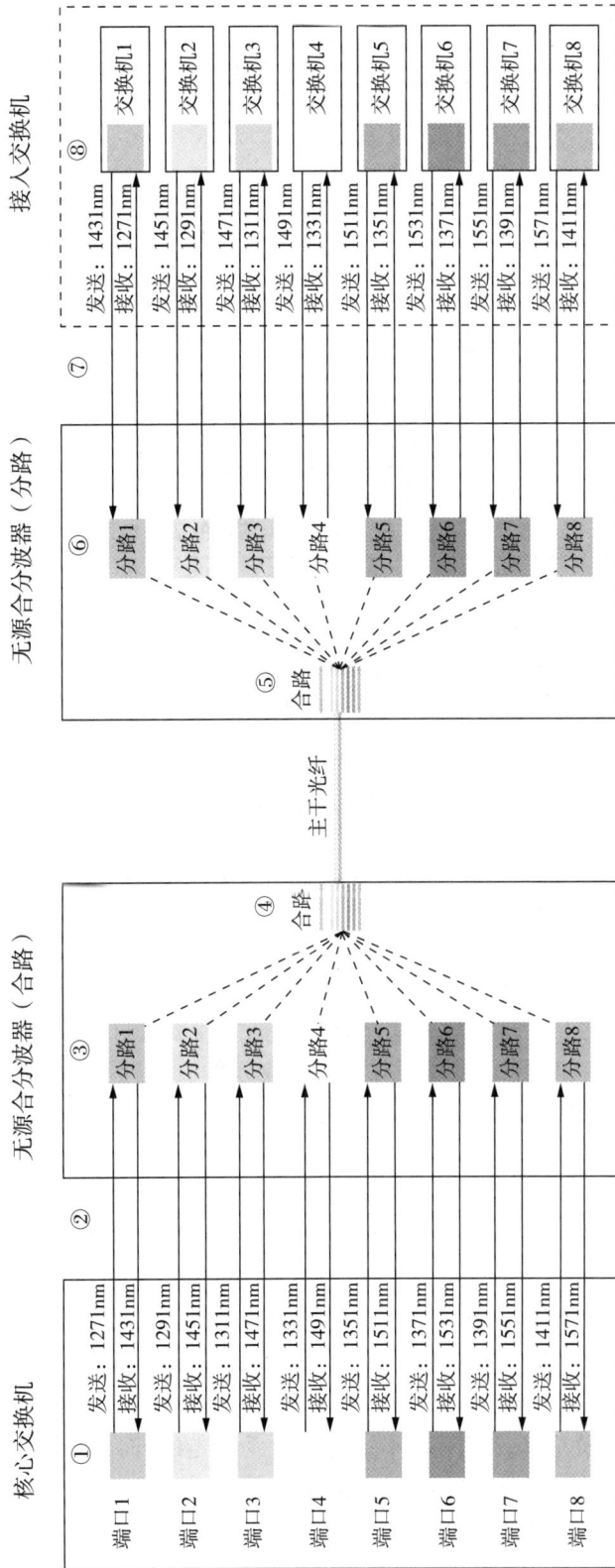

图4-30 含光以太网的彩光光模块组网方式

由 OTN 设备完成灰光到彩光的转换,通过 OTN 设备的彩光模块发出彩光,在 OTN 中进行传输。实现光在光纤中的高效承载和传输,满足各种网络的短距和长距传输场景,助力光通信网络的飞速发展。彩光和灰光模块在网络中的应用场景见表 4-14 所列。

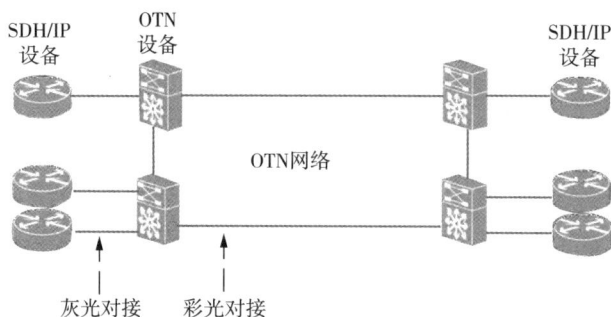

图 4-31 彩光和灰光设备在网络中的应用

表 4-14 彩光和灰光模块在网络中的应用场景

类型	波长范围	支持标准波长	应用场景	遵循的标准
彩光	位于 1550nm 窗 (1530~1565nm)	具有标准波长	线路侧:用于 OTN 中,适合长距传输场景	ITU - TG.694.1(DWDM), ITU - TG694.2(CWDM)
灰光	位于 850nm 窗口 (770~910nm)	没有标准波长	用户侧:用于 SDH、IP 等网络中,适合短距传输场景	ITU - TG.957, ITU - TG.959.1, IEEE802.3
	位于 1310nm 窗口 (1260~1360nm)			

3. 全光以太网交换机

全光以太网络使用全光以太交换机和光以太 AP 作为网络中光电转化的节点,用白光或彩光的产品收发光信号。全光以太网络交换机有框式和盒式两大基本类型。

框式采用全光以太单板,不仅可以实现与其他业务单板(包括 PON 网络 OLT 单板)一框融合部署,还可以通过增加单板数量的方式进行扩容。一般作为园区核心或汇聚,可以通过堆叠等技术实现可靠性。

盒式全光以太交换机一般会作为接入交换机,入室的产品需要无风扇静音,尺寸较小,可放在室内信息箱内或者放在桌面。同时需要支持 PoE,为室内 AP 供电。性能强一些的盒式全光以太交换机也可以作为楼栋汇聚交换机,部署在楼栋机房。

还有一类特殊的盒式接入交换机,称为中心交换机和小行星交换机,这两个必须配合使用,中心交换机通过光电混合缆连接小行星交换机,给小行星交换机供电和进行光通信的同时,还需要负责管理配置小行星交换机,而小行星交换机同时可以为 AP 进行 PoE 供电。这种方式由于光电混合缆价格贵、线径粗,不适合大量垂直走线,而且合入电缆后降低光纤本身的优势,传输距离从 10km 级回到网线时代的百米级。

光以太无线访问节点设备有两类。一类是在以太 AP 设备上支持光端口,可以直接光纤上连楼栋汇聚交换机,通过本地供电或集中供电的方式取电;还有一类是在以太 AP 设备上支持光电混合缆连接端口,必须配置上述中心交换机使用,通过光电混合缆供电,则同样有上述光电混合缆部署的问题。光以太 AP 设备除了提供无线接入,同时可提供少量有线接口,一台即可满足密集房间中单个房间内的有线和无线用网需求。

白光的设备是各种不同类型的光以太模块,常见的有 SFP、SFP+、XFP 等,一根光纤两端必须采用相同的类型的光模块,同时需要按光以太交换机端口速率和光纤类型(单模/多模)选择合适的光模块。

4.4.3　全光以太网的组网

以太网的网络架构主要是由核心、汇聚、接入交换机组成。主流技术是 1Gbps 以太网、10Gbps 以太网、40Gbps 以太网等。以太网技术不仅支持铜线传输介质,还是光纤传输。全光以太网是以光纤作为传输介质,结合光电以太网的架构、组网所构成的网络。

全光以太网对于以太网的改造,是从中心机房或楼栋机房的汇聚全光交换机直接部署光纤入室/入楼道,将有源接入交换机从楼层配线间释放出来,通过光纤入室将全光接入交换机部署在每个房间里,房间的全光接入交换机与核心或者汇聚交换机采用全光纤链路部署,房间内的新增信息点位可以从房间光交换机就近接入,提升扩展效率,同时做到真正的1∶1万兆/千兆入室。

图 4-32 为彩光方案典型组网,从图中可以看出,即使使用彩光技术,仍不会改变以太网连接点对点的本质,只是传输介质做了复用。彩光方案使网络无收敛地接入核心交换机,带宽冲突的概率小,但是正常网络一般会采用 1∶2.5~1∶4 的收敛比,而彩光是 1∶1 地接入核心交换机,没有收敛,所以导致大量占用昂贵的核心交换机接口资源,资源利用率不高。

全光以太网在数据中心场景中常采用叶脊架构,通过彩光模块实现无阻塞互联,时延低于 $1\mu s$,满足 AI 算力集群的高吞吐需求。例如,某超算中心采用 400G DWDM 彩光模块,实现跨机柜 100Gbps 零丢包传输。

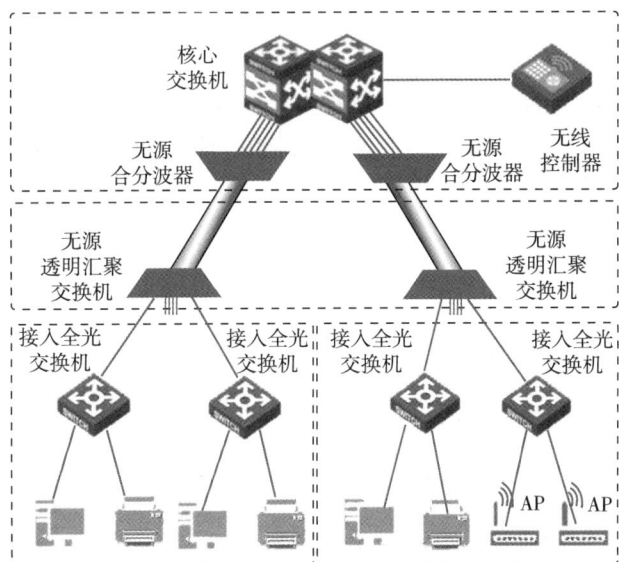

图 4-32　彩光方案典型组网

4.5　全光以太网络与无源光网络的结合

4.5.1　全光以太网络与无源光网络的对比

全光以太网和无源光网络在拓扑结构、数据传输速度、覆盖范围和适用场景等方面存在差异。

1. 全光以太网与无源光局域网的架构对比

无源光局域网是一种基于点到多点拓扑结构,具有节省光纤资源、降低网络成本、提高网络可靠性等优点。无源光局域网从介质到架构全面升级,做到两层架构。无源光局域网一般 OLT 都放在建筑群(园区)设备间,光分器放在单体楼栋设备间,ONU 放在接入楼层或者直接放到用户端。无源光局域网传输距离 ONU 到 OLT 不能超过 20km,交换机网络中按光模块可灵活调整,最长可达 80km。

全光以太网是一种基于星型拓扑结构,它使用光纤作为传输介质,数据传输速度通常在 10Mbps 至 100Gbps 之间,支持多种设备(如计算机、交换机、路由器等)之间的连接和通信。全光以太网保留三层组网架构,汇聚交换机需要单独供电;未来网络升级需要更换交换机。全光以太网的核心交换机放在建筑群(园区)设备间,汇聚交换机放在单体楼栋设备间,接入交换机放在楼层配线间。

从架构来看,无源光局域网中 ONU 之间是共享到 OLT 的带宽,如图 4-33(a)所示;而全光以太网络中接入交换机到汇聚是独享带宽,如图 4-33(b)所示。

在建筑群(园区)网中,用户内部 ONU 间东西[1]向流量的 PON 架构必须绕行到 OLT,交换组网中在单体楼栋内汇聚即可完成本地转发。PON 架构中一旦东西向流量过大会对核心和用户本身南北向流量产生影响。

PON 和全光以太网的协议区别带来架构和组网的区别。由于从家用的方案中变化而来,也让 PON 存在一些"先天短板"。无源分光是 PON 的一把"双刃剑",ONU 之间共享带宽,如果建筑群(园区)网络内部横向流量需求大,经过分光过后的带宽无法满足需求,而不采用分光,使用 1∶1 下行,OLT 下行光口的成本也将被逐渐拉高。

---

[1]　在云计算和微服务架构中,南北向流量和东西向流量是两种常见的流量模式。南北向流量是指从外部进入系统内部或从系统内部出去的流量,通常是客户端到服务器之间的通信,如用户通过浏览器或移动应用访问 Web 服务或 API。这种流量穿过系统的边界,如从外部网络进入内部网络,或者反过来。它通常受到安全设备的严格监控,如防火墙、入侵检测系统、负载均衡器和 API 网关。常见组件有 API 网关、负载均衡器、反向代理等。东西向流量是指在系统内部各个服务或组件之间的通信流量,如微服务架构中服务之间的调用。这种流量完全在内部网络中流动,不涉及外部网络。它通常更难以监控和保护,因为通信发生在受信任的内部环境中。常见组件有服务网格(如 Istio、Linkerd)、内部负载均衡器、消息队列等。在实际应用中,南北向流量关注于如何安全地将外部请求引入到内部服务,而东西向流量则关注于如何高效、安全地管理内部服务间的通信。

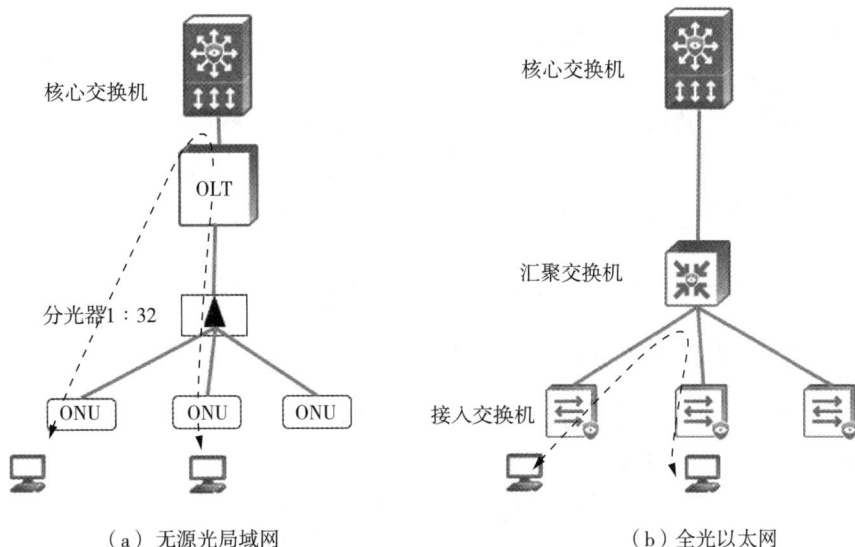

（a）无源光局域网　　　　　　　　（b）全光以太网

图 4-33　无源光局域网和全光以太网的架构对比

2. 全光以太网与无源光局域网采用的技术比较

全光以太网与无源光局域网采用的技术比较见表 4-15 所列。

表 4-15　全光以太网与无源光局域网采用的技术比较

项目	全光以太网	无源光局域网
应用技术	以太网	通信光纤接入网（无源光网络 PON）+以太网）
符合的标准	IEEE802.3	ITUG.984.x+IEEE802.3
信息处理方式	IP 数据包信息交换	时分波分复用+IP 数据包信息交换
信息传送方式	点对点	一点对多点
传送光配线网络	综合布线系统 光纤光缆 配线设备	光配线网 光纤光缆 配线设备 光分路器
设备	以太网交换机 波分复用设备	光线路终端 光网络单元 光分配网
网管	以太网交换机波分复用设备	无源光网络网管系统+以太网网管系统
与公用电信网/业务网互通	核心交换机/路由器/网关	核心交换机/路由器/网关

无源光网络支持平滑升级至 50G PON，单波长速率可达 50Gbps，而全光以太网需更换交换机硬件以支持 400G/800G 速率。此外，PON 的 ODN 无源特性使其运维成本比全光以太网低 40%。

无源光局域网的优势:比较适合于用户密集度小,宽带接入服务的广域网和接入网等大规模南北向流量居多场景,如家庭宽带、校园/园区网络等。随着光纤通信技术的不断发展,PON将在未来接入网中占据主导地位。

无源光局域网的劣势:带宽共享导致高峰期性能下降,传输距离受限。

全光以太网的优势:技术成熟、稳定,高带宽独享,扩展性强,兼容性好,适合于安全、高速、低延迟、内部业务互访等东西向流量的场景,如企业专线、智慧城市骨干网、算力(数据)中心等。

全光以太网的劣势:部署成本高,需依赖有源设备,灵活性较低。

4.5.2 全光以太网络与无源光网络的结合

全光以太网络利用光纤实现端到端光域传输,具备高速(如100G/400G)、低时延、高可靠性的特点。无源光网络通过无源分光器实现点到多点接入,具有低成本、易维护的优势。两者结合形成"全光核心+无源接入"架构,既能满足超高速传输需求,又可降低覆盖成本,为5G、工业互联网、元宇宙等新兴场景提供高效的基础设施支撑。随着硅光集成、空分复用等技术的演进,该方案有望成为未来光网络的主流形态。

1. 全光以太网络与无源光网络结合的基本思路

分工明确:全光以太网络承担核心层高速传输,避免光电转换,支持Tbps级带宽,适用于骨干网、数据中心互联等高流量场景。无源光网络负责接入层"最后一公里"覆盖,通过无源分光器实现多用户低成本接入,典型技术包括GPON、XGS-PON、50G PON等。

协议适配:通过增强型以太网协议(如IEEE 802.3ca)与PON的时分复用或波分复用机制兼容,如采用25G/50G PON标准实现上下行对称传输。

2. 全光以太网络与无源光网络结合的架构

1)分层架构设计

核心层采用全光交换技术(如OXC、ROADM)与波分复用或光传送网,构建高速、灵活的光纤骨干网。

接入层通过PON的OLT(光线路终端)与核心层互联,利用ODN分光器覆盖家庭、企业及5G基站等终端场景。

控制层引入软件定义网络统一管控,动态分配核心层波长资源与接入层带宽,实现端到端资源优化。

2)关键技术方案

全光交换+PON接入:核心层部署全光交叉连接设备,接入层通过WDM PON支持多波长灵活扩展。

网络切片技术:结合FlexE(灵活以太网)与PON的多业务承载能力,为5G前传、企业专线等业务提供差异化SLA保障。

智能运维:集成AI算法实现光纤故障预测、光功率自动调节,降低运维复杂度。

3. 全光以太网络与无源光网络结合的优势

低成本广覆盖:PON的无源分光特性减少光纤与机房投资,适用于智慧园区等高密度场景。

超高性能：全光核心网支持 Tbps 级传输，PON 接入层通过多波长升级（如对称 25G/50G PON）提供高带宽、低时延服务。

灵活扩展：通过 SDN 控制与 WDM PON 技术，动态扩展波长与带宽资源，适应业务增长需求。

绿色节能：无源器件减少能耗，全光传输降低核心网功耗，符合"双碳"战略目标。

示例：某智慧园区采用"全光核心（100G DWDM）＋无源接入（XGS－PON）"架构，核心层实现 Tbps 级互联，接入层通过 1∶64 分光比覆盖 5000 个终端，综合成本降低 30％。该方案中，OLT 通过 Flex E 接口与全光核心网互联，实现业务隔离和带宽保障。

4. 全光以太网络与无源光网络结合的应用场景

智慧城市：全光骨干网连接城市数据中心，PON 接入层覆盖摄像头、传感器等海量物联网终端。

企业专网：PON 提供千兆级低成本接入，全光以太网保障总部与分支机构间的高速互联（如金融、制造业）。

数据中心互联（DCI）：全光核心网实现跨数据中心低时延通信，PON 扩展边缘计算节点接入能力。

5G 前传与回传：全光网络支撑 C－RAN 架构，PON 为分布式基站提供灵活、经济的传输通道。

5. 挑战与未来发展

标准协同：需推动 IEEE（以太网）与 ITU－T（PON）标准组织的协作，解决协议互通问题（如 Flex E 与 PON 的兼容性）。

器件成本：高速光模块（如 50G PON OLT）的成熟度与成本仍需优化，以支持大规模部署。

智能化演进：结合 AI/ML 技术实现光网络自优化（如动态波长分配、故障自愈），降低人工干预。

技术融合：探索硅光集成、空分复用等新技术的应用，进一步提升网络容量与能效。

复习思考题

1. 光通信系统主要由哪几部分组成？简述各部分的功能。

2. 光模块的关键性能指标包括哪些？分别对传输性能有何影响？

3. 光模块的平均发射光功率和消光比如何定义？消光比过高或过低会导致什么问题？

4. 光信号的中心波长选择与光纤损耗有何关系？列举常用的光波长窗口及其特点。

5. 光模块接收端的过载光功率和接收灵敏度有何区别？实际应用中如何平衡两者的关系？

6. 简述光模块的基本结构部件及其功能。

7. 无源光网络的基本组成是什么？简述 OLT、ONU、ODN 的核心功能。

8. 对比 EPON 和 GPON 的技术特点，包括协议标准、传输速率及适用场景。

9. 简述 PON 中下行广播和上行时分复用的工作原理。

10. 什么是动态带宽分配？它在 PON 中的作用是什么？

11. PON 的冗余保护技术中,Type B 和 Type C 保护有何区别? 分别适用于哪些场景?

12. 光分路器的分光比如何设计? 若某 PON 系统分光比为 1∶32,计算其分光损耗并说明对 ONU 接收光功率的影响。

13. 无源光局域网的基本构成包括哪些部分? 简述其与普通 PON 的异同。

14. 如何根据业务需求设计 POL 的分光比? 举例说明分光比参数的计算过程。

15. 简述 PLC 均光分路器的光学特性(如插入损耗、均匀性、偏振相关损耗)。

16. 在 POL 工程中,如何计算全程光信道衰减? 列举影响衰减的主要因素。

17. 某 POL 项目采用二级分光(1∶4 和 1∶8),若 OLT 至最远 ONU 距离为 5km,光纤熔接点 5 个,连接器 10 个,计算总链路损耗并判断是否满足 GPON Class B+要求。

18. 简述全光以太网的基本概念及其与普通以太网的核心区别。

19. 彩光传输系统的工作原理是什么? 彩光模块与灰光模块的应用场景有何不同?

20. 对比粗波分复用和密集波分复用的技术特点及适用场景。

21. 全光以太网的彩光组网方式中,为何要求光模块与分波器端口一一对应?

22. 全光以太网在叶脊架构中的应用优势是什么? 举例说明其高带宽场景。

23. 比较全光以太网与无源光局域网的架构差异,并分析各自适用的流量场景(如南北向与东西向流量)。

24. 简述"全光核心+无源接入"架构的设计思路及优势。

25. 列举全光以太网与 PON 结合的两种典型应用场景,并说明其技术适配性。

26. 某园区需部署全光网络,要求支持高带宽、低时延及低成本覆盖。请设计一种结合全光以太网与 PON 的混合方案,并说明关键设备选型及技术原理。

第5章 信息发布系统

信息发布系统(information release system)是利用计算机技术和通信技术来处理和控制信息的系统。它旨在帮助用户有效地组织、管理和传播信息,应用广泛。

本章主要介绍显示技术基础(光度学基础、人眼视觉特性、色度学基础),阐述信息发布系统的组成、发光二极管显示屏、信息处理设备、信息发布系统软件,介绍信息发布系统的施工与维护。本章重点内容:信息发布系统的组成、发光二极管显示屏、信息处理设备和信息发布系统软件。

5.1 显示技术基础

5.1.1 光度学基础

1. 光的性质

光是一种电磁辐射。电磁辐射的波长范围很宽,按波长从长到短的顺序排列,依次是无线电波、红外线、可见光、紫外线、X射线和宇宙射线等。图5-1是电磁波按波长的顺序排列的电磁波谱。光波长范围(380~780nm)直接影响显示色域与亮度均匀性。短波长光(蓝光)易引发视觉疲劳,需通过低蓝光认证技术优化。

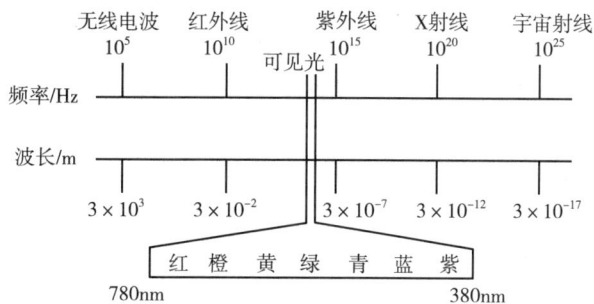

图5-1 电磁辐射波谱

光的直进性:光在均匀的介质中沿直线传播。

光的干涉:两列光波的频率相同,相位差恒定,振动方向一致的相干光源会发生光的干涉。

光的衍射:光在传播路径中,遇到不透明或透明的障碍物或者小孔(窄缝),绕过障碍物,产生偏离直线传播的现象称为光的衍射。

2. 光的度量

光强度:$I=$光通量 $F/$立体角 Ω,表示光源在指定方向的单位立体角内发出的光通抄量,单位为坎德拉(Candela,cd)。

光亮度:指发光表面在指定方向的发光强度与垂直且指定方向的发光面的面积之比,单位为 cd/m^2。

光通量:表示单位时间里通过某一面积的光能,称为通过这一面积的辐射能通量,单位为流明(Lumen,lm)。绝对黑体在铂的凝固温度下,从 $5.305×10^3 cm^2$ 面积上辐射出来的光通量为 1lm。

为表明光强度和光通量的关系,发光强度为 1cd 的点光源在单位立体角(1 球面度)内发出的光通量为 1lm。

光照度单位是勒克斯(Lux,lx),表示被光均匀照射的物体,距离该光源 1m 处,在 $1m^2$ 面积上得到的光通量是 1lm 时,它的照度是 1lx,习称"烛光米"。办公室推荐照度 300~500lx。

5.1.2 人眼视觉特性

1. 人眼的视觉生理基础

当从景象或物体上反射的光量子达到眼睛的视锥细胞时,视网膜便会发出神经冲动信号,通过双极细胞层和神经节细胞层传递到位于大脑后部的视觉皮质中枢区。视觉信息在该区的局部群集得到进一步的处理,分出颜色、动作、形状和深度等简单特征。之后,具有这些特征的信息被继续传递下去,并且分送到颞叶和顶叶等比较远的区域。简单来讲,来自物体的光→角膜→水样液→瞳孔→睫状体→玻璃体→视网膜→视神经→大脑皮层的视觉中枢。

2. 视觉的时间特性和空间特性

视觉的空间特性:人眼的空间分辨能力为 $1'$(1/60 度);灰度分辨能力大约 64 级。

视觉的时间特性:活动图像的帧频至少是 15 帧/s 的时候,人眼才有图像连贯的感觉。

5.1.3 色度学基础

1. 三基色原理

三原色分别是 R(红色)、G(绿色)、B(蓝色),称为彩色三要素。电脑、手机、数码相机等所用到的色彩都是通过 R、G、B 发出不同亮度来进行混合得到的颜色。R、G、B 发光亮度为 0~255,三种颜色的不同亮度混合叠加可形成 1670 万种颜色。RGB 是一种色光混合模式,是三个原色+三个原色的不同亮度级别进行混合得到的色彩。

2. 亮度方程

亮度方程指的是当三基色和标准白光确定之后,三基色与白光之间的数学关系(即三基色按什么比例组合可以生成白光),亮度方程为 $Y = 0.2126R + 0.7152G + 0.0722B$。

5.2 信息发布系统组成

5.2.1 多媒体信息发布系统的基本概念

在信息领域中,多媒体是指组合两种或两种以上媒体的一种人机交互式信息交流和传播媒体。使用的媒体包括文字、图片、声音、动画和影片,以及程序所提供的互动功能。

　　信息发布系统可将它直译为"数字告示""数字标牌",具体的表现形式可为用户提供各种信息,通过"信息发布服务端"编辑、远端传输、最终显示在各种显示终端上。

　　信息发布系统采用 B/S 架构,基于分布式网络,利用显示终端将企业宣传、实时通知等全方位展现的一种高清多媒体显示技术。系统可以有效整合各种多媒体资源,实现随时随地远程制作发布、管理、更新节目,采用专用的专属协议,系统将音视频、文本等组合成一段段精彩的节目,并通过网络将节目实时推送至分布在各处的媒体显示终端,从而将精彩的画面、实时的信息全方位地展现在各种场所。

5.2.2　信息发布系统组成

1. 信息发布系统组成

1)单屏信息发布系统

　　信息发布系统主要由微机(服务器)、视频处理器和载体(显示屏)等组成。单屏信息发布系统如图 5-2(a)所示,多屏信息发布系统如图 5-2(b)所示。

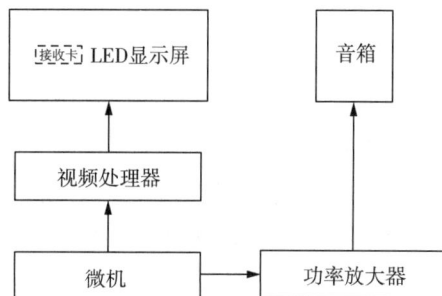

（a）单屏信息发布系统

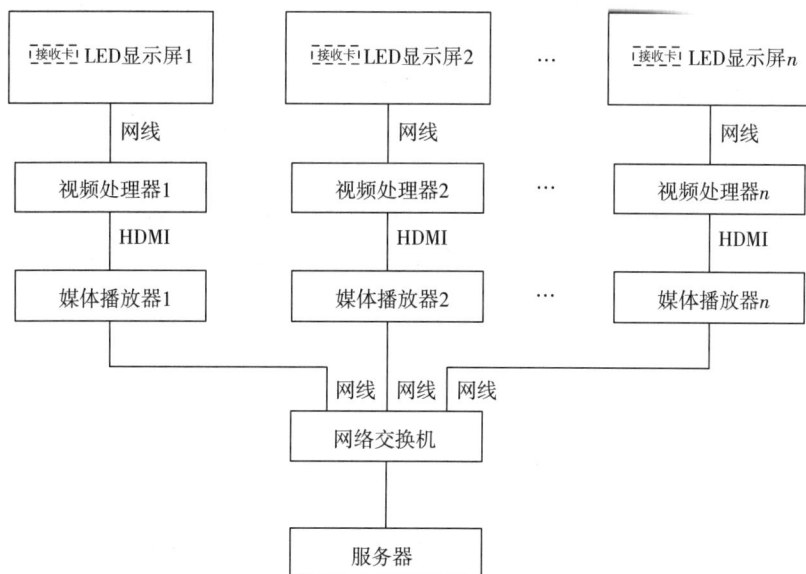

（b）多屏信息发布系统

图 5-2　信息发布系统组成

（1）服务器安装集中控制端软件，配置静态IP，所有显示用户端IP指向服务器IP，局域网内各用户端上传的素材、节目、数据都存储在服务器，对显示用户端进行下发、更新等指令以及开关指令。

（2）视频处理器安装信息发布用户端软件，接收服务端下发的节目单、日程、素材等信息，并把用户端显示各状态传回服务器。

（3）显示载体常用的是LED显示屏、触摸查询一体机等，主要显示收到的节目、日程、素材等信息。

（4）在有些应用场所，信息发布系统在显示文字、图像的同时，还要发出声音，可在显示屏屏体左右侧各安装一个音箱。音箱连接到功率放大器下端口，功率放大器上端口连接到服务器。

2）多屏信息发布系统

多屏信息发布系统主要是在单屏信息发布系统基础上增加网络交换机等，通过网络把各显示端与后台服务器互连，构成一个完整的信息发布系统。

信息发布系统中各设备的工作流程：服务器→媒体播放器→视频处理器→发送卡→接收卡→LED显示屏。

（1）服务器（内容存储与管理）存储需发布的视频、图片、文字等内容，并通过内容管理软件进行编排和调度。管理员将内容上传至服务器，设置播放时间、优先级、分屏布局等参数，通过互联网方式实现媒体播放器和操作。

（2）媒体播放器（内容解码与输出）从服务器获取内容并解码成视频信号（如HDMI/DP信号），支持多种格式（MP4、JPG、PPT等），与LED显示屏的分辨率匹配，确保输出信号适配后续设备。HDMI 2.1接口，支持8K@60Hz信号输入。

（3）视频处理器将视频信号转换为显示屏能够识别处理的数据，对输入信号进行优化处理（如分辨率调整、色彩校正、亮度均衡），并根据LED屏的物理布局分割画面。例如，若LED屏由多块箱体拼接而成，视频处理器会将画面分割为与箱体对应的子画面。

（4）发送卡（信号传输控制）安装在视频处理器内，将处理后的视频信号转换为LED显示屏可识别的数据流（如千兆网口、光纤信号），并通过网线/光纤传输至接收卡。发送卡与接收卡的通信协议（如HUB板型号、扫描方式）要确保信号同步。

（5）接收卡（信号分配与驱动）安装在LED屏箱体内部，接收发送卡的数据流，驱动LED模组显示对应区域的画面。单个接收卡可控制多个LED模组，要按模组数量和像素密度配置接收卡数量。

（6）LED显示屏用来显示需要播放的画面。它由多个LED模组拼接而成，接收卡驱动每个像素点发光，呈现完整的动态画面。需定期校正色彩和亮度，确保整屏显示一致。

（7）网络交换机将媒体播放器通过网络方式连接在一起，并接入互联网。

3）信息发布系统设计注意事项

（1）同步性：发送卡与接收卡需保持严格同步，避免画面撕裂或延迟。

（2）分辨率适配：视频处理器的输出分辨率需与LED屏物理分辨率一致。

（3）传输距离：长距离传输需使用光纤，避免信号衰减。

（4）冗余设计：重要场合建议配置备份发送卡或双链路信号传输。

(5)支持远程控制:通过服务器可远程对媒体播放器进行管理、更新内容、监控设备状态。

2. 信息发布系统的主要特点

(1)集中控制管理。服务端/控制端采用 B/S 架构,无须安装用户端,即可在任意一台电脑打开浏览器登录后,对所有的终端进行任何管理操作。

(2)跨平台性。一个集中控制端可以同时控制 X86 系统等显示终端。

(3)任意分屏制作。制作节目时可以任意拉伸投放视频、图片、动画、文档、网页文件的大小与区域,设置跑马灯字幕与字号,字色、方向等设置,系统自带数字时钟、天气预报、倒计时等模块,所见即所得。

(4)系统兼容扩展性强。支持几乎所有的视频格式,支持流媒体视频电视直播、Office文档、天气预报等。

(5)支持与其他系统数据对接。支持与一卡通、门禁、排队叫号、会议系统、触摸查询、视频监控、OA 系统等系统对接。

(6)多种播放形式。可任意制定、轮播、日播、周播、月播、插播等日程播放任务。日程编辑完全可视化,节目日程编排清晰、方便操作,可针对不同的终端分组制定不同的播放策略,下发不同的播放任务。

(7)系统易用性。支持终端的远程开关机,设置音量,修改 IP 地址,用户端版本更新,终端下载监控,终端的播放截图状态,终端的磁盘空间,分组下发,支持 U 盘更新节目。

(8)用户权限、终端分组。多级用户分级管理,详细的用户权限分配,每个模块可以分配给不同的用户使用,不同的权限可以管理不同的终端组。

(9)日志管理与自动分组下载。所有用户操作全部记录系统日志,以确保系统安全,方便系统管理员维护管理,当显示终端超过一定并发量时,系统可以选择分发服务器与自动分组下载以解决大的并发量瓶颈。

(10)信息发布管理平台可控制 PLC 的电源,远程开关机,实现智能电源管理。

5.3　发光二极管显示屏

发光二极管是通过电子与空穴复合产生自发辐射光的二极管,它可高效地将电能转化为光能,显示产品常用可见光波段的发光二极管。

LED 显示屏通过一定的控制方式,由 LED 器件阵列组成,用于显示信息的屏幕。

5.3.1　LED 显示屏的像素和像素间距

像素是组成一幅图像的全部可能亮度和色度的最小成像单元。

像素中心距(Pixel Pitch,PH)是相邻像素中心之间的距离,单位为毫米(mm)。像素直径越小,点间距也越小,单位面积内的像素密度就越高,分辨率也越高,图像越清晰。

大间距显示屏(large pixel pitch displays)为像素中心间距大于 8.00mm 的显示屏。

中间距显示屏(middle pixel pitch displays)为像素中心间距在小于或等于 8.00mm 且

大于 2.50mm 范围内的显示屏。

小间距显示屏(fine pixel pitch displays)为像素中心间距在小于或等于 2.50mm 且大于 1.00mm 范围内的显示屏。

微小间距显示屏(mini pixel pitch displays)为像素中心间距在小于或等于 1.00mm 且大于 0.30mm 范围内的显示屏。Micro LED:像素间距≤0.1 mm,对比度≥1000000∶1,适用于 XR 虚拟拍摄。

超小间距显示屏(micropixel pitch displays)为像素中心间距小于或等于 0.30mm 的显示屏。

像素中心距相对偏差(relative deviation of pixel pitch)是像素中心距的实测值与标称值之差的绝对值与标称值之比。

1. 像素分类

LED 显示屏的像素有单色半导体发光二极管、双色半导体发光二极管和全彩半导体发光二极管三种。

单色 LED 半导体发光二极管由芯片和环氧树脂封装构成的各种形状的管壳组成。环氧树脂封装的目的是固定管芯和引线电极、防潮和透光。

(1)单色 LED 半导体发光二极管像素有红色、橙色、绿色、蓝色和白色五类。典型产品为双列直插封装的灯管。圆形直插发光管的正面和侧面均匀发光,半功率角度为 100°。椭圆形直插发光管的水平方向发光强度大于垂直方向,半功率角度为 70°~100°。

(2)三拼一全彩色发光管像素。把红、绿、蓝三种单基色的发光管封装在一起,组成一个全彩色像素,简称三拼一像素,又称亚表贴 LED。

(3)全彩表面贴装器件三合一贴片像素。把三种基色芯片封装在一起,组成一个全彩像素,简称表面贴装器件三合一贴片发光管。

全彩表面贴装器件三合一贴片像素体积小,显示屏的像素密度高,图像显示清晰,分辨率高,适合贴片式印制电路板结构。表面贴装器件贴片灯半功率角度 120°。芯片直接绑定 PCB,提升散热性与抗撞击能力。

(4)像素的发光强度。发光强度<10mcd(1mcd=10^{-3}cd)称为普通亮度管;发光强度在 10~100mcd 为高亮度管;发光强度>100mcd 为超高亮度管。

发光二极管的正向工作电压为 1.4~3V,工作电流为 2mA 至数十安。

2. 三基色光源的亮度配比

各种颜色可以通过红、绿、蓝三种基色按照不同的亮度比例合成产生:红+绿=黄;绿+蓝=青;红+蓝=晶红;红+绿+蓝=白。

在调节白平衡时,红、绿、蓝三种基准色的亮度比例为 3∶6∶1,它们的精确比例为 3.0∶5.9∶1.1。

为了弥补红色 LED 的亮度不足,因此三基色全彩屏的像素常采用 2 红、1 绿、1 蓝四个 LED 组成。

3. 三基色全彩像素组合方式

三基色全彩色 LED 显示屏一般由数以万计的红色、绿色和蓝色三种颜色 LED 组成全彩(实)像素。

全彩色(实)像素中三种颜色 LED 的排列方式有"L"形、"品"字形和"口"字形三种,如图 5-3 所示。

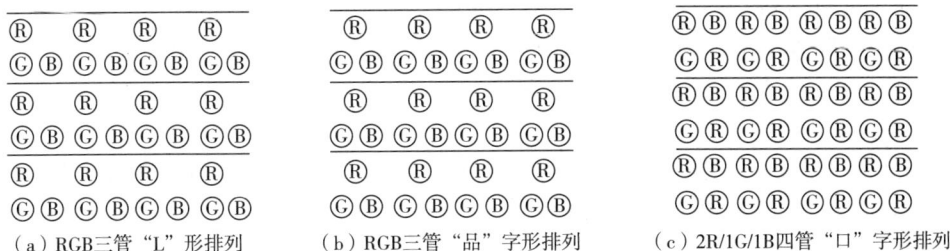

（a）RGB三管"L"形排列　　　（b）RGB三管"品"字形排列　　　（c）2R/1G/1B四管"口"字形排列

图 5-3　全彩像素单色 LED 的三种排列方式

4. 实像素和虚拟像素

实像素是指显示屏上的物理像素点数和实际显示的像素点是 1∶1 的关系。显示屏实际有多少点,只能显示多少点的图像信息。

虚拟像素就是指显示屏的物理像素点数和实际显示的像素点数为 1∶N 的关系(其中 N=2 或 4),它能显示的图像像素是显示屏的实际像素的 2 倍或者 4 倍。在不改变物理像素点数的情况下,增加实际显示的像素点数,可为用户节省灯管成本。

虚拟像素按照虚拟的方式可分为软件虚拟与硬件虚拟;按照倍数关系分为 2 倍虚拟和 4 倍虚拟;按照一个模组上的排灯方式分为 1R1G1B(3 管)虚拟和 2R1G1B(4 管)虚拟。

5. 三基色虚拟像素

为更有效地利用三基色物理像素,采用特殊的数字动态像素处理驱动电路,将 R、G、B 三种颜色的 LED 交错扫描刷新,达到重复利用。这样在扫描每个彩色实像素时,还可与周围三个 LED 分别组成一个虚拟像(图 5-4 中的虚线圈像素),即每个彩色像素还可同周围 LED 组成四个虚拟彩色像素,此时的图像像素可增加 4 倍,显示分辨也提高 4 倍。图 5-3 为两种全彩虚拟像素构成。

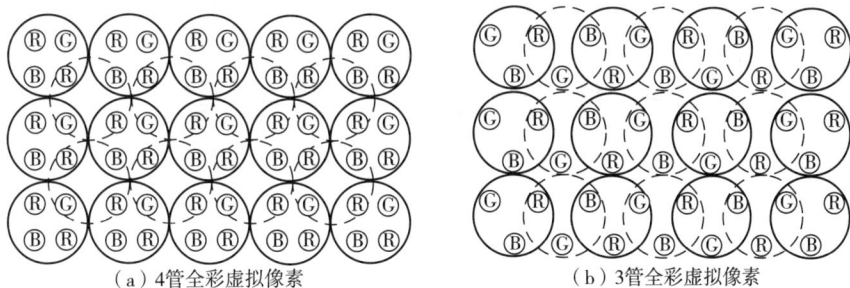

（a）4管全彩虚拟像素　　　　　　　　　　（b）3管全彩虚拟像素

图 5-4　两种全彩虚拟像素构成

5.3.2　LED 显示屏

1. LED 显示屏规格

LED 显示屏的规格通常以像素间距 PH 来表示。

1)室内屏

(1)室内单色、双色显示屏:PH3、PH3.75、PH5 等。采用 φ3.0mm、φ3.75mm、

φ4.8mm、φ5.0mm 等直径的灯管。

(2)室内全彩屏(表面贴装器件三合一表贴):PH1.5、PH2、PH2.5、PH3、PH4、PH5、PH6、PH7.62、PH8 等。

(3)室内小间距全彩 LED 显示屏:这是指 LED 点间距在 P2.5 以下的室内 LED 显示屏,包括 P2.5、P2.0、P1.8、P1.5 等 LED 显示屏产品。

2)户外屏

(1)室外单色、双色 LED 显示屏:PH10、PH11.5、PH12、PH14、PH16、PH20 等。

(2)室外 LED 全彩屏:PH10、PH11.5、PH12、PH14、PH16、PH20、PH25、PH31.5、PH40 等。

2. 发光二极管显示屏的工作原理

发光二极管显示屏是利用发光二极管点阵模块或像素单元组成的平面式显示屏幕。图 5-5 为点阵(8×8)LED 显示屏结构。从图 5-5 可以看出,8×8 点阵共需要 64 个发光二极管,且每个发光二极管放置在行线和列线的交叉点上,当对应的某一行置高电平,某一列置低电平时,则相应的二极管点亮。例如,要显示文字时就可以按照组成文字的笔画将相应的二极管点亮,从而达到显示文字的目的,如图 5-6 所示。

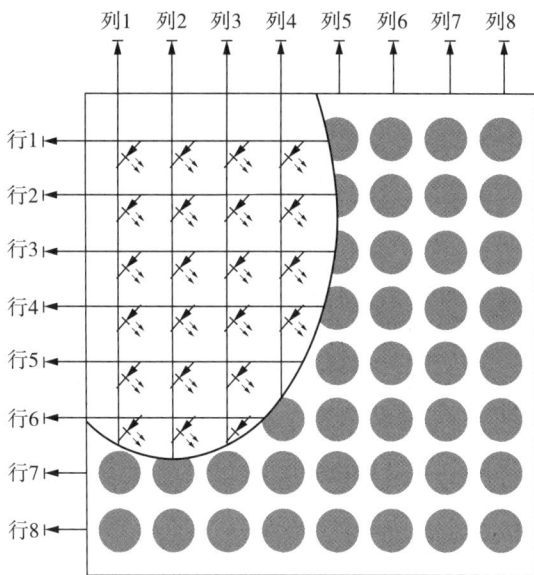

图 5-5 点阵(8×8)LED 显示屏结构

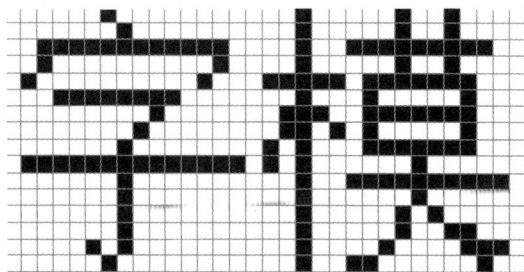

图 5-6 LED 点阵显示文字示意图

单基色 LED 显示屏的每个像素由 1 个单色发光二极管组成,即每个像素包含 1 个发光二极管;双基色 LED 显示屏的每个像素由 2 个 2 种单色的发光二极管组成,即每个双基色像素包含 2 个发光二极管;三基色全彩 LED 显示屏,组成像素点的二极管包括 3 个或 3 个以上,如由分别发红光、绿光和蓝光的 3 个 LED 组成,这样就可以根据三基色的配色原理,达到彩色显示的目的;而有些显示屏为了改善显示效果,可能由 4 个二极管组成:2 个红光 LED、1 个绿光 LED 和 1 个蓝光 LED。

3. 模块化结构的屏体

如何把数以万计的 LED 发光二极管焊接在电路板上组成一个 LED 显示屏,是一个不小的难题。经多年实践和总结,模块化结构是生产、安装、调试、维修最方便的大屏结构。

模块化结构的显示屏由若干个结构上独立、具有点阵显示功能的标准模块拼装构成一幅大显示屏。因此点阵显示模块(如 4×4、8×8、16×16、32×16 等)是组成 LED 显示屏的最小单元。

点阵显示模块在室内屏中称为"单元板",在外户和半户外屏中,单元板还需通过灌胶等防水工艺,封装在固定的模壳里构成一个"模组"。

模组箱体内部除 LED 单元板外,还包含电源部分和信号控制部分。模组箱体主要起固定、防护作用,就是说所有的元器件都必须固定在箱体内部以方便整个屏体的拼接。模组箱体一般为铁质箱体,可以有效地保护内部元器件,起到良好的防护作用并能屏蔽干扰。

结构化设计的显示屏不仅生产、安装方便,而且易扩展和易维修。如果某个 LED 模块发生故障,只要更换故障模块,便可立即修复。

单元板:结构上独立、可进行白平衡调校的 LED 点阵显示单元,是组成室内 LED 显示屏的最小单元(通常为正方形)。

模组:单元板+电源部分,通过灌胶等防水工艺,封装在固定的箱体里,称为模组。箱体有简易箱体、密封箱体、防水箱体、吊装箱体、弧形箱体等(通常为正方形)。

5.3.3 LED 显示屏的显示分辨率

LED 显示屏的图像分辨率是指单位面积显示像素的数量,通常采用水平像素数×垂直像素数表示。屏体分辨率越高,画面越清晰、细腻,可以显示的内容越多。

1. 正方形单元板(或模组)的分辨率

LED 显示屏分辨率的基础是单元板(或模组)的分辨率。图像分辨率与像素间距 PH 的关系如下:

$$图像分辨率=1000/PH(单位:像素点/m) \tag{5-1}$$

$$像素密度(每平方米的像素数量)=图像分辨率×图像分辨率(单位:像素点/m^2)$$

$$\tag{5-2}$$

(1)PH6 的分辨率:1000/6 像素点/m≈166.667 像素点/m;

像素密度:166.667×166.667 像素点/m² ≈27777 像素点/m²。

(2)PH4 的分辨率:1000/4 像素点/m=250 像素点/m;

像素密度:250×250 像素点/m²=62500 像素点/m²。

2. LED整屏的分辨率

LED屏体的分辨率以屏体有效显示面积的水平像素数×垂直像素数表达。

例如:某一PH6室内屏,有效显示面积为10m×6m,则整屏的分辨率为

$$(10m×166.667 点/m)×(6m×166.667 点/m)≈1666×996 像素$$

不同PH间距的单元板或模组的规格不同,外观尺寸也不一样。

1)室内单双色单元板

PH7.62(ϕ5.0mm 单色):64×32 点,488mm×244mm,红色,17222 点/m^2。

PH7.62(ϕ5.0mm 双基色):64×32 点,488mm×244mm,红色+绿色,17222 点/m^2。

PH4.7(ϕ3.75mm 单色):64×32 点,305mm×153mm,红色,44321 点/m^2。

PH4.7(ϕ3.75mm 双基色):64×32 点,305mm×153mm,红色+绿色,44321 点/m^2。

PH4(ϕ3.0mm 单色):64×32 点,256mm×128mm,红色,62500 点/m^2。

PH4(ϕ3.0mm 双基色):64×32 点,256mm×128mm,红色+绿色,62500 点/m^2。

2)室内全彩单元板

PH6 表贴:32×32 点,192mm×192mm,全彩,27800 点/m^2。

PH7.62 表贴:32×16 点 244mm×122mm,全彩,17222 点/m^2。

PH10 表贴:32×16 点,320mm×160mm,全彩,10000 点/m^2。

3)半户外单双色单元板

PH7.62:64×32 点,488mm×244mm,红色,1/16 扫描,17222 点/m^2。

PH10:32×16 点,320mm×160mm,红色,1/4 扫描,10000 点/m^2。

5.3.4 LED显示屏的扫描方式

LED显示屏像素点亮的驱动方式称为扫描。LED显示屏的驱动方式有静态扫描和动态扫描两种。

静态扫描驱动:显示区全部像素实行同时点亮方式。

动态扫描驱动:采用占空比方法来驱动(点亮)灯管。在扫描周期内,同时点亮灯管的行数与整个区域行数的比例称为占空比。

常用扫描(占空比)方式有1/2扫描、1/4扫描、1/8扫描、1/16扫描。占空比越小,整屏的平均亮度越低,耗电也越小。

静态扫描方式:同时点亮的行数与整个区域行数的比例为1,显示屏亮度无损失,显示效果好,功耗大,主要用于亮度较高的室外屏。

室内单/双色屏一般采用1/16扫;室内全彩LED显示屏一般采用1/8扫;室外单/双色屏一般采用1/4扫;室外全彩屏一般采用静态扫描。

静态扫描和动态扫描又分为实像素扫描和虚拟像素扫描两类。

动态扫描:支持局部调光,功耗降低30%;虚拟像素扫描:通过子像素渲染技术,分辨率提升4倍。

5.3.5 LED显示屏的视距

视距(viewing distance),在正常使用条件下,可以清楚地观看LED显示屏显示内容的

观看距离。

1. LED 显示屏的观看距离

LED 显示屏有四种不同要求的观看距离。

1）RGB 三基色的混合距离

三基色的混色距离＝像素间距（mm）×0.5×1000。

例如，PH7.62 的混色距离为 7.62×0.5＝3.81（m）。

2）观看平滑图像的最小距离

最小可视距离＝像素间距（mm）×1000。

例如，PH7.62 的最小可视距离为 7.62m。

3）最佳观看距离

能看到高清晰画面的距离＝像素间距（mm）×3000。

例如，PH7.62 的最佳可视距离为 7.62×3000＝22.8（m）。

4）最远观看距离

显示屏的最远视距 R_{max}＝屏幕高度（m）×30。

例如，高度为 3m 的 LED 屏，最远的观看距离为 3×30＝90（m）。

LED 显示屏的像素间距 PH 和各种视距计算见表 5-1 所列。

表 5-1　LED 显示屏的像素间距 PH 和各种视距计算

LED 像素间距/mm	6	10	12	16	20	25	31
三基色混合成白光距离/m（即看不到花屏的距离）	3	5	6	8	10	13	16
最小观看距离/m（观看平滑图像的最小距高）	6	10	12	16	20	25	31
最佳观看距离/m（观看高清晰度图像的距离）	18	30	36	45	60	75	93
LED 屏幕的高度/m	1	2	3	4	5	6	7
最远观看距离/m（屏体高度×30）	30	60	90	120	150	180	210

2. LED 显示屏的观察视角

可视角（viewing angle）是指观察方向的亮度下降到法线方向亮度的 1/2 时的夹角。可视角分为水平视角和垂直视角，如图 5-7 所示。

显示屏的水平视角应不低于±60°，垂直视角应不低于±50°，最佳视角是能刚好看到显示屏上的内容，且不偏色，图像内容最清晰的方向与法线所成的夹角。

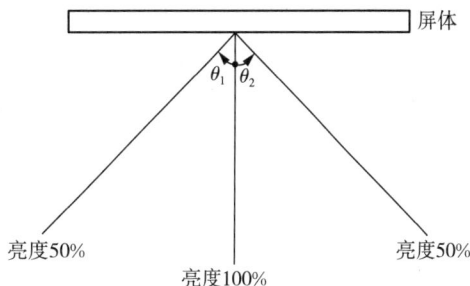

图 5-7　LED 屏的可视角

5.3.6 LED 显示屏的主要技术特性

按照《室内 LED 显示屏规范》(GB/T 43770—2024)的规定,LED 显示屏系统的主要技术指标如下。

1. LED 显示屏亮度

显示屏亮度是在给定方向上,单位面积上的发光强度,单位是 cd/m^2。

显示屏的亮度不仅与 LED 像素的发光亮度和密度成正比,还与屏体的扫描方式和驱动电流有关。

户外全彩 LED 屏一般都采用静态驱动,亮度达到 $5500cd/m^2$ 以上;户外单色、双色采用 1/4 扫描,亮度在 $3500cd/m^2$ 以上。

室内全彩屏一般采用 1/8 扫描,亮度在 $1000cd/m^2$ 以上;室内单、双色屏一般采用 1/16 扫描或 1/8 扫描,亮度在 $150ed/m^2$ 以上。静态扫描可以增加亮度,成本也相应提高。

LED 显示屏屏体是自身发光体,因此可用发光亮度直接来表示屏幕图像的亮度,即发光亮度单位为 cd/m^2。

投影屏幕上的图像是在投影幕上生成的,投影幕本身不是发光体。投影幕上图像的亮度与投影机输出的光通量(流明)、投影幕的光学增益和投射距离等因素有关,投射距离越远,图像面积越大,画面亮度越低。因此,为能客观、正确地表达投影屏幕的亮度,需采用投影机输出的光通量(流明)。

为便于比较图像画面的亮度,LED 显示屏与投影机投影幕上的亮度可进行换算,计算式为

$$投影显示屏的亮度(cd/m^2) = (3.43 \times G \times 1000)/S$$

式中,G——投影幕的光学增益,一般软投影幕的光学增益为 $0.85\sim2.0$;

S——投影幕的面积 (m^2)。

例如,投影输出 $30001m$,在对角线长度为 100 英寸(2.54m)、宽高比为 4:3 的投影幕 $(S=3.1m^2)$ 上产生的画面亮度为 $3.43 \times 1 \times 1000/3.1 = 1064(cd/m^2)$。

LED 室内屏的最低亮度可达 $2000cd/m^2$。

投影屏幕画面的亮度要求应不低于 $800cd/m^2$。

2. 图像的灰度等级

色彩的灰度等级是彩色图像层次清晰度的一种表达。图像色差等级(灰度等级)越多,颜色变化的层次越丰富、越细腻,画面的色彩层次越清晰、色彩更鲜艳。

LED 显示屏的灰度等级有 4bit、5bit、6bit、7bit、8bit、9bit 和 10bit 等数种。

10bit=1024 级灰阶,三基色可混合控制的彩色=2^{30},约为 10.7 亿色。

8bit=256 个灰度等级,可控制显示 2^{24} 种色彩。

3. 视角

视角包括水平视角和垂直视角。

当显示屏水平方向的亮度为其水平方向法线处亮度的一半时,该观察方向与其法线的夹角为水平左视角或水平右视角,水平左视角和水平右视角夹角之和表示水平视角。

当显示屏垂直方向的亮度为其垂直方向法线处亮度的一半时,该观察方向与其法线的夹角为垂直上视角或垂直下视角,垂直上视角和垂直下视角夹角之和表示垂直视角。

水平视角≥120°,垂直视角≥50°。视角与发光二极管的封装形状有关。

4. 显示屏亮度的不均匀性

显示屏亮度的不均匀性不大于5%。

5. LED 发光二极管的失控点

室内屏的失控点应少于万分之三(0.03%),室外屏的失控点应少于千分之二(0.2%)。

6. 可靠性要求

LED 显示屏单元板(模组)的平均无故障工作时间不低于10000h。

7. LED 显示屏的工作环境要求

温度:室内屏的环境温度为0~40℃,室外屏的环境温度为-10~50℃。

湿度:在最高温度时,相对湿度为90%的条件下能正常工作。室外屏应符合 IP 标准各等级的防尘、防水要求。

8. 显示屏亮度自动控制

根据环境光的亮度变化自动调整 LED 屏的亮度是一项非常实用的技术措施。此项功能不仅不需要管理人员,还能节省电力消耗、延长 LED 显示屏的使用寿命,并提供最适宜观看的图像亮度。尤其对环境光亮度变化范围大的(白天、夜晚、晴天和阴雨天)的室外 LED 显示屏更为重要。

由于亮度与灰度等级曲线不是线性比例关系,如果只是调节亮度会使显示屏的色彩还原度偏离,无法保证白平衡。因此,在进行亮度自动调整的同时,还必须进行相应的白平衡调整,才能保证在任何环境亮度情况下的显示不偏色。

9. 马赛克和死点

马赛克是指显示屏上出现的常亮或常黑的小方块。其主要是由各单元板(模组)之间的平整度和间隙的不一致、各像素中的灌胶量的不一致、接插件质量不过关等因素引起的。

死点是指显示屏上出现的常亮或常黑的单个像素,死点的多少主要由管芯的好坏来决定。

5.3.7　LED 显示屏显示系统的分类和分级

LED 显示系统的性能指标分为甲、乙、丙三级,各级应符合表5-2的规定。

表 5-2　LED 显示系统的性能指标

	项目		甲级	乙级	丙级
系统可靠性	基本要求		系统中主要设备应符合工业级标准,不间断运行时间 7d ×24h		系统中主要设备符合商业级标准,不间断运行时间 3d × 24h
	平均无故障时间(MTBF)		MTBF≥10000h	10000h＞MTBF ≥5000h	5000h＞ MTBF≥3000h
	像素失控率(P_z)	室内屏	$P_z \leqslant 1\times10^{-4}$	$P_z \leqslant 2\times10^{-4}$	$P_z \leqslant 3\times10^{-4}$
		室外屏	$P_z \leqslant 1\times10^{-4}$	$P_z \leqslant 4\times10^{-4}$	$P_z \leqslant 2\times10^{-3}$

	项目	甲级	乙级	丙级
光电性能	换帧频率(F_H)	$F_H \geqslant 60\,Hz$	$F_H \geqslant 50\,Hz$	$F_H < 50\,Hz$
	刷新频率(F_c)	$F_c \geqslant 1920\,Hz$	$1920\,Hz > F_c \geqslant 300\,Hz$	$300\,Hz > F_c \geqslant 100\,Hz$
	亮度均匀性(B)	$B \geqslant 95\ \%$	$B \geqslant 80\ \%$	$B \geqslant 65\ \%$
	视角	水平$\geqslant 160°$，垂直$\geqslant 160°$	水平$\geqslant 140°$，垂直$\geqslant 140°$	水平$\geqslant 120°$，垂直$\geqslant 120°$
机械性能	像素中心距相对偏差(J)	$J \leqslant 5\%$	$J \leqslant 7.5\%$	$J \leqslant 10\%$
	平整度(P)	$P \leqslant 0.5\,mm$	$P \leqslant 1.5\,mm$	$P \leqslant 2.5\,mm$
	图像质量	>4 级		4 级

5.4 信息处理设备

5.4.1 LED 显示屏控制器

LED 显示屏控制器用于 LED 显示屏控制的设备。LED 显示屏控制器又称 LED 异步控制系统或 LED 显示屏控制卡，是 LED 图文显示屏的核心部件。负责接收来自计算机串行口的画面显示信息，置入帧存储器，按分区驱动方式生成 LED 显示屏所需的串行显示数据和扫描控制时序。

1. LED 显示屏控制的基本概念

LED 显示屏以显示各种文字、符号和图形为主。画面显示信息由计算机编辑，经 RS232/485 串行口预先置入 LED 显示屏的帧存储器，然后逐屏显示播放，循环往复。显示方式丰富多彩，并且可以脱机工作。LED 显示屏因其控制灵活、操作方便、稳定性高、使用寿命长，在各行业有着广泛的应用。

2. LED 显示屏控制器分类

控制器通过机器学习算法预测内容播放热点，自动调整资源分配；支持与温湿度传感器、人流计数器联动，实现环境自适应显示。

1）同步控制器

LED 显示屏同步控制器主要用于室内或户外全彩大屏幕显示屏，用来实时显示视频、图文、通知等。LED 显示屏同步控制系统，控制 LED 显示屏的工作方式基本等同于电脑的监视器，它以至少 60 帧/s 更新速率点点对应地实时映射电脑监视器上的图像，通常具有多灰度的颜色显示能力，可达到多媒体的宣传广告效果。一套 LED 显示屏同步控制系统一般由发送卡、接收卡和 DVI 显卡组成。

2）异步控制器

LED 显示屏异步控制器又称 LED 显示屏脱机控制系统或脱机卡，主要用来显示各种文字、符号和图形或动画。画面显示信息由计算机编辑，经 RS232/485 串行口预先置入 LED

显示屏的帧存储器,然后逐屏显示播放,循环往复,显示方式丰富多彩,变化多样。LED 显示屏简易异步控制系统只可以显示数字时钟、文字、特殊字符。LED 显示屏图文异步控制系统除具有简易控制系统的功能外,最大的特点是可以分区域控制显示屏幕内容。支持模拟时钟显示、倒计时、图片、表格及动画显示。具有定时开关机、温度控制、湿度控制等功能。

3. LED 显示屏控制器组成

1)同步控制器

发送卡一方面将待显示的内容按 LED 显示屏要求的特定格式和一定的播出顺序在 VGA 显示器上显示;另一方面把视频图形阵列显示器上显示的画面通过采集卡向控制板上发送,采集卡是 VGA 用于显示卡到 LED 屏之间的接口卡。

接收卡是接收发送卡传输过来的视频信号(控制信号和数据信号),将视频信号中的数据经过位面分离,分场存入外部缓存,然后分区读出,传送给显示驱动屏。

2)异步控制器

将计算机编辑好的显示数据事先存储在显示屏控制系统内,计算机关机后不会影响 LED 显示屏的正常显示。

5.4.2　LED 屏接收卡

LED 屏接收卡是 LED 显示屏系统中的关键组件,它负责接收来自发送卡的图像数据,并将这些数据转换成适合 LED 屏显示的信号。在 LED 显示屏的安装和调试过程中,正确计算和使用 LED 屏接收卡能确保 LED 显示屏系统的正常运行和良好显示效果,也有助于提高整个系统的稳定性和可靠性以及降低维护成本等。

1. LED 屏接收卡的基本概念

LED 屏接收卡,也称为 LED 接收卡或接收板,是 LED 显示屏控制系统中的一部分。它通常安装在 LED 屏的背面,通过网线或其他通信方式与发送卡相连。接收卡的主要功能是从发送卡接收图像数据,并将这些数据按照特定的协议和格式转换成 LED 屏可以识别的信号,从而驱动 LED 屏显示相应的图像。

2. LED 屏接收卡的计算方法

LED 屏接收卡的计算涉及多个因素,包括 LED 屏的分辨率、像素点间距、扫描方式等。以下是计算接收卡数量的一般步骤。

(1)确定 LED 屏的分辨率:分辨率是指 LED 屏在水平和垂直方向上的像素点数。例如,一个常见的分辨率是 1920×1080,表示水平方向有 1920 个像素点,垂直方向有 1080 个像素点。

(2)了解像素点间距:像素点间距是指相邻两个 LED 像素点之间的距离。这个参数对于确定接收卡的带载能力(即每个接收卡可以控制的像素点数量)非常重要。

(3)确定扫描方式:LED 屏的扫描方式分为静态扫描和动态扫描。静态扫描是指每个像素点都有一个独立的控制信号,而动态扫描则是通过时分复用的方式共享控制信号。不同的扫描方式对接收卡的需求不同。

(4)计算接收卡数量:根据 LED 屏的分辨率、像素点间距和扫描方式,可以计算出所需的接收卡数量。一般来说,接收卡的带载能力是固定的,因此需要将 LED 屏的总像素点数除以单个接收卡的带载能力,得到所需的接收卡数量。需要注意的是,由于实际应用中可能存在一些特殊情况(如非标准分辨率、非均匀分布等),因此计算结果可能需要进行适当调整。

3. LED 屏接收卡的配置和安装

在计算出所需的接收卡数量后,接下来需要进行接收卡的配置和安装工作。这包括设置接收卡的通信参数(如 IP 地址、端口号等)、连接方式和位置等。正确配置和安装接收卡可以确保 LED 屏正常显示图像,并避免出现闪烁、花屏等故障现象。

4. LED 屏接收卡的优化和维护

在实际使用过程中,可能需要对 LED 屏接收卡进行优化和维护。例如,通过调整接收卡的参数设置可以提高显示效果或降低功耗;定期检查和维护接收卡可以确保其长期稳定运行并延长使用寿命。此外,随着技术的进步和新型显示需求的出现(如更高分辨率、更大尺寸等),可能需要升级或更换更高性能的接收卡以适应新的应用场景。

5.5　信息发布系统软件

发布信息的步骤:上传素材(上传图片/视频/动画/Office 文档/PDF 等素材)→制作节目(根据不同需求制作不同类型节目,所见即所得)→编排日程(按日播/周播/月播/轮播编排日程)→选择播放器(选择一个或者多个播放器下发日程)。

信息发布软件应具备从基本的文字发布到多媒体内容的展示,再到用户互动和数据分析等功能,这些功能可以帮助用户传达信息、分享内容,并与受众互动,为信息传播提供有力的工具和平台。

(1)文字发布。最基本的功能之一是用户发布文字信息。这可以是新闻、公告、文章、博客帖子等。用户可以使用富文本编辑器来创建格式丰富的内容,包括字体、颜色、链接等。

(2)图片和视频上传。通常支持上传图片和视频,以更生动、直观的方式传达信息。用户可以将图片和视频嵌入内容中,提高信息的吸引力和可读性。

(3)多媒体嵌入。除图片和视频,用户还可以嵌入音频、地图、图表等多媒体内容,以更好地支持信息传达和理解。

(4)分类和标签。为了更好地组织信息,信息发布软件通常支持对内容进行分类和添加标签。这有助于用户更容易找到感兴趣的内容。

(5)时间控制。用户可以设定信息发布的时间,可以选择立即发布或在特定时间自动发布。这对于计划性的信息发布和活动宣传非常有用。

(6)响应式设计。信息发布软件通常具备响应式设计,使内容在不同设备上都能够得到良好的显示,包括桌面、手机和平板电脑等。

(7)用户互动。一些信息发布软件支持用户互动,如评论、点赞、分享等。这有助于增强用户参与感,促进内容的传播。

(8)版本控制。对于团队协作发布内容的场景,版本控制功能能够追踪不同版本的内容,避免混乱和冲突。

(9)数据统计和分析。一些信息发布软件提供数据统计和分析功能,帮助用户了解内容的阅读量、点击率、用户反馈等信息,从而调整发布策略。

(10)多渠道发布。信息发布软件通常支持将内容发布到不同的渠道,如社交媒体、网站、应用程序等,以使得受众更广泛。

(11)定制化布局。用户可以根据自己的需求选择不同的布局模板,从而创造出独特的信息展示效果。

5.6　信息发布系统的施工与维护

5.6.1　显示屏屏体结构

显示屏主要由电子元器件组成,对温度、湿度有较高的敏感性。因此屏体必须具有有效的降温、降湿、散热措施。按《发光二极管(LED)显示屏通用规范》(SJ/T 11141—2025)的规定,LED 显示屏使用时达到热平衡后,金属部分的温升不能超过 45℃,绝缘材料的温升不超过 70℃,湿度为 20%～80%。

室外 LED 显示屏的工作环境恶劣。屏体结构除通风散热降温措施外,还必须具有抗 10级以上台风、暴雨、雷击、夏季烈日暴晒和冬季低温等环境的全天候工作的能力,防护等级要达到 IP45－IP65。

箱体拼接误差≤0.5 mm/m²,采用激光校准仪辅助安装。

与显示屏屏体连接的线缆(电源线、信号线等),应采取防雷与接地措施。LED 显示屏应有保护接地端子,单个 LED 显示屏模组的接地电阻应不大于 0.1Ω,多个拼接的 LED 显示屏的金属外壳应与 LED 显示屏屏体的钢架一起接地,且显示屏整体系统的接地电阻应不大于 1Ω。

5.6.2　LED 显示屏控制器与显示屏的距离

LED 显示屏控制器放置位置,要按现场情况而定。若 LED 显示终端放在信息机房,则网线到网络交换机距离最大为 100m;若距离不允许,则可以放置在天花板上;若显示终端是电视机,则可放在电视机后面。

显示装置(显示屏、触摸查询一体机)与控制器之间的距离:视频图形阵列线与高清多媒体接口线传输距离不超过 15m,网线到楼层交换机距离不超过 100m。

网络布线:一般信息发布网络用户播放机与服务器在同一网段。如果用户端超过 200台,那么可以跨网段通信,前提是各网段能相互通信。网络线采用 6 类线。干线光纤采用 1＋1 热备份,确保信号零中断。

直播解码器:一路直播解码器同时只能直播一路信息。直播解码器与信息发布在同一局域网。

电源管理:控制器电源管理与显示器的电源管理,预留 220V。

网络继电器:网络继电器是配合信息发布系统对显示终端的 220V 进行智能控制。

5.6.3 LED显示屏测试

1. 光学性能

亮度与均匀性:测量最大亮度、视角及屏幕表面亮度均匀性。

色度:检测基色坐标、白平衡误差、色域覆盖率及色度均匀性。

刷新率与灰度等级:验证刷新频率(防止拍摄闪烁)和灰度表现能力。

2. 电学性能

测试功耗、电源波动适应性及接口电气特性。

3. 功能与图像质量

检查像素失控率(死点、常亮点、常暗点)、换帧频率、图像清晰度(分辨率符合性)及视频显示效果。

4. 机械结构与环境适应性

评估平整度、像素中心距精度、防护等级(防尘防水)及环境试验(如高低温、湿热)后的性能。

5. 安全性

符合电气安全(如绝缘、接地)及电磁兼容(EMC)要求。

测试需按《发光二极管(LED)显示屏测试方法》(SJ/T 11281—2025)的规定,使用经校准的专用仪器(如亮度色度计、信号发生器)进行单项及综合判定。

5.6.4 LED显示屏系统操作

1. LED屏体操作

(1)开关顺序:开屏时,先开控制计算机,后开屏;关屏时,先关屏,后关控制机算机。若先关计算机不关显示屏,则会造成屏体出现高亮点,烧毁灯管,后果严重。

(2)开关LED显示屏时,间隔时间需大于5min。

(3)计算机装入控制软件后,方可开屏通电。

(4)避免在全白屏幕状态下开屏,因为此时系统的冲击电流最大。

(5)避免在失控状态下开屏,因为此时系统的冲击电流最大。

下列三种状态下禁止开启屏体:①计算机没有进入控制软件等程序;②计算机未通电;③控制部分电源未打开。

(6)环境温度过高或散热条件不好时,应注意不要长时间开屏。

(7)显示屏上出现一行非常亮时,应及时关屏,在此状态下不宜长时间开屏。

(8)经常出现显示屏的电源开关跳闸,应及时检查屏体或更换电源开关。

(9)定期检查挂接处的牢固情况。如有松动现象,注意及时调整,重新加固或更新吊件。

2. 显示屏控制部分操作

(1)计算机、控制部分的电源,其N线、L线不能反接,保护线PE接地,应严格按原来的位置插接。若有外设,连接完毕后,则应测试机壳是否带电。

(2)移动计算机等控制设备时,通电前应首先检查连接线、控制板有无松动现象。

(3)不能随意改动通信线、扁平连接线的位置和长度。

(4)移动后当发现短路、跳闸、烧线、冒烟等异常显现时,应及时查找问题,不应反复通电测试。

复习思考题

1. 简述光的基本特性及其分类。

2. 解释光的度量单位(如光强度、光通量、光照度),并说明它们之间的关系。

3. 描述人眼视觉的时间特性和空间特性对显示技术的影响。

4. 什么是三基色原理? 在 RGB 色彩系统中,如何通过调整三种颜色的比例来创建各种颜色?

5. 亮度方程的意义是什么? 举例说明如何通过亮度方程计算白光亮度。

6. 多媒体信息发布系统主要由哪些部分组成? 每个部分的功能是什么?

7. 比较单屏信息发布系统与多屏信息发布系统的结构差异及适用场景。

8. 列出信息发布系统的主要特点,并举例说明其实际应用中的优势。

9. 信息发布系统设计中需注意哪些关键问题(如同步性、分辨率适配)?

10. 定义 LED 显示屏中的像素和像素间距,并解释其对图像清晰度的影响。

11. 比较实像素与虚拟像素的区别,并解释为什么使用虚拟像素可以节省成本。

12. LED 显示屏的扫描方式有哪些? 静态扫描和动态扫描各自的特点及适用场景是什么?

13. 影响 LED 显示屏观看距离的因素有哪些? 举例说明如何计算最佳观看距离。

14. 简述 LED 显示屏的主要技术特性(如亮度、灰度等级、视角)及其对显示效果的影响。

15. LED 显示屏的失控点与马赛克现象是如何产生的? 如何避免或减少此类问题?

16. LED 显示屏控制器的作用是什么? 同步控制器和异步控制器有何不同?

17. 在配置 LED 屏接收卡时需要考虑哪些因素? 请简述计算接收卡数量的一般步骤。

18. 视频处理器在信息发布系统中的核心功能是什么? 举例说明其对信号优化的作用。

19. 信息发布软件应具备哪些基本功能? 这些功能如何帮助用户更有效地传达信息?

20. 简述信息发布系统中"编排日程"和"分屏制作"的操作流程及其实际意义。

21. 描述 LED 显示屏系统施工过程中需注意的关键点(如温湿度控制、防护等级、接地措施)。

22. 如何正确操作 LED 显示屏的开关机? 列举三种禁止开启屏体的状态并说明原因。

23. 简述 LED 显示屏日常维护的注意事项(如散热管理、电源检查、结构加固)。

24. 如何通过智能化手段(如亮度自动控制、远程管理)延长 LED 显示屏的使用寿命?

25. 结合实例,说明信息发布系统在商场、交通枢纽等场所的应用场景及技术要求。

26. 分析 LED 显示屏的分辨率与像素间距的关系,并讨论小间距显示屏的技术优势与挑战。

27. 若要设计一个户外全彩 LED 显示屏,需重点考虑哪些环境因素与硬件配置?

28. 为什么信息发布系统需支持与其他系统(如一卡通、视频监控)对接? 举例说明其实际价值。

第6章 公共广播系统

公共广播系统的音响效果不仅与电声系统的综合性能有关,还与声音的传播环境建筑声学和现场调音使用密切相关,所以公共广播系统效果需要正确合理的电声系统设计和调试、良好的声音传播条件和正确的现场调音技术三者优化配合,才能达到良好的音响效果。

本章首先介绍声学的基本概念,声源、声场及室内声学;接着阐述公共广播系统、立体声系统、网络公共广播系统。本章重点内容:公共广播系统、立体声系统、网络公共广播系统。

6.1 声学基础

6.1.1 声学的基本概念

1. 声波的基本特性

1)声波和声音

声波是机械振动或气流扰动引起周围弹性介质发生波动的现象。声波也称为弹性波。

声波的定义有两种:一是弹性媒质中传播的压力、应力、质点位移、质点速度等的变化或几种变化的综合;二是声源产生振动时,迫使其周围的空气质点往复移动,使空气中产生附加的交变压力,这一压力波称为声波。

2)声速、波长和频率

声波可以在空气、液体及固体等媒质中传播,但不能在真空中传播。

声波在一个周期 T 内传播的距离称为波长,用符号 λ 表示,单位为 m。声波每秒钟周期性振动的次数称为频率,用符号 f 表示,单位为 Hz,周期 T 和频率 f 互为倒数。

声速、波长和频率之间的关系为

$$c = \frac{\lambda}{T} = \lambda f \qquad (6-1)$$

2. 声音的特性参数

1) 频率与倍频程

倍频程是用来比较两个声频大小,两个不同频率的声音作比较时,起决定意义的是两个频率的比值。

倍频程定义为两个声音的频率或音调之比的对数,其公式为

$$n = \lg \frac{f_2}{f_1} \qquad (6-2)$$

2）声阻抗与特性阻抗

媒质中某点的声压和质点速度的复数比值称为声阻抗率，其单位是(Pa・s)/m，它的实部是声阻率，虚部是声抗率。

声场中声阻抗 Z_a 定义为表面上的平均有效声压 p 与经过有效体积的速度 U 之比，即

$$Z_a = \frac{p}{U} \qquad (6-3)$$

声阻抗的单位是(N・s)/m³，即 MKS 制声欧姆。由于 U 的含义不明确，人们通常用质点速度 v 来代替 U。因此，定义声场中某位置的声压与该位置的质点速度之比为该位置的声阻抗率 Z_s，即

$$Z_s = \frac{p}{v} \qquad (6-4)$$

在理想介质中，声阻抗也是有损耗的，不过它不是把电量转化成热量，而是把能量从一处向另一处转移，即传播损耗。

平面波在传播过程中的声抗率可用下式计算

$$Z_s = \rho_0 \cdot c \qquad (6-5)$$

式中，c——声速；

　　　ρ_0——介质密度。

3）声压与声压级

声波的强度可用声压、声压级来定量描述。

声压级指的是有效声压和基准声压比值的常用对数的 20 倍，单位为 dB，用 L_p 表示，即

$$L_p = 20 \lg \frac{p_e}{p_r} \qquad (6-6)$$

式中，p_e——有效声压；

　　　p_r——基准声压。

4）声强与声强级

各类声音除音调的不同外，还有响度的差别。对于一定频率的声音，其响度主要由声音的强弱来决定。

在自由平面波或球面波中，设有效声压为 p，传播速度为 c，介质密度为 ρ_0，则在传播方向上的声强为

$$I = \frac{p^2}{\rho_0 c} \qquad (6-7)$$

声强级指的是对声强与基准声强的比值取常用对数后再乘以 10 所得的值，单位为 dB，用 L_I 表示，即

$$L_I = 10 \lg \frac{I}{I_r} \qquad (6-8)$$

171

式中，I_r—— 基准声强，常用的 I_r 的值为 $10^{-12}\,\mathrm{W/cm^2}$。

5）声功率与声功率级

声源辐射声波时对外做功。声功率是指声源在单位时间内垂直通过指定面积的声能量。声功率是在整个可听声的频率范围内所辐射的功率，或者是在某个有限频率范围所辐射的功率（通常称为频带声功率）。声功率可表示为

$$W = U^2 R_A \tag{6-9}$$

式中，U—— 流体的体积速度（$\mathrm{m^3/s}$）；

R_A—— 声源的辐射声阻[$(\mathrm{Pa \cdot s)/m^3}$]。

声功率级指的是对待测声功率与基准声功率的比值取常用对数后再乘 10 所得的值，单位 dB，用 L_W 表示，即

$$L_W = 10\ \lg \frac{W}{W_0} \tag{6-10}$$

式中，W—— 待测声功率；

W_0—— 基准声功率，$W_0 = 10^{-12}\,\mathrm{W}$。

6）频谱与谱级

声源发出的声音并不是单一频率的，而是同时含有许多复杂的频率。频谱是把时间函数的分量按幅值或相位表示为频率函数的分布图形。根据声音的不同，它的声谱可能是线谱、连续谱或二者之和，即混合谱。实际的声音是由许多不同频率、不同强度的纯音组合而成的。

谱级也称密度级，指的是对信号在某一频率的谱密度与基准谱密度的比值取常用对数后再乘以 10 所得的值。单位为 dB，用 L_{pr} 表示，即

$$L_{pr} = 10\ \lg \left(\frac{\dfrac{p^2}{\Delta f}}{\dfrac{p_r^2}{\Delta f_0}} = L_p - 10\ \lg \frac{\Delta f}{\Delta f_0} \right) \tag{6-11}$$

式中，Δf—— 滤波器的有效带宽；

Δf_0—— 基准带宽。

7）音质

（1）音调（pitch）。音调表示声音频率的高低，主要与声源每秒钟振动的次数有关，是人耳对声调高低的主观评价尺度。音调的客观评价尺度是声波的频率。

（2）音色（timbre）。音色是指声音的色彩和特点。不同的人和不同的乐器都会发出各具特色的声音，可以说它与声源振动的频谱有关。如果说，音调是单一频率的象征，那么音色是由多种频率所组成的复合频率的表现。图 6-1 为钢琴弹奏某一音阶时的声谱。

（3）音量（intensity）。音量是指声音的强度或响度，标志声音的强弱程度。它主要与声源振动幅度的大小有关，太弱了听不见，太强了会使人受不了。人耳所能听到的声强为 0～120dB，寂静的室内噪声约为 30dB，在白天室内噪声可达 45dB。

（4）音品。乐音即音乐中使用的声音，其谐波组成和波形的包络，包括乐音起始和结束的瞬态，确定了乐音的特征，称为音品，也有人把音品与音色统称为音色。任何声音都有一

个成长和衰变的过程,这个过程决定声音的音品。声音的成长和衰变过程不同,听音者的感觉也不同。

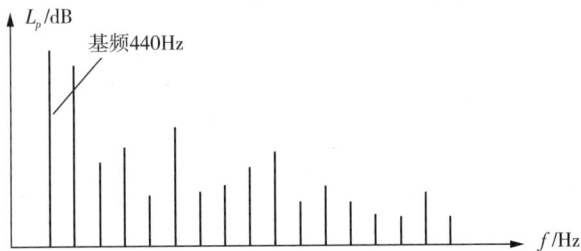

图 6-1　钢琴的频谱

3. 听觉特性

1)听觉的感受性

人类听觉感受的动态范围很宽,能感受到的最小声压级为 0dB,能耐受的最大声压级可达 140dB;人能听到的纯音最低为 20Hz,最高可达 20kHz;人耳对声长的解析力更是惊人。声音要达到一定声级才能听到,最小可听声级称为绝对阈限,是听觉绝对感受性的表征量。可闻声的强度与频率范围如图 6-2 所示。

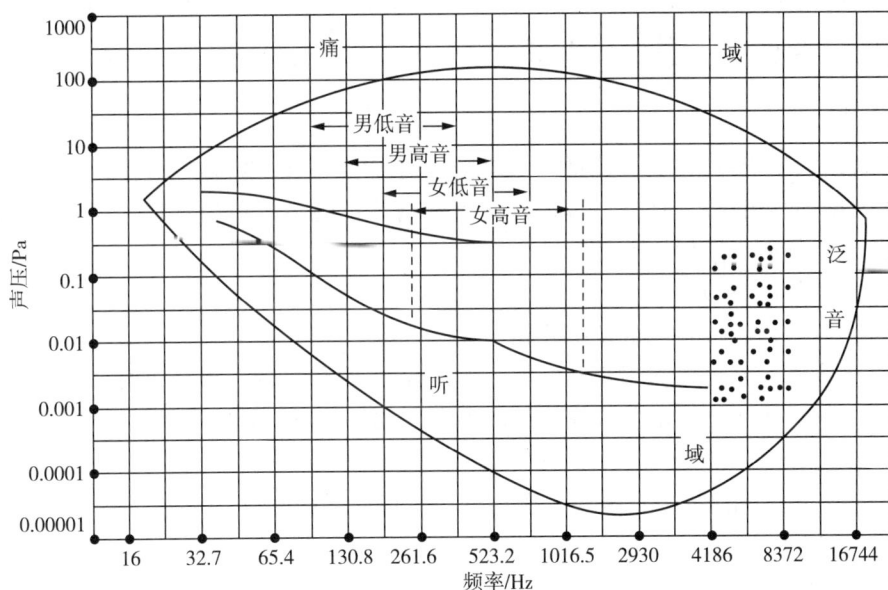

图 6-2　可闻声的强度与频率范围

2)响度与响度级

响度表示人耳对声音大小、强弱的主观感受。响度主要依赖于引起听觉的声压,也与声音的频率和波形有关系。响度的单位是"宋"(sone)。国际上规定,频率为 1000Hz、声压级为 40dB 时的响度为 1 宋。1 宋=1000 毫宋,1 毫宋约相当于人耳刚能听到的声音响度。

一般人耳对声压变化的感觉是,声压级每增加 10dB,响度增加 1 倍,所以响度与声压级有如下关系:

$$N = 2^{0.1(L_p - 40)} \tag{6-12}$$

式中，N——响度（宋）；

L_p——声压级（dB）。

声音响度级是人凭自己的听觉主观地判断声音强弱的量，是人耳判断各种频率纯音的响度级的指标之一。声音响度级定义为等响的 1000Hz 纯音的声压级，单位是方（phon）。响度级为 40 方时，响度为 1 宋。响度级每增加 10 方，响度增加 1 倍。

3）听觉灵敏度

听觉灵敏度是指人耳对声音的声压、频率及方位的微小变化的判断能力。

4）听觉的掩蔽效应

掩蔽效应是指同一环境中的其他声音会降低聆听者对某一声音的听力，或者说一个声音的听阈因为另一个较强声音的存在而上升。当一个复合声音信号作用到人耳时，若其中有响度较高的频率分量，则人耳不易觉察到那些响度较低的频率分量，这种生理现象称为"掩蔽效应"。一个声音对另一个声音的掩蔽值，被规定为由于掩蔽声的存在，被掩蔽声的听阈必须提高的分贝数，提高后的听阈称为掩蔽阈。

5）听觉的延时效应

实验表明，当几个内容相同的声音相继到达听者处时，听者不一定能分辨出是几个先后来到的声音，就是说，人的听觉对延时声的分辨能力是有限的，这种现象即是人类听觉的延迟效应，也称"哈斯（Hass）效应"。

6.1.2　声源、声场及室内声学

1. 声源

振动物体借助于弹性媒质传播压力、应力，产生质点的位移和速度，作用于人耳形成声音。物体的振动利用声波向周围扩散，这便是音响传播的最简单的过程。产生声能的物体称为声源，也是辐射声能的振动体。

1）声源的形式和类别

声源的基本形式有两种：机械声源和空气振动声源。

（1）机械声源。它可以利用机械振动产生声音，有简单声源和偶声源两种。

（2）空气振动声源。它由空气柱辐射产生声音，有单极子、偶极子、三极子和四极子四种类型。

按声音发生、应用的不同，声源大体可分为环境音响、动作音响和非现实音响等类型。

2）乐器声源的机理

任何能发出声音的器具和乐器都可分为两个部分，即振动和共鸣。音乐动态表明强、弱声音差异，其等级可用图 6-3 表示。

3）电子音乐声源

电子音乐差不多都是通过电子乐器的演奏产生的。电子音乐绝大部分不是电子乐器的现场演奏，而是通过对现场演奏的音乐进行处理和制作得到的。随着电子音乐越来越多，可通过乐器数字接口

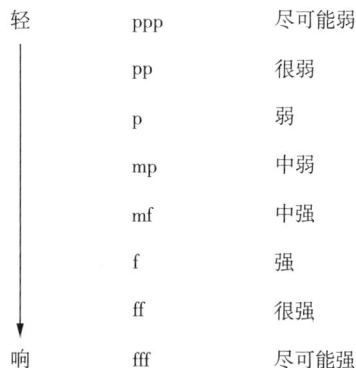

轻	ppp	尽可能弱
	pp	很弱
	p	弱
	mp	中弱
	mf	中强
	f	强
	ff	很强
响	fff	尽可能强

图 6-3　音乐动态等级

(Musical Instrument Digital Interface,MIDI)技术来实现。

2. 声场

声源产生的声波通过媒介向周围自由场辐射,声源的周围场称为声场,也叫音场。声场有近场和远场之分。

1)近场

近场也称菲涅尔区,指的是声源附近区域,是声波传播速度和声压不同相的声场。在该区内某点的声压是声源上各面传送到该点声压的叠加,在此范围内,声波不能看成平行声线,否则就会出现干涉现象,称之为菲涅尔衍射,形成菲涅尔区。

设声场的最大直径为 d,波长为 λ,则近场的区域半径为

$$r \leqslant \frac{d^2}{\lambda} \tag{6-13}$$

2)远场

远场也称夫朗和费区,表示在均匀面各向同性媒体中远离声源的区域,其间瞬时声压和质点速度同相。在远场中声波与声源之间呈球面状,声源在某点所产生的声压与该点至声源中心距离成反比,并且是声源上各面到达该点声压的叠加,它们是按照平行线传播的,远场区的范围为

$$r > \frac{d^2}{\lambda} \tag{6-14}$$

3)声场的定位与质感

定位是一个与声场相关的概念,它是指在声场中表示出某些乐器的确切位置。实际应用中声场也可以理解为是乐队、演奏家或歌唱者的位置排列。若在欣赏过程中觉得厅堂音和空间感足够,则说明该声场的设计是合理的。

3. 室内声学

1)室内声学特性

声波在室内传播过程中,当遇到的界面和障碍的尺寸与声波的波长相比足够大时,将按照几何光学反射定律反射。界面不同,反射的结果就不相同,我们希望声场越均匀越好。

2)室内声学的主要指标

(1)混响时间。混响时间是衡量房间混响程度的量。声学工程中,某频率的混响时间是室内声音达到稳定状态,声源停止发声后,残余声音在房间内反复反射,经吸声材料吸收,平均声能密度自原始值衰减到百分之一,即衰减 60dB 所需的时间,记为 T_{60}。通常,在声场均匀分布的封闭室内的混响时间可用赛宾(W. C. Sabine)公式进行工程估算,即

$$T_{60} = \frac{0.161V}{S \cdot \bar{\alpha}} \tag{6-15}$$

式中,T_{60}——闭室的混响时间(s);

S——室内表面总面积(mm^2),包括地面、面和天花板;

$\bar{\alpha}$——墙壁、天花板、地板等房间内表面的平均吸声系数(无量纲);

V——闭室的容积。

评价声学房间的混响时间要合理选取。其值过短,声音会发干;其值过长,声音会拖尾。混响时间与频率有关。符号 T60(f)指某频率下的混响时间。

(2)本底噪声。本底噪声是指室内不放声源时的噪声声压级。考虑人类听觉特性,采用 A 计权法,记为 dB(A)。本底噪声可用声压级直接测出。

(3)声染色。声染色是指信号传输过程中,由于某种原因使声源中的某一频率得到过分地加强或减弱,破坏了房间内音响效果的均匀性。一般 $10\sim30m^2$ 房间中容易出现驻波的频率为 $80\sim300Hz$。驻波能改变声源原有特性,如同白色的布染上了颜色。改善的方法是通过调整装修使房间的长、宽、高之比为无理数。另外,室内物品摆设要避免对称性。

(4)房间常数、混响半径。房间常数反映房间吸声特性,符号为 R,其表达式为

$$R = \frac{S\bar{\alpha}}{1-\bar{\alpha}} \qquad (6-16)$$

式中的 $\bar{\alpha}$、S 与式(6-15)中的意义相同。

混响半径指直达声声能密度等于反射声声能密度处与声源等效中心点的距离。直达声成分高的话,声音听起来就亲切。

3)室内声场的估算

根据扬声器自由场灵敏度、距扬声器的距离以及扬声器的输入电功率便可算出直达声场的声压级,即

$$\frac{SP_L}{D} = S - 20\lg D + 10\lg P \qquad (6-17)$$

式中,S——自由场内扬声器灵敏度(dBm);

D——距扬声器的距离(m);

P——插入扬声器的电功率(W)。

按临界距离、扬声器的自由场灵敏度以及输入扬声器的电功率又可以算出室内混响声场的声压级,即

$$\frac{SP_L}{R} = S - 20\lg\frac{D}{C} + 10\lg P \qquad (6-18)$$

式中,SP_L/R——混响声声压级(dB);

D/C——临界距离(m);

S、P 与式(6-17)中的意义相同。

4)室内声场的创造

为了获得理想的声场效果,要从声源、房间声学特性等多方面考虑。在实际工程中,对房间的大小要求可估算为

$$V_{min} \geqslant 4\lambda_{max}^3 \qquad (6-19)$$

式中,V_{min}——房间最小容积;

λ_{max}——下限频率对应的波长。

声学房间声场的优劣还需从噪声控制方面入手。本底噪声应控制在 35dB 之内。要满足对本底噪声的要求,应对墙体、吊顶与地板、门窗及管道等实行隔声处理。

6.2　公共广播系统

公共广播系统(public address system)是为公共广播覆盖区服务的所有公共广播设备、设施及公共广播覆盖区的声学环境所形成的一个有机整体。

6.2.1　公共广播系统的组成

公共广播系统是将声音信号转换为电信号,经放大、处理、传输,再将声音信号还原于所服务的声场环境。

1. 公共广播系统的终端组成方式

公共广播系统可选用无源终端、有源终端或有源终端和无源终端混合的方式。所谓终端主要指"扬声器"。

无源终端系统是由定压式广播功率放大器驱动功率传输线路,直接激励广播扬声器放声的系统,如图 6-4(a)所示。有源终端系统是经由信号传输线路激励带功放设备广播扬声器放声的系统,如图 6-4(b)所示。有源终端和无源终端相结合的系统如图 6-4(c)所示。在具有主控中心和分控中心的系统中,分控中心通常是主控中心的有源终端,而由某些分控中心控制的子系统则可以选用无源终端方式或有源终端方式。

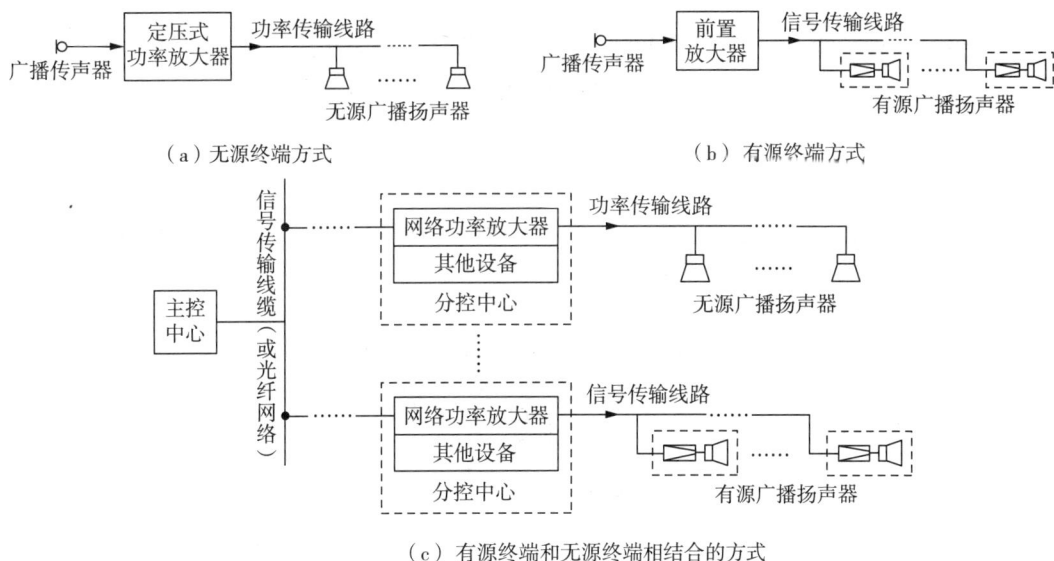

（a）无源终端方式　　　　　　　　　　（b）有源终端方式

（c）有源终端和无源终端相结合的方式

图 6-4　公共广播系统的基本组成

2. 公共广播系统主要设备的作用

公共广播系统按工作原理,可分为音源设备、信号放大和处理设备、扬声器系统以及传输线路等几个部分。

1)音源设备

音源设备主要是传声器,还包括激光唱片机、调幅/调频接收机、电子乐器等。音源设备的配置需按公共广播系统的具体要求确定。

2)信号放大和处理设备

信号放大和处理设备主要包括调音台、前置放大器、功率放大器、各种控制器及音响加工设备等。这部分设备的作用主要是信号放大,其次是信号的选择。前置放大器的基本功能是完成信号的选择和前置放大,还担负音量和音响效果的调整和控制功能。功率放大器则将前置放大器或调音台送来的信号进行功率放大,再通过传输线去推动扬声器系统。

3)扬声器系统

扬声器系统的作用是将音频电能转换成相应的声能。需要按不同的功能和服务对象,设置相应的扬声器系统。

4)传输线路

传输线路随系统和传输方式的不同而有不同的要求。当功率放大器与扬声器的距离较近时,通常采用低电阻、大电流的直接馈送方式,传输线路可采用专用的喇叭线;当服务区域广、传输线路较长时,通常采用高电压、小电流的传输方式。在这种情况下,广播功率放大器和广播扬声器一般都属定压式的。功放单元(或机柜)的定压输出分为70V、100V和120V。

6.2.2 公共广播系统的主要设备

公共广播系统的设备主要有信号(音)源(传声器)、调音台(前置放大器)、功率放大器和广播扬声器以及传输线路等。

6.2.2.1 传声器

传声器(俗称话筒,亦称麦克风)是一种将声音信号转换为相应电信号的电声换能器件。从换能原理方面来说,常用的有动圈式传声器和电容式传声器等。

1. 有线传声器

1)有线传声器的原理结构

(1)动圈传声器。动圈传声器由一个处在永久磁场中由声波驱动的音圈组成。音圈与振膜粘牢在一起,同时又处在磁场中,如图6-5所示。

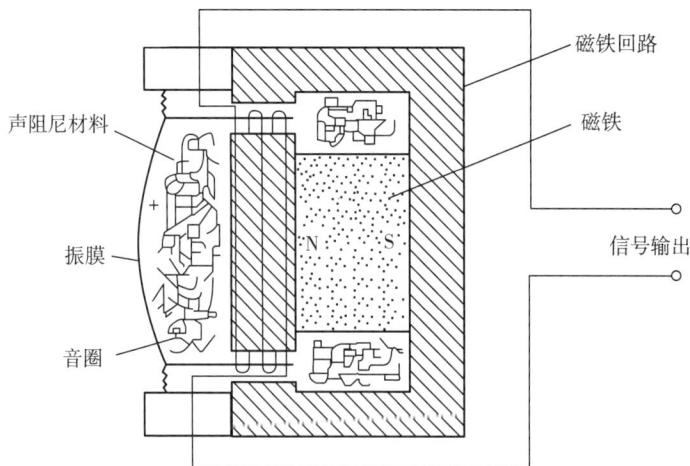

图6-5 动圈传声器的结构

根据磁感应原理,音圈在磁场中运动时,其两端会产生一个感应电动势 E,即

$$E = B \times l \times v \qquad (6-20)$$

式中,E——输出感应电动势(V);

　　B——磁路中的磁场强度(T);

　　l——音圈的长度(m);

　　v——音圈运动的速度(m/s)。

动圈传声器的结构强度好,不需幻象电源,使用方便,性能价格比高,广泛用于各类扩声系统。

(2)电容传声器。电容传声器的结构如图 6-6 所示。它是由两块金属薄膜组成的一个可变容量的电容器。在两块金属电极板之间施加一个电动势 E,电容器将充以电荷 Q,并储存在电容器中。

$$E = Q/C \qquad (6-21)$$

式中,Q——充的电量(C);

　　C——电容器的电容量(F)。

若保持电量 Q 恒定,当电极板的间距改变时,则电极板两端的电动势与电容的改变成反比。如果把一个极板固定,另一块极板(振膜)可变,并随着声压的变化改变距离,那么就可组成图 6-6(c)所示的电容传声器。电容传声器需要 48V 极化电压(简称幻象电源)。

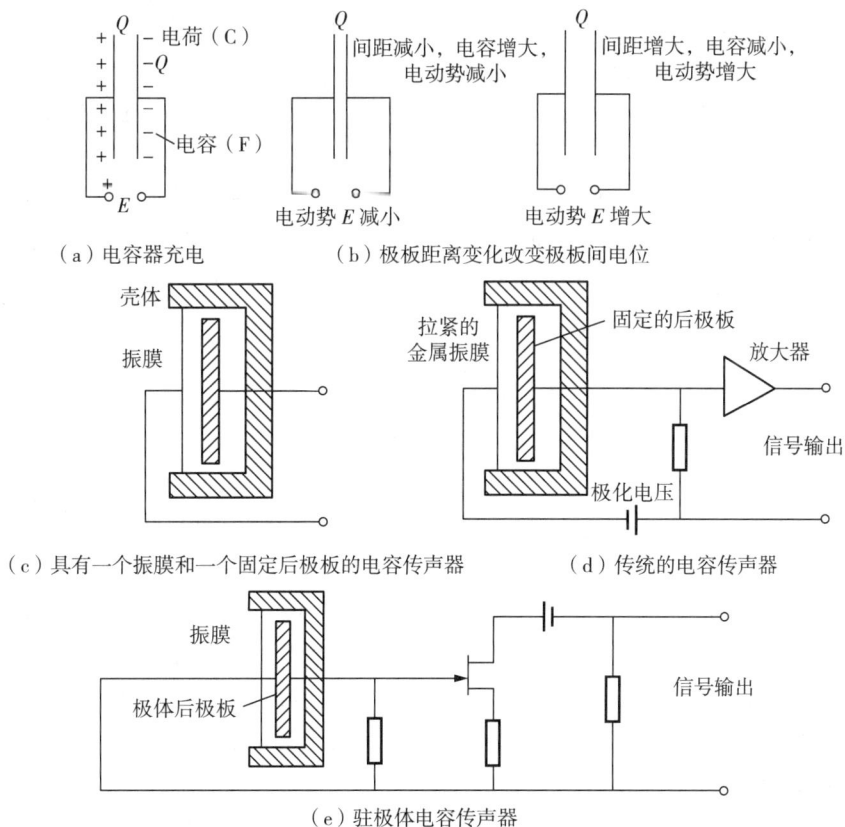

（a）电容器充电　　　（b）极板距离变化改变极板间电位

（c）具有一个振膜和一个固定后极板的电容传声器　　　（d）传统的电容传声器

（e）驻极体电容传声器

图 6-6　电容传声器的结构

驻极体传声器也属于电容传声器类,图6-6(e)是它的结构原理图。在镀金的塑料薄膜(多数为聚全氟乙丙烯)表面上,涂有一层能储存电荷Q的驻极体材料作为振动膜,并将其接地,另一金属极板接在场效应晶体管的栅极上,栅极与源极之间接有一个二极管。若驻极体膜片表面带有电荷的电量为Q,板极间的电容量为C,则在极头上产生的电压$U=Q/C$,当受到振动或气流摩擦时,由于使两极板间的距离改变,即电容C改变,而电量Q不变,就会引起极头上的电压变化,这种电压变化的频率反映了外界声音的频率和声压的强弱。

驻极体传声器的信号内阻很大,必须采用输入阻抗极高的场效应晶体管进行放大。驻极体传声器只要求1.5~3V的电压就可正常工作。

电容传声器是利用导体间的电容充放电原理,以超薄的金属膜或镀金的塑料薄膜为振动膜感应音压,以改变导体间的电容量并直接转换成电能信号,再经由电子电路耦合放大获得低阻和高灵敏度的输出电信号。

电容传声器的频率响应宽、声压灵敏度高、瞬时响应特性快、触摸杂音特性低、耐摔、耐冲击、体积小、重量轻等。

2)有线传声器的技术指标

传声器的主要技术指标有灵敏度、频率范围(带宽)、信号噪声比、源阻抗及推荐的负荷阻抗、指向性和固有频率等。

(1)灵敏度。灵敏度用于表示传声器的声-电转换效率,其定义为:在自由声场中,当向传声器施加一个声压为$1\mu bar$的声信号时,传声器的开路输出电压即为该传声器的灵敏度。传声器灵敏度高,就可获得较高的信号噪声比。

(2)频率范围(带宽)。频率范围是指传声器正常工作的频带宽度,通常以带宽的下限和上限频率来表示。

(3)信号噪声比。信号噪声比指的是传声器有电信号输出时的信号电压与传声器内在噪声电压的比,通常用dB表示。例如,电动传声器的灵敏度为$0.1mV/\mu bar$,当在1m距离讲话时,到达振膜的声压约为$1\mu bar$,此时,传声器输出电信号为0.1mV。而传声器的内在噪声电压约为$0.5\mu V$,则信噪比为

$$\frac{S}{N}=20\ \lg\ \frac{0.1\times10^3}{0.5}=42$$

(4)源阻抗及推荐的负荷阻抗。源阻抗简称阻抗,指传声器的交流内阻,以Ω为单位,通常用1kHz信号测得。低阻抗传声器,源阻抗为200Ω左右;中阻抗传声器,源阻抗一般在500Ω到5kΩ之间;高阻抗传声器,源阻抗则在25kΩ到150kΩ之间。由于中阻抗及高阻抗传声器的导线容易感应交流声,所以专业用的高质量传声器,一律采用低阻抗方式。

(5)指向。指向性是指传声器的灵敏度随声波入射方向而变化的特性。常见的曲线图案如图6-7所示。其中,圆形适用于室内外一般扩、拾音用;心形与超心形属单指向形,适用于会堂、剧场歌舞厅、体育馆等扩声用;"8"字形适用于对话、播音、立体声广播等;强指向形适用于电视剧同期录音等拾音场合。

(6)固有频率。物体做自由振动时,其位移随时间按正弦规律变化,又称为简谐振动。简谐振动的振幅及初相位与振动的初始条件有关,振动的周期或频率与初始条件无关,而与

系统的固有特性有关,称为固有频率或者固有周期。

图 6 - 7 传声器的各种指向性曲线

2. 无线传声器

1)无线传声器的原理结构

无线传声器,俗称无线话筒,由传声器头(又称咪头)、发射机和接收机三部分组成。传声器头将声音转换为音频信号,经内部电路处理后,通过便携式微型发射机(输出功率为 5~50mW)和发射天线将含有音频信息的电波发射到周围空间。接收机一般由市电供电,接收天线将收到的无线电波,经过内部电路处理,提取出音频信号,送到扩声系统。无线传声器发射机由电池供电,有手持式、腰包式和乐器无线传声器等多种类型。

无线传声器实质上是一种便携式单向无线通信系统,每套无线传声器的收-发系统使用同一个无线通信频率。而一台接收机内通常可包含 1 套、2 套或 4 套接收电路,分别接收 1支、2 支或 4 支无线传声器发射的信号,分别被称为“一拖一”“一拖二”或“一拖四”机型。其中以一拖二机型最为常见。

无线传声器系统准许使用的频率范围有甚高频波段(Very High Frequency,VHF)和超高频波段(Ultra High Frequency,UHF)两个频段。

UHF 因频率较高,使用更短的天线,可以设计成隐藏式天线,方便、安全又美观,受电磁干扰少。VHF 的频率较低,受电器的电磁干扰大,制造成本较低。

不管是哪个无线频段的无线传输,都会受到电波传播衰减变化的影响,会发生信号瞬间中断而导致声音的不连续性。采用分集接收技术的双天线接收系统,可有效解决电波传播衰减变化的影响。

2)无线传声器的技术指标

(1)射频输出功率。指便携式微型发射机向空间发射的射频功率,通常用毫瓦(mW)来表示,一般为 5~50mW。

(2)接收灵敏度。在收音机或对讲机中,接收灵敏度是指当接收机输出规定信噪比的信号时,所需要输入的最小射频信号的大小。其值越小,说明接收机的接收灵敏度越高。而在无线传声器中,是指接收机在临界静噪时接收的射频信号电平,因为当射频信号低于静噪点时,接收机处于静噪状态,是不输出信号的。

例如,某产品接收灵敏度标注为“−90dBm”,表示从天线接收到的信号电平低于−90dBm(即 7μV),接收机将进入静噪状态。这样的标注可以准确地反映接收机的接收能力。

有些产品的灵敏度指标采用类似收音机、对讲机的标示方法,如“2μV/12dB”,其含义为当天线输入信号为 2μV 时(即−101dBm),接收机输出信号的信噪比可以达到 12dB。然而,无线传声器要求的信噪比指标远远高于 12dB,所以这种标示方法不能正确地表达接收机的接收能力。

(3)信噪比。信噪比是指接收机输出的音频信号与噪声信号的比例,以分贝来表示。该值越大,表示信号越纯净,音质越好。

(4)有效工作距离。有效工作距离是指无线传声器在理想传输环境中的最大传输距离。它是在开阔地域和无大的电磁干扰条件下的测量数据。无线传声器的实际传输距离,会受到实际环境的影响而缩短。因此,只能作为选择产品的参考。

(5)静噪功能。为避免无线传声器接收机在语音间隙期间,或射频信号较弱时输出噪声,接收机会自动切断输出信号,这种功能称为静噪功能。若无静噪功能,或静噪功能不良,则音箱扬声器中将放出噪声。噪声会影响音质效果,破坏现场气氛。

(6)自动选频功能。一般的无线传声器,其收发频率(即通信频道)是不可改变的。但是由于使用环境的差异性很大,当出现来历不明的外界干扰时,接收机就会输出很大的噪声,甚至接收不到音频信号。为此,优质无线传声器应具有自动侦察干扰频谱和自动选择无干扰的通信频道。

同时使用多套无线传声器时,如果通信频率选择不当,它们之间也会产生信号干扰。为此,各种型号的无线传声器都设有优选频率配置表和同时使用的最高数量限制。

(7)传声器头的品质和类型。传声器头的品质是决定无线传声音质的第一关。传声器头有动圈式及电容式两种类型。动圈传声器头结构简单,价格便宜,是市面上最普遍的,但其体积较大,只适用于手持无线传声器。电容传声器头体积小,尤其是驻极体传声器头,是无线传声器的最佳搭配。高级电容传声器头能展现极为清晰的原音音质,频率响应宽而平坦,灵敏度高,动态范围大,失真率小,体积轻巧,耐摔,触摸杂音低,广泛用于耳麦式无线传声器。

6.2.2.2 调音台

调音台(又称调音控制台)是将多路输入的不同电平的信号进行放大、混合、分配、音质修饰和音响效果加工的一个一体化设备。在公共广播系统中,一般接在传声器与功率放大器之间。调音台通常包括前置放大器、频率均衡器与滤波器、母线系统、输出控制模块等几个部分。

1. 调音台的基本功能

(1)信号放大。调音台是对来自话筒、电子乐器等声源大小不等的低电平信号按要求进行放大。在放大过程中还必须对信号进行调整和平衡,以达到下一级设备所需要的电平。

(2)信号混合。调音台具有多个输入通道(或输入端口),并将这些端口的输入信号进行技术上的加工和艺术上的处理后,混合成一路或多路输出。

(3)信号分配。调音台要将混合后的输入信号按照不同的需求分配给各输出通道,为下一级设备提供信号。

(4)音量控制。由于调音台输入和输出都具有多个通道,因此需要对各通道信号进行音量控制,以达到音量平衡。

(5)均衡与滤波。由于放、录音环境对不同频率成分吸收或反射的量不同,话筒拾音或扩声系统放音中会出现"声缺陷",影响播音的效果。因此,调音台的每一个输入通道都设有均衡器或滤波器,通过调整来弥补话筒拾音或扩声"缺陷",提高音频信号的质量。

2. 调音台的结构

调音台一般都有多个输入端口和多个输出端口,还设有与各端口相对应的多个控制旋钮和按键等,从而构成不同的输入/输出通道。因此,习惯上将调音台的基本结构分为两大部分,即由输入组件构成的输入通道和由输出组件构成的输出通道(或称主控部分)。其中,输入通道部分是指包括单声道输入和立体声输入在内的各路输入通道,主控部分是指包括立体声主输出和辅助、编组等输出在内的各路输出通道,立体声返回通常也设在主控部分,它们都连接在调音台的总体母线(称为总线或母线)上。

此外,调音台各单元组件均采用接插件式。信号通过插座与母线相接,而母线多制作在印刷电路基板上。调音台还可采用无屏蔽扁平电缆,通过隔离电阻和面板的分配器输入组件接通,可任意组合调音台的输入通路。各种功能的控制器(即各功能键钮)及接端口都牢固地安装在面板上,操作轻便,易于观察和调整,并可通过接插件和电缆方便地与其他设备连接。

3. 调音台的技术指标

调音台的主要技术指标有以下几方面的内容。

(1)增益(gain)。增益一般是指调音台的最大增益,即通道增益控制器置于灵敏度最高位置,其数值应为80~90dB。该增益足以满足灵敏度最低的传声器对放大器的要求,调音台要有约20dB电平储备值。

(2)频率响应(frequency response)。一般调音台要求带宽为30Hz~15kHz,频率不均匀度小于±1dB;高档调音台要求带宽为20Hz~20kHz,频率不均匀度小于±0.5dB。

(3)等效噪声和信噪比(equivalent input noise and S/N ratio)。调音台输入通道一般都设有传声器输入和线路输入。传声器输入用折算到输入端的等效噪声电平来表示,线路输入则用0dB增益时的信噪比来表示。

输入端等效噪声电平等于输出端噪声电平与调音台增益之差。

出于调音台噪声主要来自前置放大器,当它的增益一定时,噪声是恒定的。而调音台的音量衰减器是可调整的,这样测得的信噪比也就不一致。但是,输入端等效噪声电平却是不变的,这一指标能比较准确地表明"输入"前置放大器部件的噪声性能,故被采用。

线路输入以信噪比表示其噪声指标,它是单独一路的输入/输出单元的质量指标,一般大于80dB。

(4)非线性失真(distortion)。非线性失真是指在整个传输频带内的"总谐波失真",一般调音台都小于0.1%,较高档的调音台则小于0.05%。

(5)分离度(channel separation)或串音(crosstalk)。分离度或串音指相邻通道之间的隔音度。高频隔音度往往比低频隔音度差,一般要求在60~70dB。有些产品还标明总线之间的分离度,它应比通道之间更严格,一般在70~80dB。

6.2.2.3　功率放大器

音频功率放大器的主要作用就是将调音台等前端设备(或者前级电路)送来的比较的信号进行不失真地放大,并输出额定的功率,去推动扬声器发出优美而洪亮的声音。

1. 音频功率放大器组成

所谓放大器,是指能够对电压(或电流)信号进行不失真放大的有源电路。通常将其分为前级放大和后级放大两种。前级放大也称为前置放大,其主要作用是将音频信号进行初步的电压放大,以便其他电路对音频信号进行处理;而后级放大称为音频功率放大,其主要作用是将经过调音台处理后的信号进行功率放大,以提供足够大的功率去推动扬声器(音箱)工作。为了减少连接线,缩小体积,降低成本,往往也将前置放大和功率放大放在一台设备内,构成组合式功率放大器。功率放大器的基本组成如图 6-8 所示。

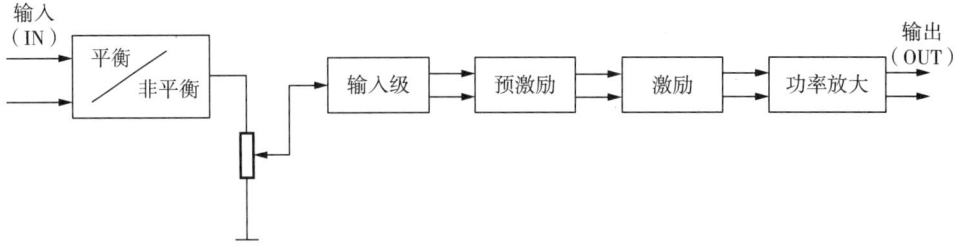

图 6-8　功率放大器的基本组成

2. 功率放大器的分类

1)按功率放大器与音箱的配接方式分

按功率放大器与音箱的配接方式分为定压式功放和定阻式功放。

(1)定压式功放。为了远距离传输音频功率信号,减少其在传输线上的能量损耗,该方式以较高电压形式传送音频功率信号。一般有 75V、120V、240V 等不同电压输出端子供选择。

(2)定阻式功放。功率放大器以固定阻抗形式输出音频功率信号,也就是要求音箱按规定的阻抗进行配接,才能得到额定功率的输出分配。例如,一台 100W 的功率放大器,它实际的输出电压是 28.3V(在一个恒定音频信号输入时),那么接上一只 8Ω 音箱时,可获得100W 的音频功率信号,即

$$p_0 = \frac{u^2}{R_L} = \frac{28.3^2}{8} \approx 100(W)$$

如果两只 8Ω 音箱串联,即阻抗为 16Ω,那么实际输出功率

$$p_0 = \frac{28.3^2}{16} \approx 50(W)$$

此时,其功放输出功率为 50W。

如果两只 8Ω 音箱并联,即阻抗为 4Ω,那么实际输出功率

$$p_0 = \frac{28.3^2}{3} \approx 200(W)$$

这时,功放已经超负荷了,功率放大器会开始发热而被损坏。

2)按功率放大器使用的元件分

按功率放大器使用的元件分成四类:电子管功率放大器、晶体管功率放大器、集成电路功率放大器和 V-MOS 功率放大器。其中,晶体管功率放大器按晶体管功率放大器的末级电路结构分成三类:OTL 电路、OCL 电路和 BTL 电路等。

3)按功率放大器的工作状态分

按功率放大器的工作状态分为甲类功率放大器、乙类功率放大器、甲乙类功率放大器、

丙类功率放大器和丁类功率放大器。

(1)甲类功率放大器(A 类功放),输出级中两个(或两组)晶体管永远处于导电状态。当无信号时,两个晶体管各流通等量的电流,因此在输出中心点上没有不平衡的电流或电压,故无电流输入扬声器。当信号趋向正极,线路上方的输出晶体管允许流入较多的电流,下方的输出晶体管则相对减少电流,由于电流开始不平衡,于是流入扬声器且推动扬声器发声。

(2)乙类功率放大器(B 类功放),当无信号输入时,输出晶体管不导电,所以不消耗功率。当有信号时,每对输出管各放大一半波形,彼此一开一关轮流工作完成一个全波放大,在两个输出晶体管轮换工作时便发生交越失真,因此形成非线性。

(3)甲乙类功率放大器(AB 类功放),通常有两个偏压,在无信号时也有少量电流通过输出晶体管。它在信号小时用甲类工作模式,获得最佳线性,当信号提高到某一电平时自动转为乙类工作模式以获得较高的效率。

(4)丙类功率放大器(C 类功放)的栅极的偏压,使得晶体管在小于一半的时间内导通。当驱动信号足够强时,晶体管会进入饱和导通状态,输出与输入信号同频率的脉冲信号,晶体管以信号频率对电源进行导通和关断,输出信号相对于输入信号会产生严重的失真,只适合在通信上使用。

(5)丁类功率放大器(D 类功放)。D 类音频功率放大器是将输入的模拟音频信号变换成脉冲宽度调制信号,通过 PWM 信号控制大功率开关晶体管的通或断,实现功率放大,脉冲输出通过一个低通滤波器还原音频信号。典型效率为 85% 以上。图 6-9 为其工作原理图。

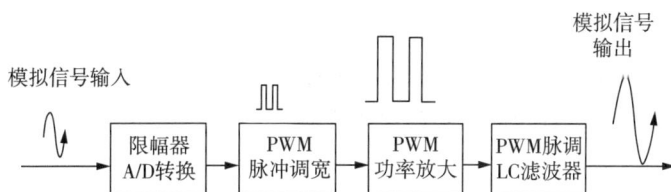

图 6-9　"D 类数字音频功率放大器"原理图

若将脉冲编码调制信号直接转换为脉冲宽度调制信号,则称为"全数字功放"或"纯数字功放"。为了区别于模拟入口的 D 类功放,此类设备称为 PCM 数字音频功率放大器。图 6-10 为其工作原理图。

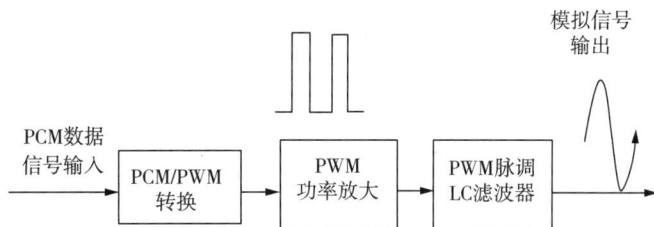

图 6-10　PCM 数字音频功率放大器的原理图

PCM 数字音频功率放大器是直接将数字音频信号转换为 PWM 信号并进行功率放大的设备,其工作原理基于数字信号处理(DSP)和开关功率放大技术,核心流程如下:

① PCM 数字音频信号。PCM 编码流程如下。

采样:以固定频率捕获模拟信号(如 44.1kHz/48kHz);

量化:将幅度转为离散数字值(如 16/24 位)。

编码:生成二进制码流。

② 数字信号处理(DSP)。对 PCM 信号进行数字域处理(如音量控制、均衡调节、降噪),避免模拟处理引入的失真。

③ PWM 调制。经过 DSP 处理的 PCM 信号由 PWM 调制器转换为脉冲宽度调制信号,取代传统 DAC 环节。

④ 开关功率放大。PWM 信号控制开关功率管(如 MOSFET)的通/断,实现高效率功率放大(典型效率为 90%～95%)。

⑤ 输出滤波。低通滤波器滤除开关高频噪声,还原纯净模拟音频信号。

⑥ 扬声器驱动。放大后的信号驱动扬声器发声。

PCM 数字音频功率放大器的优势:高保真音质、高效能、灵活性高、集成度高。

· 高保真音质:由于信号处理主要在数字域完成,减少了模拟信号处理中的噪声和失真。

· 高效能:特别是 D 类数字功率放大器,具有很高的能量转换效率,适合便携设备和节能应用。

· 灵活性高:数字信号处理可以实现多种音频效果和调节功能。

· 集成度高:现代 PCM 数字音频功率放大器通常将 DSP、DAC 和功率放大器集成在单一芯片中,简化了设计和制造。

通过以上原理,PCM 数字音频功率放大器能够实现高效、高保真的音频信号处理和放大,满足现代音频设备对音质和能效的高要求。

3. 功率放大器的匹配

功率放大器的匹配主要是解决放大器的功率和阻抗匹配的问题。

(1)音箱的功率等于功放的额定功率称为等功率匹配。

(2)音箱的功率大于功放的额定功率,则称为"超载",俗称"小马拉大车"。

(3)功率放大器的功率应大于音箱的功率。

4. 功率放大器的技术指标

一个好的放大器,要能准确地放大来自各声源的声音信号,并能反映出该声音信号的音量、音调和音色,力图恢复该声源音质状况的本来面貌。对于立体声系统,还要能重现声源的位置以及周围的背景声、混响声和反射声等。

1)输出功率

输出功率的大小是由放大器的使用环境、条件及对象等许多因素决定的,它是功率放大器最基本的一项指标。衡量放大器输出功率的指标有最大不失真连续功率、音乐功率和峰值功率等几种不同的指标。目前公认的指标是最大不失真连续功率,又叫 RMS 功率、正弦波功率或平均值功率等,其含义是相同的,它是指放大器配接额定负载(通常 $R_L = 8\Omega$),总的

谐波失真系数小于1‰时,用负载两端测出1kHz的正弦波电压的平方,除以负载电阻而得到的值,即

$$p_{RMS} = \frac{U_1^2}{R_L}$$ (6-22)

2）增益

放大器的增益是反映放大器放大能力的重要指标,也称为放大倍数,其定义为放大器的输出量与输入量之比。根据输入量与输出量的不同,放大器的增益又分为电压增益、电流增益和功率增益。

由于人耳对音量大小的感觉并不和声音功率的变化成正比,而是近似成对数关系,所以,放大器的增益常用分贝(dB)来表示。

电压增益：
$$A_u = 20 \lg \frac{U_o}{U_i}$$ (6-23)

电流增益：
$$A_i = 20 \lg \frac{I_o}{I_i}$$ (6-24)

功率增益：
$$A_p = 10 \lg \frac{p_o}{p_i}$$ (6-25)

式中,U_o——放大器的输出电压;

U_i——放大器的输入电压;

I_o——放大器的输出电流;

I_i——放大器的输入电流;

p_o——放大器的输出功率;

p_i——放大器的输入功率。

3）信噪比

信噪比是指信号与噪声的比值,常用符号 S/N 来表示,它等于输出信号电压与噪声电压之比,即

$$\frac{S}{N} = 20 \lg \frac{U_o}{U_N}$$ (6-26)

式中,U_N——放大器额定输出电压 U_o 的噪声电压。

放大器本身噪声大小,还可以用噪声系数来衡量,它的定义是

$$N = \frac{输入端信噪比}{输出端信噪比} = \frac{S_i/N_i}{S_o/N_o}$$ (6-27)

4）频率响应

频率响应即有效频率范围,它是用来反映放大器对不同频率信号的放大能力的指标。放大器的输入信号是由许多频率成分组成的复杂信号,由于放大器存在着阻抗与频率有关的电抗元件及放大器本身的结电容等,使放大器对不同频率信号的放大能力也不相同,从而

引起输出信号的失真。

频率响应通常用增益下降 3dB 之间的频率范围来表示。一般的高保真放大器为了真实地反映各种信号,其频率响应通常应达到几赫兹到几万赫兹的宽度,如图 6-11 所示。

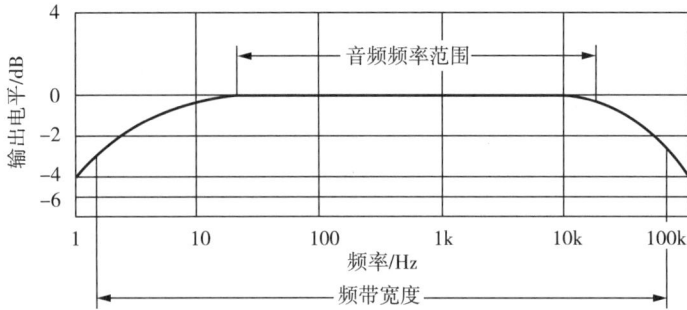

图 6-11　频率响应曲线

5)放大器的失真

音频信号经过放大器之后,不可能完全保持原来的面貌,这种现象就称为失真。谐波失真是指信号经放大器放大后输出的信号比原有声源信号多出了额外的谐波成分,它是由放大器的非线性引起的,其定义为

$$HD = \frac{\sqrt{U_{2f_0}^2 + U_{3f_0}^2 + \cdots}}{U_{1f_0}} \times 100\% \tag{6-28}$$

式中,U_{1f_0}——输出信号基波电压的有效值;

U_{2f_0}、U_{3f_0}——输出信号的二、三次谐波电压的有效值;

HD——总的谐波失真系数。

波失真系数越小越好,它说明了放大器的保真度越高。

6)动态范围

放大器的动态范围通常是指它的最高不失真输出电压与无信号时的输出噪声电压之比。而信号源的动态范围是指信号中可能出现的最高电压与最低电压之比。显然,放大器的动态范围必须大于输入信号源的动态范围,才能获得高保真的放大效果。放大器的动态范围越大,失真越小。

7)分离度

立体声的分离度即左右声道串通衰减,是指放大器中左、右两个声道信号相互串扰的程度,单位为 dB。如果串扰量大,亦即分离度低,则会出现声场不饱满、立体感被减弱等现象,重放音乐的效果差。

8)阻尼系数

阻尼系数是指放大器对负载进行电阻尼的能力,是衡量放大器内阻对扬声器的阻尼作用大小的一项性能指标。大功率音箱低音单元工作在低频大振幅状态(尤其是谐振频率附近)时,扬声器本身的机械阻尼已无法消除音箱所产生的共振,从而使音箱的瞬态特性变坏,音质出现拖泥带水、层次不清、透明度降低等现象。为了消除这些现象,可以减小放大器的内阻,使扬声器共振时音圈产生的感生电动势短路,由此产生的短路电流能抑制扬声器的自由振动,从而起到阻尼作用。

我们把功率放大器的额定负载阻抗 R_i 与输出内阻 R_o 之比称为阻尼系数,用 F_d 表示

$$F_d = \frac{R_i}{R_o} \tag{6-29}$$

9)转换速率

一台放大器能够不失真地重现正弦波,不等于能完整地放大前沿陡峭的矩形信号。放大器在通过矩形波时引起前沿上升时间延迟,使输出信号产生失真的程度,通常用放大器的转换速率来描述,这个指标越高越好。转换速率低,是功率放大器产生瞬态互调失真的重要原因。

6.2.2.4 扬声器

扬声器(俗称喇叭)是一种把电能转换为声音的换能器件。为了区分不同种类的扬声器,首先对它们进行分类。

1. 扬声器的分类

扬声器的分类方法很多。按换能分为电动式扬声器、电磁式扬声器、压电式扬声器、离子式扬声器、气流调制式扬声器及电容式(静电式)扬声器等;按结构分为单纸盆扬声器、复合纸盆扬声器、号筒扬声器、复合号筒扬声器及同轴扬声器等;按振膜分为锥形扬声器(振膜为圆锥形或椭圆锥形)、平板形扬声器、带形扬声器、球顶形扬声器及平膜形扬声器(指音圈和振膜一体并形成平膜)等;按工作频段分为低频、中频、高频和全频段扬声器;按用途分为高保真用扬声器、扩音用扬声器、监听用扬声器、乐器用扬声器以及防水、防火、防爆等用的扬声器;按外形分为有圆形、椭圆形、薄形、球形扬声器等;按振膜材料分为有纸盆式扬声器、碳纤维扬声器、PP 盆扬声器、钛膜扬声器和玻纤扬声器等。

扬声器还可以按扬声器的辐射方式及磁路性质的不同进行分类。

2. 扬声器的结构和工作原理

1)扬声器的结构

现以电动式扬声器为例加以说明。电动式扬声器包括普通纸盆扬声器、橡皮边(或尼龙、泡沫边)纸盆扬声器、号筒式扬声器、球顶形扬声器及双纸盆扬声器等。

电动式扬声器的结构原理大致是相同的,现以纸盆扬声器为研究对象。纸盆扬声器的纸盆就是振膜,但并不一定是纸质做成。传统的振膜是用纸浆做成纸质的扬声器。近年来,常用各种合成纤维作纸盆,其中有聚丙烯、碳纤维、玻璃丝等。纸盆扬声器的结构如图 6-12 所示。

电动式扬声器的结构由三部分组成:磁路系统、振动系统和支撑及辅助件。

(1)磁路系统。扬声器的性能与磁路系统有密切关系,设计合理的磁路可得到较高效率的能量转换,在环形磁隙中应有足够大的均匀的磁通密度,这些与导磁材料的选择、磁铁的质量和磁路形式的选择等有关。磁路系统包括永磁体、极靴和工作气隙。永磁体在气隙中

提供的磁能被音圈利用。

（2）振动系统。扬声器的振动系统包括策动元件音圈、辐射元件振膜和保证音圈在磁隙中处于正确位置的定心支片。这些是纸盆扬声器的关键零部件。

（3）支撑及辅助件。它包括盆架、压边、防尘罩、引出线等，是扬声器必不可少的辅助件。

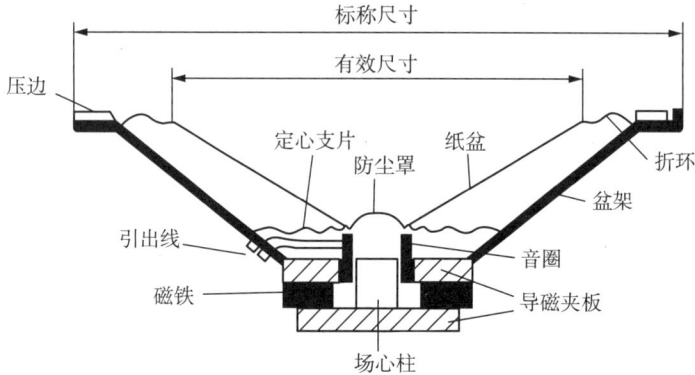

图 6-12　纸盆扬声器的结构

2）扬声器的工作原理

扬声器的音圈与纸盆连成一体，音圈处于磁场中，当其内部通过音频电流 I 时，其受到的力为

$$F = B \times l \times I \qquad (6-30)$$

式中，F——磁场对音圈的作用力（N）；

$\quad B$——磁隙中的磁感应密度（Wb/m²）；

$\quad l$——音圈导线的长度（m）；

$\quad I$——流经音圈的电流（A）。

通电音圈在磁场中受到力的作用而运动时，就会切割磁隙中的磁力线，从而在音圈内产生感应电动势，其感应电动势的大小为

$$e = B \times l \times v \qquad (6-31)$$

式中，e——音圈中的感应电动势（V）；

$\quad v$——音圈的振动速度（m/s）。

电动式换能器的力效应和电效应总是同时存在、相伴而生的。电效应的存在，将对扬声器的电阻抗特性产生极大的影响。

纸盆扬声器工作的过程就是在这种电效应和力效应的作用下而完成电能到声能的转换的，即当音圈中输入由放大器输出的电流时，在线圈和磁铁之间产生磁场，根据音圈中流过的电流大小的不同，音圈带动扬声器的振膜在磁场中做振幅不同的垂直磁场方向的运动，这样就会使扬声器发出声音。

3. 扬声器特性

扬声器特性分为扬声器的主要技术参数和扬声器系统及其特性。

1)扬声器的主要技术参数

(1)标称功率:长期工作时的功率。

(2)频率响应:输入不同频率的规定电压时,扬声器发出的声压变化的曲线。

(3)输入阻抗:扬声器输入端的测量阻抗,它随输入信号的频率而变化。一般指 400Hz 条件下测定的阻抗。

(4)效率:扬声器辐射的声功率与输入电功率之比。

(5)灵敏度:在规定的标准功率输入时,其轴线上 1m 处测出的平均声压,通常用平均灵敏度表示。

(6)频率失真:一般以谐波系数表示,其值的大小说明扬声器放声失真的程度,纸盆扬声器的谐波系数一般小于 5%～7%,号筒式扬声器则小于 20%。

(7)指向性:扬声器发声时空间各点声压级与声音辐射方向的关系特性。

2)扬声器系统及其特性

扬声器系统就是扬声器箱(也称音箱),它是选用高、低音扬声器或高、中、低音扬声器装在专门设计的箱体内,并用分频网络把输入信号分频以后分别送给相应的扬声器的一种扬声器系统。扬声器系统不单单是一个扬声器,而是由箱体、扬声器、分频器等组成的一个较大的系统,变化因素比较多。在学习的过程中应注意其区别。扬声器系统的一般特性如下。

(1)额定阻抗。扬声器系统的额定阻抗一般由其采用的扬声器单元的额定阻抗来决定。

(2)失真。扬声器系统的失真,比扬声器单元复杂得多,它是由组成扬声器系统的各个部分的失真合成而得到的,包括组成系统的每个扬声器的失真、箱体内驻波及壁板振动引起的失真、分频网络产生的失真等。因此,使用者必须重视扬声器系统的失真。

(3)额定频率范围与有效频率范围。扬声器系统重放的额定频率范围由产品标准指标给定,扬声器系统实际能达到的频率范围称为有效频率范围。

(4)特性灵敏度级与最大输出声压级。扬声器系统的特性灵敏度级与最大输出声压级的定义和测试计算方法,与扬声器单元的两个参量的定义和测试计算方法基本相同。

(5)指向性。扬声器系统的指向性可用指向频率响应来描述。不同的扬声器系统,由于其结构和所使用的扬声器单元不同,其指向性是不同的。在实际使用时,由于受使用环境的影响,音质、音幅会产生变化,所以应注意适当选择扬声器系统在室内的摆放位置。

(6)主观试听。通过主观试听可以定性地判断一个音箱的音质,比如低音是否有力、丰满,中高音是否清晰明亮,低、中、高音是否平衡、柔和等。通过主观试听还可以判断一个扬声器系统的最终放声效果,初步确定保真度、可懂度、平衡度、信噪比、动态范围等达到的程度。

(7)外观。扬声器系统的外观虽然在国际标准中没有明确的规定,但它同主观试听一样是一项不可忽视的潜在技术指标,已成为人们选购时应考虑的技术指标。

6.2.3　公共广播系统的设置

公共建筑都宜设置公共广播系统,公共广播系统具有业务性广播、服务性广播及应急广播功能。工程实施中,通常把前两种广播称为正常广播,后一种称为紧急广播。

一个公共广播系统可以同时具有三类功能,但不一定必须设置。其中每一类广播系统均可按其功能的完善程度分成三个等级,而且同一个公共广播系统中的不同类别功能,可以具有相同的等级,也可以是不同的等级。紧急广播是一级系统,在紧急情况下,需要实时发布命令,紧急广播功能必须得到保证。

公共建筑中广播系统的类别设置,应按建筑规模、使用性质和功能要求确定。

1. 业务性广播

业务性广播是向公共建筑内各服务区域播送、需要被全部或部分听众收听的日常广播,

业务性广播包括发布通知、新闻、信息、语音文件、寻呼、报时等,主要用于办公楼、商业楼、院校、车站、客运码头及航空港等公共建筑,满足以业务及行政管理为主的广播要求。

2. 服务性广播

服务性广播向公共建筑内各服务区域播送烘托环境气氛的广播,包括背景音乐和客房节目广播。其主要用于饭店类建筑及大型公共活动场所,为听众提供欣赏性音乐或背景音乐节目,以服务为主要宗旨。

3. 应急广播

应急广播是为了应对突发公共事件而向公共建筑内各服务区域播送的广播,包括警报信号、指导公众疏散的信息和有关部门进行现场指挥的命令等。火灾时通知人们迅速撤离危险场所。其主要用于大型办公楼、商业综合体、大型会展中心、车站、客运码头及航空港等人员密集场所。

1)应急广播方案

消防应急广播与普通广播或背景音乐广播合用时,应具有强制切入消防应急广播的功能。火灾时,将日常广播或背景音乐系统扩音机强制转入火灾事故广播状态的控制切换方式一般有以下两种。

(1)消防应急广播系统仅利用日常广播或背景音乐系统的扬声器和馈电线路,而消防应急广播系统的功放等装置是专用的。消防应急广播系统联动控制如图6-13(a)所示。当火灾发生时,在消防控制室切换输出线路,使消防应急广播系统按照规定播放应急广播。切换装置可以是继电器,也可以是专用设备。普通广播室的设备可不通过消防认证。

(2)消防应急广播系统全部利用日常广播或背景音乐系统的功放、传输线路和扬声器等装置,在消防控制室只设紧急广播音源及话筒。消防应急广播系统联动控制如图6-13(b)所示。当发生火灾时,可遥控日常广播或背景音乐系统紧急开启,强制投入消防应急广播。普通广播室中的功放、分区控制器与消防应急广播合用,需要通过消防认证。

在客房内设有床头控制柜音乐广播时,不论床头控制柜内扬声器在火灾时处于何种工作状态(开、关),都应能紧急切换到消防应急广播线路上,播放应急广播。

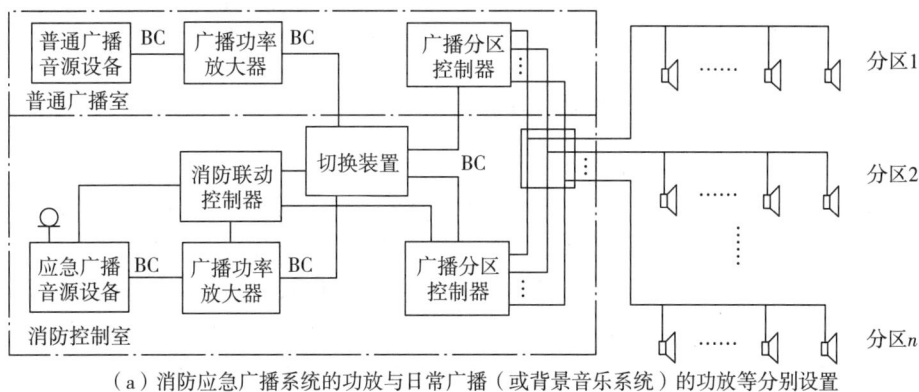

（a）消防应急广播系统的功放与日常广播（或背景音乐系统）的功放等分别设置

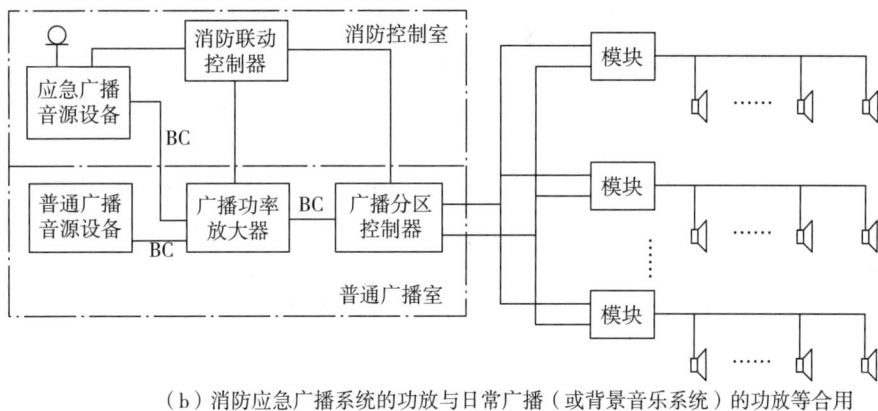

（b）消防应急广播系统的功放与日常广播（或背景音乐系统）的功放等合用

图6-13　消防应急广播系统联动控制

2)应急广播末端强制切换方式

与普通广播合用的消防应急广播系统中,若扬声器有音量控制或者开关,则不论音量控制或开关处于何种状态,均应能够使用继电器将其强制切换到正常播放消防应急广播的线路上。切换信号可由消防联动控制器通过总线给出或由广播分区控制器给出。末端强制切换方式如图6-14所示。

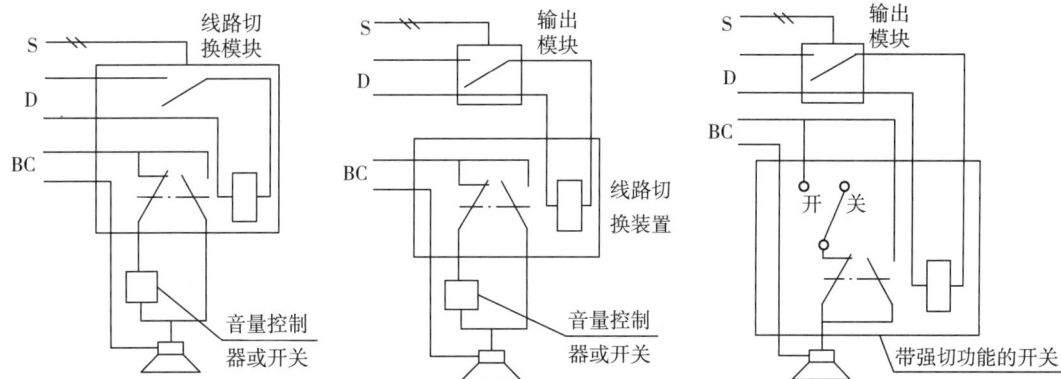

图6-14　末端强制切换方式

193

3)消防应急广播的分区

与普通广播合用的消防应急广播系统,如果功放及广播分区控制器未设置在消防控制室内,应能在消防控制室用话筒直接播音,控制功放开关及手动或自动进行分区控制。

消防应急广播与普通广播合用时,消防应急广播的分区可与普通广播的分区一致。

6.2.4 公共广播系统电声性能指标

公共广播系统的声音质量主要取决于电声学与建筑声学所形成的声学条件。电声系统的音质评价,通常采用主观感觉和客观指标相结合的方法。主观感觉通常是指人对音质的主观感受,如响度、清晰度、丰满度、空间感以及噪声水平等。客观指标则是用仪器测量得出的客观参数,也即系统的技术指标。这些指标包括应备声压级、声场不均匀度、漏出声衰减、系统设备信噪比、扩声系统语言传输指数以及传输频率特性等。其中,应备声压级是指公共广播系统在广播服务区内,应能达到的稳态有效值广播声压级的平均值。

声场不均匀度指公共广播服务区内各测量点测得的声压级的最大差值。

漏出声衰减即公共广播系统的应备声压级与服务区边界外30m处的声压级之差。

系统设备信噪比是指从公共广播系统设备声频信号输入端,到广播扬声器声频信号激励端的信号噪声比。

扩声系统语言传输指数(Speech Transmission Index of Public Address,STIPA)是语言传输指数的一种简化形式,在公共广播系统中用于客观评价系统语言传输质量。STIPA取值为0.00~1.00,其值越大,表示系统的语言可懂度越高。

传输频率特性即公共广播系统在正常工作状态下,服务区内各测量点稳态声压级相对于公共广播设备信号输入电平的幅频响应特性。

按照《公共广播系统工程技术规范》(GB 50526—2021)中规定,公共广播系统在各广播服务区内的电声性能指标应符合表6-1的规定。

表6-1 公共广播系统电声性能指标

	应备声压级	声场不均匀度(室内)	漏出声衰减	系统设备信噪比	扩声系统语言传输指数	传输规律特性(室内)
一级业务广播系统	≥83dB	≤10dB	≥15dB	≥70dB	≥0.55	图6-15
二级业务广播系统		≤12dB	≥12dB	≥65dB	≥0.45	图6-16
三级业务广播系统		—	—	—	≥0.40	图6-17
一级背景广播系统	≥80dB	≤10dB	≥15dB	≥70dB		图6-15
二级背景广播系统		≤12dB	≥12dB	≥65dB		图6-16
三级背景广播系统		—	—	—		—
一级紧急广播系统	≥86dB		≥15dB	≥70dB	≥0.55	
二级紧急广播系统			≥12dB	≥65dB	≥0.45	
三级紧急广播系统			—	—	≥0.40	—

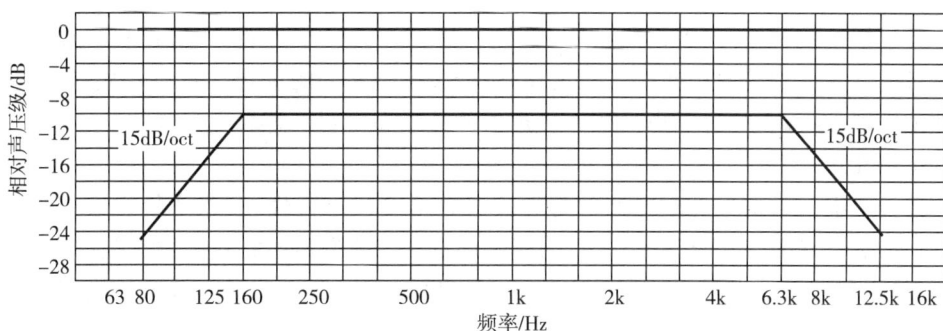

图 6-15 一级业务广播、一级背景广播室内传输频率特性容差域
（以实测传输频率特性曲线的最大值为 0dB）

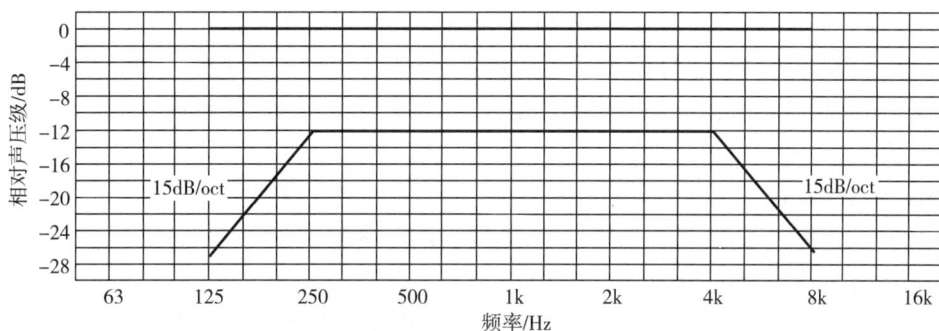

图 6-16 二级业务广播、二级背景广播室内传输频率特性容差域
（以实测传输频率特性曲线的最大值为 0dB）

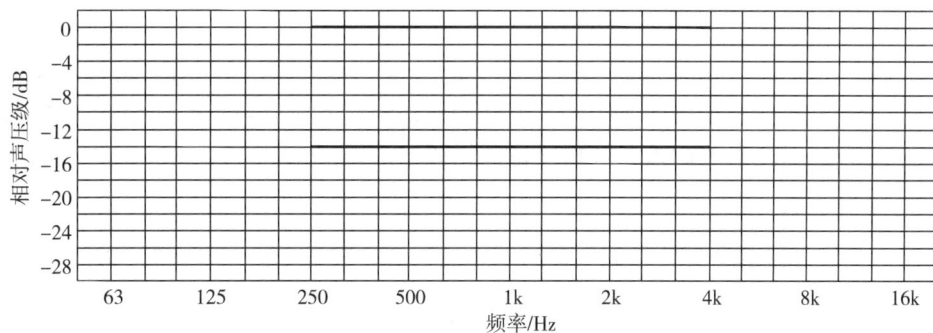

图 6-17 三级业务广播室内传输频率特性容差域
（以实测传输频率特性曲线的最大值为 0dB）

6.2.5 公共广播系统的主要设备选型与布置

公共广播系统设备应根据用户的性质、系统功能的要求选择。大型公共广播系统宜采用数字化的广播系统设备,功放设备宜选用定电压输出。当功放设备容量小或广播范围较小时,亦可根据情况选用定阻抗输出。

1. 信号源设备

公共广播系统的信号(音)源设备包括传声器、调谐器、激光唱机等,具有声频模拟信号录放接口的计算机及其他声频信号录放设备,应按系统使用的场合和对声音质量的要求,结合各种传声器的特点,综合考虑选用。传声器的选择和设置应符合下列规定。

1)传声器选择

广播传声器及其信号处理电路的特性应符合语言传声特性,其频率特性宜符合国家标准《应急声系统》(GB/T 16851—1997)的有关规定。广播传声器宜具有发送提示音的功能。

(1)传声器的类别应根据使用性质确定,其灵敏度、频率特性和阻抗等均应与前级设备的要求相匹配。

(2)在选定传声器的频率响应特性时,应与系统中其他设备的频率响应特性相适应;传声器阻抗及输出平衡性等应与调音台或前级放大器相匹配。

(3)应按场所需求合理选择指向性传声器,减少声反馈,提高语言清晰度。

(4)应按实际情况合理选择传声器的类型,满足语言或音乐扩声的要求。

(5)当传声器的连接线超过 10m 时,应选择平衡式、低阻抗传声器。

(6)录音与扩声中主传声器应选用灵敏度高、频带宽、音色好、多指向性的高质量电容传声器。

2)传声器的设置

在厅堂设置传声器,为了提高传声增益,减少声反馈和有效地避免各工作点之间的相互干扰和一个传声器多路输出时的阻抗失配,应合理布置扬声器和传声器,使传声器位于扬声器辐射角之外。当室内声场不均匀时,传声器宜避免设在声压级高的部位。传声器应远离谐波干扰源及其辐射范围。会议场所应在主席台台口和观众席等处分别设置传声器插座。具有演出功能的会议场所,现场多个工位同时需要传声器信号时,宜设置传声器信号分配系统。

2. 调音台

从工程设计的角度,调音台的选用主要考虑两点:一是调音台的输入路数和输出的组数,二是功放的性价比。前者取决于输入音源的数量和系统需要独立调整的扬声器的组数,应根据系统规模确定;后者则需要依照系统的功能要求而定。

3. 功率放大器

选择功率放大器最主要的是额定输出功率的确定。应根据扬声器所需的总功率并考虑留有相当的裕度来确定其额定输出功率。此外,由于系统分布较广、线路较长,应采用专门为公共广播系统设计的功率放大器。公共广播系统所要求的扩声设备具有高清晰度和高可靠性,也即音频放大要高度清晰,同时在满负荷输出且长时间使用时不发生故障。

对于广播系统而言,只要广播扬声器的总功率小于或等于功放的额定输出功率,且电压参数相同即可。考虑到线路损耗、老化等因素,应适当留有功率裕量。

公共广播系统功放设备的容量,宜按式(6-32)、(6-33)计算:

$$P = K_1 \cdot K_2 \cdot \sum P_0 \tag{6-32}$$

$$P_0 = K_i \cdot P_i \tag{6-33}$$

式中，P——功放设备输出总功率(W)；

　　P_0——每分路同时广播时最大电功率(W)；

　　P_i——第 i 支路的用户设备额定容量(W)；

　　K_i——第 i 支路的同时需要系数(背景广播时，旅馆客户节目每套 K_i 应为 $0.2\sim0.4$，一般背景广播 K_i 应为 $0.5\sim0.6$；业务广播时，K_i 应为 $0.7\sim0.8$；应急广播时，K_i 应为 1.0)；

　　K_1——线路衰耗补偿系数(线路衰耗 1dB 时应为 1.26，线路衰耗 2dB 时应为 1.58，线路衰耗 3dB 时应为 2)；

　　K_2——老化系数，宜为 $1.2\sim1.4$。

总体来说，非紧急广播用的广播功率放大器的额定输出功率应不小于其所驱动的广播扬声器额定功率总和的 1.3 倍。紧急广播用的广播功率放大器的额定输出功率应不小于其所驱动的广播扬声器额定功率总和的 1.5 倍。全部紧急广播功率放大器的功率总容量应满足所有广播分区同时发布紧急广播的要求。

除确定额定输出功率外，功放的选择与配置还应符合下列规定。

(1)功放设备的单元划分应满足负载的分组要求。

(2)扩声系统的功放设备应与系统中的其他部分相适应。

(3)扩声系统应有功率储备，语言扩声应为 $3\sim5$ 倍，音乐扩声应为 10 倍以上。

(4)广播功放设备应设置备用单元，其备用数量应根据广播的重要程度等确定。备用单元应设自动或手动投入环节，重要广播系统的备用单元应瞬时投入。

(5)驱动无源终端的广播功率放大器，宜选用定压式，功率放大器标称输出电压应与广播线路额定传输电压相同。

4. 扬声器

1)扬声器的选择

扬声器的选择除满足灵敏度、额定功率、频率响应、指向性等特性及播放效果的要求外，还应符合下列规定。

(1)办公室、生活间、客房等可采用 $1\sim3W$ 的扬声器箱。

(2)走廊、门厅及公共场所的背景广播、业务广播等扬声器箱宜采用 $3\sim5W$。

(3)在建筑装饰和室内净高允许的情况下，对大空间的场所宜采用声柱或组合音箱。

(4)扬声器提供的声压级宜比环境噪声大 $10\sim15dB$，但最高声压级不宜超过 90dB。

(5)在噪声高、潮湿的场所设置扬声器箱时，应采用号筒扬声器。

(6)室外扬声器应具有防潮和防腐的特性。

(7)广播扬声器布点宜符合下列规定：广播扬声器宜根据分片覆盖的原则，在广播服务区内分散配置。广场以及面积较大且高度大于 4m 的厅堂等块状广播服务区，也可根据具体条件选用集中式或集中分散相结合的方式配置广播扬声器。广播扬声器的安装高度和安装角度应符合声场设计的要求。

(8)当广播扬声器为无源扬声器，且传输距离大于 100m 时，宜选用具有线间变压器的定压式扬声器。其额定工作电压应与广播线路额定传输电压相同。

(9)用于火灾隐患区的紧急广播扬声器应由阻燃材料制成(或具有阻燃罩)。广播扬声器在短期喷淋的条件下应能工作。

2)扬声器的布置

扬声器(或音箱)的中心间距应根据空间净高、声场及均匀度要求、扬声器的指向性等因素确定。扬声器箱在吊顶安装时,应按场所的用途来确定其间距。要求较高的场所,声场不均匀度不宜大于6dB。

(1)门厅、电梯厅、休息厅内扬声器间距可按式(6-34)计算:

$$L=(2\sim2.5)H \tag{6-34}$$

式中,L——扬声器安装间距(m);

H——扬声器安装高度(m)。

(2)走道内扬声器间距可按式(6-35)计算:

$$L=(3\sim3.5)H \tag{6-35}$$

(3)会议厅、多功能厅、餐厅内扬声器间距可按式(6-36)计算:

$$L=2(H-1.3)\cdot\tan\frac{\theta}{2} \tag{6-36}$$

式中,θ——扬声器的辐射角,宜大于或等于90°;

1.3——人体坐姿时,耳朵的平均高度。

3)扬声器与功率放大器配接

扬声器的配接方式主要依功率放大器的输出方式而定。功率放大器采用定压输出方式时,由于负荷变化对输出电压的影响较小,一般只考虑扬声器的总功率不大于功率放大器的输出功率即可,仅当线路较长时需考虑线路消耗的功率。定阻输出的功率放大器要求与扬声器的总阻抗匹配,即扬声器的总阻抗应等于功放的输出总阻抗。同时,用户负载应与功率放大器设备的额定功率相匹配。

根据公共场所的使用要求,扬声器的输出宜设置音量调节装置。兼作多种用途的场所,背景音乐扬声器的分路宜安装控制开关。

6.2.6 公共广播系统的传输线路及敷设

传输线路(transmission line)是将广播信号从信号处理设备(含放大器)或机房,传输到广播服务区现场广播扬声器的线路,包括各种电缆、光纤等。传输距离(transmission distance)是由公共广播传输线路输入端到负载端的线路长度。公共广播系统的传输线路衰减不宜大于3dB(1000Hz)。

1. 线缆选择

公共广播系统通常是有线广播,当传输距离不远时,采用无源广播扬声器,并采用普通线缆传送广播功率信号。长距离、大功率传输要考虑线路衰耗、高频损失等问题。为了减弱导线间分布电容造成的串音影响,宜采用绞合型对导线。

传输距离、负载功率、线路衰减和传输线路截面之间的关系,可按公式(6-37)计算:

$$S=\frac{2\rho LP}{U^2(10^{\gamma/20}-1)} \tag{6-37}$$

式中,S——传输线路截面(mm^2);

ρ——传输线材电阻率($\Omega \cdot mm^2/km$);

L——传输距离(km);

P——负载扬声器总功率(W);

U——额定传输电压(V);

γ——线路衰减(dB)。

当传输线采用铜导线、额定传输电压为100V、线路衰减为3dB,且广播扬声器沿线均布时,式(6-37)可简化为式(6-38):

$$S \approx 5 \times L \times P \qquad (6-38)$$

式中,S——传输线路截面(mm^2);

L——传输距离(km);

P——负载扬声器总功率(kW)。

当传输距离较远,且终端功率在千瓦级以上时,广播传输线路宜采用屏蔽对绞电缆或光缆。

2. 线缆敷设

1)公共广播的功率传输线路的基本要求

公共广播的功率传输线路不应与通信线缆或数据线缆共管或共槽。公共广播的功率传输线路的额定传输电压较高、线路电流较大,与通信线或数据线共管、共槽时,容易对它们造成干扰。严禁与电力线路共管或共槽。火灾隐患地区使用的紧急广播传输线路及其线槽(或线管)应采用阻燃材料。绝缘电压等级必须与其额定传输电压相容;线路接头不应裸露;电位不等的接头必须分别进行绝缘处理。

2)室内广播线路敷设

室内广播线路宜穿导管或线槽敷设,功放设备输出分路应满足系统通道的要求,不同分路的导线宜采用不同颜色的绝缘线区别。

广播、扩声线路与扬声器的连接应保持同相位。

当广播系统和消防应急广播系统合用一套系统或共用扬声器和传输线路时,广播线路可以明敷。明敷的导管、电缆桥架,应选择燃烧性能不低于 B1 级的难燃材料制品或不燃材料制品。

信号源的线路应采用屏蔽线并穿金属导管敷设,且不得与广播传输线路同槽、同导管敷设。传声器线路与调音台(或前级控制台)的进出线路都属于低电平信号线路,易受干扰。所以在采用可控硅调光设备的场所应特别注意防干扰措施的处理。传声器线路宜采用四芯屏蔽对绞电缆穿金属导管敷设,且避免与电气管线平行敷设;调音台或前级控制台的进出线路均应采用屏蔽线。

3)室外广播线路敷设

室外广播、扩声用的线缆量相对较少,线缆可采用直接埋地敷设方式。直埋电缆宜敷设在绿化地下面。当穿越道路时,穿越段应穿金属导管保护;路由不应通过预留用地或规划未定的场所。具有室外传输线路(除光缆外)的公共广播系统应有防雷设施。

传输线路直接埋地敷设方式可参考本书第 3 章,公共广播系统的防雷与接地应符合《建筑物电子信息系统防雷技术规范》(GB 50343—2012)的相关规定。

广播线路宜采用电力控制用电缆,如铜芯聚氯乙烯绝缘聚氯乙烯护套屏蔽软电缆(RVVP)。

6.2.7　公共广播系统的控制室

1. 广播控制室

业务广播控制室宜靠近业务主管部门。广播系统一般只设置控制室,当需要高质量录播时应增设录播室;当控制室存在噪声干扰时,应进行降噪处理;大型广播系统宜设置机房、录播室、办公室等附属用房。

需要接收无线电台信号的广播控制室,当接收点信号场强小于 1mV/m 时,应设置室外接收天线装置,并做好防雷措施。

广播控制室与消防控制室合用时,应符合消防部门的有关规定。

公共广播系统用房的环境要求应符合《电子会议系统工程设计规范》(GB 50799—2012)的相关规定。

2. 广播控制室的供电电源

公共广播系统的供电电源应符合下列规定。

(1)紧急广播系统应设置 220V 或 24V 备用电源。为了保障应急广播系统的可靠运行,主/备电源切换时间不应大于 1s。

(2)供电电源宜由不带舞台调光设备的变压器供电。当无法避免时,调音台或前级控制台的电源,宜经单相隔离变压器供电。

(3)紧急广播系统设备的应急电源与疏散照明系统的应急电源的供电时间要保持一致。

(4)公共广播终期设备是指规划终期的最大广播设备需要的容量,不包括广播控制室内非广播设备,如控制室内的空调、照明、电力等。

3. 公共广播系统的防雷与接地

公共广播系统的接地有保护接地和功能接地两种。

保护接地可与交流电源有关设备外露可导电部分采取共用接地,以保障人身安全。

为了有效解决低频干扰问题,功能接地是将传声器线路的屏蔽层、调音台(或控制台)、功放机柜等输入插孔接地点均接在一点,形成一点接地。

室外传输线路应采用防雷措施。防雷与接地方法应符合《建筑物电子信息系统防雷技术规范》(GB 50343—2012)的相关规定。

6.3　立体声系统

立体声系统是将多个传声器、传输迪道和扬声器系统(或耳机)按一定规律排列组成的系统。它按人耳定位的机理产生和提供聆听者一个声源空间分布的感觉,以重现音乐或表演节目现场演出的效果。

6.3.1　立体声的基本概念

在日常生活中,我们听到的自然界的声音就是立体声。在音响技术中所讲的立体声并不是自然声,而是通过录音、传输和重放系统所获得的声音。

立体声与单声道重放声相比,立体声具有明显的方位感和分布感,较高的清晰度,较小的背景噪声,较好的空间感、临场感、层次感和解析度。

一般情况下,不必在整栋建筑物内配置立体声的公共广播系统,公共广播原则上是单声道广播而不是立体声广播。

6.3.2　立体声基本原理

1. 声源平面定位

1)时间差

设声源在聆听者听觉平面的右前方较远处发声,用声线表示声波的传播方向,如图 6-18 所示。从右前方传来的声音,到达右耳的路径短,到达左耳的路径长,声音到达两侧耳壳处的时间差可近似为

$$\Delta t \approx \frac{l}{c}\sin\theta \qquad (6-39)$$

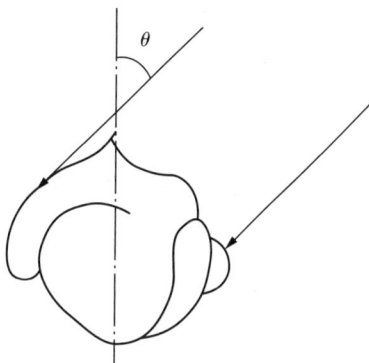

图 6-18　双耳效应

式中,l——两耳距离;

　　θ——声源与人头部中心线的夹角,称为平面入射角。

2)相位差

由于传到两耳的声音存在时间差,因而也会产生相位差。对于频率为 f 的纯音,相位差与时间差有如下关系:

$$\Delta\varphi = 2\pi f \cdot \Delta t \qquad (6-40)$$

将 $c = \lambda f$ 及 $\Delta t \approx \frac{l}{c}\sin\theta$ 代入上式,可得

$$\Delta\varphi = \frac{2\pi l}{\lambda}\sin\theta \qquad (6-41)$$

3)声级差

两耳虽然相距不远,但是,由于头颅的阻隔作用,使得从某方向传来的声音需要绕过头部才能到达离声源较远的一只耳朵中去。在传播过程中,其声压级会有一定程度的衰减,使两侧耳壳处产生声级差。

4)音色差

当声源不是单一频率的纯音,而是一个复音时,情况要复杂些。如一个乐器发出的声

音,可以分解为一个基频声和许多谐频声。根据绕射规律,由于人头部对谐频声的遮蔽作用使基频声和各高次谐频声在左右耳际的声压级不同,因而两侧耳朵听到的音色将有差别,形成音色差。

2. 声源距离定位

人耳对声源距离的定位,在室外主要依靠声音的强弱来判断,在室内则主要依靠直达声与反射声、混响声在时间上、强度上的差异等因素来判断。

3. 声源高度定位

声源的高度位置由声波在垂直面上的入射角(仰角)和直线距离两个坐标量来确定。直线距离的定位机理与前面所阐述的相同,而仰角定位是理论上尚未圆满解决的问题。

4. 声像分布

声像分布与其所对应的原发声场各点声源空间分布的一致性,标志着立体系统的准确性。

声像分布与声级差及频率范围的关系,在数学上可用著名的正弦定理来描述,即

$$\sin\theta = k \frac{L-R}{L+R} \sin\alpha \tag{6-42}$$

式中,θ——声像方位角;

α——聆听角;

L、R——左、右两声道的信号强度;

k——修正系数。当信号频率 $f \leqslant 700\text{Hz}$ 时,$k=1$;当 $f > 700\text{Hz}$ 时,$k=1.4$。

正弦定理告诉我们:改变左右两只扬声器的发声强度,声像定位将在两只扬声器之间改变。如 $L=R$,则 $\theta=0$,声像将定位在两只扬声器中间。若 $L \gg R$,则 $\sin\theta = k\sin\alpha$,对于700Hz以下频率信号,$k=1$,$\theta=\alpha$,声像位于左扬声器的位置上。若左右扬声器发声强度不变,则由于低频与高频的修正系数不同,其声像位置也不同。这对于实际的多频率成分的声音来说,将使一个声源发出的低频和高频分量具有不同的声像定位。

6.3.3 立体声系统

1. 双声道立体声

单声道的音响系统是由一个传声器、一个放大器和一个扬声器组成的单一声音信号通道,如图6-19(a)所示。"声道"也称"通道",是指一个电信号或声信号独立的专有路径。图6-19(b)是由左、右道组成的双通道立体声现场扩音系统示意图。从图6-19(b)中可见,两个通道分别使用两只适当拉离的传声器拾音,以模拟人的双耳拾音效果,每一个传声器拾得的声音信号各自通过独立的放大系统,分别驱动放置在听音者前方左、右两侧的扬声器放音,从而获得类拟在现场欣赏节目时的方位感、展开感和深度感。

实践证明,双通道立体声的最佳听音位置是与两只音箱成等边三角形的中央顶点,或者

扩大一点的范围,即与两只音箱所成的等腰三角形的顶点附近区域,而开角为 30°~50°,如图 6-20 所示。

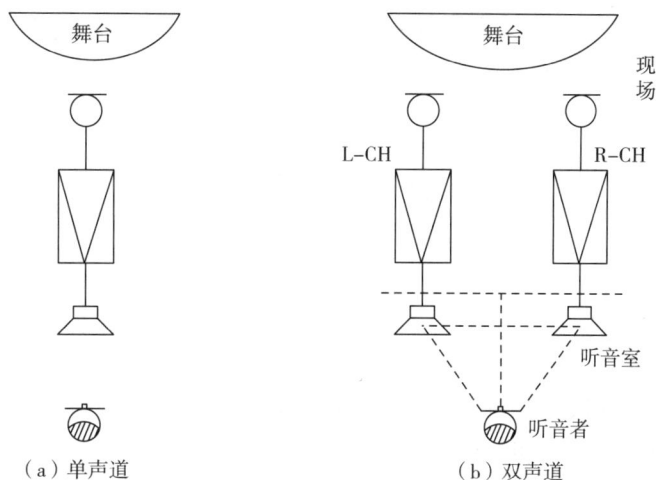

（a）单声道　　　　　　（b）双声道

图 6-19　单声和双通道立体声

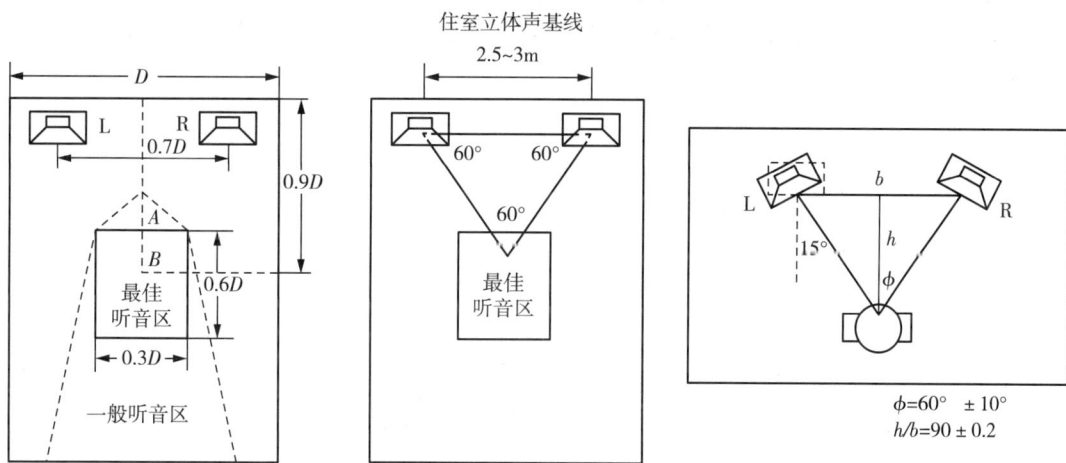

图 6-20　最佳听音位置

2.3D 立体声

随着声频技术的发展,200Hz 以下的低频信号(通常称为"重低音"或"超低音")被证实对音响系统的表现力具有关键影响。超低音通过其极低频域的深度与动态能量,显著增强声音的临场感与震撼力。

声学研究证实,200Hz 以下低频的方向性感知较弱,因此超低音通道可采用单功放驱动单只音箱的方案(见图 6-21)。该系统工作流程如下。

立体声通路(>200Hz):信号由左右声道独立放大播放,维持声像定位精度。

超低音通路(≤200Hz):左右声道信号经低通滤波器→混合→单功放→超低音音箱。

该方案通过集中辐射超低频,有效解决立体声场中频能量塌陷问题,提升功率利用率并抑制相位失真。

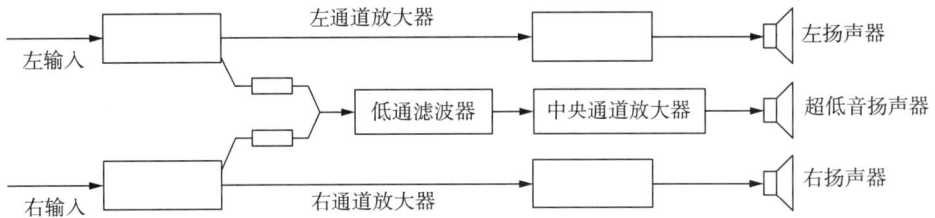

图 6-21 3D 立体声系统

3. 环绕立体声

所谓环绕声或环绕声系统,是将音频信号扩展到三个维度,使听众产生一种被声音所环绕(包围)的感觉。这种效果,是在重放的声场中,保持原有信号声源的方向性,从而让聆听者身临其境,使听众产生声音的包围感、临场感和真实感。

环绕立体声可通过以下三种方式获得。

第一种,分离四通道(4-4-4)系统,亦称为四方声系统,即在软件(录音带或唱片)制作时就直接采用四通道录音,在录音带或唱片上录下四条声轨。重放时则必须用四轨录音机或四通道电唱机配合四台扩音机和四个音箱放音。这种方式中,从节目源到传输通道直到重放设备都采用四个通道,如图 6-22 所示。

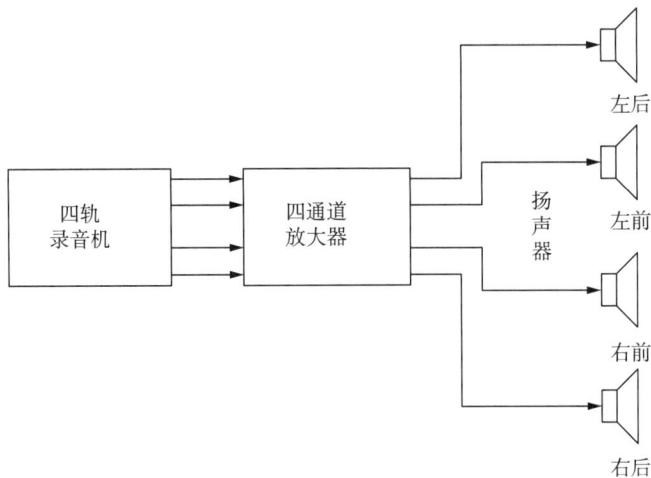

图 6-22 4-4-4 系统

第二种,编码式的四通道(4-2-4)系统。4-2-4 指的是节目源制作是四个通道,然后经过编码器使之压缩为两通道,重放时再通过解码器恢复为原来的四个通道,如图 6-23 所示。

第三种,杜比环绕声电影系统。它使用特定的编码技术将左、中、右和环绕声四个

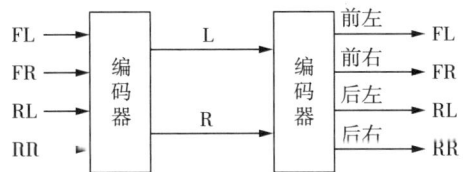

图 6-23 4-2-4 系统

声道经过编码转换成两个声道,制作成电影的光学声带。

当放映采用杜比编码系统录音的立体声电影时,只需配备一台 CP-55 解码系统,就能把影片中录下的两通道信号还原成四个通道:右通道 R、左通道 L、中央通道 C 和环绕声通道 S,还有一个重低音通道 B。用上述五个信号分别推动五台扩音机和音箱,放置于电影院银幕背面的左、中、右位置和观众席处,即可获得与电影画面相配合,使人有身临其境的逼真环绕立体声效果,如图 6-24 所示。

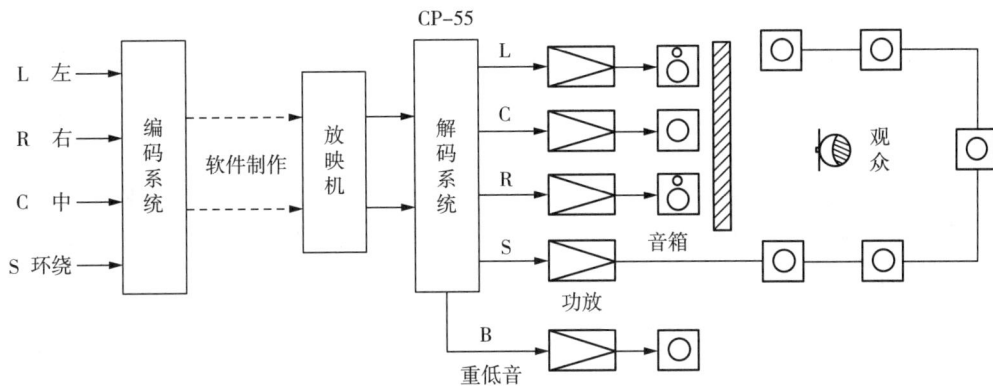

图 6-24 杜比系统

6.3.4 双声道立体声的拾音

在立体声广播或立体声录音时,对立体声信号的拾音方式在双声道立体声系统中可分为仿真头方式、AB 方式以及声级差方式(又可分为 XY 方式和 MS 方式)。

1. 仿真头制

仿真头是用塑料或木材仿照人头形状做成的假头,直径约 18cm。仿真头的两耳内部也做成耳道,并在左右耳道末端分别装有一只无指向性电容传声器,将它们的输出分别作为左右声道信号。由于仿真头中左右传声器所拾得的信号与人耳左右鼓膜所得的声音信号是很近似的,所以也存在声级差、时间差和相位差等。当将它的左右声道信号分别经放大器放大后,送到立体声耳机的左右单元中使人听声时,就相当于听声人处在仿真头所在的位置听声。

仿真头方式立体声系统的临场感和真实感是很好的。若用双扬声器来放声,会引起附加的时间差和声级差,立体声效果很差。

2. A-B 制

A-B 制拾音方式是将两只型号及性能完全相同的传声器并排放置于声源的前方,左右两只传声器拾音后分别将信号送至左右两个声道。两只传声器间距视声源的宽度而定,通常为几十厘米至几米。传声器可选用全指向性或单指向性的。

A-B 制拾音方式如图 6-25 所示。由图可知,当声源不在正前方时,声源到达两只传声器的路程是不同的。因

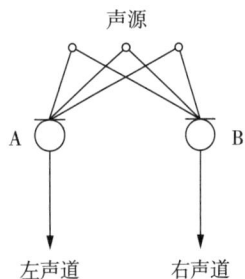

图 6-25 A-B 制拾音方式

此,两只传声器拾得的信号既有声级差,又有时间差,还有相位差。而且,当时间差一定时,相位差随声源频率不同而不同。如果将左右信号合起来作单声道重放,会发生相位干涉现象。有的频率成分同相相加而增强,有的频率成分反相相减而削弱,使音色产生变化。

在 A-B 制拾音方式中,如果两只传声器相距较远,会导致重放时所形成的声像强度较弱,且向左右靠拢,使中间声像变得稀疏,像是一个空洞,从而破坏声音的立体感。对于中间空洞现象造成的声像畸变,可以用增加中间传声器的方法来校正,将中间传声器所拾得的信号分别加到左右声道中去。也可以在重放时增加一只中置扬声器,其信号由左右声道中的信号相加而获得。

3. X-Y 制

X-Y 制拾音方式采用两只型号及特性完全一致的传声器,上下靠紧安装在一个壳体内,构成重合传声器。两只传声器的指向性主轴形成 90°~120° 的夹角。把主轴左边和右边传声器输出的信号分别送入左、右声道,如图 6-20 所示。采用这种拾音方式,两只传声器拾得的信号几乎不存在时间差和相位差,而只有声级差。

4. M-S 制

M-S 制拾音方式是将一只传声器 M 的指向性主轴对着拾音范围的中线,而将另一只传声器 S 的指向性主轴向着两边,两只传声器的指向性主轴夹角为 90°。通常,M 传声器采用全指向性或心形传声器,而 S 传声器则必须采用双指向性传声器。

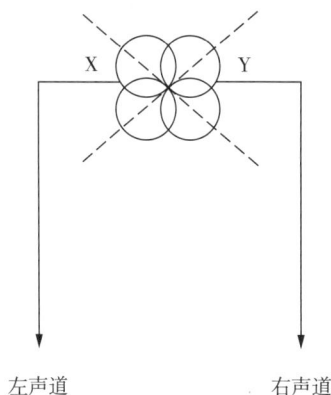

图 6-26 X-Y 制拾音方式

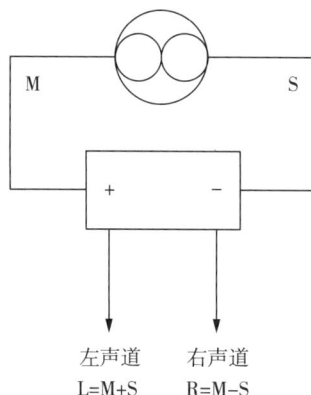

图 6-27 M-S 制拾音方式

采用这种拾音方式时,M 传声器拾得的是整个声场的信号,而 S 传声器拾得的是声两侧的信号。M 信号相当于左右信号之和,即 $M=L+R$;而 S 信号相当于左右声之差,即 $S=L-R$。所以 M 和 S 两只传声器所拾得的信号必须进行和差变换才能成为左右声的信号,如图 6-27 所示。

M-S 制拾音方式也将两只传声器上下靠紧安装在一个壳体内,构成重合传声器。因而,其拾得的信号也只有声级差,由于 M 传声器拾得的是全声场的信号,$L+R=M$ 可供给单声道系统放声,因而有较好的兼容性。

6.3.5　对立体声系统各环节的特殊要求

与单声道相比,由于立体声采用了多声道系统,且这里的多声道信号还包含了声像方向的信息,因此引出了对立体声系统各环节的一系列特殊要求。

1. 移相问题

移相问题是指一个声道内的相移频率特性以及声道间相频特性差的问题。

2. 串声问题

左、右声道间信号的互串(互相感应)会改变两声道间的强度差,因而会使重放声像方向角发生畸变,为此应尽量降低这种互串并制定出相应的标准。

3. 演播室特性

实践证明,单声道效果较好的立体声一般也适用于演播室。演播室包括广播电台的播(录)音室、录音棚等。实际上,立体声技术就是在这些原来供单声道使用的演播室里发展起来的。不过立体声的发展对演播室也提出了一些新的要求。

6.4　网络公共广播系统

网络公共广播系统是利用局域网或互联网实现音频信号、控制指令的高效传输,广泛应用于各类公共场所。

6.4.1　公共广播系统技术发展

公共广播系统(Public Address System,PA 系统)的技术发展经历了从简单扩声到网络化的演变。

(1)模拟扩声系统(20 世纪 30 年代~20 世纪 80 年代)。20 世纪初~20 世纪 50 年代,基于电子管(真空管)技术,设备体积庞大、功耗高。使用模拟信号传输,通过麦克风、功放和喇叭实现基础扩声,主要用于单向语音广播(如车站、紧急广播等)。其音质差、易受干扰、布线复杂且难以扩展。20 世纪 60 年代~20 世纪 80 年代,晶体管取代电子管,设备小型化、能效提高。出现多分区控制技术,可对不同区域独立广播(如商场分区播放不同音乐)。引入背景音乐功能,支持磁带等音源。出现矩阵切换器、多通道功放。定压输出(70V/100V)成为主流,通过变压器匹配阻抗,支持长距离传输(数百米),适用于校园、工厂等场景;布线成本高,后期扩展性差。定阻输出需严格阻抗匹配,仅用于短距离如小型会议室等。

(2)数字化与 DSP 技术(20 世纪 90 年代~21 世纪初):数字信号处理技术提升音质和抗干扰能力。数字化存储与播放(如 CD、MP3),支持定时播放和自动化控制。系统集成消防报警联动功能(如紧急广播自动切换),通过干接点信号实现紧急广播自动切换。定压输出为主,兼容数字信号传输。需专用线路,难以实现跨区域灵活组网。

(3)网络(IP)广播(21 世纪初至今):基于 IP 网络传输音频信号,实现多设备互联、跨区域远程控制和云端管理,系统扩展性大幅提升。音视频融合,可同步传输视频、文本信息(如数字告示牌)。出现 IP 扬声器,引入 PoE 供电与无线 Wi-Fi、蓝牙、5G 传输技术,减少布线复杂度,适用于大型活动场馆等。

6.4.2　模拟公共广播系统

1. 模拟公共广播系统

模拟公共广播系统主要由音源、广播主机、功率放大器、广播分区器[①]以及末端广播扬声器(喇叭)等组成,其架构如图 6-28 所示。在该系统中,从广播的功率放大器到末端各广播扬声器均采用两芯的铜导线进行连接。

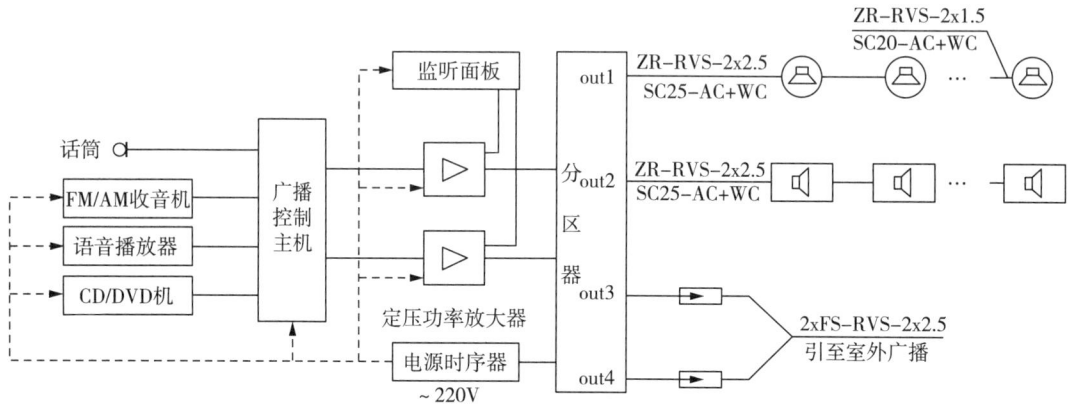

图 6-28　模拟公共广播系统

模拟公共广播系统的架构简单,技术成熟,布线及管理都比较方便,采用的设备性价比高。本系统不存在模数转换的问题,实时性好,适用于对广播实时性需求很高的场所,如中学(初级中学和高级中学)有播放英语听力考试以及规模较小的幼儿园、小学、中学以及一些单体的项目中。

模拟公共广播系统的不足如下。

(1)传输线路采用铜导线,长距离传输会提高成本。

(2)铜导线存在电阻,在传输过程中会造成电压降。为使广播末端能正常工作,系统不得不提高功放的输出电压并且增加功放的功率。

(3)在众多单体建筑工程中,传输线路采用电缆,进出各单体的电缆均需设置信号电涌保护器。过多的信号电涌保护器也会提高系统的造价,增加后期维护成本。

(4)抗电磁干扰能力弱,工业环境中易受变频器、大功率设备影响。

(5)无法实现远程集中管理,运维依赖人工巡检。

---

① 广播分区器的主要作用是可以对广播服务区进行分区控制和管理。同一个广播系统所覆盖的广播服务区可能很大,包含许多功能区域,而这些区域在同一时间内可能需要不同的广播状态,那么就需要对这些不同功能的区域进行分区处理和控制。如在同一时间内,一些区域在播放背景音乐,而另外一些区域在进行寻呼,还有一些区域不广播。在这种情况下,使用广播分区器就能起到在不同区域播放不同内容的作用,也就是我们所说的分区控制的作用。通常的广播分区器设置有一路紧急功放输入通道,一路(或四路)普通功放输入通道,一个告警触发输入口,此输入口和消防联动设备(如报警矩阵)或消防中心相连接,哪一个分区(或 些分区)有告警触发信号,那么这个(或这些)分区就会自动进入紧急广播状态。广播分区器每路功放输入通道的容量可以达到 2000W,每路分区输出通道的输出容量可达到 500W(但总的输出容量不能超过输入通道的容量)。告警触发输入电平可进行预先设定,即可设置为低电平有效,也可设置为高电平有效。

模拟公共广播系统适合用在规模不大、单体比较少、复杂度不高的工程中。

2．数字信号的模拟公共广播系统

模拟公共广播系统的音源只能就近设置在广播主机附近，如果要在不止一个地点设置广播音源，可以增加一个网络话筒，并将模拟公共广播系统中的模拟广播控制主机换为数字广播控制主机。网络话筒与数字广播控制主机用 TCP/IP 接口进行连接，或者选择有网络接口的模拟广播控制主机与网络话筒连接。

6.4.3　网络公共广播系统

在单体建筑数量多，且分布分散的建筑群（园区）中，要求每个单体建筑播放的背景音乐按该区域的主题变化；每个单体的主题则按时间不断变化，同时随着主题变换，广播分区也不停变化。在如此复杂的需求下，可采用一种灵活的网络公共广播系统来实现。

1．网络公共广播系统的基本概念

网络公共广播系统（或称 IP 网络广播系统）是基于 IP 数据网络平台，将音频信号经过数字编码以数据包形式按 TCP/IP 协议在局域网（或城域网、广域网）内传送，能解决模拟公共广播系统传输距离短、音质不佳、管理维护复杂、互动性差的问题，可单路、多路、单向或双向传输，局域网内延迟时间不超过百毫秒，并具有自动流量调整、声音补修等功能。

2．网络公共广播系统的基本组成

1）网络公共广播系统的基本组成

网络公共广播系统主要由广播控制中心和各类终端两部分组成，其基本结构如图 6-29所示。在规模比较大的（单体建筑物门卫值班室）或特殊用途的（如学校领导办公室）公共广播系统，可以设置主控中心和分控中心。

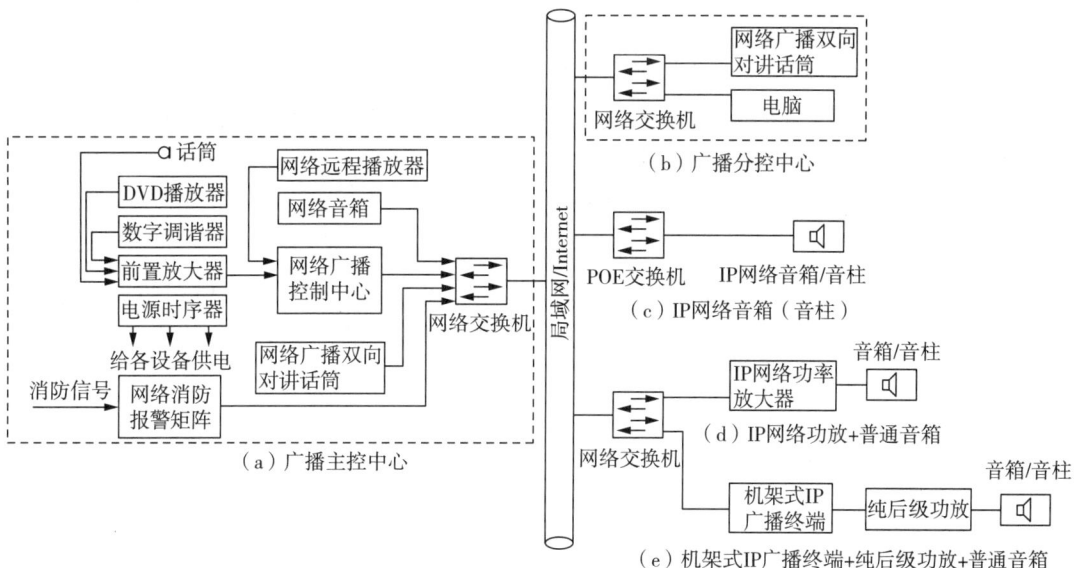

图 6-29　网络公共广播系统的基本结构

网络公共广播系统中采用的广播均为有源广播，即广播系统的功率放大器分散到每个广播终端内,同时广播终端内置网络接口的音频解码器;每个广播终端都有一个 IP 地址,所有的音频信号都通过网络传输。因此,每个广播终端都可以作为一个独立的广播分区播放不同的内容,该系统灵活性高。支持边缘计算与 AI 语音识别,实现智能语音指令响应(如"紧急疏散"指令自动触发预案);与物联网设备联动,如通过温感传感器触发火灾广播。不足之处如下:①造价昂贵,如一个中型项目,采用同品牌比较,网络公共广播系统造价约是模拟系统的 1.5 倍;②故障点多,每个音箱均含内置的解码器及功放,使其可靠性低于模拟广播;③实时性较差,音源采用编码→交换机网络→有源音箱接收→解码→播放的流程,可能延迟百毫秒。

2)网络公共广播系统的设备分布

(1)建筑群的设备分布。在建筑群设备间的机柜内安装遥控话筒、FM/AM 收音机、网络广播控制主机(最大支持 128 分区)、定时器、公共广播专用网络交换机(2 口千兆上连光口 24 口 10/100M 铜口)、网络语音播放器、CD/DVD 机、交流 220V 电源时序器(8 路)等,并在墙体上安装 AC220V 配电箱。

在每个单体建筑的设备间机柜内安装网络交换机,其上连光口 2 个千兆,下联电缆口 10/100M。电缆口的数量一般按末端广播终端(IP 网络音箱、IP 网络功放和机架式终端)数量而定。

单体建筑的设备间机柜内上端部分安装网络交换机,机柜内下端安装电缆配线架。从电缆配线架引出的电缆分别敷设到末端广播终端(IP 网络音箱、IP 网络功放和机架式终端)。

建筑群的设备间与单体建筑的设备间的网络交换机采用室外光缆连接。

(2)单体建筑的设备分布。在单体建筑的设备间机柜内上半部分安装遥控话筒、遥控话筒、FM/AM 收音机、网络广播控制主机(最大支持 128 分区)、定时器、公共广播专用网络交换机、数字语音播放器、CD/DVD 机、交流 220V 电源时序器(8 路)等,并在墙体上安装交流 220V 配电箱。网络交换机的上连光口 2 个千兆,下联电缆口 10/100M。电缆口的数量一般按末端广播终端(IP 网络音箱、IP 网络功放和机架式终端)数量而定。

机柜内下半部分安装电缆配线架。从电缆配线架引出的电缆分别敷设到末端广播终端(IP 网络音箱、IP 网络功放和机架式终端)。

3. 网络公共广播系统系统的基本功能

(1)单播(点播):使用软件或者话筒对指定的设备广播。

(2)组播:组播是指将数据包发送到一个广播组中的所有设备。组播使用的 IP 地址是 224.0.0.0 到 255.255.255.255 之间的地址,端口号可以任意指定。当一个设备发送数据包到一个组播地址时,只有加入该广播组的设备才可以接收到数据包。

(3)全区广播:对所有设备进行统一广播。

(4)无人值守:通过软件控制,实现实时广播、定时广播、预案广播等。

(5)环境监听:可在主控中心监听 IP 网络终端所在地周围的声音实况,且不影响网络终端的节目播放。

(6)电话广播:可通过手机、电话广播,随时随地发布广播通知。

(7)应急广播:发生事故或者灾害时的广播,根据现场情况,指定广播的内容、广播的设备、广播时长,达到实时、高效的目的,以减少人员伤害和财产损失。

(8)网络广播可以在局域网中运行,也可以在广域网中运行,提高实用性。网络广播具有安全、高效、稳定、易用、能扩展等特点。

6.4.4 网络公共广播系统的控制中心

广播服务器/控制中心是管理和发送广播内容,将广播内容转换成网络音频流,并通过网络传输到 IP 网络广播终端。

1. 广播主控中心

广播主控中心负责整个广播网络(如园区、城市公共广播等)的音频信号进行集中控制、调度、分发和管理。它可以是模拟广播系统的核心设备,也可以是 IP 网络广播系统的智能控制平台。

(1)IP 网络广播控制中心是实现音频信号的传输、分区控制、远程调度和集中管理,内置 IP 网络广播主控软件,控制所有的功放及终端设备,实现系统控制、系统备份、权限下发等。公共广播系统的所有功能都建立在这台设备的基础上,具有定时广播、文字广播等功能。

(2)IP 网络远程播控器是基于 IP 网络(如互联网或局域网)实现音视频内容远程传输、管理和播放控制的设备或系统,用于需要集中管理多个终端播放场景的领域,如公共广播、教育多媒体、会议系统等,控制音量大小、播放模式、播放分区等。

(3)高密度数字视频光盘(Digital Video Disc,DVD)播放器用于播放 DVD 光盘的设备,能够提供视频和音频输出。DVD 播放器在广播主控中心的主要作用是播放光盘里面的音频文件,如现在中考、高考的英语听力文件都是通过光盘进行播放的。

(4)数字调谐器是基于数字信号处理技术来调整频率或参数的电子设备。它通过数字电路(如微处理器、FPGA 等)控制频率选择,采用锁相环或直接数字合成技术,将输入信号与本地振荡器频率同步,实现精准的频率锁定和切换。数字调谐器在广播主控中心的主要作用就是一台收音机,接收调频广播。

(5)前置放大器主要是初步放大和调节微弱信号,以便后续设备(如功率放大器)进一步处理。前置放大器在广播主控中心主要是对音频信号进行放大处理传输给功放,也作为多个音频信号的输入与输出的中转设备,可调节音量大小。

(6)电源时序器是按预设顺序控制多个设备电源通断的装置,主要用于避免设备同时上电或断电带来的电流冲击、电压波动等问题,从而保护敏感电子设备(如音响系统、服务器、实验室仪器等)。实现对整套 IP 网络广播设备的定时开关电源,在网络状态下可控制任意设备的集中电源控制。典型应用:大型场馆避免设备启动时的电流冲击,按顺序开启服务器→交换机→功放。

(7)IP 网络消防报警矩阵是基于 IP 网络架构的智能消防报警系统,通过数字化、网络化技术实现火灾报警设备的集中管理和联动控制。当接收到由消防中心发来的警报信号时,会自动激活网络公共广播系统相应工作区进入强行插入紧急广播状态。通过主机设置,每个通道的告警分区可任意组合。通过 Modbus/TCP 协议与消防主机通信,支持优先级抢占(最高级为消防广播)。

(8)IP 网络壁挂音箱是基于互联网协议传输音频信号,集网络解码器、功放、喇叭于一体的壁挂式音箱,功率一般为 10~30W。实时语音监听公共广播系统内的各个区域广播状态及广播节目内容等。

IP 网络壁挂音箱的主要独立模块：①网络解码器负责接收并解码来自网络的数字音频流（如 RTP、RTSP 协议），支持多种编码格式（MP3、AAC、G.711 等）；②功放模块将解码后的数字信号转换为模拟信号并放大，驱动喇叭发声，功率通常为 10～30W，覆盖中小型空间；③喇叭单元按场景需求选择全频/高保真扬声器，部分设备支持多音腔设计以优化声场分布；④控制芯片内置处理器，支持协议解析、网络配置、本地存储（如预存紧急音频）等功能。

（9）网络设备。广播控制中心还需要一些网络设备来实现音频流的传输，如交换机、路由器等。这些设备负责将音频流从广播服务器传输到末端广播终端（IP 网络音箱、IP 网络功放和机架式终端），确保音频的可靠传输和低延迟。

2. 广播分控中心

广播分控中心可以在公共广播系统中实现区域化、层级化的控制与管理，便于广播系统的维护。在有些场所如学校的领导办公室、门卫值班室等，广播分控中心的使用权限可以通过软件设置，便于在遇到一些特殊（突发）情况，及时向整个公共广播系统覆盖的区域发布紧急信息。

（1）在相关管理办公室配置一台服务器（电脑），内置分控 IP 网络广播软件。

（2）IP 网络广播双向对讲话筒是通过网络传输音频信号，支持双向实时对讲和广播覆盖，实现分区广播寻呼、语音对讲、节目互动点播，同时具备远程控制、多区域管理等功能，适用于多种场景。

1）工作原理

（1）音频采集与编码：话筒拾取语音信号，通过模数转换和编码器（如 G.711、AAC）转换为数字音频流。

（2）网络传输：数字音频流封装为 IP 数据包，通过交换机/路由器传输至目标终端（如广播主机、其他话筒）。

（3）解码与播放：接收端解码数据包并转为模拟信号，驱动扬声器输出声音。

（4）控制信令：使用会话初始协议（Session Initialization Protocol，SIP）管理会话建立、结束及状态监控，支持优先级抢占（如紧急广播打断普通通话）。

2）主要功能

（1）双向实时通信：支持用户与广播中心、设备与设备之间的双向语音对讲，实现快速响应（如紧急呼叫、指挥调度）。

（2）网络化传输：通过以太网、Wi-Fi 或 5G 传输数字音频信号，支持 TCP/IP、SIP、RTP 等协议，兼容现有 IP 广播系统。

（3）PoE 供电：部分型号支持 PoE 供电，仅需一根网线即可完成供电和数据传输，简化布线。

（4）高音质与抗干扰：采用回声消除、降噪技术，确保嘈杂环境下的通话清晰度。

（5）多区域联动：可划分多个通信分区，支持单区、多区或全区广播/对讲（如学校教室与办公室独立通话）。

（6）紧急报警：配备物理按键或触摸屏，一键触发紧急广播，联动安防系统（如消防报警）。

（7）支持声纹识别，确保操作权限安全。

（8）集成环境传感器（如分贝检测），自动调节广播音量。

3. 网络广播控制软件

网络公共广播控制软件是公共广播系统数据交换、系统运行和功能操作的综合管理平台,集成定时任务、文件广播、外部采播、终端馈送、对讲录音、监控联动、无线遥控、消防报警等软件模块,可在普通电脑或 IP 网络广播主机上运行。通过 IP 网络进行广播,并支持跨不同位置和设备的统一广播管理和控制。

网络公共广播系统控制中心的主控软件与分控软件配合操作控制。广播主控中心(主控点)安装主控软件,只要操作软件即可管理整套广播系统。广播分控中心(分控点)安装分控软件,分控点可多达 20 个,可按实际需要设置分控点。分控点可设置在如领导办公室或门卫值班室等地方,分控点配备 IP 网络广播双向对讲话筒(控制台)与一台电脑,在电脑上安装软件的分控模块,划分好分控点所管的分区。软件的基本配置如下。

(1)软件包带有服务器软件(含定时任务、消防报警、无线遥控、外部采播、断网打铃、终端馈送、电话广播、可任意多次使用的分控软件等多个部分),支持 TCP/IP 网络协议,系统可在同网段的局域网内、跨网关的局域网内以及互联网上使用。即在主控设备配置上相关的设备及软件,可以通过互联网对各分部进行远程广播通知等功能,支持多级服务器(适合广域网大型项目)。

(2)带有检测功能,可以实时监测任意一个终端节点的使用状态。

(3)系统具有模拟和网络广播两套系统共存功能。当网络广播出现故障时,可自动切换到模拟系统进行广播,音箱仍然利用 IP 网络广播系统的音箱,无须再布置。

(4)系统软件具有双保险功能,可设置主服务器以及备份服务器。当主服务器故障或感染病毒时,备份服务器可自动接替主服务器进行工作,提高系统的稳定、可靠性。

(5)服务器软件提供软件开发工具包(Software Development Kit,SDK),支持第三方平台开发,实现与大系统、大平台的系统整合。

(6)软件具有全双工双向对讲、对讲自动录音、对讲日志、网络话筒自动排队、来电提醒、占线等待及转接等功能。

(7)软件具有终端馈送演讲功能:可任意指定一个终端作为广播音源,把此终端本身自带线路、话筒音源实时编码成数字音频流广播到其他任意一个或多个终端。

(8)软件具有消防联动报警功能,能接收并处理消防中心信号,按照预先设置,使广播系统发出报警语音;可支持临层、全区报警、分区报警等多种报警模式;内置报警语音播放模块和报警语音采集模块,可播放预存的报警语音或采集外部报警语音。

(9)能实现断网定时播放定时任务功能,同时能将 IP 网络定时任务文件定时更新到各IP 终端及本地自带的 SD 卡中,确保 IP 终端本地的定时任务及时更新。

(10)软件具有考试模式功能,在考试时可以禁止用户登记以及用户编辑的定时任务运行,以确保考试的顺利进行,同时操作简单、快捷。

(11)软件具有多层实时的 IP 网络广播保障功能,可大大提升广播系统使用过程中的稳定性,在遇到各种网络或设备故障时,能保证系统的正常运行、声音的正常播放。

(12)软件支持文本广播,自动识别文字内容,可通过软件选择文本或输入文字直接进行广播。

(13)支持一键报警功能,可支持一键拨打管理人员电话或直接拨打全国紧急求助电话,如 110 报警等。

6.4.5　网络公共广播系统终端的组合形式

按应用场景和需求不同,网络公共广播系统的终端(音箱)可能有以下几类组合方式。

1. IP 网络音箱(音柱)

IP 网络音箱(音柱)内置网络解码模块、数字立体声定阻功率放大器和高保真扬声器,基于 TCP/IP 协议,可直接接入网络,每个音箱(音柱)可作为一个独立的分区。IP 网络音箱(音柱)的基本配置如下:

(1)IP 网络广播音箱(音柱)支持 IEE802.3bt PoE 协议供电,通过网络接收 IP 网络广播服务器远程传输的音频文件和控制信号;

(2)产品具有放大音频信号的功能,内置 2×20W 双声道立体声功率放大器和扬声器;

(3)支持本地线路、话筒输入,具有音量调节功能,可外接功率放大器;

(4)音频文件支持 WMA、MP3 等[①]格式,广播最高速率为 192kB/S。

网络音箱如壁挂/吸顶音箱或加蓝牙+定压备份音箱,常用于范围较大的区域,如园林景区、大型广场等。例如,景区导览系统:游客通过扫码触发音柱播放讲解音频;智慧公交站台:结合北斗定位系统播报到站信息。

2. IP 网络功放+普通音箱

IP 网络功率放大器由模拟音频输入接口、数字音频处理器、远程监控传输网络接口和模拟功率放大器组成。IP 网络解码终端与功率放大器的集合体,直接连接数字音频传输网络,减少设备占用空间与线路连接,达到省时、省力、省空间的效果。网络功率放大器分为定压广播和定阻广播,定压广播的功放只能接定压的喇叭,定阻的功放只能接定阻的。IP 网络功放的基本配置如下。

(1)内置优化处理扬声器技术参数的 DSP 模块,让扬声器发挥出最佳声音特性。DSP模块包括输入电平控制、通道哑音、频率均衡器、分频器、延时器、限幅器等。

(2)LCD 屏(分辨率为 128×64),设有轻触式按键,操作简单。网络式 IP 功放,自带60W/120W/250W/360W 功率,可直接外接喇叭进行扩音。

(3)网络功率放大器的网络控制接口和数字音频输入/输出接口,支持局域网与广域网。

(4)全双工双向对讲功能,自带回声消除,输入 IP 终端机号实现广播或对讲。

(5)1 路本地线路输入,1 路话筒输入接口,1 路音频输出。

(6)配置遥控器,可点播服务器中音频文件,轻松控制节目的快进、快退、播放、暂停及书签设置,具有顺序、循环、复读等多种播放模式。

(7)具有 USB 接口,支持 U 盘播放和录音,能将本地的内容进行实时录制。

(8)具有 3 级信号优先功能,网络报警为最高优先级,网络音频播放完自动恢复本地播放状态。

(9)1 路 24V 强切电源输出,1 短路输出,应用于消防报警时把扬声器的音量切到最大。

---

①　WAV 是一种无损音频格式,音频数据质量高,文件体积较大。它支持多种压缩算法和音频位数,例如 16 位或32 位采样精度,适用于需要高保真音质的场合。其广泛应用于专业音频制作和存储原始音频数据。MP3 是一种有损压缩格式,通过牺牲部分音质来减小文件,适合于存储和传输。其支持流媒体播放,广泛用于音乐下载和在线播放。

(10)具有终端馈送演讲功能,能将本终端的声音通过网络馈送到其他指定的一个或多个终端。

(11)机架终端能设置待机时间长短,时间可在 1～99min 任意设定,用户可根据各个分区具体情况来设定在任务结束后多长时间关闭功放,以方便用户举行各类活动。

(12)可实时监测、监控功率放大器的输入/输出信号电平、信号削波状态、功率放大器温度、功率放大器故障状态等。

(13)(可选配)具有 TF 卡模块,可实现断网自动打铃功能,能定时将服务器中的定时广播任务自动更新到 TF 卡中,以保证在断网时打铃为最新的定时广播任务。

IP 网络功放＋壁挂/吸顶定压音箱/号角/音柱适用范围广,便于 IP 功放后面的音箱统一或分区管理控制。常用于室内楼道、公共休闲区域、商场购物中心、酒店旅馆、影院、金融中心、车站候车室等。

3. 机架式 IP 广播终端＋纯后级功放＋普通音箱

IP 网络终端＋纯后级功放＋普通音箱,适用于区域范围大、音箱个数多且需要统一管理控制的终端区域。常见用于学校操场、商业广场、车站广场等区域。

1)机架式 IP 网络广播终端

IP 网络音频编码、解码终端机,带 LCD 显示屏、按键,可外接音源及话筒,同时可远程点播、U 盘点播、录音等,适用于配置在本地需任意播放音频信号、广播的环境,如报告厅以及各分区弱电设备柜处,可外控多台功率放大器,并自动管理它们的电源。机架式 IP 网络广播终端的基本配置如下。

(1)标准机柜式,高亮 LCD 显示屏,人机操作使用遥控键盘,人性化人机操作界面。

(2)音频采用硬解码形式,内置硬件编解码芯片,实现本地实时信号采集功能以及音频解码功能。

(3)具有接收广播呼叫、广播功能,通过电脑可对单个或多个 IP 终端、分区、全区进行广播。

(4)标配红外遥控器及面板集成 19 位操作按键,可点播服务器中音频文件,控制节目的快进、快退、播放、暂停及书签设置,控制顺序、循环等多种播放模式。

(5)具有 1 路本地话筒、1 路本地线路输入接口、1 路线路输出接口,自带 $2 \times 20W$ 功放,能外接定阻音箱。

(6)终端具有远程优先功能,能实现自动强插功能,实现分级优先、紧急播音等。

(7)终端内置智能电源管理功能,能外接周边设备,如功放等设备,按声音自动开启或关闭外接功率放大器的电源。

(8)具有短路接口:可以设置终端使用过程中输出一个短路控制信号。

(9)具有三级信号优先功能,高级别可打断低级别的广播。

(10)标配 1 路 USB 接口,支持 U 盘播放和录音,能将本地的内容进行实时录制。

(11)支持全双工双向对讲,自带回声消除功能。

(12)标配 2 路 10/100M 网络交换机接口(RJ45),接口无输入输出之分,支持 DHCP 自动获取 IP 地址。

(13)终端机能任意设置待机时间长短,时间可在 1～99min 任意设定,用户可根据各个分区具体情况来设定在任务结束后多长时间关闭功放,以方便用户举行各类活动。

(14)具有终端馈送功能,可直接通过终端本地操作或通过 IP 广播软件操作将本终端的声音通过网络传送到其他指定的一个或多个终端。

(15)(可选配)具有无线遥控模块,设备加配一个 12 键的遥控器,可对每个按键进行自定义,实现服务器广播定时任务的无线遥控启动功能,也可将本地讲话及播放的音乐进行实时广播到指定的任意分区。无线遥控距离可达 1000m(无障碍)。

(16)(可选配)具有 TF 卡模块,可实现断网自动打铃功能,能定时将服务器中的定时广播任务自动更新到 TF 卡中,以保证在断网时打铃为最新的定时广播任务。

(17)(可选配)具有 2A/24V 强切模块,可控制打开强切音量开关。

(18)(可选配)具有 1 路 RS232 串口,RS232 串口可外控电源时序器、分区控制器、24V强切电源等设备。

(19)(可选配)具有文本语音模块,实现软件直接发起文字转语音广播。

2)纯后级功放

纯后级功放与前级放大器配合使用,将前级放大器输出的低功率信号放大到足以驱动扬声器系统的高功率信号,提供震撼的音效。

功能特点如下:

· 高功率输出:纯后级功放的主要任务是提供足够的功率来驱动扬声器,因此它的输出功率通常较大。

· 无音调控制:纯后级功放通常不包含音调控制(如高低音调节)或音量控制功能,这些功能通常由前级放大器处理。

· 低失真:高质量的纯后级功放设计旨在最小化信号失真,确保音频信号的纯净度。

后级放大器与前级放大器的关系:前级放大器负责处理音源信号,进行音调调节、音量控制等操作,输出低功率信号;后级放大器接收前级放大器的信号,并将其放大到足以驱动扬声器的水平。

选择要点如下:

· 功率匹配:确保功放的输出功率与扬声器的额定功率匹配,避免损坏设备。

· 阻抗匹配:功放的输出阻抗应与扬声器的输入阻抗匹配,以获得最佳性能。

· 音质需求:按对音质的要求选择合适的功放类型(如 A 类、AB 类、D 类或丁类),提升音质和听音体验。大型户外场景优先选择 D 类功放(高效节能),音乐厅等高保真场景选用 AB 类功放(低失真)。

6.4.6　应急广播与网络公共广播系统的对接

消防广播干线独立,末端分区接入解码终端和功放,将应急广播干线与网络公共广播系统的传输干线分开,在广播分区端利用 IP 广播系统的放大器、扬声器和馈电线路。其技术实现还需要两个定制化的要素:①IP 解码终端需具有应急广播信号接入并强制优先播放功能;②IP 解码终端和功放设备必须符合消防产品中国强制性产品认证的要求。

应急广播干线与网络公共广播系统对接的关键在于确保两者在紧急情况下能够无缝协作,及时传递信息。图 6-30 所示的应急广播干线与网络公共广播系统,分界清晰,传输干线独立,易于实现且成本相对较低,并符合《火灾自动报警系统施工及验收标准》(GB 50166—2019)的规定。

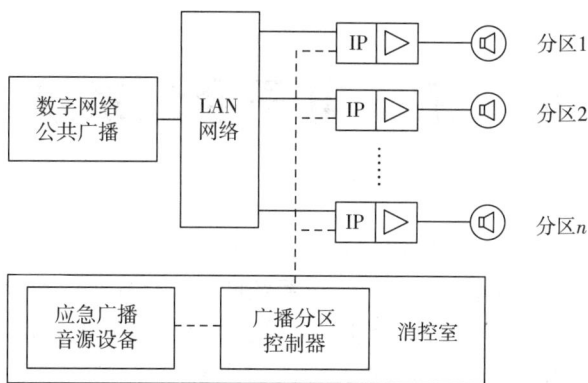

图 6-30　应急广播干线与网络公共广播系统对接

复习思考题

1. 简述声波的基本特性。

2. 简述声音的特性参数。

3. 怎样衡量音质？

4. 听觉有哪些特性？

5. 响度一般是怎样定义的？人类听觉的响度级范围大致是多少？

6. 公共广播系统主要由哪几部分组成？简述每一部分的作用。

7. 公共广播系统有哪些主要设备？简要叙述每种设备的主要技术指标。

8. 公共广播系统的基本功能主要包括哪几个方面？

9. 在哪些场所要设置应急广播系统？

10. 简述公共广播系统电声性能指标。

11. 怎样选择公共广播系统传输线缆？

12. 简述公共广播系统控制室的设置原则。

13. 什么是立体声？立体声有哪些成分？立体声有何特点？

14. 人耳对声源的平面定位、距离定位、高度定位各依据哪些因素？

15. 双扬声器声像定位实际的结论是什么？它对立体声拾音和放声有何指导意义？

16. 双声道立体声有哪些拾音方式？各有什么特点？

17. 公共广播系统采用的技术发展经历了哪几个过程？

18. 简述网络公共广播系统的特点及应用场合。

19. 简述纯后级功放与普通功率放大器的区别。如何实现两者的匹配？

20. 网络公共广播系统比模拟公共广播系统有哪些优点、缺点？

21. 简述网络广播控制软件的基本配置。

22. 分析模拟广播系统与网络广播系统在抗干扰能力上的差异。

23. 网络公共广播系统如何与应急广播系统对接？关键设计要点是什么？

24. 网络广播终端的组合形式有哪些？对比 IP 音柱与"机架终端＋功放"方案的适用性。

第7章 电子会议系统

电子会议系统是指使用电子辅助手段的会议系统。它大体上可分为两类,一类是局部会议系统,另一类是远程会议系统。局部会议系统的对象是在一个会议室里召开的会议,它用电子化手段检索、显示会议资料,做会议记录等。远程会议系统是用通信线路连接两个及以上本地或异地的会议室,让它们同时进行会议的系统。

本章首先介绍电子会议系统的组成和连接关系,接着阐述电子会议系统的工作原理,然后介绍电子会议系统的主要设备和舞台工艺,最后介绍电子会议系统的传输线路以及会议室、控制室要求。本章重点内容:电子会议系统的工作原理、主要设备以及舞台工艺。

7.1 电子会议系统概述

电子会议系统是通过音频、自动控制、多媒体等技术实现会议自动管理的电子系统,其组成和连接关系如图 7-1 所示。

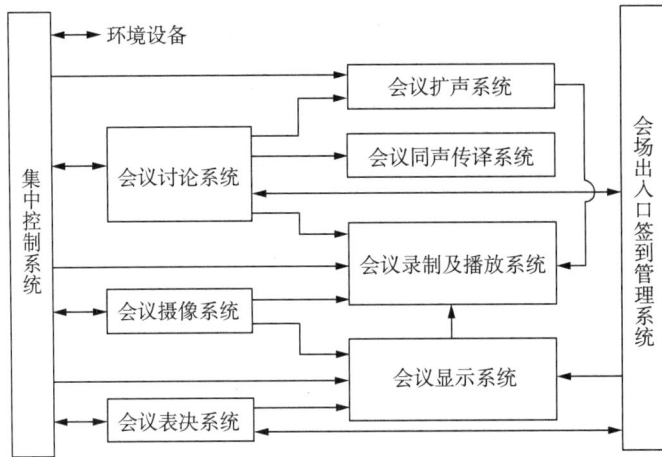

图 7-1 电子会议系统的组成和连接关系

电子会议系统的子系统见表 7-1 所列,可按会场实际需求选择不同的子系统。

表 7-1 电子会议系统的子系统

子系统	小型讨论会议室	中型同传会议厅	政府中型公议厅	会议中心多功能厅	人大、政协会堂	大型国际会议厅
会议讨论系统	√	√	√	√	√	√

子系统	小型讨论 会议室	中型同传 会议厅	政府中型 会议厅	会议中心 多功能厅	人大、政协 会堂	大型国际 会议厅
有线同声 传译系统	—	√	—	—	√	√
红外线同声 传译系统	—	√（可选）	—	√	√（可选）	√（可选）
会议表决 系统	—	√	√	—	√	√
会议扩声 系统	√（可选）	√	√	√	√	√
会议显示 系统	√（可选）	√	√	√	√	√
会议摄像 系统	—	√	√	√	√	√
会议录制和 播放系统	—	√	√	√	√	√
集中控制 系统	√（可选）	√	√	√	√	√
会场出入口 签到管理系统	—	—	—	—	√	—
控制室	—	√（可选）	√	√	√	√

7.2　电子会议系统的工作原理

7.2.1　会议讨论系统

1. 会议讨论系统的组成

会议讨论系统是可供代表和主席分散或集中控制传声器的单通路声系统。

会议讨论系统根据设备的连接方式可分为有线会议讨论系统和无线会议讨论系统,其中有线会议讨论系统又可分为菊花链式会议讨论系统和星型式会议讨论系统。根据音频传输方式的不同,会议讨论系统可分为模拟会议讨论系统和数字会议讨论系统。会议讨论系统的分类见表 7-2 所列。

表 7-2　会议讨论系统的分类

设备连接方式		有线(菊花链式/星型式)	无线(红外线式/射频式)
音频传输方式	模拟	模拟有线会议讨论系统	模拟无线会议讨论系统
	数字	数字有线会议讨论系统	数字无线会议讨论系统

菊花链式会议讨论系统可由会议系统控制主机或自动混音台、有线会议单元、连接线缆和会议管理软件等组成,如图 7-2 所示。

星型式会议系统可由传声器控制装置(混音台/媒体矩阵)、传声器和连接线缆等组成,如图 7-3 所示。

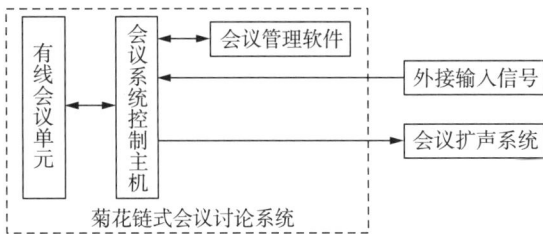

图 7-2　菊花链式会议讨论系统的组成　　　图 7-3　星型式会议讨论系统的组成

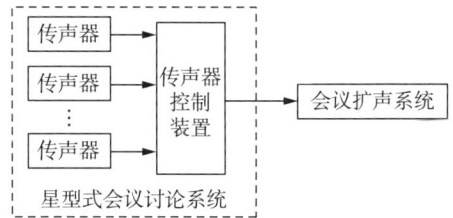

无线会议讨论系统可由控制主机、无线会议单元、信号收发器、连接线缆和会议管理软件等组成,如图 7-4 所示。

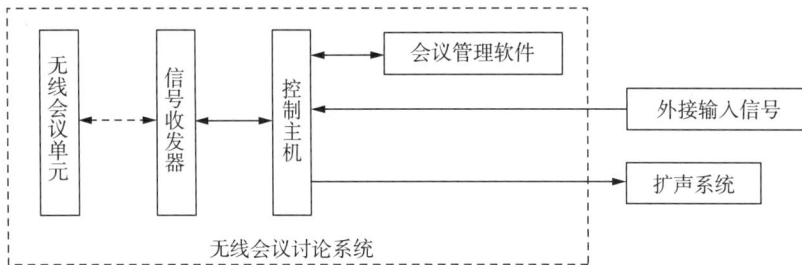

图 7-4　无线会议讨论系统的组成

2. 会议讨论系统的工作原理

会议讨论系统是一个可供主席和代表分散自动或集中手动控制传声器的单通路声系统。在这个系统中,所有参加讨论的人都能在其坐位上方便地使用传声器。通常是分散扩声的,由一些发出低声级的扬声器组成,置于距代表不大于 1m 处,也可以使用集中的扩声,同时应为旁听者提供扩声。

无线会议系统以其易于安装和移动、便于使用和维护、不会对建筑物有影响等优点而逐渐成为会议系统技术的一个重要发展方向。目前,无线会议系统主要有两种,一种是基于射频(无线电)技术的无线会议系统,另一种是红外无线会议系统。基于射频技术采用模拟音频传输的无线会议系统易受外来恶意干扰及窃听,并且需要无线电频率使用许可;而模拟红外无线会议系统则在音质表现上不尽如人意,其频率响应一般为 100Hz～4kHz,只相当于普通电话机的音质水平。

数字红外无线会议系统具有会议讨论功能的红外会议,通常包括一个麦克风、一个话筒开关按键及扬声器、电池等部件。红外会议讨论单元接收来自红外会议系统主机以红外光形式广播的音频信号和控制信号,并以红外光形式向红外会议系统主机发送控制信号。话筒打开时,红外会议讨论单元同时以红外光形式向红外会议系统主机发送数字音频信号。在同一时刻,最多只有四支红外会议讨论单元的话筒能打开。

7.2.2 同声传译系统

会议同声传译系统(Conference Simultaneous Interpretation System,CSIS)将发言者的原声经翻译单元(由翻译员进行)同声翻译成其他语言,并通过语言分配系统把发言者的原声和译音语言分配给代表的声系统。

1. 系统分类与组成

会议同声传译系统宜由翻译单元、语言分配系统、耳机以及同声传译室组成。语言分配系统可根据信号传输方式分为有线语言分配系统和无线语言分配系统。无线语言分配系统可分为红外线语言分配系统和射频语言分配系统。语言分配系统可根据音频信号处理方式分为模拟语言分配系统和数字语言分配系统。语言分配系统的分类见表 7-3 所列。

表 7-3 语言分配系统的分类

信号传输方式		有线	无线(红外线式)	无线(射频式)
音频传输方式	模拟	模拟有线语言分配系统	模拟红外语言分配系统	模拟射频语言分配系统
	数字	数字有线语言分配系统	数字红外语言分配系统	数字射频语言分配系统

有线语言分配系统可由会议系统控制主机和通道选择器组成(见图 7-5),无线语言分配系统可由发射主机、辐射单元和接收单元组成(见图 7-6)。

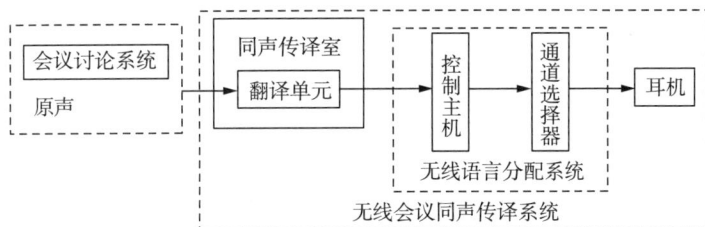

图 7-5 有线会议同声传译系统的组成

无线语言分配系统又可分为感应天线式和红外线式两种,其中以红外线式较为先进。

2. 同声传译系统的工作原理

感应天线式同声传译系统是一种无线式系统。它利用电磁感应原理,先在地板上或围着四周墙壁装设一个环形天线,通常使用长波(约 140kHz)作为载波,听众使用位于环形天线圈定的工作区域内的接收机接收发射机发送的载有译语的电磁波信号。例如,日本SONY公司的发射机可以利用译员传声器的信号调制成三个单独频道的载波,因此可传译三种语言。

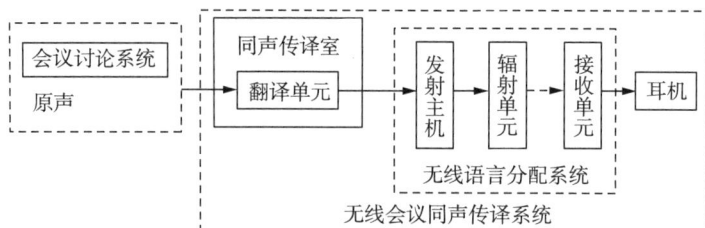

图 7-6　无线会议同声传译系统的组成

感应天线式同声传译系统的优点是不需要连接电缆,安装较简便,可以实现天线圈定区域内稳定、可靠的信号传输(接收);而在圈定区域外,信号则随距离的加大而迅速衰减,但仍有泄漏到外部的可能,故有保密性差的缺点。近来,感应天线式已被性能更优的红外线式所取代。

红外线式同声传译系统的基本组成原理如图 7-7 所示。其主要由调制器、红外辐射器、红外接收机、辐射器电源等组成。红外光的产生一般都采用砷化镓发光二极管,频谱接近红外光谱,其波长约为 $880 \sim 1000nm$。由于人眼能感受到的可见光波长范围约为 $400 \sim 700nm$,所以这类光人们看不到,且对人体健康无害。红外辐射光的强弱是由砷化镓二极管内流过的正向电流大小决定的,利用这一点就很容易达到对红外光的幅度调制。在红外同声传译设备中,为了抑制噪声,音频不直接调制光束,而是先让不同的音频调制不同的副载频,再让这些已调频波对光束进行幅度调制。

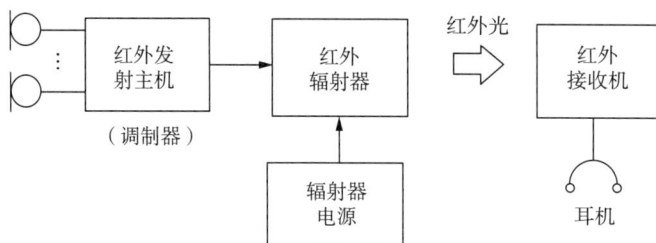

图 7-7　红外同声传译系统的基本组成原理

红外光的接收通常采用硅二极管进行光电转换,从已调红外光中检出不同副载频的混合信号。为了增大红外接收面积,二极管的外形做成半球形,使各个方向来的光线向球心折射,并且在球面与管芯之间夹有黑色滤光片,以滤掉可见光。

工作过程如下:会议代表的发言通过话筒传输到各个翻译室,由各翻译人员译成各种语言,用电缆送到调制器(又称发射主机)。调制器内设有多个通道,每个通道设有一个副载频,完成对一路语言(即一种语言)的调频。调制器内的合成器将这些多路已调频波合成,并放大到一定幅度,由电缆输送给辐射器,在辐射器里完成功率放大和对红外光进行光幅度调制,再由红外发光二极管阵列向室内辐射已被调制的红外光。电源用于辐射器的供电。

　　红外接收机位于听众席上,其作用是从接收到的已调红外光中解调出音频信号。它的组成除了前端的光电转换部分以外,红外接收机还设有波道选择,以选择各路语言,由光电转换器检出调频信号,再经混频、中放、鉴频还原成音频信号,由耳机传给听众。

　　会议系统和会议同声传译系统应具备与火灾自动报警系统联动的功能。会议系统控制主机提供火灾自动报警联动触发接口,一旦消防中心有联动信号发送过来,系统立即自动终止会议,同时会议讨论系统的会议单元及翻译单元显示报警提示,并自动切换到报警信号,让与会人员通过耳机、会议单元扬声器或会场扩声系统听到紧急广播或警报声迅速撤离现场。

7.2.3　表决系统

1. 表决系统的组成

会议表决系统(见图7-8)宜由表决系统主机、表决器、表决管理软件等组成。

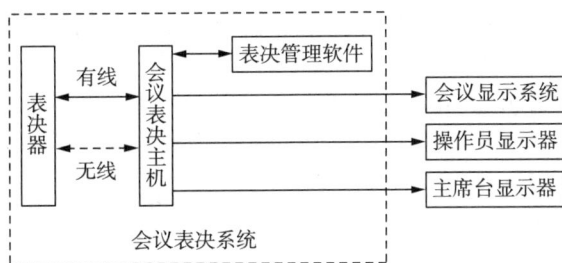

图7-8　会议表决系统

　　会议表决系统可根据设备的连接方式分为有线会议表决系统和无线会议表决系统。有线会议表决系统可根据表决速度分为普通有线会议表决系统和高速有线会议表决系统,无线会议表决系统可分为射频式无线会议表决系统和红外线式无线会议表决系统。

　　2. 表决系统的工作原理

　　表决系统的功能是以实用、高效、可靠、友好为目标,在符合企事业会议规章的前提下,实现会议全过程的计算机管理;保证各种信息及统计数据的准确、可信;通过提供绝对保密性,使与会人员在行使监督权利时真正反映个人意愿;为与会人员提供不需记忆、不必专门学习即会使用且操作十分简单的会议工具——表决器;同时,为系统操作员提供操作简便的、功能丰富的系统服务,减轻系统操作员的工作负担。

　　表决器可具有如下多种投票表决形式:

　　(1)赞成/反对;

　　(2)赞成/反对/弃权;

　　(3)多选式:1/2/3/4/5(从多个候选议案/候选人中选一个);

　　(4)评分式:－－/－/0/＋/＋＋,即为候选议案/候选人进行评分(打分)。

　　会议表决系统可具有以下功能:

　　(1)可以选择秘密表决或公开表决方式;

　　(2)可选择第一次按键有效或最后一次按键有效的表决方式;

　　(3)可选择由主席或操作人员启动表决程序;

（4）可预先选定表决的持续时间，或者由主席决定表决的终止；

（5）表决结果的显示可以选择直接显示或延时显示；

（6）在表决结束时，最后的统计结果可以直方图/饼状图/数字文本显示等方式显示给主席、操作人员和代表；

（7）可满足会场大屏幕显示和主席显示屏显示内容不同的要求。

在进行电子表决之前，应先进行电子签到。电子签到可有以下方式：

（1）利用会议单元上的签到按键进行签到；

（2）利用会议单元上的 IC 卡读卡器进行签到；

（3）与会代表佩带内置有非接触式 IC 卡的代表证通过签到门便可自动签到；

（4）可实时显示代表签到情况；

（5）表决器可配置显示屏，在线显示表决结果、签到信息等。

会议表决系统的控制方式如下：

（1）固定式：设备和电缆的敷设是固定的，系统的单机是组合成整体的；

（2）半固定式：设备是可移动的或固定的，电缆是固定安装的，系统中的某些设备可固定安装或放在桌子上；

（3）移动式：系统所有设备，包括电缆的敷设，都是可插接的和可移动的，这种方式在实践中很少应用。

7.2.4　扩声系统

1. 扩声系统的组成

会议扩声系统可分为模拟会议扩声和数字会议扩声系统。会议扩声系统（见图7-9）可由声源设备、传输部分、音频处理设备和音频扩声设备组成。

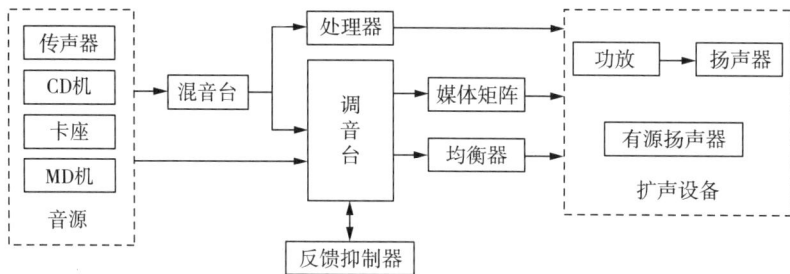

图7-9　会议扩声系统的组成

（1）声源设备主要包括传声器、放音设备（专业卡式录音机、CD 放音机、MD 等）、电子乐器（各种 MIDI 乐器、MIDI 音源和电声乐器等），为扩声系统提供各种所需的电声信号。

（2）传输部分可包括各种音频传输线缆和光端机等。

（3）信号控制和处理部分主要包括扩声用调音台、声处理设备（压缩器、限制器、延时器、噪声门和均衡器等）以及各种效果设备（混响器、移调器和综合多用途效果处理器）等。其作用是对声源信号进行电平调整，动态处理，音质加工、监听和信号监测，信号混合，并且按需要将各种混合信号分配到不同的输出上。

（4）音频扩声设备应包括功率放大器和扬声器系统。

2. 会议扩声系统的工作原理

会议室扩声系统是一种用于增强会议室声音传播效果，确保与会人员能够清晰听到发言、演示和其他音频内容的设备组合。扩声系统的主要作用是将各种声源信号按详细的扩声要求进行放大、电平调整、处理、音质加工、混合、分配和监听等工作。

3. 会议扩声系统的设备选择

1）传声器的选择

（1）系统宜配置足够数量的有利于抑制声反馈的有线传声器或无线传声器。

（2）厅堂类会议场所应分别在主席台台口和观众席等处，按功能需要设置传声器插座。

（3）具有演出功能的会议场所，现场多个工位同时需要传声器信号时，宜设置传声器信号分配系统。

2）扬声器系统的选择

扬声器系统应根据会议场所主席台面积和观众席座席数量、空间高度、容积、混响时间等因素选择：

（1）选用集中、分散或集中分散相结合的分布方式；

（2）按厅堂主席台口尺寸，采用相应单通道、双通道和三通道系统；

（3）扬声器系统可选用点声源扬声器系统或线阵列扬声器系统；

（4）主席台返送监听音箱应安装在靠近舞台台口位置，并应独立控制。

扬声器系统承重结构改动或荷载增加时，必须采取安全保障措施，且不应产生机械噪声。

扬声器系统的安装：

（1）采用暗装方式时，孔洞开口尺寸不应影响扬声器声辐射性能，所用饰面材料和扬声器面罩透声性能应好，饰面材料穿孔率宜大于或等于50%；

（2）扬声器系统安装处的空间尺寸应保证扬声器系统声辐射不受影响，并应进行声学吸声处理；

（3）有演出功能的会议场所，同一声道扬声器的数量及布置宜有利于减轻服务区内的声波干扰。

功率放大器与扬声器系统之间的线路功率损耗应小于扬声器系统功率的10%。

3）调音及信号处理设备

（1）扩声系统可配置数字、模拟自动混音台或数字音频处理设备，调音台的输入通道总数不应少于最大使用输入通道数。调音台应具有不少于扩声通道数量的通道母线。

（2）数字音频处理器输入路数应满足调音台主输出的要求，数字音频处理器输出路数应满足相应扬声器数量。

（3）数字音频处理器的每一路应具有分频、高低通、滤波、压限、均衡、参数均衡、相位、延时等所需的功能模块。

（4）数字音频处理器宜具有预设、储存、调出功能，并应满足语言、演出、紧急呼叫联动等多种模式切换功能。

（5）自动反馈抑制器宜单独配置，且宜插入调音台编组输入。

(6)舞台返送系统宜单独配置1/3倍频程均衡器,且应具有降噪系统。

7.2.5　会议显示系统

会议显示系统是显示会议信息、演讲内容、图像等的会场屏幕显示系统。

1.显示系统的组成

会议显示系统可分为交互式电子显示白板显示系统、发光二极管显示系统、投影显示系统、等离子显示系统和液晶显示系统等。显示系统可由信号源、传输路由、信号处理设备和显示终端组成,如图7-10所示。

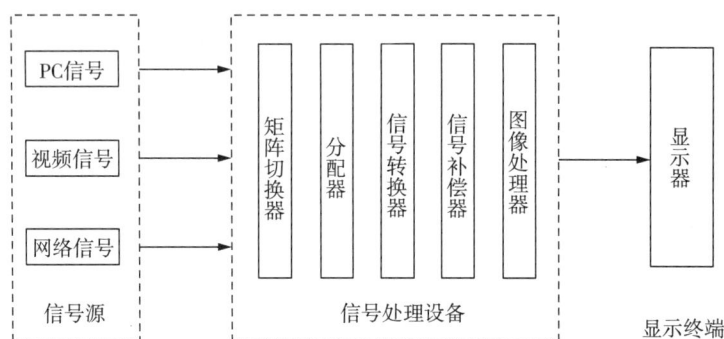

图7-10　会议显示系统的组成

2.会议显示系统的工作原理

会议显示系统的核心器件是用于显示图像和文字的设备,它通过光学和电子技术将电信号转换为可见的图像。显示系统的工作原理主要涉及三个方面:光学成像、电子信号处理和显示控制。

光学成像是显示系统的基本原理之一。显示系统内部有一个光源,通常是发光二极管,它会发出光线。这些光线经过透明的液晶屏或荧光屏被分解成红、绿、蓝三原色的光。

电脑中的图像和文字信息是以数字信号的形式存在的,而显示器需要将这些数字信号转换为模拟信号,并对信号进行放大和处理,以便在屏幕上显示出清晰的图像。

7.2.6　会议摄像系统

会议摄像系统是针对即席发言者的定位、特写镜头等图像的控制系统。

1.会议摄像系统的组成

会议摄像系统可分为会场摄像系统和跟踪摄像系统,通常由图像采集、图像处理和图像显示等组成,如图7-11所示。

2.会议摄像系统的工作原理

会议摄像系统的组成一般由会议讨论主机、会议跟踪主机、会议摄像机等组成。按专业的跟踪摄像机,自动实时跟踪发言人员,在无人操作的情况下准确、快速地对发言人进行特写拍摄并自动切换画面到显示屏上显示,或者将采集到的视频信号输出给其他显示系统及远程视频会议系统。

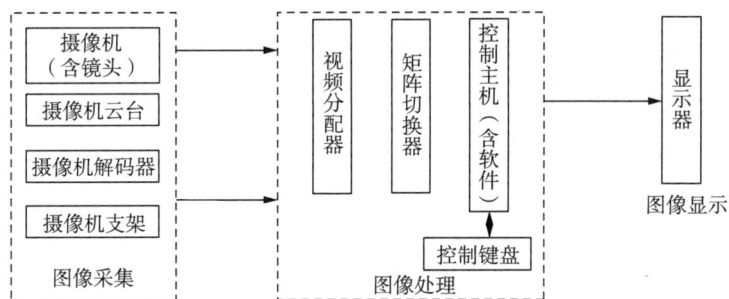

图 7-11 会议摄像系统的组成

3. 会议摄像系统的功能要求

会议摄像系统应可实现各台摄像机视频信号之间的快速切换。当发言者开启传声器时,会议摄像跟踪摄像机应自动跟踪发言者,自动对焦放大,并联动视频显示设备,同时显示发言者图像。会议摄像系统使用视频控制软件可对摄像机预置位与会议单元之间的对应关系进行设置。

系统应具有断电自动记忆功能。摄像跟踪系统宜具有画面冻结功能和画面的无缝切换功能。摄像系统宜具有屏幕字符显示功能,可在预置位显示对应代表姓名等信息。会议控制主机宜兼容不同品牌的摄像机。

4. 会议摄像系统的性能要求

黑白模拟摄像机水平清晰度不应低于 570 线,彩色模拟摄像机水平清晰度不应低于 480 线。标准清晰度数字摄像机水平清晰度和垂直清晰度不应低于 450 线,高清晰度数字摄像机水平清晰度和垂直清晰度不应低于 1280×720 像素(720P)。

用于会议跟踪摄像机云台水平最高旋转速度不宜低于 260°/s,垂直最高旋转速度不宜低于 100°/s。

摄像机云台机械噪声级不应大于 50dB。摄像机输出信号的信噪比不应小于 50dB。摄像机最低照度不宜大于 1.0lx。

云台摄像机调用预置位偏差不应大于 0.1°。

5. 会议摄像系统的主要设备

1)视频切换器的选择

视频输入、输出通道数量应满足系统需要,并各预留 20% 的冗余,可实现逻辑矩阵功能,应支持通用通信协议。

视频切换器宜具有视频信号倍线功能,可将复合视频、S-Video 信号转换成高质量的 VGA 信号;具有画面静止、冻结和同步切换功能;具有屏幕字符显示功能,可在预置位显示代表姓名等信息。

视频切换器的幅频特性不应小于 6MHz±0.5MHz、随机信噪比不应低于 60dB、微分增益不应大于 ±1%、微分相位不应大于 ±1°。

2)跟踪摄像机的选择

摄像机分辨率应高于系统要求显示分辨率,宜具有预置位功能,预置位数量应大于发言者数量。

摄像机镜头应根据摄像机监视区域大小选择使用定焦镜头或变焦镜头,应具有光圈自动调节功能。

跟踪摄像机镜头应采用变焦镜头摄取所有需要跟踪的画面,跟踪摄像机云台旋转速度选择应满足使用要求,应支持 PAL 制和 NTSC 制视频信号。

7.2.7 会议录制和播放系统

1. 会议录制和播放系统的组成

会议录制及播放系统可分为分布式录播系统和一体机录播系统。会议录制及播放系统由信号采集设备和信号处理设备组成,如图 7-12 所示。

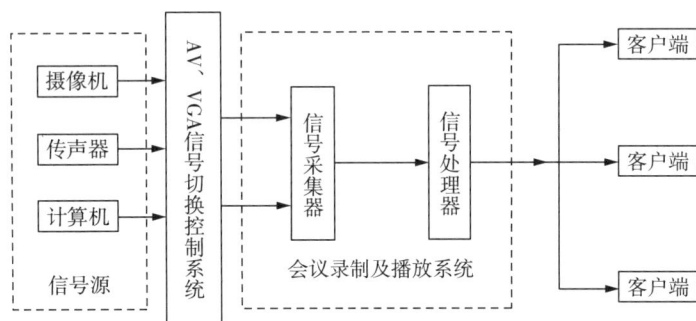

图 7-12 会议录制和播放系统的组成

2. 会议录制和播放系统的工作原理

录播系统可以把现场摄录的视频、音频、电子设备的图像信号(包含电脑、视频展台等)进行整合同步录制,生成标准化的流媒体文件,用来对外直播、存储、后期编辑、点播。用户可以通过 IE 浏览器登录录播系统服务器收看直播的影音及图文信息,也可后期点播视频信息。

录播系统的录制模式一般可分为单流录制模式及多流录制模式。

单流录制模式指多路视频经过切换或叠加等方式成为单个画面,直播观看端显示的是整合后的 1 路视频画面。画面内容不但支持多路视频、VGA 信号的切换显示,而且支持画中画、单流多画面等各种显示模式,并可在各种显示模式间无缝切换。

多流录制模式指多路视频及 VGA 信号同步录制,生成一个独立的文件,每一路录制的视频都是完整的,可通过编辑软件在后期把其中任意一路视频导出。各路视频之间没有画面覆盖的情况,能保留最完整的素材资料。

录播系统的播放模式有以下几种。

(1)通过网络使用 IE 浏览器登录录播系统主机,无须安装任何插件即可实时观看直播画面或者点播录像;也可将直播信号通过投影或电视放映,非常适合多个分会场或课室进行同步学习观摩。

(2)系统内置点播功能,在后台管理系统中自动生成点播列表。经过授权的终端用户通过 IE 浏览登录到录播系统即可观看。此外,也可以将视频自动上传至指定服务器,使用

VOD 管理平台对视频内容进行管理,管理更加科学,分类更细致,极大拓展了视频信息传播的时空限制。

单流效果:观看端看到的画面为前端编导生成的单个画面,类似于观看录制剪辑后的电影或电视。

多流效果:观看端看到的画面为完整的录像资料,每路信号都是完整未经过剪辑的。其中各路视频及 VGA 信号流可以使用画面分割的形式同步显示,也可以随意选择其中一路信号全屏放大播放。

3. 录制和播放系统的主要功能要求

会议录制和播放系统应具有对音频、视频和计算机信号录制、直播、点播的功能,应具有对会议室内的 AV、RGB、VGA 信号等进行采集、编码、传输、混合、存储的能力,应具有多种控制方式及人机访问界面,方便管理者管理及用户使用。

播放系统宜具有可视、交互、协同功能,计算机信号的采集宜支持软件和硬件等多种方式。

会议录制和播放系统宜采用基于 IE 浏览器的系统管理和使用界面的 B/S 架构,能配合远程视频会议功能使用,并不宜占用视频会议系统资源。

会议录制和播放系统应支持集中控制系统对设备进行管理和操作,应支持遥控器对设备进行管理和操作。

会议录制和播放系统应具有监控功能,支持双机热备份方式,宜具有存储空间的扩展能力。

4. 录制和播放系统的主要性能要求

AV、VGA 等信号切换控制系统及 IP 网络通信系统,应为会议录制播放系统的接入预留接口。会议录制和播放系统宜支持 2 路 AV 信号和 1 路 VGA 信号同步录制,并宜具备扩展能力。

视频图像采集编码能力应与前端摄像机采集能力相匹配,清晰度应至少达到 CIF 或 4CIF 标准,并可支持 720P、1080i 或 1080P 格式。VGA 信号采集编码能力应支持 1280×1024 显示格式,并可支持向下兼容,帧率宜为 $1\sim30$ 帧可调。

局域网环境下直播延时应小于 500ms。

5. 录制和播放系统的主要设备要求

会议录制和播放系统设备宜采用基于 IP 网络的分布式架构。在不具备网络通信条件的场所,可采用一体机架构。

会议录制和播放系统中的信号采集和信号处理等硬件设备,应采用非 PC 架构的专用硬件设备或嵌入式操作系统,应具备抗网络病毒攻击能力。

会议录制和播放系统设备宜安装在能保障连续和可靠供电的控制室内。

会议录制和播放系统宜具有液晶屏面板显示方式。

7.2.8　集中控制系统

集中控制系统是主要对会场电子设备和环境设备进行集中控制和管理的电子设备系统。

1. 集中控制系统的组成

集中控制系统可根据控制及信号传输方式的不同,分为无线单向控制、无线双向控制、有线控制等。集中控制系统可由中央控制主机、触摸屏、电源控制器、灯光控制器、挂墙控制开关等设备组成,如图 7-13 所示。

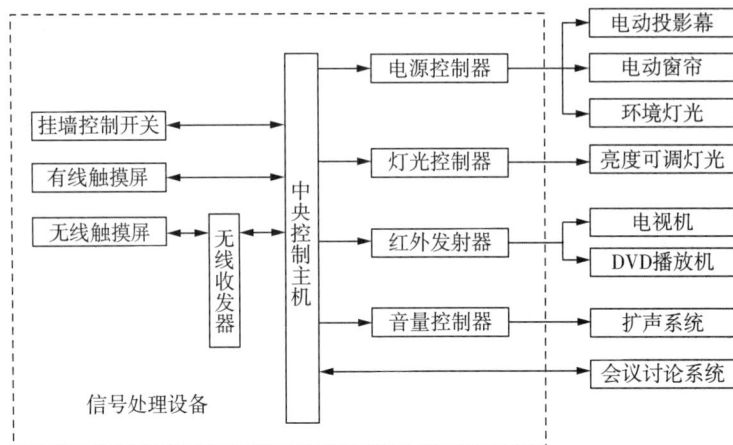

图 7-13 集中控制系统的组成

2. 集中控制系统的工作原理

集中控制系统将系统中的设备和会议室环境都集中到网络控制计算机上,按控制信号接口的不同将所有控制设备及环境分成 4 类,即红外控制、RS232 接口控制、继电开关控制、调光控制等方式,配合平板触摸屏,对场景的音视频切换、音频信号、环境设备等进行一键管控。

1)红外控制

中央控制单元有红外控制接口,可控制 6 路各种红外遥控设备,如电动遥控窗帘、电视机、DVD/录像机/影碟机/音响等。

2)RS232 接口控制

中央控制单元有 RS232 接口,可控制 6 路各种 RS232 遥控设备,系统中有投影机、视音频矩阵切换器、计算机矩阵切换器。根据需要可以扩展 RS232 接口。

3)继电开关控制

继电开关控制主要解决对一些设备的电源开关控制,如 DVD/录像机/影碟机和会议厅荧光灯、投影机开关等。中央控制单元一般有 8 路继电开关控制接口,是一个低压的继电器(750mA,28VAC/24VDC),因此还需要配上一个 8 路的继电器控制箱将低压的开关信号转换成高压大电流的开关控制,实现对以上设备的电源开关控制。

4)调光控制

可选用多通道调光器,可实现多路灯光的无级分别可调,每个通道可达到 1100W(5A)。

3. 集中控制系统的主要功能要求

(1)宜具有开放式的可编程控制平台和控制逻辑,以及人性化的中文控制界面。

(2)宜具有音量控制功能。

（3）可具有混音控制功能。

（4）宜能够与会议讨论系统进行连接通信。

（5）可控制音视频切换和分配。

（6）可控制 RS232、RS485 协议设备。

（7）可对需要通过红外线遥控方式进行控制和操作的设备进行集中控制。

（8）可集中控制电动投影幕、电动窗帘、投影机升降台等会场电动设备。

（9）可对安防感应信号联动反应。

（10）可扩展连接多台电源控制器、灯光控制器、无线收发器、挂墙控制开关等外围控制设备。

（11）宜具有场景存贮及场景调用功能。

（12）宜能最配合各种有线和/或无线触摸屏，实现遥控功能。

4. 集中控制系统的主要设备要求

1）中央控制主机的选型

（1）应能安装在标准机柜上；提供中文操作系统及开放式的可编程软件；宜具有场景存储及场景调用功能，可具有音量控制功能。

（2）具有以太网接口，多路红外发射口，多路数字 I/O 控制口，多路继电器控制口，多路 RS232、RS485 控制端口，还有外围设备扩展端口。

2）触摸屏的选型

（1）触摸屏的基本原理。触摸屏是继键盘、鼠标、手写板、语音输入后，为人们所易接受的计算机输入方式。利用这种技术，用户只要用手指轻轻地触碰计算机显示屏上的图符或文字就能实现对主机操作，从而使人机交互更为直截了当。

触摸屏的本质是传感器，它由触摸检测部件和触摸屏控制器组成。触摸检测部件安装在显示器屏幕前面，用于检测用户触摸位置，接受后送触摸屏控制器；触摸屏控制器的主要作用是从触摸点检测装置接收触摸信息，并将它转换成触点坐标送给 CPU，同时能接收 CPU 发来的命令并加以执行。

触摸屏系统一般包括两个部分：触摸检测装置和触摸屏控制器。触摸检测装置安装在显示器屏幕前面，用于检测用户触摸位置，再将该处的信息传送给触摸屏控制器。触摸屏控制器的主要作用是接收来自触摸点检测装置的触摸信息，并将它转换成触点坐标，判断出触摸的意义后送给可编程序逻辑控制器，它同时能接收 PLC 发来的命令并加以执行，如动态地显示开关量和模拟量。

（2）触摸屏的选型。配备的无线触摸屏具有开放式的可编程控制界面，可准确监控所有被控设备的实时状态。人们应根据被控设备的复杂性和会议场合，选择屏幕尺寸和分辨率的触摸屏。

7.2.9　会场出入口签到管理系统

1. 会场出入口签到管理系统的组成

会场出入口签到管理系统可分为远距离会场出入口签到管理系统和近距离会场出入口签到管理系统。会场出入口签到管理系统宜由门禁天线、签到主机、IC 卡发卡器及会议签到管理软件等组成,如图 7-14 所示。

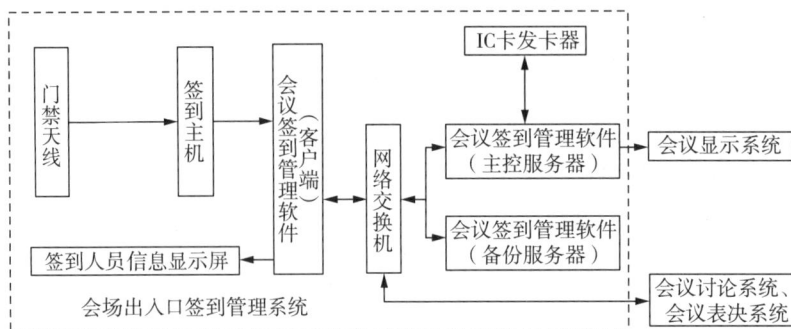

图 7-14 会场出入口签到管理系统的组成

2. 会场出入口签到管理系统的工作原理

会场出入口签到管理系统将自动识别技术、计算机网络技术和物联网技术集成于一体,构成了一个会场出入口签到的集成系统。无论参会代表通过哪个会议入口,佩戴无线胸卡通过通道时,无须主动刷卡即可实现自动签到,无卡人员通过时及时报警,从而实现对参会人员的自动签到、人员信息自动显示、签到信息统计等功能。

3. 会场出入口签到管理系统的功能要求

(1)会场出入口签到管理系统应为会议提供可靠、高效、便捷的会议签到解决方案;会议的组织者应能方便地实时统计包括应到会议人数、实到人数及与会代表的座位位置等;宜具有对与会人员的进出授权、记录、查询及统计等多种功能,并应在代表进入会场的同时完成签到工作。

(2)射频识别卡(胸牌)宜采用数码技术、密钥算法及授权发行,由会务管理中心统一进行射频识别卡(胸牌)的发放、取消、挂失、授权等操作,并有密码保护措施。

(3)会场出入口签到管理系统宜配置信息显示屏,并显示签到人员的头像、姓名、职务、座位等信息,应设置签到开始、结束时间,并应具有手动补签到的功能;自行生成各种报表,并应提供友好、人性化的全中文视窗界面,同时应支持打印功能;可生成符合大会要求的实时签到状态显示图,并可由会议显示系统显示。

(4)会场出入口签到管理系统宜分别为会议签到机、会场内大屏幕、操作人员、主席等提供不同形式和内容的签到信息显示。代表签到时,可自动开启其席位的表决器,未签到的代表其席位的表决器应不能使用。会场出入口签到管理系统应具备中途退席统计功能。

(5)会议签到机发生故障时,不应影响系统内其他会议签到机和设备的正常使用。

(6)会议签到机宜采用以太网连接方式,并应保证安全可靠。网络出现故障时,应保证数据能即时备份,网络故障恢复后应能自动上传数据。

7.3　电子会议系统的信号处理设备

在音响系统中加入信号处理设备通常有两种目的:①对信号进行修饰求得音色的美化,达到更为优美动听或取得某些特殊效果;②为了改进传输信道本身的质量,以求改善信噪比、减小失真、弥补某些环境的声缺陷等。

7.3.1 数字调音台

调音台(mixer)又称调音控制台,它将多路输入信号进行放大、混合、分配、音质修饰和音响效果加工之后,再通过母线(master)输出。调音台按信号处理方式可分为模拟调音台和数字调音台。

1. 数字调音台的作用

会议系统中的数字调音台是一种利用数字信号处理技术来混合、调整路由音频信号的专业音响设备,其结构如图7-15所示。

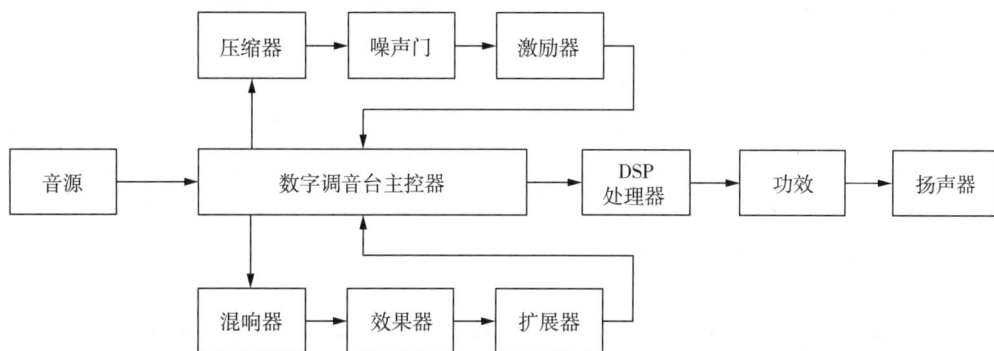

图 7-15 数字调音台的结构

数字调音台具备精确的音量控制功能。在会议中,不同发言者的声音大小不一,数字调音台能对每个输入通道的音量进行细致调节,确保每位发言者的声音都能清晰、平稳地输出,让参会人员都能听得清楚。

数字调音台可通过混响器实现灵活的音频信号混合。会议现场可能同时存在多个音频源,如麦克风、播放的背景音乐等。数字调音台能够将这些不同来源的音源信号进行混合,根据实际需求调整各信号的比例,营造出和谐的音频环境。

数字调音台拥有强大的音频效果处理能力。它内置多种音效处理模块,如均衡器、压缩器、混响器、效果器等。通过这些功能,可以对声音进行修饰,提升音质,弥补会议现场声学环境的不足。

数字调音台操作便捷且支持存储预设。操作人员可以通过直观的界面快速进行各项设置,还能将常用的设置保存为预设方案,方便在不同会议场景下快速调用,提高工作效率,保障会议音频效果的稳定与优质。

数字调音台主要器件的作用如下。

(1)压缩器具备控制音频信号的动态范围,将声音中过大的部分缩小,使声音更加平稳、均衡的功能。

(2)噪声门是在音频信号低于一定阈值时自动关闭,从而减少背景噪声。

(3)激励器通过增强声音的谐波成分,使声音更加明亮、清晰、富有穿透力。

(4)混响器是为音频信号添加混响效果,模拟声音在不同空间中的反射效果,使声音更具空间感和丰满度。

(5)效果器可以添加各种音频效果,如延迟、合唱等,丰富声音的表现力。

(6)扩展器的功能与压缩器相反,它可以扩大音频信号的动态范围,增强声音的细节和层次感。

(7)数字调音台主控器是系统的核心,用于混合、调节各个输入通道的音量、声像、均衡等参数,对音频信号进行总体控制和处理。

2. 数字调音台的工作原理

数字调音台是基于数字化技术,主要分为信号输入、处理、输出三个阶段。

在音源信号输入阶段,来自各种声源的模拟音频信号,如麦克风、CD 播放器等,先进入模数转换器。模数转换器将连续变化的模拟信号转换为离散的数字信号,便于后续的数字处理。这个过程就像是把模拟信号"翻译"成计算机能理解的数字代码,转换后的数字信号精度高,能最大程度保留原始音频的细节。

进入处理阶段,数字信号被传输到数字信号处理器。数字信号处理器是数字调音台的"大脑",它依据用户设定的参数对信号进行各种处理。例如,通过算法实现混音操作,精确控制各路信号的比例并混合在一起;利用数字滤波器进行均衡调节,对不同频率的信号进行增益或衰减,改善音色;添加诸如混响、延时、压缩、降噪等效果。这些操作都是以数字运算的方式完成,相比传统模拟调音台,具有更高的精度和更强的灵活性,且不会引入额外的噪声。

最后是信号输出阶段,经过处理的数字信号再通过数模转换器,将数字信号还原为模拟信号,以便驱动后续的音频设备,如功率放大器和扬声器。同时,数字调音台通常配备了直观的用户界面,用户可以通过显示屏和操作按钮轻松设置参数、监控信号状态,实现对整个音频处理过程的精确控制,从而在会议系统中为参会人员提供清晰、高质量的音频体验。

3. 数字调音台的基本配置

(1)具备 32 通道+1 主控。

(2)48 条输入混音通道[40 单声道+2 立体声+2(×2)返送通道]。

(3)20 个 AUX[8 单声道+6(×2)立体声]+立体声+子母线。

(4)8 个带有 Roll-out 的 DCA 编组。

(5)32 个 XLR/TRS 混合麦克风/线路输入+2 个 RCA 立体声线路输入。

(6)16 个 XLR 输出,34×34 USB2.0 数字录音/回放+2×2 录音/回放通过 USB 存储设备。

(7)1 个支持音频界面卡的扩展槽。

7.3.2 反馈抑制器

反馈抑制器主要用于减少或消除音频系统中可能出现的反馈现象。

1. 反馈抑制器的作用

在会议现场,由于声音反射等因素,扬声器发出的声音可能会再次进入麦克风,使某些频率成分的信号产生正反馈,产生刺耳的啸叫,影响会议的音频质量。若不及时进行控制处理,则易损坏音箱的高音单元(扬声器)。声反馈抑制器一般都具有多个抑制声反馈的通道,通过实时监测音频信号,运用先进的算法精准识别出即将产生反馈的频率点。一旦检测到反馈信号,便迅速对该频率进行衰减处理,降低该频率声音的强度,从而有效阻止啸叫的产生,使整个声场的声压级提高,声场响度增大。

反馈抑制器的作用不仅在于消除已经出现的反馈,更重要的是预防反馈的发生。它能在会议进行前对现场音频环境进行扫描分析,提前找出可能引发反馈的频率隐患,并自动进行相应的处理,为会议营造一个稳定、无杂音干扰的音频环境,确保发言人的声音清晰、纯净地传递给每一个参会者,提升会议的听觉体验和整体效果。

反馈抑制器的结构如图 7 - 16 所示。

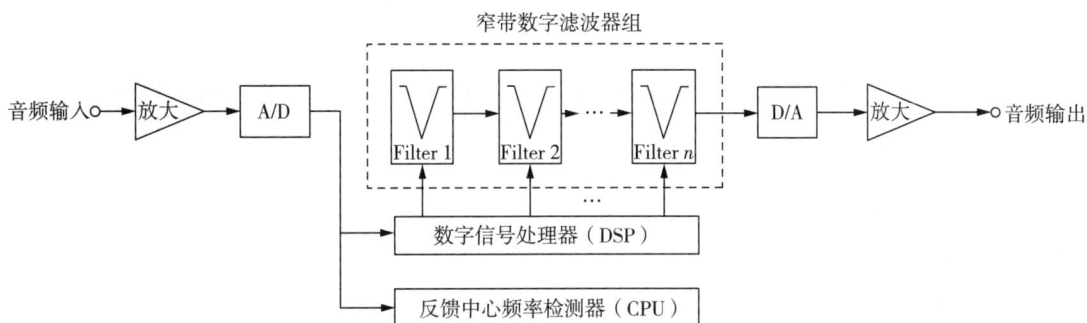

图 7 - 16 反馈抑制器的结构

反馈抑制器主要器件的作用如下。

(1)反馈中心频率检测器实时识别并定位啸叫(反馈)信号的中心频率,以便系统能针对性地抑制该频率的能量,从而消除或减少啸叫。

(2)数字信号处理器对输入的音频数字信号进行各种算法处理,如分析信号的频率成分、幅度等特征,按反馈中心频率检测器提供的信息,控制窄带数字滤波器组的参数,实现对特定频率信号的处理,以抑制反馈。

(3)窄带数字滤波器组由多个窄带滤波器组成,按数字信号处理器的指令对特定频率的信号进行衰减。针对反馈中心频率检测器检测到的反馈频率,相应的窄带滤波器会自动调整其滤波特性,对该频率的信号进行大幅度衰减,从而有效地抑制反馈,同时尽量减少对其他频率信号的影响,保证音频信号的质量。

2. 反馈抑制器的工作原理

音频信号经放大器放大、由 A/D 转换器转换成数字信号后,分别送入数字信号处理器和反馈中心频率检测器。反馈中心频率检测器不断地对输入的数字音频信号进行扫描,用中央微处理器提供的快速扫描方法自动搜寻啸叫频率。一旦找到啸叫频率,CPU 就会立即控制数字信号处理器设定这一频率,使用一个与该频率相同的窄带数字滤波器来切除或衰减这个频率信号,从而抑制声反馈啸叫。在窄带数字滤波器滤除啸叫频率的同时,音频信号中的这一频率也被滤除掉了,但由于窄带数字滤波器的频带非常窄,滤除啸叫频率这一过程对音频信号的频谱影响极小,所以几乎不影响音频信号的音质。

3. 反馈抑制器的基本配置

(1)16 个立体声动态数字滤波器,4 个用户预设场景。

235

(2)频率响应 20Hz～20kHz($+/-0.5$dB,1kHz)。

(3)输入阻抗 40kΩ。

(4)输出阻抗 120kΩ。

(5)总谐波失真 0.005%@1kHz。

7.3.3 数字音频处理器

数字音频处理器是将多通道输入的模拟信号转化为数字信号,然后对数字信号进行一系列可调谐的算法处理,满足改善音质、矩阵混音、消噪、消回音、消反馈等应用需求,再通过数模转换输出多通道的模拟信号。数字音频处理器的结构如图 7-17 所示。

1. 数字音频处理器的作用

会议系统中的数字音频处理器能对音频信号进行精确的混音操作。在会议场景中,往往有多个音频源,如不同位置的麦克风、播放的多媒体音频等。数字音频处理器可将这些信号按需求混合,调整各音频源的音量比例,确保声音平衡、自然。

数字音频处理器具备强大的音频均衡功能,能够针对会议现场的声学特性,对不同频率的声音进行精细调节。比如,补偿因空间结构导致的某些频段声音衰减,抑制可能产生回声或噪声的频段,让声音更加清晰、饱满。

数字音频处理器还能实现音频的延时处理。在大型会议场所,由于声音传播距离不同,各扬声器声音到达听众耳朵的时间可能有差异。数字音频处理器通过调整延时参数,使声音同步到达,避免声音混乱,保证声音的一致性和立体感。

此外,它可对音频进行降噪、增益等处理,提升音频质量,为会议提供高品质、稳定的音频效果,提高音频质量。

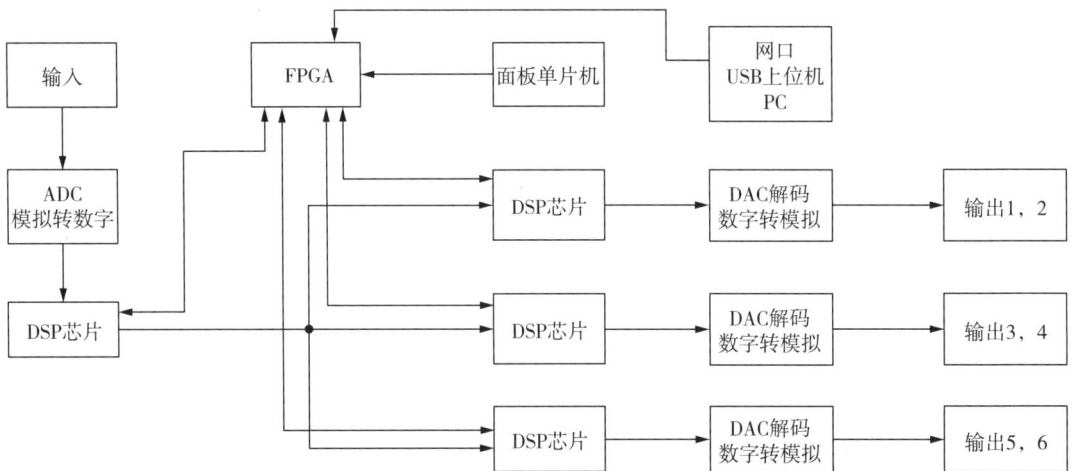

图 7-17 数字音频处理器的结构

数字音频处理器主要器件作用如下。

(1)FPGA(现场可编程门阵列)主要是启动和控制 DSP,外接控制电脑中的图形化软件操作调节 EQ 都需要先和 FPGA 建立通信再来控制这四颗 AD1940 DSP 芯片的参数。DSP

芯片的程序、固件都是预先装在 FPGA 内,在开机启动时 FPGA 把数据传送给每颗 DSP。工作过程中要调节 DSP 参数,比如分频、延时、调节 EQ 也要通过 FPGA 实时控制。控制参数的方式有两种,一种是面板通过物理按键调节,另一种是通过 USB 或者网口和电脑的软件通信实现控制,协调系统各器件的工作。

(2)ADC(模拟-数字转换器)将模拟音频信号转换为数字音频信号,以便后续数字信号处理芯片进行处理。

(3)DSP 芯片(数字信号处理器)对数字音频信号进行各种处理,如滤波、混音、均衡、压缩等音频算法处理,实现音频效果的优化和调整。

(4)DAC(数字-模拟转换器)将经过 DSP 芯片处理后的数字音频信号转换回模拟音频信号,以便输出到音频播放设备。

2. 数字音频处理器的工作原理

数字音频处理器基于数字化技术对音频信号进行处理。

首先是音频信号的输入。它设有多种接口,可接收来自麦克风、播放器等不同设备的模拟或数字音频信号。模拟信号进入后,会通过模数转换器将其转换为数字信号,以便后续处理。

接着是核心的数字信号处理阶段。内置的数字信号处理器芯片依据预设算法对音频信号进行运算。例如,通过均衡算法对不同频率成分进行增益或衰减调整,改善声音的频率响应;利用混音算法将多个音频源混合在一起,精确控制各声道音量比例;采用延时算法计算并调整信号延迟时间,实现声音同步。此外,还能执行降噪、压缩、扩展等操作,优化音频质量。

最后是音频信号的输出。经过处理的数字信号通过数模转换器变回模拟信号,再经功率放大器放人后,输送至扬声器等输出设备进行播放,从而为会议提供高质量、符合需求的音频效果。

3. 数字音频处理器的基本配置

(1)32×32 处理器,16 路本地平衡输入,支持幻相电源,可切换 MIC/LINE 输入,带独立话放调节,16 路本地平衡输出;可扩展 32×32 Dante 音频通道;一个内部混音通道。

(2)24bit AD/DA 转换,96kHz 采样频率。

(3)支持 RS232&RS485 控制端口、以太网远程控制 RJ45 端口。

(4)DSP 音频处理芯片,可实现多点对多点的数字交换、数字路由。

(5)输入通道处理部分包含低切、参量均衡、噪声门、增益、静音、相位、连动调节、音量编组调节等处理功能。

(6)输出通道处理部分包含分频、参量均衡、增益、静音、压缩/限幅器、相位、延时、连动调节、音量编组调节等处理单元。

(7)具有自动混音处理功能。

(8)多于 12 个用户预设。

7.3.4 集中控制器

集中控制器(简称中控)主要应用于多媒体教室、会议室等,用户可用按钮式控制面板、触摸屏等设备,对会场投影机、摄像机、矩阵、设备电源、环境灯光、电动窗帘等设备进行控制。集中控制器的结构如图 7-18 所示。

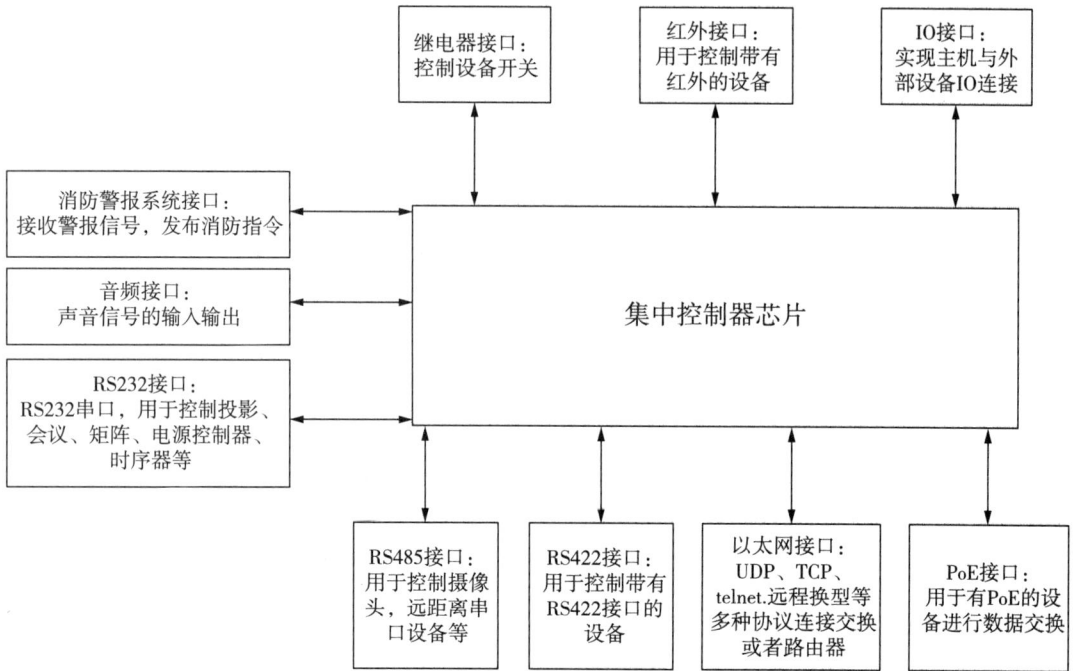

图 7-18　集中控制器的结构

1. 集中控制器的作用

会议系统中的集中控制器是整个系统的"智慧中枢",发挥着整合资源、便捷控制与高效管理的关键作用。

集中控制器具备强大的设备整合功能。会议系统往往包含多种设备,如投影仪、音响、灯光、电动窗帘等。集中控制器能够将这些不同品牌、不同类型的设备连接在一起,打破设备间的孤立状态,实现统一管理。通过标准接口和协议,集中控制器为各类设备搭建起沟通桥梁,让它们协同工作。

集中控制器能提升控制的便捷性。以往,操控会议系统中的各个设备需要使用多个不同的遥控器或操作面板,操作烦琐且容易出错。有了集中控制器,用户只需通过一个简洁、直观的操作界面,如触摸屏、平板电脑应用或按键面板,就能轻松控制所有设备。例如,一键开启或关闭整个会议系统,同时调整灯光亮度、投影仪画面和音响音量,无须逐个操作设备,节省时间和精力。

集中控制器有助于实现智能化场景控制。它可以根据不同会议场景预设多种模式,如会议开始模式,自动打开灯光、投影仪,降下幕布并调整音响到合适音量;休息模式则关闭部分灯光、调暗屏幕等。这些预设场景能快速切换会议环境,满足不同阶段的需求。

集中控制器还具备远程控制与监控功能。借助网络连接,管理员可以在远程对会议系统进行操作和管理,实时查看设备运行状态,及时发现并解决潜在问题,进一步提高会议系统的使用效率和可靠性,为会议的顺利进行提供全方位保障。

集中控制器主要器件作用如下。

(1)集中控制器芯片作为核心处理部件,负责协调和处理来自各个输入接口的信号,进行编码、存储等操作,是集中控制器的运算和控制中枢。

(2)继电器接口控制设备开关,实现对设备通断电的控制。

(3)消防警报系统接口接收警报信号,并发布消防指令,用于消防安全相关的联动控制。

(4)音频接口进行声音信号的输入输出,可连接音频设备,实现音频的播放或采集。

(5)RS232 接口通过 RS232 串口,用于控制投影、会议、矩阵、电源控制器、时序器等设备。

(6)红外接口控制带有红外功能的设备,实现对这类设备的远程操控。

(7)IO 接口实现主机与外部设备的 IO 连接,为设备间的数据交互提供通道。

(8)RS485 接口用于控制摄像头、远距离串口设备等,适用于长距离通信场景。

(9)RS422 接口控制带有 RS232 和 RS485 的设备,便于兼容不同接口标准的设备。

(10)以太网接口支持 UDP、TCP、telnet、远程唤醒等多种协议,用于连接交换机或路由器,实现网络通信。

(11)PoE 接口为具有 PoE 功能的设备进行数据交换,同时可通过网线为设备供电。

2. 集中控制器的工作原理

会议系统中的集中控制器通过接收用户指令,对各类会议设备进行集中管理与控制,其工作原理涉及多个关键环节。

(1)信号输入环节。集中控制器配备多种接口,如 RS232、RS485、红外、以太网等,可连接会议系统中的各种设备,包括投影仪、音响、灯光控制器等。用户通过操作界面,如触摸屏、按键面板或手机 APP 下达控制指令,这些指令以电信号或数字信号形式传入集中控制器。

(2)指令解析环节。控制器接收到信号后,内部的微处理器对其进行分析解读。由于个同设备采用不同的通信协议和控制代码,集中控制器必须具备相应的解码能力。例如,针对投影仪的控制指令,它会依据投影仪所遵循的特定协议,将接收到的通用指令转化为投影仪能识别的控制代码,明确要执行的操作,如开机、切换信号源等。

(3)控制信号输出环节。经过解析的指令被转换为适合不同设备的控制信号,通过对应的接口发送出去。若是控制灯光设备,则输出符合灯光控制器协议的信号,调节灯光的亮度、开关状态;若是音响设备,则输出控制音量、声道等参数的信号。

(4)集中控制器还具备反馈与监测机制。部分设备在执行指令后会返回状态信息,集中控制器接收这些反馈信号,确认设备操作是否成功执行,并将设备状态实时显示在操作界面上,让用户了解设备运行情况。同时,它能持续监测设备的工作状态,如温度、电量等参数,以便及时发现异常并采取措施。通过这一系列环节,集中控制器实现对会议系统中各类设备的高效、精准集中控制。

(5)集中控制器与不同设备之间的通信。集中控制器提供与不同通信协议的设备连接的物理接口,集中控制器对不同的通信协议进行转换后可以与其相互通信并控制。如电子会议系统通过集中控制器(如中控系统)与舞台机械系统、舞台灯光系统实现一体化管理。

3. 集中控制器与所控设备通信

集中控制器实现与不同类型的设备通信,主要依赖于其支持的多种通信协议和接口。通过这些不同的通信方式,集中控制器能够灵活地与各种设备进行数据交换和命令传输。实现这一过程的一些关键步骤和技术细节如下。

(1)接口适配:首先,集中控制器需要配备适合与目标设备连接的物理接口。例如,对于使用 RS232、RS485 或 RS422 串行通信的设备,集中控制器应提供相应的串口;对于基于以太网的设备,则需要有网络接口。

(2)协议转换:由于不同设备可能采用不同的通信协议,集中控制器必须具备将一种协议的数据格式转换为另一种的能力。比如,当与采用 Modbus RTU 协议的 RS485 设备通信,而上层应用使用的是基于 TCP/IP 的 Modbus TCP 协议,这时就需要集中控制器在两者之间进行协议转换。

(3)驱动程序和支持软件:为了与特定设备有效沟通,集中控制器通常需要安装或配置相应的驱动程序和支持软件。这些软件组件了解特定设备的通信协议,并能处理复杂的交互逻辑,如错误检测与纠正、会话管理等。

(4)编程与配置:用户或开发人员需要对集中控制器进行编程或配置,以定义如何与每种类型的设备进行交互。这包括设置通信参数(如波特率、数据位、停止位等)、定义数据采集周期以及编写控制逻辑等。

(5)集成与测试:完成上述步骤后,接下来是对整个系统进行集成测试,确保所有设备能够按照预期的方式进行通信。这一步骤中可能会发现并解决一些兼容性问题或优化通信效率。

(6)安全性考虑:在设计和部署集中控制系统时,还必须考虑安全性措施,如数据加密、访问控制列表(ACLs)等,以保护敏感信息不被未授权访问。

通过这种方式,集中控制器可以作为中心枢纽,有效地管理和协调来自不同类型设备的信息流,实现自动化操作和智能控制。这种灵活性使得集中控制器成为现代工业自动化、楼宇自动化等领域不可或缺的组成部分。

4. 集中控制器的基本配置

(1)通过节点扩展,可实现对网络、RS232、RS485、RS422、IR、Relay 等设备的控制功能。

(2)自动巡查设备信息,并显示硬件设备的网络状态、电流指标、负载情况等运行参数。若系统出现故障,可直观定位故障位置,判断故障等级。

(3)用户可通过客户端中提供的"扫一扫"功能扫描设备上的二维码,快速获取设备型号、设备投入使用日期、设备操作手册、设备调试参数、系统图等各种信息。

(4)设备的运行信息、操作信息、故障信息等会被统计记录并自动生成报表。根据设置维护周期参数,提醒用户做好设备维护管理。

(5)可查询设备信息、电流指标、负载情况等运行参数,直观定位故障位置,将运维信息生成报表用于设备维护。

7.3.5　会议录播机

会议录播机是将会议室内高清摄像机、笔记本等视频信号和扩声系统的音频信号接入,从而实现对会议室内的图像和声音进行实时录制、存储、直播和回放设备。会议录播机的结构如图 7-19 所示。

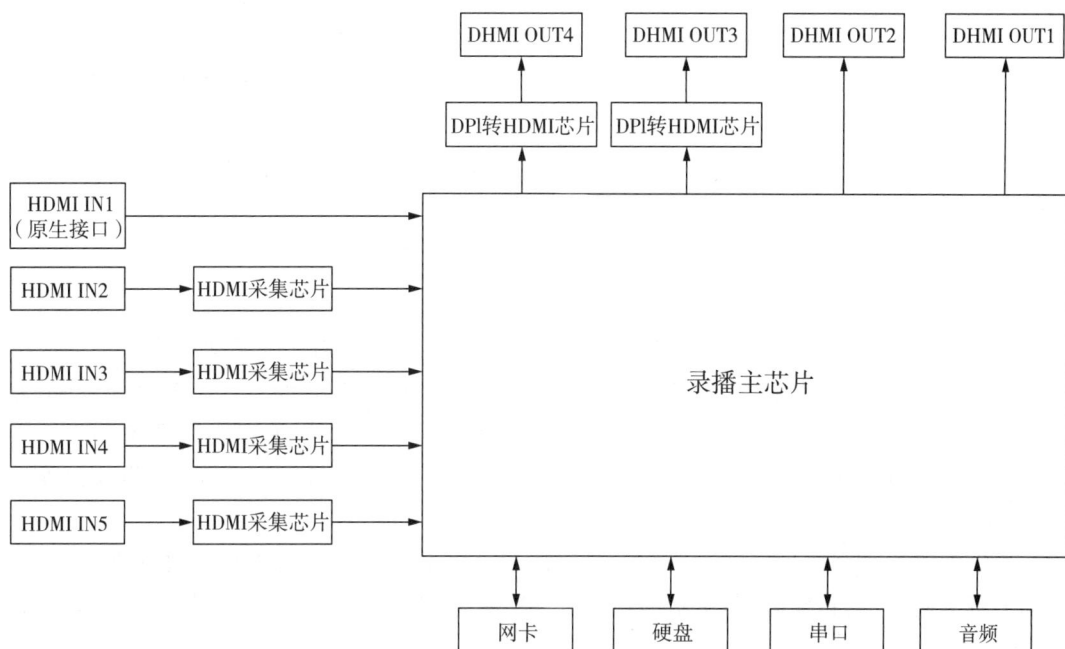

图 7-19 会议录播机的结构

1. 会议录播机的作用

会议系统中的会议录播机能完整记录会议内容,无论是发言人的讲解、演示文稿展示、还是讨论环节的互动交流,都能通过高清视频和清晰音频准确录制下来。这为未能参会的人员提供了事后回顾会议全貌的机会,确保信息不遗漏。在知识传承与经验积累方面,会议录播机能将重要决策过程、专业知识分享等内容留存。企业可以将这些资料作为培训素材,新员工借此了解公司过往重要会议精神和业务要点。从会议复盘角度,录播内容方便参会者会后再次观看,深入思考会议中的观点和问题,总结经验教训,优化后续工作流程和决策。而且,一些公开性质的会议,通过会议录播机录制并对外发布,有助于扩大会议影响力,提升组织形象,加强与外部合作伙伴、客户的沟通交流,促进信息的广泛传播与共享。

会议录播机主要器件的作用如下。

(1)录播主机芯片作为核心处理部件,负责协调和处理来自各个输入接口的音视频信号,进行编码、存储等操作,是录播机的运算和控制中枢。

(2)高清多媒体接口(High Definition Multimedia Interface,HDMI)是一种数字化视频和声音发送接口,可以发送未压缩的音频及视频信号。HDMI 采集芯片用于将 HDMI 接口输入的视频信号进行采集转换,以便录播主机芯片能够识别和处理。

(3)DP 转 HDMI 芯片将 DP 接口的信号转换为 HDMI 信号输出,方便连接支持 HDMI 输入的显示设备,图 7-19 中有两个此类芯片分别对应 HDMI OUT4 和 HDMI OUT3 输出。

(4)HDMI 接口(输入)用于接入外部视频源设备,如电脑、摄像机等,图 7-19 中有 5 个

HDMI 输入接口(HDMI IN1~HDMI IN5),其中 HDMI IN1 为原生接口,其余 4 个经过采集芯片处理。

(5)HDMI 接口(输出)用于将处理后的视频信号输出到显示设备,如显示器、投影仪等,图 7－19 中有 4 个 HDMI 输出接口(HDMI OUT1~HDMI OUT4)。

(6)网卡提供网络连接功能,可实现录播内容的网络传输、远程控制、网络存储等功能,支持通过网络进行直播或远程访问录播文件。

(7)硬盘用于存储录制的音视频数据,提供大容量的本地存储空间,以便后期回放和编辑。

(8)串口用于连接 RS232、RS485 或 RS422 串行通信设备的接口。

2. 会议录播机的工作原理

会议录播机的工作原理主要涉及信号采集、处理、存储与传输几个关键环节。

在信号采集阶段,它配备多个输入接口,连接会议现场的各类设备。对于视频方面,通过 HDMI、VGA 等接口获取来自摄像机、电脑等设备的图像信号,捕捉会议现场的人物活动、演示文稿展示等画面;对于音频方面,利用 XLR、RCA 等接口接入麦克风、调音台等设备,采集清晰的语音信号。

采集到的音视频信号进入处理环节。内部的高性能芯片对信号进行实时处理,包括视频的分辨率调整、色彩校正、图像增强,音频的降噪、增益调节等,确保音视频质量达到较高水平。

处理后的信号随即进入存储环节。会议录播机内置大容量存储设备,如硬盘,按照特定的文件格式(常见如 MP4 等)将音视频数据存储起来,方便后续随时调用查看。

最后是传输环节,借助网络接口,会议录播机可将录制好的内容实时推送到指定服务器或在线平台,实现远程直播或供授权人员远程访问下载,满足不同场景下对会议内容传播与分享的需求。

3. 会议录播机的基本配置

(1)设备嵌入式设计,满足高稳定性运行要求,基于 Linux 平台开发,安全可靠。

(2)具备 4 路 SDI 输入接口,5 路 DVI 输入接口,根据需要可选择其中不少于 5 路信号进行同步录制,其中 4 路视频输入可 SDI、DVI 二选一。

(3)具备 2 路 HDMI 输出接口,可输出直播预览或点播回放画面,并可同步输出音频;输出分辨率支持 1080P@50@60、720P@60。

(4)具备 6 路 RS232 接口,其中 4 路作为摄像机控制,1 路对接中控。

(5)具备 USB2.0×1,USB3.0×1,具备 linein×2、MICin×2、lineout×2、MICout×2。

(6)具备硬件恢复出厂设置按键,一键恢复到出厂状态。

(7)标配 2T 存储,支持最大 8T 硬盘。

7.3.6 高清混合矩阵

高清混合矩阵是高清视频信号交换设备,支持多路信号输入、多路信号输出。通过选择不同信号的输入、输出板卡,实现多种高清数字信号输入、输出交换,任何一路信号的输出可以选择任何一路信号源而不会干扰其他的输出,使信号传输衰减降至最低,图像和声音信号能高保真输出。高清混合矩阵的结构如图 7 - 20 所示。

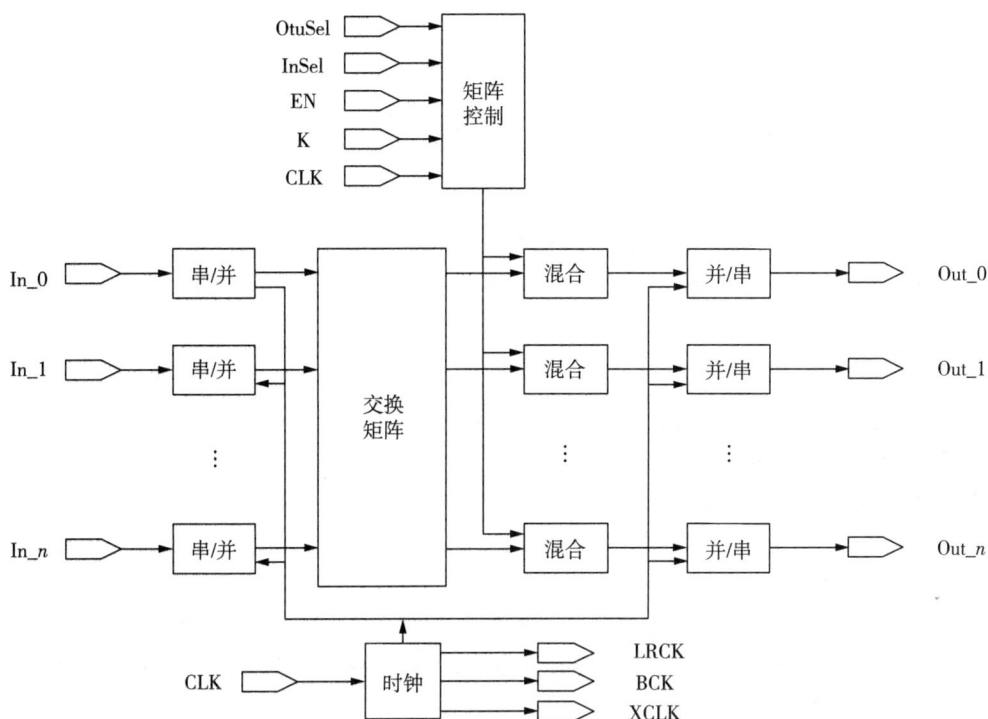

图 7 - 20　高清混合矩阵的结构

1. 高清混合矩阵的作用

会议系统中的高清混合矩阵是实现音视频信号灵活切换与分配的核心设备,具有重要作用。

(1)在信号切换方面,它能轻松应对多种类型的高清信号,包括 HDMI、DVI、VGA 等。会议过程中,当需要展示不同设备的内容,如从电脑切换到摄像机画面时,高清混合矩阵可快速、准确地完成信号切换,确保图像和声音无缝衔接,让参会人员能流畅观看和收听各类信息。

(2)在信号分配上,它允许将一路输入信号同时分配到多个输出端口。比如,要将一份重要的演示文稿同时显示在会议室的多个显示屏上,高清混合矩阵就能高效完成这一任务,保证各个显示终端都能获得清晰、一致的信号,方便、快捷地调整信号切换与分配,极大提升了会议的组织和管理效率。

高清混合矩阵主要器件的作用如下。

(1)矩阵控制:接收并处理 Out Sel(输出选择)、In Sel(输入选择)、EN(使能信号)、K(可能是控制指令相关信号)、CLK(时钟信号)等控制信号,根据这些信号来控制交换矩阵的工作状态,决定输入信号与输出端口的连接关系,实现对整个高清混合矩阵的配置和操作控制。

(2)交换矩阵功能:作为核心的数据交换部件,接收经过串/并转换后的多路输入信号(In_1 到 In_n),根据矩阵控制模块的指令,将不同的输入信号路由到对应的输出端口,实现信号的灵活切换和分配,是实现输入信号到不同输出端口映射的关键组件。

(3)串/并转换模块:将输入的串行信号转换为并行信号,以便于交换矩阵进行处理。同时,在输出端将经过交换和处理后的并行信号再转换回串行信号输出,满足不同设备对于信号传输格式的要求。

(4)混合模块:对从交换矩阵输出的信号进行混合处理,可能包括对不同格式(如不同分辨率、不同色彩空间等)的高清信号进行融合、格式转换等操作,以确保输出信号符合特定的显示或传输标准。

(5)时钟模块:产生系统所需的各种时钟信号,如 LRCK(左右声道时钟)、BCK(位时钟)、XCLK(外部时钟)等,为整个高清混合矩阵的各个模块提供同步时钟,保证信号的正确传输、处理和交换,确保系统各部分协调工作。

2.高清混合矩阵的工作原理

会议系统中的高清混合矩阵主要用于实现多种高清音视频信号的灵活切换与分配,其工作原理基于特定的硬件架构和控制逻辑。

硬件层面,它包含多个输入端口和输出端口,分别连接不同的信号源(如电脑、摄像机等)和显示设备(如投影仪、显示屏)。内部有高速的交叉点开关阵列,这些开关能够在电信号的控制下,建立输入与输出之间的连接通路。

控制逻辑方面,高清混合矩阵配备控制电路和处理器。用户可以通过控制面板、遥控器或者网络接口发送控制指令。处理器接收到指令后,解析指令内容,然后向交叉点开关阵列发送控制信号,使相应的开关闭合,从而将指定的输入信号路由到所需的输出端口。

例如,当用户在控制面板上选择将电脑的 HDMI 信号切换到某一显示屏时,处理器识别指令,控制对应的开关接通电脑所在的输入端口与目标显示屏的输出端口,实现信号的传输,最终在显示屏上呈现电脑画面,以此满足会议中多样化的信号切换需求。

3.高清混合矩阵的基本配置

(1)支持 8 路信号输入,8 路信号输出。

(2)支持输入信号预览。

(3)支持输入、输出信号检测。

(4)支持 EDID、HDCP 管理。

(5)支持 RS232 按键,TCP/IP 控制。

(6)支持简单画面拼接。

(7)支持输入信号字符叠加。

(8)支持场景调用保存。

(9)支持 B/S 架构网页控制。

7.3.7 视频处理器

视频处理器是对图像信号进行优化处理,包括画面缩放、信号转换与切换、图像质量提升、大屏幕拼接、多画面处理等,将外部图像信号转为显示屏可接受的信号。视频处理器的结构如图 7-21 所示。

1.视频处理器的作用

会议系统中的视频处理器发挥着至关重要的作用,旨在提升视频质量与展示效果,它具备格式转换功能。会议中可能涉及多种视频格式的文件,视频处理器能够将不同格式的视频信号,如 AVI、MP4、WMV 等,转换为统一格式,适配会议显示设备的要求,保障视频正常播放。

视频处理器还可进行分辨率调整。根据显示设备的分辨率,它能对输入视频信号的分辨率进行缩放处理。若输入视频分辨率较低,可通过算法提升分辨率,使画面在大屏幕上也能保持相对清晰;若分辨率过高,也能合理降低分辨率以匹配显示设备,防止出现兼容性问题。

色彩校正也是其重要功能之一。它能够对视频的色彩进行优化,调整亮度、对比度、饱和度等参数,让视频画面色彩更加鲜艳、自然,提升视觉效果,帮助参会人员更清晰地观看视频内容,增强会议信息传达的准确性和直观性。

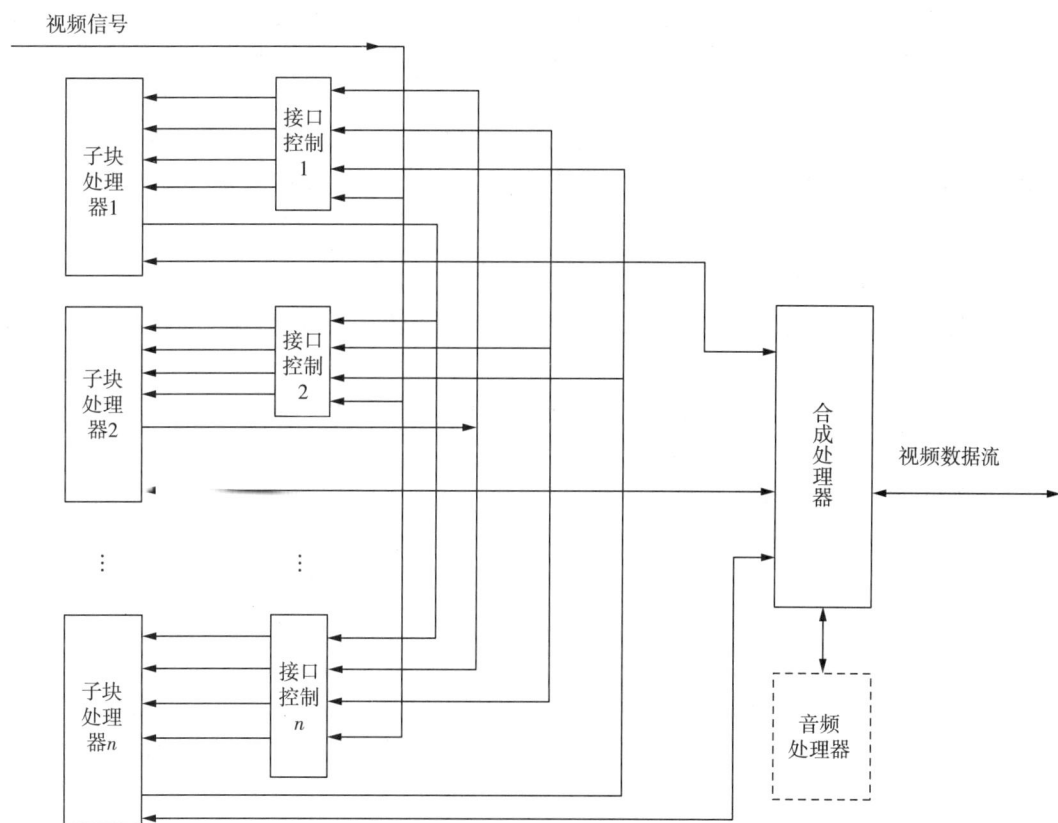

图 7 - 21 视频处理器的结构

视频处理器主要器件的作用如下。

(1)子块处理器:负责对视频信号进行分块处理,可能包括对视频图像的解码、滤波、增强等操作,分别处理视频信号的不同部分或执行不同的算法,以优化视频的质量和性能。

(2)接口控制:每个子块处理器都连接着一个接口控制模块,其功能是管理子块处理器与其他组件之间的数据传输和通信,确保数据能够准确、高效地在系统中流动,起到协调和控制数据交互的作用。

(3)合成处理器:接收来自各个子块处理器处理后的视频数据,将这些分块处理后的视频数据进行整合和合成,形成完整的视频数据流,输出可供后续使用的视频信号。

(4)音频处理器:负责处理视频中的音频部分,包括音频的解码、编码、混音、音效处理等功能,以提供高质量的音频输出。

2. 视频处理器的工作原理

会议系统中的视频处理器是围绕对视频信号的接收、处理和输出展开工作。

首先是视频信号接收,它拥有多种接口,像 HDMI、DVI、VGA 等,能接入来自电脑、摄像机、播放器等不同设备的视频信号。这些信号无论是模拟还是数字形式,都能被视频处理器识别并接纳。

接着进入核心的处理阶段。一方面是格式转换,它内置专门的解码芯片,可将不同编码格式的视频信号解压缩并重新编码成适合后续处理和输出的格式。另一方面是分辨率处理,通过缩放算法,依据输出显示设备的分辨率要求,对视频图像进行像素级的调整,实现分辨率的升高或降低。同时,色彩校正模块会分析视频的色彩参数,按照预设规则调整亮度、对比度、色彩平衡等,优化色彩表现。

最后,经过处理的视频信号通过相应接口输出到投影仪、显示屏等显示设备上。整个过程中,视频处理器依据用户设置或自动检测机制,实时且精准地处理视频信号,为会议提供优质的视频展示效果。

3. 视频处理器的基本配置

(1)输入接口:常见有 VGA、DVI、HDMI、SDI 等,可连接电脑、摄像机、DVD 播放机等设备。

(2)输出接口:一般有 DVI、HDMI,部分配备 VGA、BNC 接口,用于连接投影仪、液晶显示屏、拼接屏等显示设备,部分还提供音频输出接口。

(3)视频处理支持处理多种分辨率信号,如常见的 1080p(1920×1080),部分高端产品支持 4K(3840×2160)甚至 8K 分辨率,以满足高清晰度显示需求。

(4)帧率处理:可支持 25fps、30fps、50fps、60fps 等帧率,高帧率能使画面更流畅,适用于动态画面多的会议场景。

(5)图像增强功能:具备色彩校正、对比度增强、亮度调节、锐化、降噪等功能,优化图像质量,确保会议画面清晰、鲜艳、逼真。

(6)信号切换与拼接功能信号切换:可在多路输入信号间快速、无缝切换,通过前面板按键、遥控器或软件控制,方便会议中展示不同内容。

(7)拼接功能:能将多个显示单元拼接成一个大画面,支持多种拼接模式,如 2×2、3×3 等,确保拼接后的画面完整、无错位和色差。

(8)多画面显示功能画面分割:支持单屏多画面显示,如双画面、四画面、九画面等分割模式,可同时显示多个视频源内容,便于对比展示或监控多个画面。

(9)画中画功能:能在一个主画面中嵌入一个或多个小画面,小画面可随意移动、缩放,突出重点内容或显示辅助信息。

(10)控制方式:既可通过前面板的按键、旋钮和显示屏进行本地操作,设置参数、切换信号、调整画面等,也支持 RS232、RS485 串口控制,可连接中控系统实现集中控制。还支持网络控制,通过 IP 网络用电脑或移动设备远程操作。

7.3.8　电源时序器

电源时序器是一种用于控制多个设备的电源开关顺序的装置,它能够按照预设的时间顺序依次开启或关闭不同的电源输出通道。

1. 电源时序器的作用

会议系统中的电源时序器起着规范设备供电顺序、保护设备及保障系统稳定运行的关键作用。在会议系统中,各类设备如功放、调音台、投影仪等对开机和关机顺序有严格要求。电源时序器能够按照预先设定的时间间隔,依次开启或关闭连接的设备。电源时序器的结构如图 7-22 所示。

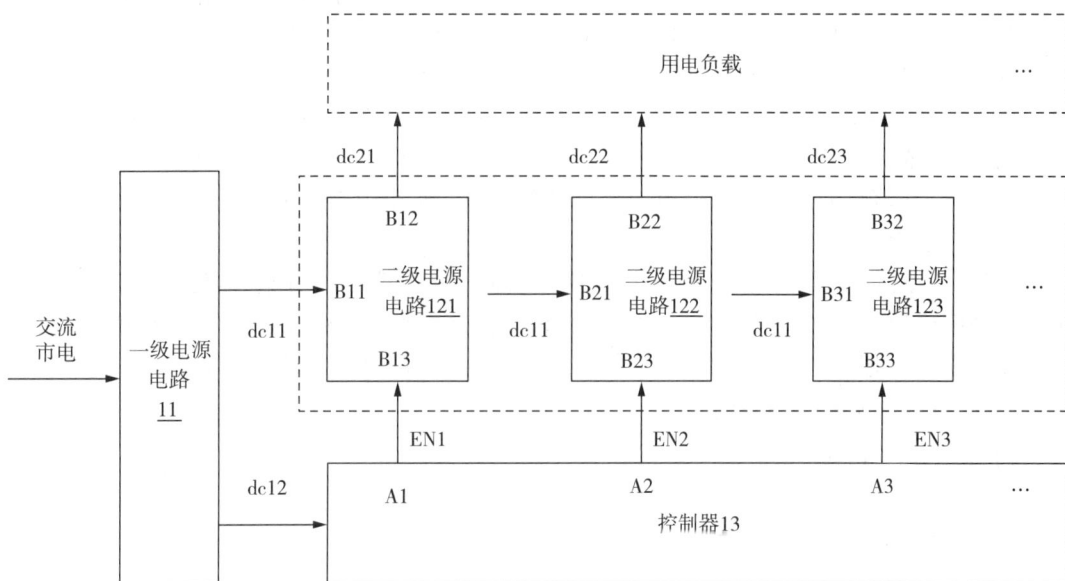

图 7-22　电源时序器的结构

开机时,先给前端设备如音频处理器、视频切换器等供电,待其稳定工作后,再为功率较大的设备如功放供电。这样可以避免大电流冲击对前端设备造成损害,同时防止因设备启动顺序混乱导致的信号干扰问题。

关机时,电源时序器则反向操作,先关闭功放等大功率设备,最后关闭前端设备。这种有序的关机方式同样能减少设备间的相互影响,延长设备使用寿命。

此外,电源时序器还具备过压、欠压、短路保护等功能,当电源出现异常情况时,能迅速切断电路,保护会议系统中的设备免受损坏,电源时序器能有效地统一管理和控制各类用电设备,避免人为的失误操作,又可减少用电设备在开关瞬间对供电电网的冲击,避免感生电流对设备的冲击,确保整个会议设备用电的稳定。

电源时序器主要器件的作用如下。

(1)一级电源电路:将交流市电转换为直流电(如图 7-22 中的 dc11 和 dc12),为后续的二级电源电路提供相对稳定的直流输入电源,是整个电源系统中电源转换的第一级处理环节。

（2）二级电源电路：如 B12、B22、B32 等对应的二级电源电路（121、122、123 等），它们进一步对输入的直流电进行处理，输出不同规格的直流电（如 dc21、dc22、dc23 等），以满足不同用电负载的供电需求，为用电负载提供适配的直流电源。

（3）控制器：像 A1、A2、A3 等控制器，通过发送使能信号（EN1、EN2、EN3 等）来控制二级电源电路的开启和关闭，实现对各个二级电源电路的有序控制，从而按照设定的时序给用电负载供电或断电，保证系统中各部分用电负载按照特定顺序上电或掉电，避免因电源供应顺序不当导致的设备故障或不稳定情况。

2. 电源时序器的工作原理

会议系统中的电源时序器的工作原理基于智能的电路控制与定时机制。

电源时序器主要由微控制器、继电器阵列以及电源检测电路等部分构成。电源检测电路实时监测输入电源的状态，包括电压是否在正常范围等，一旦检测到异常，如过压、欠压，会立即将信息反馈给微控制器。

微控制器是电源时序器的"大脑"，它内置预设的程序。在开机时，微控制器按照设定好的时间序列，依次向继电器阵列发出触发信号。继电器相当于电子开关，接到信号后，对应通道的继电器闭合，为连接在该通道的会议设备供电。每个通道之间有一定时间间隔，确保设备按顺序启动。

关机时，微控制器执行相反操作，按逆序依次向继电器发出断开信号，使设备逐一断电。通过这种精确的定时控制，电源时序器实现会议设备有序的上电和断电过程，有效避免设备同时启动产生的大电流冲击，以及因启动、关闭顺序不当引发的故障，保障会议系统稳定运行。

3. 电源时序器的基本配置

（1）最大输入电流：60A。

（2）单路最大输出电流：30A。

（3）工作电压：220V/50～60Hz。

（4）每一路功率：峰值可达 3000W。

（5）输入与输出电压：AC 输入电压＝AC 输出电压。

（6）输出电源插座：万用插座，符合欧美标准。后面板 8 个受控万用插座。

（7）插座材质：每个插座材质磷铜，均通过检验才安装。

（8）每一路开关间隔时间：1s，每一路带开关指示灯，前端配置一个保险开关按钮（BY-PASS）。

（9）电路板线路：采用 65% 高纯度锡，高端分流技术，经强化加粗处理。

（10）电源净化滤波器：电容滤波。

7.4 舞台工艺

舞台工艺主要包括舞台灯光、舞台幕布及其支撑机械等。

7.4.1 舞台机械系统

为了达到会议厅各种演出效果，舞台机械系统应直接或间接为舞台表演活动服务。舞台机械装置主要分为台下机械设备和台上机械设备。舞台台下机械设置有升降台等。舞台台上机械主要有会标幕吊杆,大幕吊杆,檐、侧幕吊杆,景物吊杆,升降底幕吊杆,灯光吊杆,侧灯光吊杆,面光吊杆等。

1. 综合控制台的工作原理

舞台机械综合控制台是一种集成控制系统,用于管理和协调舞台上所有机械设备的运动,包括幕布、升降台、旋转舞台等。它的核心是微处理器,负责接收来自控制台的指令,并将这些指令转换成驱动各个机械设备的信号。舞台机械控制系统如图 7-23 所示。

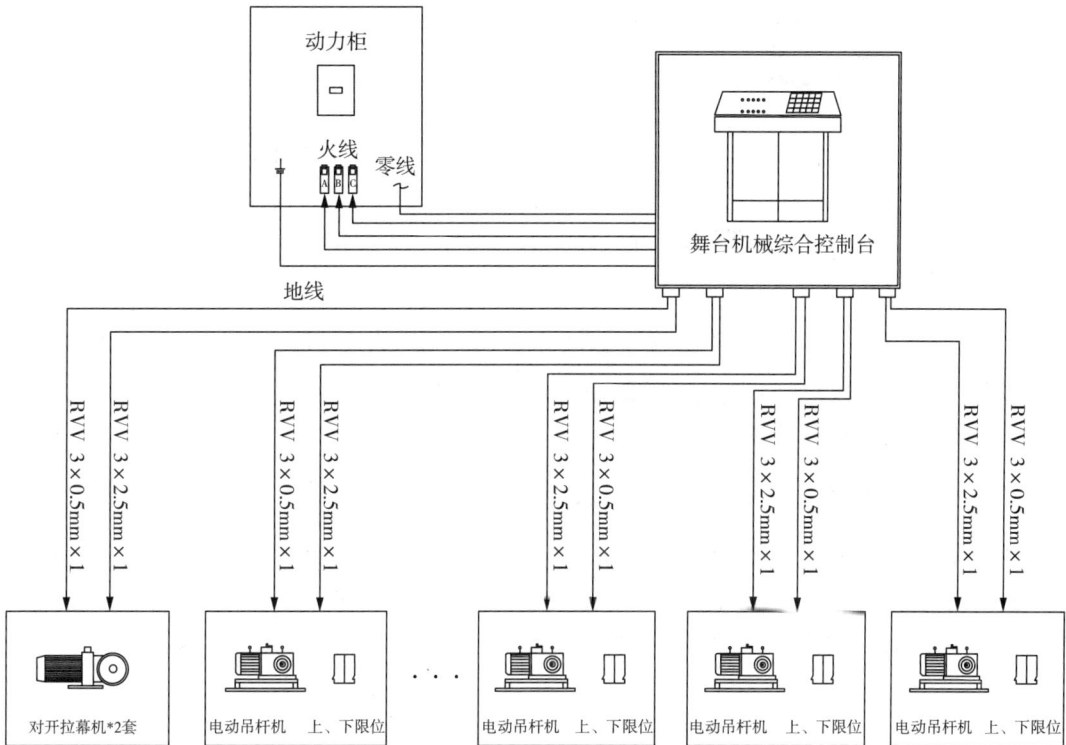

图 7-23　会议厅舞台机械与幕布控制系统

控制台配备触摸屏或物理按钮,操作者可以通过这些界面设定设备的运动参数,如起始点、终点、速度和加速度。此外,控制台还可以预设复杂的运动序列,实现同步控制多个设备,为观众带来流畅而震撼的舞台效果。

所有通用机械零件的安全系数要大于或等于 6。为了保证操作的安全性,舞台机械综合控制台还应具备多重保护机制,如过载保护、紧急停止按钮等。在演出过程中,控制台会实时监测设备状态,确保所有动作按照预定的路径和速度进行。

2. 动力柜的工作原理

动力柜应集成多个电路断路器、接触器、继电器等,通过精密的电路控制逻辑,实现对电力的精确分配和控制,通过断路器和接触器控制电力流向各个分支回路。继电器用于监控电路状态,实现自动化控制。配电柜配备过载保护、短路保护等安全装置,以确保供电系统的稳定运行和设备的安全。

动力柜宜具备全电量参数测量、双向电能计量、四象限无功电能计量和谐波分析等功能,通过通信接口(RS485)端口,接入能耗监测系统,实现远程数据监测。

舞台机械的用电负荷要按每台控制电机用电量计算,每台控制电机与舞台机械综合控制台连接电缆要采用铜芯聚氯乙烯绝缘聚氯乙烯护套软电缆。电源为 50Hz,380VAC/220VAC;接地型式 TN−S 系统(N 线和 PE 线分开),采用综合接地,共用接地装置,综合地电阻不大于 1Ω。TN−S 供电系统电涌保护器安装示意如图 7−24 所示。

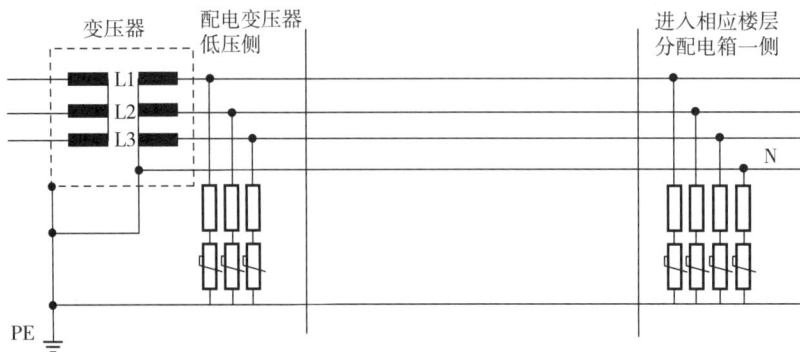

图 7−24 TN−S 供电系统电涌保护器安装示意

变压器侧三相线与地之间应使用限压型电涌保护器,分配电箱侧三相线,N 线与 PE 线之间应使用限压型电涌保护器。

7.4.2 舞台灯光系统

舞台灯光是空间艺术与时间艺术的结合体。运用舞台灯光设备和技术手段,以光的明暗、色彩、投射方向和光束运动及其动态组合等,以较大的可塑性与可控性,为舞台创造立体、多变、灵活、快速的照明条件,引导观众视线,从而增强舞台表演的艺术效果和渲染表演气氛。

1. 舞台灯光的基本技术指标

舞台灯光的基本技术指标主要是照度、色温、显色指数等。

(1)照度为入射在包含该点的面元上的光通量 dΦ 除以该面元面积 dA 所得之商,单位为 lx,1lx=1lm/m²。

① 舞台演区基本光,在 1.5m 处的垂直照度不宜低于 1500lx;

② 演区主光的垂直照度为 1800∼2250lx;

③ 演区辅助光的垂直照度为 1200∼1800lx;

④ 演区背景光的照度为 800∼1000lx。

(2)色温。当光源的色品与某一温度下黑体的色品相同时,该黑体的绝对温度为此光源的色温。亦称"色度",单位为开(K)。舞台演区光的色温应为(3050±150)K。

(3)显色指数。光源显色性的度量。以被测光源下物体颜色和参考标准光源下物体颜色的相符合程度来表示。舞台演区光的显色指数不宜小于 85。

2. 舞台布光原理

观众厅内应设面光、台口外侧光,并宜设台口光。面光可通过面光桥实现,台口外侧光可通过耳光室实现。

1）面光

面光主要用于照亮舞台前部表演区（台口线舞台前区），对舞台上的表演者起到正面交叉照明的作用，可清晰地反映人物整体形象、面部特征、服饰搭配、运动过程等，舞台上的物体细节也会呈现出来。按投光距离及照度进行选配灯具，保证面光灯投射的效果达到光斑均匀、照度一致。

2）顶光

顶光设在人物及景物正上方位置，可正向投射、反向投射或垂直投射。其作用是对舞台纵深的表演空间进行必要的照明，灯具可根据演出需要调整布光方式。不论正向投射、反向投射或垂直投射的顶光，即作为基本光形式大面积布光，也作用于局部照明和特殊照明。

要按舞台纵深延展的表演空间进行选配灯具，保证表演区域光斑衔接均匀、照度一致。

3）侧光

侧光的作用是从舞台的侧面造成光源的方向感，可以作为照射演员面部的辅助照明，并可加强布景层次，对人物和舞台空间环境进行造型渲染。投光的角度、方向、距离以及灯具种类、功率等因素都会造成各种不同的侧光效果。要按舞台的纵深及投光距离进行选配灯具，保证侧光光斑衔接均匀、照度一致。

4）追光

追光强化主体存在感。高强度定向光束，实时追踪移动目标（如演讲者），通过手动摇杆或自动定位系统（UWB/AI 视觉）控制水平/垂直运动，突出主体并提升视觉层级。核心参数：中心照度大于 1500lux，色温 5600K±300K。

5）逆光

逆光增强空间纵深感。从目标后方投射的光线，用于勾勒轮廓、分离主体与背景，避免"剪影效应"。会议中常置于讲台后方高处（夹角 45°），亮度为面光的 60%～80%，色温匹配环境光（通常为 3200～4500K）。

6）舞台烟雾机

舞台烟雾机是一种常用于演出和表演中的特效设备，通过喷射出一定量的烟雾来营造出氛围和增加视觉效果。其工作原理主要是液体加热、液体挥发、增压喷射、散布和扩散。舞台烟雾机在使用过程中要严格控制温度，避免液体燃烧或产生有害气体。

3. 灯具光源选择

舞台所选灯具应具有高效率（光源发光效率高）、高显色（被照物体颜色失真小）和长寿命（光源有效寿命长）等特点。舞台电脑灯光源主要选择金属卤化物气体泡，色温 6000K，可通过灯体内部的降色温线性调节 6000～2800K，满足舞台照明，保证演员的服装和舞台布景色彩还原，满足电视录像或转播对光源色温的要求。舞台 LED 灯光源采用 LED 发光管，其特点低功率、高光效、节能环保、寿命长、色彩均匀、一致性高等。

4. 灯光控制台

灯光控制台是采用 DMX512-A 灯光控制数据传输协议来对灯光亮度和各种效果进行编辑、记录、控制等的计算机调控设备或手动控制设备。灯光控制台通常可分为数字调光台和模拟调光台。

灯光控制台是为通过接收操作者的指令来精确控制各个灯光设备。其核心部分是微处理器,它接收来自控制台的数字信号,并将其转化为控制灯光设备动作的指令。控制台通常配备有触摸屏或物理按键,操作者可以通过这些界面选择不同的灯光模式,调整光线强度和颜色等。通过通信接口(RS485)端口,接入网络,实现实时监测。会议灯光控制系统如图7-25所示。

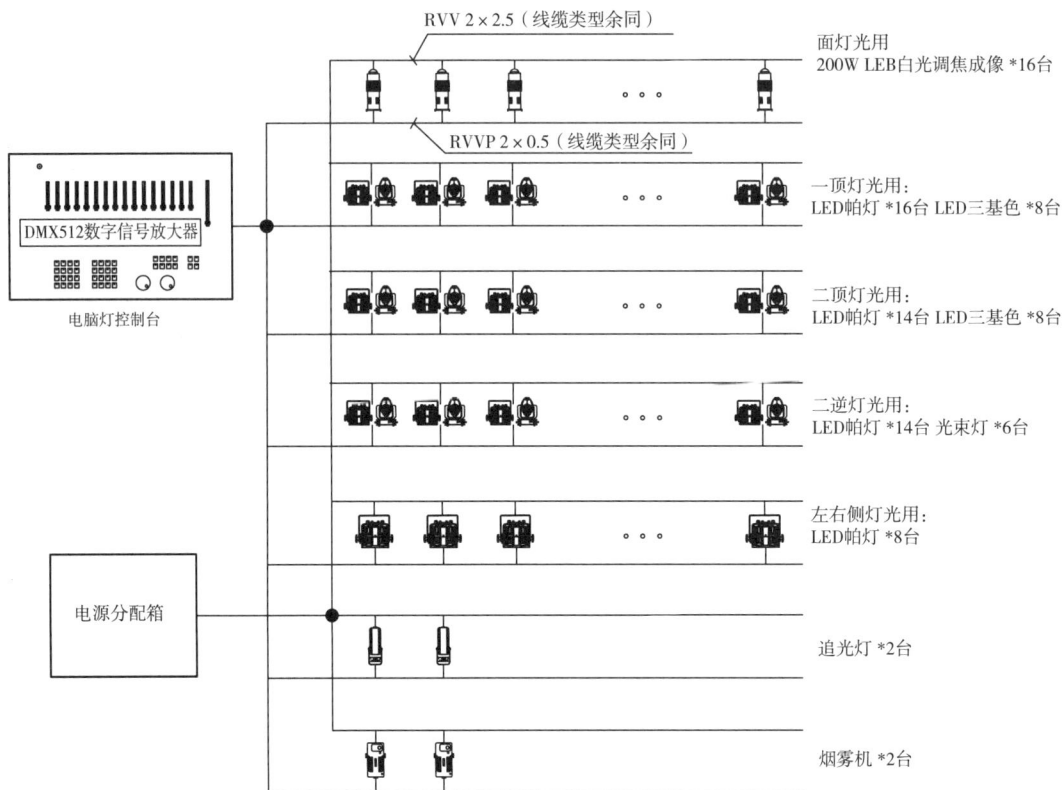

图 7-25 会议灯光控制系统

灯光控制系统的信号控制电缆要采用铜芯聚氯乙烯绝缘聚氯乙烯护套屏蔽软电线电缆,供电电源宜采用铜芯聚氯乙烯绝缘聚氯乙烯护套软电缆。

5. 信号放大器

数字信号放大器是一种专门用于放大和传输 DMX512[①] 数字信号的设备。这种放大器能够确保信号在长距离传输过程中保持稳定和清晰,避免因信号衰减而导致的控制问题。此外,放大器还支持多设备连接,使得舞台上的多个灯光设备可以通过一个 DMX512 信号进行统一控制,简化了布线工作。其工作原理如下。

信号接收:DMX512 数字信号放大器接收来自 DMX512 控制器(如灯光控制台)发出的

---

① 《DMX512-A 灯光控制数据传输协议》(WH/T 32—2008)规定灯光控制系统中控制器与调光器及其相关设备等被控设备间的数据传输方法,包括电气特性、数据格式、数据传输协议和连接器类型。本标准适用于灯光控制设备生产和灯光控制设备的系统集成。DMX512 协议是一种用于控制舞台灯光、效果设备和其他电子设备的数字通信协议。

数字信号。这个信号包含了控制灯光设备的各种参数,如亮度、颜色、运动等。

信号放大:接收到的信号经过内部电路进行放大,以增强信号的强度,确保信号能够在较长的传输距离或在有干扰的环境中可靠地传输。

信号传输:放大后的信号通过输出端口传送到连接的灯光设备或其他 DMX512 兼容设备。

信号处理:在传输过程中,放大器可能会包含一些附加的功能,如信号过滤、噪声抑制等,以确保信号的质量和稳定性。

6. 电源分配箱

电源分配箱主要用于为舞台灯具提供电源分配和回路控制。它接收来自灯光控制台(通过信号放大器)的控制信号,驱动内部继电器开关,将主电源安全、可靠地分配到各个灯具回路。它通常安装在墙体或楼板上,内部设有固定装置,确保电缆的传输性能。

要提供尽可能多的供电回路(常用 24 回路),避免在某些重要的角度位置上出现死区。在不同的位置多配灯具的强电、弱电接口,避免在使用中长距离拉临时线,在舞台地面、墙面留一些三相电源插座可以备用。

7. 信号放大器、电源分配箱与灯具的逻辑关系

信号放大器发送由灯光控制台编辑的 DMX512 控制信号(灯光指令、亮度、颜色等)触发电源分配箱的继电器闭合(通断),电源分配箱分配电源至灯具,实现调光、场景切换及安全保护(如过载断电)。

8. 舞台灯光供电

舞台灯光供电要求如下。

(1)舞台灯光的供电电源为 AC220/380V、50Hz。

(2)接地型式 TN－S 系统,接地宜采用综合接地,共用接地装置,综合地电阻不大于 1Ω。

(3)负荷容量按下式估算:

$$P_s = P_e \times K_d$$

式中,P_e——总负荷容量(kW),是每盏灯具用电量之和;

K_d——需用系数,一般取 0.5~0.8。

复习思考题

1. 简述电子会议系统的定义,并说明其与传统会议系统的区别。
2. 电子会议系统通常分为哪两类?请简述其应用场景。
3. 列举电子会议系统的核心子系统,并说明其基本功能。
4. 会议讨论系统按设备连接方式可分为哪几种类型?简述其结构特点。
5. 比较模拟会议讨论系统与数字会议讨论系统的优缺点。
6. 描述无线会议讨论系统的工作原理,并说明其信号传输方式的技术限制。
7. 同声传译系统的语言分配系统按信号传输方式分为哪两类?举例说明其适用场景。
8. 表决系统的主要功能有哪些?列举至少三种投票形式并说明其应用场景。

9. 电子签到与表决系统的联动如何实现？简述其技术实现路径。

10. 会议扩声系统的主要设备包括哪些？简述调音台的核心功能。

11. 数字音频处理器在扩声系统中的作用是什么？举例说明其对音质的优化方法。

12. 会议显示系统的主要类型有哪些？比较 LED 显示屏与投影显示系统的优缺点。

13. 视频处理器在显示系统中的核心功能是什么？列举三种常见的视频处理技术。

14. 会议摄像跟踪系统如何实现发言者的自动定位？描述其与会议讨论系统的联动机制。

15. 列举会议摄像系统的关键性能指标（如分辨率、信噪比），并说明其实际意义。

16. 集中控制器如何实现多设备协同控制？举例说明其与灯光、投影设备的联动逻辑。

17. 数字调音台与传统模拟调音台相比有哪些技术优势？列举三项核心功能。

18. 数字调音台的"自动混音"功能如何提升会议音频质量？

19. 反馈抑制器如何检测并消除啸叫频率？简述其窄带滤波器的动态调整机制。

20. 数字音频处理器如何实现多通道音频信号的延时同步？举例说明其应用场景。

21. 简述 FPGA 在数字音频处理器中的作用，并说明其对系统灵活性的提升。

22. 集中控制器支持哪些通信协议？举例说明其与 RS485 设备的控制逻辑。

23. 如何通过集中控制器实现会议系统的"一键启动"场景？

24. 高清混合矩阵如何实现多格式信号的无缝切换？说明其交叉点开关阵列的工作原理。

25. 舞台台下机械设备与台上机械设备的主要区别是什么？各列举两种典型装置。

26. 舞台灯光的照度、色温、显色指数分别如何定义？列举会议场景下的推荐参数。

27. 比较金属卤化物灯与 LED 灯在舞台照明中的技术特点及适用场景。

28. 舞台烟雾机的工作原理是什么？列举其使用中的安全注意事项。

29. 分析会议系统中集中控制器与火灾报警系统联动的技术实现路径及必要性。

第8章 物联网

随着通信技术、计算机技术和电子技术的不断发展,移动通信正从人与人(H2H)向人与物(H2M)、物与物(M2M)的方向演进,万物互联成为必然趋势。

物联网是智慧建筑架构中的核心模块,也是实现智慧城市"自动感知、快速反应、科学决策"的关键基础设施。未来,物联网技术将在城市用电、水资源管理、消防设施监测、节能环保及地下管网等领域发挥重要作用,推动精细化管理。

本章首先介绍物联网的基本概念,接着阐述感知技术、视频技术、无线通信技术、定位技术、嵌入式系统、云计算等。本章重点内容:感知技术、无线通信技术、定位技术、嵌入式系统。

8.1 物联网的基本概念

物联网是一种通过互联网将物理设备按照约定协议连接起来的技术,使得这些设备能够互相通信、交换数据,并执行智能操作。物联网通过感知层、网络层、应用层的协同,实现物理世界与数字世界的深度融合。物联网的基本特征可概括为感知层、网络层和应用层。

感知层是物联网的最底层,负责采集物理世界中的信息。这个层次包括了各种类型的传感器和其他数据收集装置,如传感器(温度、湿度、压力等)、摄像头等。感知层的作用可以比作人类的感觉器官,它能够"感知"周围环境的变化并将这些信息转化为电信号或其他形式的数据。这些数据随后会被传输到网络层进行处理。感知层还包括执行器,它们可以根据接收到的指令来执行具体的操作,如打开或关闭灯光。

网络层位于感知层之上,负责将从感知层收集的数据安全可靠地传输到应用层。网络层利用多种通信技术和协议,包括但不限于 Wi-Fi、蓝牙、ZigBee、LoRa WAN 等无线通信技术,以及以太网等通信方式。网络层的任务不仅是数据传输,它还需要确保数据的安全性和完整性,防止未经授权的访问和数据泄露。此外,网络层还可能涉及数据的初步处理,比如过滤、聚合等,以减少向上传输的数据量。

应用层是物联网系统的顶层,它直接面向用户并提供各种服务。应用层接收来自网络层的数据,并对其进行进一步的分析和处理,以便为用户提供有用的信息和服务。例如,在智能家居系统中,应用层可能会按家庭内部的温湿度情况自动调节空调的设置;除了数据分析之外,应用层还负责与其他系统集成,实现更复杂的业务流程。

总结来说,物联网的基本原理就是通过感知层获取环境信息,网络层负责数据的传输与初步处理,而应用层则将这些数据转化为实际的服务或决策支持。这三层结构相互协作,共同实现物联网的强大功能。随着技术的发展,物联网的应用场景也在不断扩大,涵盖了从家庭自动化到工业控制等多个领域。

物联网和互联网的最大区别在于：互联网连接人与人、人与信息，实现全球范围内的信息共享与交流。解决人与人之间的信息沟通问题，如通过网站、社交媒体、电子邮件等传递内容。物联网连接物与物、人与物，实现物理设备的智能化感知、监控和管理。通过感知技术、设备互联和数据处理，提供实时服务（如智能家居、工业自动化、智慧城市）。

互联网与物联网通过技术协同、数据互通和生态共建，将物理世界的感知能力与数字世界的计算能力结合。未来，随着 6G、量子通信、人工智能物联网等技术的发展，两者的界限将进一步模糊，推动万物智联时代的全面到来。

8.2 感知技术

感知技术是实现物联网功能的基础，它主要负责收集物理世界的各种信息，并将其转换为数字信号以便进一步处理和分析。

8.2.1 传感器

1. 传感器的基本原理

传感器是一种检测装置，能感受到被测量的信息，并能按一定规律把被测量转换为与之有对应关系或其他所需形式的信息输出，以满足信息的传输、处理、存储、显示、记录和控制等要求。

(1)传感器是测量装置，能完成检测功能。

(2)它的输入量是某一被测量，这个被测量可能是物理量、生物量、化学量等，相应的传感器也不一样。

(3)输出量是某种物理量，可以是气、光、电等，这种物理量要便于传输、转换、处理、显示等。

(4)输入量与输出量应该有对应关系，而且要有一定的精确度。

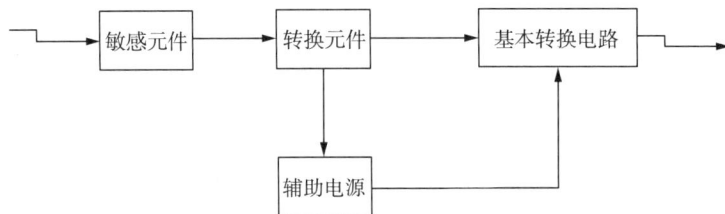

图 8-1 传感器基本原理

传感器被开发者镶嵌在物体内部，其的基本原理可由图 8-1 来说明，左端输入的是被测量，右端输出的是电学量。其中，敏感元件指的是传感器中能响应被测量的部分。转换元件指的是传感器中能将敏感元件响应的被测量转换成适合于传输和（或）测量的电信号的部分；当输出的电学量为规定的标准信号时，该传感器称为变送器。

2. 传感器的基本特性

不同的应用场景可能需要不同类型或规格的传感器。为了准确选择和使用传感器，应了解传感器的特性。传感器的基本特性主要包括静态特性和动态特性。

1)静态特性

线性度:指传感器输入量与输出量之间的静态特性曲线偏离直线的程度。线性度越高,表示传感器的实际特性曲线越接近理想直线,非线性误差越小。

灵敏度:是传感器在稳定工作状态下输出变化量与输入变化量之比,反映了传感器对输入量变化的响应能力。对于线性传感器而言,灵敏度就是该传感器特性曲线的斜率;而对于非线性传感器来说,灵敏度是一个随着工作点变化的变化量,实际是该点的导数。

迟滞现象:指的是传感器在输入量由小到大(正行程)和输入量由大到小(反行程)变化时,其输入-输出特性曲线不重合的程度。迟滞现象会影响传感器的测量精度。

重复性:指传感器在输入量按照同一方向做全量程多次测试时,所得到的输入-输出特性曲线的一致性。重复性越好,表明传感器在相同条件下多次测量结果的一致性越高。

分辨力:是指传感器能够检测出的被测量的最小变化量。分辨力高意味着传感器可以感知非常细微的变化。

稳定性:描述了传感器在一个较长的时间内保持其性能参数的能力。稳定性好的传感器可以在长时间使用后仍能提供准确的数据。

漂移:指在外界干扰下,在一定时间内,传感器输出量发生与输入量无关、不需要的变化。漂移分为零点漂移、灵敏度漂移、时间漂移和温度漂移等。

2)动态特性

动态特性则是当输入信号随时间变化时,传感器输入与输出的响应特性。常见的评估方法包括阶跃响应法和频率响应法。

阶跃响应法:通过分析传感器对突然变化的输入信号(如阶跃信号)的响应来评价其动态性能。通常关注的最大超调量、延滞时间和上升时间等指标可以帮助理解传感器跟随快速变化的能力。

频率响应法:研究传感器对不同频率正弦信号的响应情况,以了解传感器在处理周期性信号时的表现。这有助于确定传感器能否精确再现被测信号的变化。

3. 传感器分类[①]

检测对象门类繁多,涉及各种参数,这些参数可以由各种传感器进行检测。

按工作原理分类,传感器可分为物理型、化学型和生物型三大类。

按工作机理分类,传感器可分为结构型、物性型和复合型三大类。

按敏感元器件功能分类,传感器可分为力敏、热敏、光敏、磁敏、湿敏、气敏、压敏、声敏、色敏、化学敏、射线敏等类型。

按所采用的物理原理不同,传感器可分为电阻式、电感式、电容式、压电式、磁电式、光电式、压阻式、霍尔式、应变式、涡流式、热电式等类型。

随着微电子技术的发展,传感器逐步向网络化、智能化的方向发展。

4. 传感器网络化

随着微电子技术、计算机技术和通信技术的结合,由众多随机分布的、同类或异类传感

---

① 限于篇幅,本书不展开叙述。对此有兴趣的读者可参阅 2002 年 1 月由机械工业出版社出版的刘国林编著的《建筑物设备自动化系统》第 5 章传感器及其工作特性。

器节点与网关节点构成的无线网络,具有微型化、智能化和集群化,可实现目标数据和环境信息的采集和处理,在节点与节点之间、节点与外界之间进行通信。

无线传感器网络一般由多个具有无线通信与计算能力的低功耗、小体积的传感器节点构成。

传感器节点具有数据采集、处理、无线通信和自组织的能力,协作完成大规模复杂的监测任务。网络中通常只有少量的汇聚(Sink)节点,负责发布命令和收集数据,实现与互联网的通信。传感器节点仅仅感知到信号,并不强调对物体的标识,仅提供局部或小范围内的信号采集和数据传递,并没有被赋予物体到物体的连接能力。

无线传感网络由部署在监测区域内多个(或大量的)微型传感器节点组成,通过无线通信方式形成一个多跳的自组织的网络系统,节点之间可以相互传递信息并协作地完成监测任务。在无线传感网络中,节点协作地感知、采集和处理网络覆盖区域内的各种环境或监测对象的信息,并发送给观察者,传感器、感知对象和观察者构成了传感器网络化的三个要素。

从体系结构上来说,无线传感网络一般由普通传感器节点、Sink 节点或基站(BS,Base Station)、Internet(或通信卫星)、用户管理节点构成。在无线传感网络中,节点以自组织形式构成网络,协作地实时进行数据采集,对感知采集到的数据信息进行融合处理,通过多跳中继方式将监测数据传送到 Sink 节点,借助 Internet(或卫星)将区域内的数据传送到远程中心的管理节点进行集中处理。Sink 节点也可以用同样的方式将信息发送给各节点。用户可通过管理节点对传感器网络进行配置和管理。

5. 传感器智能化

智能传感器是将传感器获取信息的基本功能与微处理器信息分析和处理的功能紧密结合在一起,对传感器采集的数据进行处理,并对它的内部进行调节,从而获得最佳的数据。由传感器将检测到的数据传送给微处理器,微处理器就可以进行计算和逻辑判断,从而方便地对数据进行滤波、交换、校正补偿、存储和输出标准化,具有对传感器自诊断、自检测、自校验和控制等功能。智能传感器优先采用硅材料,以 MEMS 技术为基础,以仿真程序为工具,朝向以研制各种敏感机理的微型化、微功耗、高信噪比、智能化硅传感器方面发展。

6. 传感器多融合

单个传感器往往会存在不确定性,偶然故障可能会导致传感系统失灵。如果将多个传感器融合,不仅可以描述同一环境特征的多个冗余信息,还可以描述不同的环境特征。这种多个传感器集成与融合技术发展到应用于自动目标识别等方面,已经成为新一代智能信息技术的核心基础之一。

8.2.2 微机电系统

微机电系统是集多个微传感器、微执行器、信号处理、控制电路和通信接口及电源于一体的微型电子机械系统,如图 8-2 所示。输入自然界各种信息,先通过传感器转换成电信号,经过信号处理后(包括模拟/数字信号间的变换)再通过微执行器对外部世界发生作用。传感器可以实现能量的转化,从而将加速度、热等现实世界的信号转换为系统可以处理的电信号。执行器则根据信号处理电路发出的指令自动完成人们所需要的操作。信号处理部分则可以进行信号转换、放大和计算等处理。用于通信、多媒体、网络和智能等领域中,形成光微机电系统技术和射频/微波无线电通信系统中的微机电系统技术。

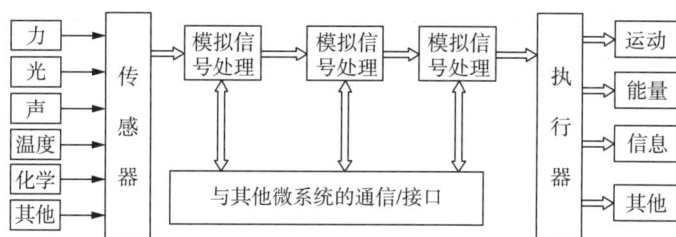

图 8-2 微机电系统基本结构

微机电系统的传感器将逐步取代机械传感器,在监测领域得到广泛的应用,推动建筑智慧化的发展。

8.2.3 无线节点技术

无线传感网络节点的功能组成在不同应用中不尽相同,一般都由数据采集模块、处理模块、无线通信模块、定位系统、移动管理器和能量供应模块等组成,如图 8-3 所示。每个节点都是一个微型的嵌入式系统,同时具有网络节点的终端和路由器双重功能,除进行本地信息收集和数据处理外,还要对其他节点转发来的数据进行存储、管理和融合等处理。

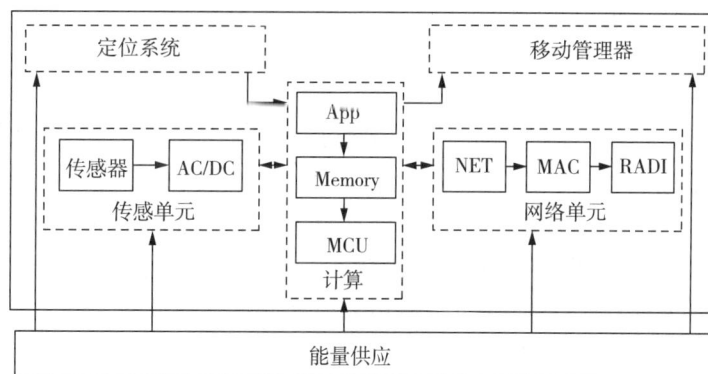

图 8-3 无线传感网络节点的功能组成

无线传感器节点可以是有规则的部署,也可任意布散在指定的监测区域。部署方式可以是人工方式,也可以是飞行器、机器人等自主或辅助部署等方式完成。

8.2.4 中间件技术

物联网中的两个组成部分——"互联网"与"物",都有着明显的异构性特点,接入物联网中的各个物体因其具有各自独特的标识、物理或虚拟属性及使用不同智能接口等,个体之间存在着许多本质差异及异构特性。而要实现将海量有着异构属性的物体无缝接入并整合到复杂的信息网络中并进行相互通信,必须有一个统一的技术架构和标准的软件体系对此进行支撑。图 8-4 为一个基于中间件的无线传感器网络系统架构示例。

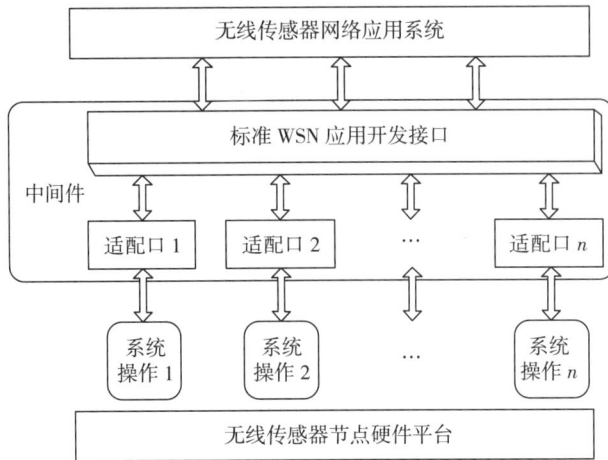

图 8-4　基于中间件的无线传感器网络系统架构示例

中间件是位于操作系统层和应用程序层之问的软件层,能够屏蔽底层不同的服务细节。物联网中间件是位于数据采集节点之上应用程序之下的一种软件层,为上层应用屏蔽底层设备因采用不同技术而带来的差异,使得上层应用可以集中于服务层面的开发,与底层硬件实现良好的松散耦合。

8.3　视频技术

视频技术与光、人眼的视觉特性以及色度学有着密切的关系。视频是指使用摄像机等视觉传感器采集获取的动态影像,如电影、电视。视频技术泛指将自然景象以电信号的方式加以捕捉、记录、处理、存储、传输与重现的各种技术。随着互联网和物联网技术的快速发展,视频技术以及智能视频已经快速应用于各个方面,如人的行为识别、车辆的异常行为检测、仪表识别、人脸识别、车辆识别,还有通用监控视频的结构化分析等。结合物联网的思维,智能视频为智慧城市发展提供力量。

8.3.1　模拟视频到视频数字化的基础知识

下面介绍模拟视频的技术基础、信号格式、视频信号数字化、视频压缩与编码等基础知识。

1. 模拟视频技术基础

模拟视频是指由连续的模拟信号组成的视频图像,以前所接触的电影、电视都是模拟信号,之所以将它们称为模拟信号,是因为它们模拟了表示声音、图像信息的物理量。摄像机是获取视频信号的来源,早期的摄像机以电子管作为光电转换器件,把外界的光信号转换为电信号。

摄像机前的被拍摄物体的不同亮度对应于不同的亮度值,摄像机电子管中的电流会发生相应的变化。模拟信号就是利用这种电流的变化来表示或者模拟所拍摄的图像,记录它们的光学特征,然后通过调制和解调,将信号传输给接收机,通过电子枪显示在荧光屏上,还原成原来的光学图像。这就是电视广播的基本原理和过程。模拟信号的波形模拟着信息的变化,其特点是幅度连续。其信号波形在时间上也是连续的,因此它又是连续信号。

(1)帧与场:模拟信号还原的视频是由一系列的图像构成的,每一幅图像成为一帧,在电视信号中每一帧又分为两场。帧是由若干行信号组成的,其中由奇数行组成的场称为奇数场,由偶数行组成的场称为偶数场。每秒扫描的帧数称为帧频,每秒扫描的场数称为场频。

(2)扫描:传送电视信号时,每一帧信号分解为很多像素,在水平方向上以逐个像素和在垂直方向上以逐行的顺序规律进行周期性的传送或接收称为扫描。扫描过程是按水平扫描和垂直扫描两种方式进行的。电子束在水平方向的扫描称为行扫描,在垂直方向的扫描称为帧(或场)扫描。按一帧图像形成过程的不同,扫描又分为隔行扫描和逐行扫描。隔行扫描是指在一帧图像中,分别按奇数或偶数进行扫描的方式,如电视机系统采用此种扫描方式;逐行扫描是指在一帧图像中按次序进行扫描的方式,如显示器一般都采用逐行扫描。

(3)分辨率:在电视系统中分辨率是衡量电视清晰度的重要指标,它分为垂直分辨率和水平分辨率。垂直分辨率和扫描行数成正比,水平分辨率和每行的像素数目密切相关。

(4)时间码是一种影音系统中用来进行时间同步和计数的方式,通常用时间码来识别和记录视频数据流中的每一帧,每一帧都有一个唯一的时间码地址。根据 SMPTE 使用的时间码标准,其格式为分∶秒∶帧,如一段长度为 05∶22∶20 的视频片段的播放时间为 5 分钟 22 秒 20 帧。

2. 模拟视频信号格式

电视制式是指电视图像信号、伴音信号传输的方法和电视图像的显示格式及其采用的技术标准。在黑白电视和彩色电视发展过程中分别出现过许多种不同的制式。

(1)NTSC(National Television System Committee):NTSC 制,简称为 N 制,帧频为 30 帧/s,扫描线为 525,逐行扫描,画面比例为 4∶3。这种制式的色度信号调制包括平衡调制和正交调制两种,解决了彩色、黑白电视广播的兼容问题,但存在相位容易失真、色彩不太稳定的缺点。

(2)PAL(Phase - Alternative Line):正交平衡调幅逐行倒相制,帧频为 25 帧/s,625 行/帧,画面宽高比为 4∶3,采用隔行扫描的方式以及 YUV 颜色模型。其优点是对相位偏差不敏感,克服了 NTSC 制相位敏感造成色彩失真的缺点;其缺点是电视机电路和广播设备比较复杂。

3. 视频信号数字化

随着数字信号处理技术的飞速发展和人们对图像质量要求的不断提高,数字高清晰度电视时代已经到来。信号的数字化就是将模拟信号转换成数字信号,一般需要完成采样、量化和编码三个步骤。采样是指以每隔一定时间(或空间)间隔的信号样本值序列代替原来的时间(或空间)上连续的信号,也就是在时间(或空间)上将模拟信号离散化。量化是用有限个幅度值近似原来连续变化的幅度值。把模拟信号的连续幅度变为有限数量,有一定间隔的离散值编码则是按照一定的规律,把量化后的离散值用二进制数字表示,进行传输和记录上述数字化的过程,又称为脉冲编码调制。

4. 视频压缩与编码

视频信号数字化之后所面临的一个问题是巨大的数据量给存储和传输带来的压力。如果视频信号数字化后,直接存放在 650 兆字节的光盘中,在不考虑音频信号的情况下,每张光盘只能存储 31s 的视频信号。此时单纯用扩大存储容量、增加通信信道带宽的办法是不现实的。而数据压缩技术是个行之有效的方法,以压缩编码的形式存储、传输,既节约了存储空间,又提高了通信信道的传输效率,还可使计算机实时处理视频信息,以保证播放出高质量的视频。

为了能有效地存储和传输数字视频信息,必须采用压缩编码技术以减少数据量。数字视频编码作为数字视频系统的核心技术,其本质就是通过压缩编码来去除原始视频数据中的冗余,以实现数码率压缩,提高信号传输的有效性。数字图像和视频数据中存在着大量的数据冗余和主观视觉冗余,因此图像和视频数据压缩不仅是必要的,也是可能的。

8.3.2 超高清视频

随着音视频编解码、云计算、VR/AR 等技术的发展,高码率、高分辨率片源(4K 视频、360 度全景视频等)层出不穷,多媒体用户观看体验正在逐步升级,整个行业生态链正在快速向高品质内容切换。

1. 高清视频技术

高清晰度电视(High Definition Television,HDTV)采用数字信号传输,由于 HDTV 从电视节目的采集、制作到电视节目的传输,以及到用户终端的接收全部实现数字化,因此 HDTV 给我们带来了高清晰度,分辨率可达 1920×1080,帧率高达 60 帧/s。除此之外,HDTV 的屏幕宽高比也由原先的 4:3 变成 16:9,若使用大屏幕显示则有亲临影院的感觉。同时由于运用数字技术,信号抗噪能力也大大加强,在声音系统上,HDTV 支持杜比 5.1 声道传送,带给人 Hi-Fi 级别的听觉享受,诸多的优点也必然推动 HDTV 成为家庭影院的主力。16:9 幅面的数字高清电视使广大电视观众和用户体验到更为清晰的电视节目和视频图像。

高清电视格式向下兼容原有标清格式。

高清电视图像的宽高比为 16:9,垂直 1080 线对应的水平宽度为 1920 线,标准的高清视频分辨率应该是 1920×1080 线的"全高清"。高清视频应该采用全帧传输,也就是逐行扫描。区别逐行还是隔行扫描的方式由后面的字母 p/i 来区分。高清格式用垂直线数来代替图像的尺寸,比如 1080i 或者 720p,就表示垂直线数是 1080 或者 720。i 代表隔行扫描,p 代表逐行扫描。高清视频中出现的 i 帧是为了向下与标清播放设备兼容。高清视频规格支持多种帧尺寸、帧速率和扫描方法,为延续兼容原有的标清制式,国际标准已经规范许多高清晰度电视格式,常用的格式有以下几种。

720P:这种格式具有 1280×720 像素的分辨率,并使用逐行扫描,意味着图像的所有线条都在一次扫描中被绘制出来。场频可以是 24Hz、30Hz 或 60Hz。

1080i:此格式拥有 1920×1080 像素的分辨率,但采用的是交错扫描(Interlaced Scan),即图像被分成两场,每一场包含一半的线条。场频通常为 60Hz,但由于是隔行扫描,实际帧率为 30fps。

1080P:这是最高质量的 HDTV 格式,同样有 1920×1080 像素的分辨率,但是使用逐行扫描技术。帧率通常是 24Hz 或 30Hz,不过有些系统也支持 60Hz。

2. 4K 超高清视频技术

4K 分辨率即 4096×2160 的像素分辨率,它是 2K 投影机和高清电视分辨率的 4 倍,属于高清分辨率。在此分辨率下,观众可以看清画面中的每一个细节、每一个特写。如果影院采用惊人的 4096×2160 的像素,那么无论在影院的哪个位置,观众都可清楚地看到画面的每一个细节,影片色彩鲜艳。4K 的名称得自其横向解析度约为 4000 像素,电影行业常见的 4K 分辨率包括 Full Aperture 4K(4096×3112)、Academy 4K(3656×2664)等多种标准。

2012 年 5 月,国际电联推出的电视标准,将屏幕的物理分辨率达到 3840×2160(4K×2K)及以上的电视叫作超高清电视。4K 电视较高清电视无论是有效像素、量化值,还是色域、声道等方面,都有了大幅提高,有了更高的分辨率、更大的可视角度和更强的视觉冲击感。4K 支持 HDR 与广色域,适用于影院与专业制作。

3. 5G 时代 8K 超高清视频

5G 时代下 8K 超高清视频的基本原理时,需要从两个主要方面来理解:一是 8K 视频的技术特性,二是 5G 网络如何支持这种高分辨率视频的传输和播放。

1)8K 超高清视频技术特性

8K 指的是分辨率为 7680×4320 像素的视频标准,是 HDTV 的像素数量的 16 倍。8K 超高清视频具有画面高度清晰、色域范围广、亮度的动态范围大等特点。它具有以下几个关键的技术。

(1)分辨率:8K 超高清视频提供了极其细腻的画面质量,是 4K(3840×2160)超高清视频的 4 倍,全高清(1920×1080)视频的 16 倍。

(2)帧率:通常情况下,8K 超高清视频可以达到 60fps 甚至更高,以确保流畅的动作表现。

(3)色深:8K 超高清视频能够支持 10bit 或更高的色深,这意味着它可以显示更多的颜色层次,提供更加自然和平滑的颜色过渡。

(4)色域:采用 BT.2020 色彩空间,能够呈现出更加丰富和真实的色彩。

(5)动态范围:8K 超高清视频往往伴随着高动态范围,这使得亮部和暗部的细节都能得到很好的保留,增加了图像的真实感。

最低支持帧率为每秒 120 帧(逐行扫描),音频为 22.2 声道(9 通道高音、10 通道中音、3 通道低音、2 通道重低音),可以说 8K 超高清视频的画面变化更加流畅,从视觉到听觉上全方位提升用户观看享受。

8K 超高清视频需 5G 网络支持(峰值速率为 10Gbps,时延<1ms)。

2)5G 网络的支持

为了实现 8K 超高清视频的有效传输与播放,5G 网络提供了必要的技术支持。

(1)高速:5G 网络理论上可以达到 10Gbps 以上的下载速度,足以承载 8K 视频的巨大数据量。例如,一段一分钟的 8K 视频大约需要 194GB 的存储空间,这对于传统的移动网络来说几乎是不可能实时传输的,但 5G 网络则能够轻松应对。

(2)低延迟:5G 网络设计的目标之一是将端到端延迟降低至 1ms 以内,这对于保证 8K 视频流媒体服务的质量至关重要,尤其是对于实时直播等应用场景。

(3)大规模 MIMO:通过使用大量的天线阵列,5G 网络可以在同一频段上同时为多个用户提供服务,提高了频谱效率和网络容量。

(4)边缘计算:5G 网络引入了边缘计算的概念,即在网络边缘处理数据,减少了数据往返中心服务器的时间,有助于进一步减少延迟并提高响应速度。

(5)切片技术:5G 允许创建虚拟网络"切片",每个切片可以根据特定需求优化资源配置,比如针对 8K 视频流媒体的需求进行优化配置,确保服务质量。

8.4 无线通信技术

8.4.1 物联网协议

物联网协议常被划分为传输协议和通信协议两大类,共同支撑设备间的互联互通。这种分类是基于功能场景而非严格的 OSI 分层模型。

1. 传输协议

传输协议通常负责子网内设备间的组网及通信,包括物理层/数据链路层协议如 4G/5G、NB-IoT、Wi-Fi、ZigBee、LoRa 等远距离通信协议,以及近距离的 RFID、NFC、蓝牙协议无线协议。这些协议定义如何通过物理媒介(如电缆、无线电波等)进行信息交换。传输协议确保数据能够在网络中可靠地传输,同时处理诸如错误检测与纠正、流量控制等问题。

2. 通信协议

通信协议则主要是运行在互联网 TCP/IP 协议之上的设备通信协议,不仅定义了消息格式和交换规则,还可能包括身份验证、加密等安全机制。这类协议通过互联网支撑设备到云端平台的数据交换及通信,允许设备发送有意义的信息,并解释接收到的数据。

8.4.2 短距离无线通信技术

物联网的短距离通信技术很多,主要包括 Wi-Fi、蓝牙、ZigBee 和 IrDA 等,适用于室内、局域设备互联,通常覆盖范围在几十米以内。

1. Wi-Fi 技术

Wi-Fi 是一种允许电子设备连接到一个无线局域网的技术,通常使用 2.4GUHF 或 5G SHF ISM 射频频段。连接到无线局域网通常是有密码保护的,但也可以是开放的,这样就允许任何在无线局域网范围内的设备上连接。

1)Wi-Fi 技术的优缺点

Wi-Fi 技术的优点如下。

(1)无线电波的覆盖范围广:基于蓝牙技术的电波覆盖范围非常小,半径约 15m,而 Wi-Fi 的半径则可达 100m。

(2)速度快,可靠性高:802.11b 无线网络规范是 IEEE 802.11 网络规范的子规范,最高带宽为 11 兆位/s;在信号较弱或有干扰的情况下,带宽可调整为 5.5 兆位/s、2 兆位/s 和 1 兆位/s,带宽的自动调整,有效地保障了网络的稳定性和可靠性。

Wi-Fi 技术的缺点如下。

（1）Wi-Fi技术可作为无线局域网络技术进行应用,相对于有线网络来说,Wi-Fi无线网络在其覆盖的范围内,信号会随着覆盖距离的增加而减弱。Wi-Fi技术传输速率为11兆位/s,由于传输距离的增加,到达服务终端时有可能仅有1兆位/s的有效速率。并且,无线信号容易受到建筑物墙体的阻碍,无线电波在传播过程中遇到障碍物会发生不同程度的折射、反射和衍射,使信号传播受到干扰。另外,无线电信号也容易受到同频率电波的干扰和雷电天气等的影响。

（2）Wi-Fi网络由于工作于2.4吉赫的公用频段,因此网络容易接入饱和且易受到攻击。2004年发布的IEEE 802.11i标准加密算法WPA2(Wi-Fi Protected Access 2),强制使用AES-CCMP加密,支持PSK(需强密码)或802.1X企业认证(RADIUS服务器);2018年深度优化WPA2缺陷,推出WPA3(Wi-Fi Protected Access 3)协议防离线暴力破解,提供前向保密性,企业版支持192位AES加密。

2）Wi-Fi技术的应用

无线局域网未来最具潜力的应用主要在办公、家庭无线网络以及不便安装电缆的建筑物或场所。目前这一技术主要用于机场、酒店、商场等公共热点场所。Wi-Fi技术可将Wi-Fi与基于XML或Java的Web服务融合起来,可以大幅度减少企业的成本。例如,企业选择在每一层楼或每一个部门配备802.11b的接入点(AP),而不是采用电缆线把整幢建筑物连接起来,可以节省大量铺设电缆所需花费的资金。

2. 蓝牙技术

蓝牙是一种无线技术标准,可实现固定设备、移动设备和楼宇个人域网之间的短距离数据交换(使用2.4～2.485吉赫的ISM波段的UHF无线电波)。

1）蓝牙技术优缺点

蓝牙技术的优点如下。

（1）可同时传输语音和数据:蓝牙采用电路交换和分组交换技术,支持异步数据信道、三路语音信道以及异步数据与同步语音同时传输的信道。每个语音信道数据速率为64千位/s,语音信号编码采用脉冲编码调制或连续可变斜率增量调制方法。当采用非对称信道传输数据时,速率最高为721千位/s,反向为57.6千位/s;当采用对称信道传输数据时,速率最高为342.6千位/s。

（2）可以建立临时性的自组织连接[1]:按蓝牙设备在网络中的角色,可分为主设备与从设备。

（3）蓝牙模块体积很小、便于集成:由于个人移动设备的体积较小,嵌入其内部的蓝牙模

---

[1] 一方面,网络信息交换采用了计算机网络中的分组交换机制,而不是电话交换网中的电路交换机制;另一方面,用户终端是可以移动的便携式终端,如笔记本、PDA等,用户可以随时处于移动或者静止状态。无线自组网中的每个用户终端都兼有路由器和主机两种功能。作为主机,终端可以运行各种面向用户的应用程序;作为路由器,终端需要运行相应的路由协议,这种分布式控制和无中心的网络结构能够在部分通信网络遭到破坏后维持剩余的通信能力,具有很强的鲁棒性和抗毁性。作为一种分布式网络,移动自组织网络是一种自治、多跳网络,整个网络没有固定的基础设施,能够在不能利用或者不便利用现有网络基础设施(如基站、AP)的情况下,提供终端之间的相互通信。由于终端的发射功率和无线覆盖范围有限,因此两个距离较远的终端如果要进行通信就必须借助于其他节点进行分组转发,这样节点之间构成了一种无线多跳网络。网络中的移动终端具有路由和分组转发功能,可以通过无线连接构成任意的网络拓扑。移动自组织网络既可以作为单独的网络独立工作,也可以以末端子网的形式接入现有网络,如Internet网络和蜂窝网。

块体积就应该更小。

(4)低功耗:蓝牙设备在通信连接状态下,有四种工作模式——激活模式、呼吸模式、保持模式和休眠模式。

蓝牙技术的缺点主要是传输距离短:蓝牙传输频段为全球公众通用的 2.4 吉赫 ISM 频段,提供 1 兆位/s 的传输速率和 10m 的传输距离。

2)蓝牙技术的应用

从目前的蓝牙产品来看,蓝牙主要应用在以下方面:手机、笔记本电脑;智能家居中嵌入微波炉、洗衣机、电冰箱、空调机等传统家用电器;蓝牙技术构成的电子钱包、电子锁以及其他数字设备(如数字照相机、数字摄像机)等。

3. ZigBee 技术

ZigBee(又称紫蜂协议)来源于蜜蜂的八字舞。蜜蜂(bee)是靠飞翔和"嗡嗡"(zig)地抖动翅膀的"舞蹈"来与同伴传递花粉所在方位信息,也就是说蜜蜂依靠这样的方式构成了群体中的通信网络。ZigBee 是基于 IEEE802.15.4 标准的低功耗局域网协议。

1)ZigBee 技术优缺点

ZigBee 优点如下。

(1)功耗低:在待机模式下,两节普通 5 号干电池可使用 6 个月以上,这也是 ZigBee 技术的一个独特优势。

(2)成本低:因为 ZigBee 数据传输速率低,协议简单,所以大大降低了成本。积极投入 ZigBee 开发的 Motorola 以及 Philips,均已推出应用芯片。

(3)网络容量大:每个 ZigBee 网络可以支持 255 个设备,也就是说每个 ZigBee 设备可以与另外 254 台设备相连接。

(4)工作频段灵活:使用的频段分别为 2.4 吉赫(全球)、868 兆赫(欧洲)、915 兆赫(美国),均为免执照频段。

ZigBee 的缺点如下。

(1)数据传输速率低:只有 10～250 千位/s,专注于低速率传输应用。

(2)有效范围小:有效覆盖范围 10～75m,具体依据实际发射功率的大小和各种不同的应用模式而定,基本上能够覆盖普通的家庭或办公室环境。

2)ZigBee 技术应用

根据 ZigBee 联盟目前的设想,ZigBee 技术将会在安防监控系统、传感器网络、家庭监控、身份识别系统和楼宇智能控制系统等领域拓展应用。

ZigBee 的目标市场主要还有 PC 外设(鼠标、键盘、游戏操控杆)、消费类电子设备(TV、VCR、CD、VCD、DVD 等设备上的遥控装置)、家庭内智能控制(照明、煤气计量控制及报警等)、玩具(电子宠物)、医护(监视器和传感器)、工控(监视器、传感器和自动控制设备)等非常广阔的领域。

4. 红外(IrDA)技术

广泛采用的红外连接技术就是由红外数据组织提出的。初始的 IrDA1.0 标准制订了一个串行、半双工的同步系统,传输速率为 2400～115200 位/s,传输范围 1m,传输半角度为 15～30°。IrDA 扩展其物理层规格使数据传输率提升到 4 兆位/s。PXA27x 就是使用了这种扩展了的物理层规格。

1)IrDA 技术优缺点

优点：IrDA 技术的主要优点是无须申请频率的使用权，因而红外通信成本低廉。并且，还具有移动通信所需的体积小、功耗低、连接方便、简单易用的特点。此外，红外线发射角度较小，传输安全性高。

缺点：IrDA 技术的不足在于它是一种视距传输，两个相互通信的设备之间必须对准，中间不能被其他物体阻隔，因而该技术只能用于两台（非多台）设备之间的连接。而蓝牙就没有此限制，且不受墙壁的阻隔。IrDA 技术目前的研究方向是如何解决视距传输问题及提高数据传输率。

2)IrDA 技术应用

目前 IrDA 技术的软硬件技术都很成熟，在小型移动设备如 Pad、手机上广泛使用。事实上，当今每一个出厂的 Pad 及许多手机、笔记本电脑、打印机等产品都支持 IrDA 技术。

8.4.3　长距离通信技术

适用于广域覆盖，支持远距离传输，包括低功耗广域网和 4G/5G 通信技术。

1. 低功耗广域网技术

低功耗广域网（Low Power Wide Area Network，LPWAN）是一类专为物联网（IoT）应用的无线通信技术，其核心特点是低功耗、广覆盖、低成本，适用于需要长距离传输、设备续航时间长达数年甚至十年的大规模物联网场景。

1)LoRa 技术

一般情况下，低功耗则传输距离近，高功耗则传输距离远。远距离无线电（LoRa，Long Range Radio）技术解决了在同样的功耗条件下比其他无线方式传播的距离更远的技术难题，实现了低功耗和远距离两种兼顾的效果。LoRa 信号对建筑物的穿透率强。LoRa 基于 Sub-GHz 的频段使其更易以较低功耗远距离通信，可以使用电池供电或其他能量收集的方式供电，在智慧建筑（如抄表）等领域得到广泛的应用。

（1）LoRa 技术特点。LoRa 的物理层和 MAC 层设计充分体现了对 IoT 业务需求的考虑：LoRa 物理层利用扩频技术可以提高接收机灵敏度，同时终端可以工作于不同的工作模式，以满足不同应用的省电需求。

LoRa 网络架构中包括应用终端、网关、网络服务器和业务服务器等。其中应用终端节点完成物理层、MAC 层和应用层的实现；网关完成空口物理层的处理；网络服务器负责进行 MAC 层处理，包括自适应速率选择、网关管理和选择、MAC 层模式加载等；业务服务器从网络服务器获取应用数据，进行应用状态展示、即时告警等。MAC 层可遵循联盟标准的 LoRaWAN 协议，也可以遵循各厂商制定的 MAC 协议。

（2）LoRa 物理层和 MAC 层设计。LoRa 为半双工系统，上下行工作在同一频段。目前国内单芯片支持的 LoRa 系统带宽为 2 兆位/s，包括 8 个固定带宽为 125 千位/s 的信道，每个固定带宽的信道之间需要 125 千赫的保护带，则至少需要 2 兆位/s 系统带宽。每个信道支持 6 种扩频因子 SF7～SF12，扩频因子加 1 则增加 2.5dB 的接收机灵敏度。

终端采用随机信道选择方式进行干扰规避，每次终端在进行上行数据发送或者数据重发时，都会在 8 个信道中随机选择一个信道进行。终端和网关的通信可选用不同的速率，即不同的 SF,速率的选择需要权衡通信距离和信号强度、消息发送时间等因素,使得终端获取最大的电池寿命并使网关容量最大化。当链路环境好的时候,可以使用较低的扩频因子,即较大的数据速率;而当终端远离网关、链路环境较差时,可以增大扩频因子以获取更高的灵敏度,同时数据速率会降低。对于 125 千位/s 固定带宽的信道而言,数据速率为 250 位/s 至 5 千位/s,可以在一个相当大的范围内进行选择。

(3)终端工作模式。LoRa 设计终端有三种不同的模式,即 Class A、Class B、Class C,但一段时间内终端只能在一个模式下工作,每种模式可由软件进行加载。不同的模式适用于不同的业务模型和省电模式,目前广泛使用的为 Class A 工作模式,以适应 IoT 应用的省电需求。

Class A(双向终端设备):A 类终端设备提供双向通信,但不能进行主动的下行发送。每个终端的发送过程会跟随两次很短的下行接收窗口,如图 8-5 所示。下行发送时隙是根据终端需要和很小的随机量决定的,因此 A 类终端最省电。

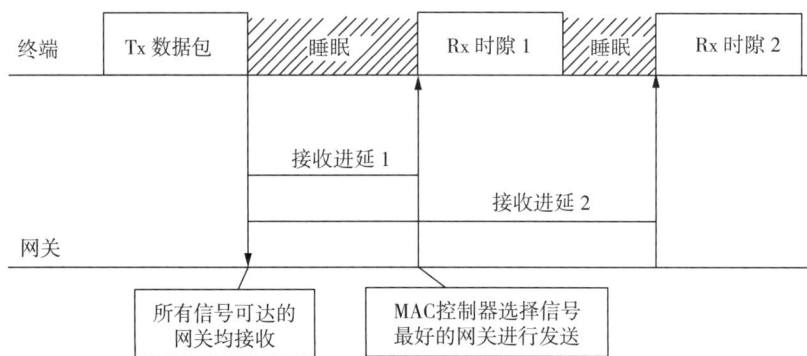

图 8-5 Class A 的收发模式

Class B(支持下行时隙调度的双向终端):B 类终端兼容 A 类终端,并且支持接收下行信标信号以保持和网络的同步,以便在下行调度的时间上进行信息监听,因此功耗会大于 A 类终端。

Class C(最大接收时隙的双向终端):C 类终端仅在发射数据的时刻停止下行接收窗口,适用于大量下行数据的应用。与 A 类和 B 类终端相比,C 类终端最耗电,但对于服务器到终端的业务,C 类模式的时延最小。

(4)LoRa 网络安全。终端设备必须在与网络服务器数据交互前的一个加入过程完成网络安全的密钥获取。终端在接入使用时必须具备以下安全信息:终端设备标识(Dev EUI)、应用标识(App EUI)和 AES-128 应用密钥(App Key)。其中,Dev EUI 是唯一标识终端设备的全球终端设备 ID;App EUI 是存储在终端设备中的全球应用程序 ID,唯一标识终端设备的应用程序提供商(即使用者);App Key 是一个定义于终端设备的 AES-128 应用密钥,由该应用程序所有者分配给终端设备,从每一个应用独立的根密钥中推演出来。根密钥由程序提供者知晓并处于应用程序提供者的控制下,当一个终端设备通过加入过程加入网络时,App Key 用于推演出终端设备所需的会话密钥和应用密钥,会话密钥用于网络通信的安全保障,应用密钥用于保障应用的端到端安全。

LoRa 是一种适合于低功耗、低成本、广域物联网应用的非授权频段技术。LoRa 业务多选择数据量较小、功耗低、有深度覆盖要求、且对移动性要求不高的业务场景。

2)窄带物联网技术

窄带物联网超低功耗、深度覆盖,适合静态设备(如智能仪表、烟雾报警器)。

基于蜂窝的窄带物联网(Narrow Band Internet of Things,NB-IoT)成为万物互联网络的一个重要分支。NB-IoT 构建于蜂窝网络,只消耗大约 180kHz 的频段,可直接部署于GSM 网络、UMTS 网络或 LTE 网络,以降低部署的成本,实现平滑升级。NB-IoT 支持待机时间长、适合网络要求较多设备的高效连接,还能提供非常全面的室内蜂窝数据连接覆盖。目前 NB-IoT 标准已经成熟,端到端产业链也在快速发展,从终端到系统、应用,整个行业都在积极推动产品成熟。3GPP 协议中关于 NB-IoT 需要 EPC 核心网支持的功能有相对明确的描述,实际建网时运营商可以采用现网 EPC 升级方案,也可以采取全新建网方案,接下来将重点说明 NB-IoT 的技术特性及优势。

(1)快捷、灵活的部署方式:NB-IoT 的系统带宽比较窄(<100kbit/s),仅有 180kHz,比较容易找到频谱资源,因而网络部署方式非常灵活。

NB-IoT 支持三种部署场景,即在 LTE 频带以外单独部署(Stand-alone);部署在LTE 的保护频带(Guard-band);部署在 LTE 频带之内(In-band)。

此外,NB-IoT 也可以部署于以 GSM/UMTS 为代表的 2G/3G 网络,NB-IoT 的三种部署方式如图 8-6 所示。

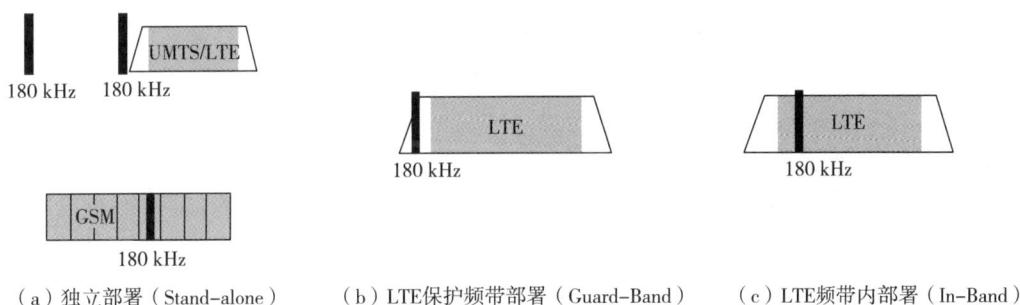

图 8-6　NB-IoT 的三种部署方式

为了 NB-IoT 和 GSM 避免互相干扰,两者之间需要一定间隔的保护带(100kHz),独立部署也可以在 UMTS/LTE 的富余频段里面。

(2)更强的网络覆盖能力:NB-IoT 上行传输采用 3.75kHz 子载波,具备更高的功率谱密度。另外,通过编码可以带来 3~4dB 的增益,通过最大 16 倍的重传机制可以带来 3~12dB 的增益。和 GPRS 相比,NB-IoT 的覆盖可以提高 20dB 以上,覆盖更广、更深,有能力覆盖到地下停车场、地下管网。

(3)接入容量大,建设成本低:NB-IoT 可直接部署于 2G/3G/5G 网络,现有的射频与天线可以复用。在接入能力上,对于小流量、时延不敏感的应用场景,NB-IoT 单个扇区可以支持 5 万~10 万个终端的接入,较现有蜂窝移动网络高出 50~100 倍。因此,运营商只需要很低的建设成本,就可以快速形成 NB-IoT 的承载能力。

(4)终端低功耗:NB-IoT 借助 PSM 和 eDRX 可实现更长的待机时间,其中 PSM(Power Saving Mode,节电模式)技术是 Rel-12 中新增的功能,在此模式下,终端仍旧注册在网但信令不可达,从而使终端更长时间驻留在深睡眠状态,以达到省电的目的。eDRX 是 Rel-13中新增的功能,进一步延长终端在空闲模式下的睡眠周期,减少接收单元不必要的启动,相对于 PSM,eDRX 大幅度提升了下行可达性。PSM 和 eDRX 的节电机制如图 8-7 所示。

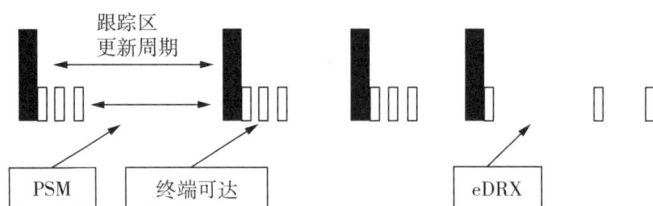

图 8-7 PSM 和 eDRX 节电机制

(5)不支持连接态的移动性管理:NB-IoT 最初被设计为适用于移动性支持不强的应用场景(如智能抄表、智能停车),也可简化终端的复杂度、降低终端功耗,Rel-13 中 NB-IoT 将不支持连接态的移动性管理,包括相关测量、测量报告、切换等。

NB-IoT 为典型的低速率、低频次业务模型,相等容量的电池使用寿命可达 10 年以上。

2.4G/5G 通信技术

4G/5G 通信技术:4G LTE 高带宽,支持视频监控、车联网等实时应用,5G 超低延迟(1ms)、大连接(每平方公里百万设备)、高速率(10Gbps),适用于工业物联网、自动驾驶,LTE-M(eMTC)中速率、低功耗,支持语音和移动性(如共享单车)。

物联网的移动通信技术主要包括 2G、3G、4G 和 5G 等,下面主要介绍 4G LTE 和 5G 移动通信技术。

1)LTE(4G)移动通信技术

随着移动互联网和移动通信的快速发展,智能终端(智能手机、个人电脑、平板电脑等)进入了爆发式增长阶段,虽然第三代移动通信(the 3rd Generation Mobile Communications,3GMC)网络的无线性能已经得到了很大的提高,但是随着用户的通信需求不断增大,3G 网络越来越不能满足用户对高质量、高性能通信的需求。

第三代合作伙伴计划(3rd Generation Partnership Project,3GPP)于 2004 年 11 月发起了通用移动通信系统(Universal Mobile Telecommunication System,UMTS)的长期演进(Long Term Evolution,LTE)项目。为了实现更高的数据传输速率、更高的频谱效率等性能目标,同时出于对码分多址技术(Code Division Multiple Access,CDMA)专利的考虑,LTE 选择使用正交频分复用(Orthogonal Frequency Division Multiplexing,OFDM)技术作为空中接口的无线传输技术,通过对无线接口及网络架构进行改进,达到降低时延、提高用户数据速率、提高频谱效率、增大系统容量和覆盖范围以及降低运营成本的目的。

TD-LTE 和 FDD-LTE 作为 LTE 的两种工作模式,在标准化的过程中始终保持同步发展。2008 年,3GPP 完成了 LTE 第一个版本的 Release 8 技术规范(简称 R8),其在 20MHz 的带宽上能提供下行 300 兆位/s 和上行 75 兆位/s 的峰值速率,保证网络单向延时小于 5ms。2010 年年底,3GPP 发布了 LTE Release10(简称 R10),R10 的目标是满足高级国际移动通信(International Mobile Telecommunications-Advanced,IMT-Advanced)需求,这被国际电信联盟(International Telecommunication Union,ITU)认定为 4G 技术的国

际标准,R10 和后续 LTE 版本都称为 LTE 演进版本(LTE - A,LTE - Advanced),标志着 4G 时代的真正来临。

2)5G 移动通信技术

第五代移动通信系统(5th generation mobile networks 或 5th generation wireless systems,5G),通过毫米波、Massive MIMO、网络切片三大技术,将单位业务能力提升至 4G 的 100 倍,解决了高密度场景的容量瓶颈。5G 是 4G 系统的延伸。

5G 技术将提升移动网络的作用,不仅让人与人之间互联,更让机器、物体和终端之间互联互控。5G 实现更高水平的性能和效率,赋予新的用户体验和连接新的行业。5G 提供高达数兆位/秒的峰值速率、超低延迟、巨大容量以及更加统一的用户体验,在自动驾驶、AR、VR、触觉互联网、超高清视频等应用领域具有广阔市场。

相对 4G 通信技术来说,5G 能提供如下 8 个关键性能指标(Key Performance Indicators,KPIs):

(1)超过 10 吉位/s 的峰值数据速率;

(2)100 兆位/s 的用户体验数据速率;

(3)3 倍的频谱效率;

(4)10Mbps/m^2 的单位面积业务能力(流量密度);

(5)100 倍的网络能量效率;

(6)1ms 的空中延时;

(7)支持 500km/s 的移动速度;

(8)10^6 设备/km^2(每基站)的连接密度。

8.4.4 无线通信技术对比

无线传输技术应用于通信时,应包括 NB-IoT、LoRa 及 Wi-Fi、4G/5G 移动通信等,应根据表 8-1 中不同场景的功能需求、技术特点及适用领域进行合理选择,并应符合下列规定:

(1)当传输低速少量、间隔性或高密度接入的各类物联网数据传输应用时,宜选用 NB-IoT、LoRa 等无线传输技术;

(2)当传输高速大量、持续性或实时性要求高的数据应用时,宜选用 Wi-Fi、4G/5G 移动通信等无线传输技术。

表 8-1 主流无线通信技术对比

	NB-IoT	LoRa	Wi-Fi	4G/5G
组网方式	基于现有蜂窝组网,星形网络结构	基于 LoRa 网关,星形网络结构	基于无线路由器,星形网络结构	蜂窝网络
网络部署方式	节点	节点+网关(网关部署位置要求较高,需要考虑因素较多)	节点+路由器	4G:RRU+BBU 5G:AAU+DU+CU/AAU+BBU
传输距离	远距离(可达十几公里,一般情况下 10km 以上)	远距离(可达十几公里,城市 1~2km,郊区可达 20km)	短距离(50m)	短距离(室内几十米,室外几百米至数千米)

（续表）

	NB-IoT	LoRa	Wi-Fi	4G/5G
单网接入节点容量	约 20 万	约 6 万，实际受网关信道数量，节点发包频率数据包大小等有关。一般有 500～5000 个不等	约 50 个	视应用场景不同
电池续航	理论约 10 年/AA 电池	理论约 10 年/AA 电池	数小时	需要可靠供电系统
工作频段	授权频段运营商频段	免授权频段，Sub-GHz（433MHz、868MHz、915MHz 等）	2.4G 和 5G	4G：1880～1900MHz、2320～2370MHz 和 2575～2635MHz 5G：3300～3400MHz、3400～3600MHz 和 4800～5000MHz
传输速度	理论：160～250kbps 实际：一般小于 100kbps 受限低速通信接口 UART	0.3～50kbps	2.4G：1～11M 5G：1M 等有关	4G：数 Mbps～100Mbps 5G：最高达数十 Gbps 级
网络时延	6～10s	视组网情况，通常大于 6～10s	不到 1s	4G：数十毫秒 5G：1ms
适合领域	室内外场合均适用，LPWAN，大面积传感器应用	室内外场合均适用，LPWAN，大面积传感器应用，可搭私有网络，蜂窝网络覆盖不到的地方等	常见于户内场景，户外偶有	室内外场合均适用
	适用于要求高速、大量数据、持续性或实时性要求高的应用场合，如音视频传输、实时监控与追踪等			

8.5 定位技术

定位技术使得物体不仅能够连接到互联网，还能够在物理空间中被精确地识别位置。按定位技术的应用场景，定位技术可分为室内定位与室外定位两大类。室内定位是指在室内环境中实现位置定位，主要采用无线通信、基站定位等多种技术集成形成一套室内位置定位体系，从而实现人员、物体等在内空间中的位置监控。室外定位则是借助卫星定位系统或者基站等设备对外界环境进行位置监控。

8.5.1　室外定位技术

全球导航卫星系统(Global Navigation Satellite System,GNSS)和基站定位是物联网室外定位技术中的两大支柱,它们各自有着不同的应用场景和技术特点。

全球导航卫星系统是指从太空提供信号的卫星星座,这些卫星将定位和定时数据传输到地面的接收器。接收器使用该数据来确定位置。GNSS 包括多个系统,如中国的北斗系统。每个系统都由一系列在地球轨道上运行的卫星组成,这些卫星不断发送包含其精确位置和时间的信息。

GNSS 的基本工作原理基于测距,即通过测量卫星与用户设备之间的距离来计算用户的位置。用户设备接收到至少四颗卫星的信号后,可以利用三角测量的方法确定自身的三维坐标(纬度、经度和高度)。由于每颗卫星都携带了高精度的原子钟,因此可以通过比较信号发出时间和到达时间来计算出信号传播的距离,精度达到米级。

GNSS 广泛应用于交通导航、地理信息系统、农业、军事应用、科学研究等领域。随着技术的进步,GNSS 还被集成到了智能手机、手表等便携式设备中,为个人用户提供实时位置服务。

基站定位(Location Based Service,LBS)是一种利用电信运营商的移动网络获取移动终端用户位置信息的技术。它主要依赖于手机与附近基站之间的信号交互来进行定位。基站定位精度 50～500m,适用于城市环境。基站定位通常采用以下几种方法。

(1)基于三角关系和运算的定位技术:根据手机与三个或更多基站之间信号强度或到达时间差来估算位置。

(2)基于场景分析的定位技术:通过对特定环境进行抽象化描述,并用数据库记录不同地点的特征参数,然后根据待定位物体所在位置的特征查询数据库以确定其位置。

(3)基于临近关系的定位技术:这种方法是最简单的,仅需知道手机当前连接的小区 ID 即可大致确定其位置,但这种方式提供的位置精度较低。

8.5.2　室内定位技术

与室外定位相比,室内定位面临许多独特的挑战,因为建筑物内部的环境复杂多样,GNSS 信号在这里快速衰减甚至完全无法穿透。因此,需要采用其他技术来满足室内的定位需求。

1. 蓝牙

蓝牙(IEEE 802.15.1)定位基于信号场强指示(Received Signal Strength Indication,RSSI)定位原理。蓝牙精度达米级,成本低(商场导览)。

根据定位端的不同,蓝牙定位方式分为网络侧定位和终端侧定位。

1)网络侧定位

网络侧定位系统由终端(手机等带低功耗蓝牙的终端)、蓝牙 beacon 节点、蓝牙网关、无线局域网及后端数据服务器构成。其具体定位过程如下。

(1)首先在区域内铺设信标机(beacon)和蓝牙网关。

(2)终端进入 beacon 信号覆盖范围,就能感应到 beacon 的广播信号,然后测算出该终端在 beacon 模式下的 RSSI 值,通过蓝牙网关收集,再经过 Wi-Fi 网络传送到后端数据服务器,通过服务器内置的定位算法测算出终端的具体位置。

2)终端侧定位

终端侧定位系统由终端设备(如嵌入 SDK 软件包的手机)和蓝牙 beacon 节点组成。其具体定位原理如下。

(1)首先在区域内铺设蓝牙信标。

(2)beacon 不断地向周围广播信号和数据包。

(3)当终端设备进入 beacon 信号覆盖的范围内,测出其在不同基站下的 RSSI 值,然后再通过手机内置的定位算法测算出具体位置。

信标机是以特定信号形式提供自身方向或位置的技术设施。信标机可以发射或转发用作定向或跟踪的信号称为信标。信标机发射的信号可以是电信号、光信号,也可以是声信号。

2. 无线通信识别

1)无线射频识别

无线射频识别技术是一项利用射频信号通过空间合(交变磁场或电磁场)实现无接信息传递并通过所传递的信息达到识别目的的技术。RFID 系统主要由标签(tag)、阅读器(reader)和天线(antenna)等三部分组成:标签也称为"应答器",它能提供目标的跟踪数据;阅读器也称"收发信机",它从标签收集信息并将其传送到网络进行跟踪;天线使收发信机能够从标签读取数据。

无线射频识别系统的组成结构如图 8-8 所示。其中射频标签由天线和芯片组成,每个芯片都含有唯一的识别码。读写器是根据需要并使用相应协议进行读取和写入标签信息的设备,通过网络系统进行通信,从而完成对射频标签信息的获取、解码、识别和数据管理,有手持的和固定的两种。

应用系统主要完成对数据信息的存储和管理,并可以对标签进行读写的控制。

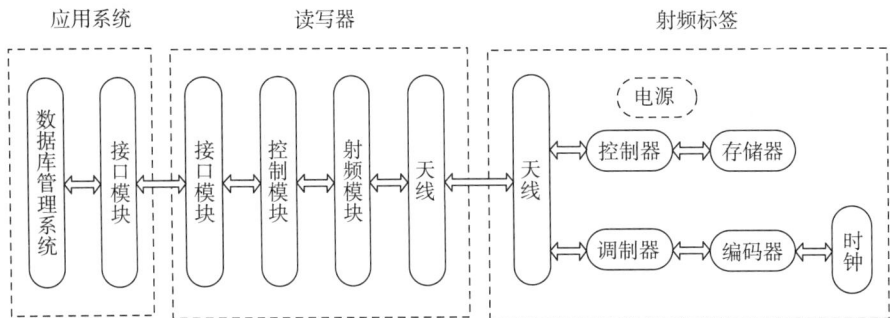

图 8-8 无线射频识别系统的组成结构

以 RFID 卡片阅读器及电子标签之间的通信及能量感应方式来看,大致可以分成电感耦合及电磁反向散射耦合两种,如图 8-9 所示。RFID 的工作原理:当带有电子标签的物品在读写器的可读范围内时,读写器发出磁场,查询信号将会激活标签,标签根据接收到的查询信号要求反射信号,读写器接收到标签反射回的信号后,通过内部电路的解码处理无接触地读取并识别电子标签中所保存的电子数据,从而达到自动识别物体的目的。然后进一步通过计算机及计算机网络实现对物体识别信息的采集、处理及远程传输等管理功能。

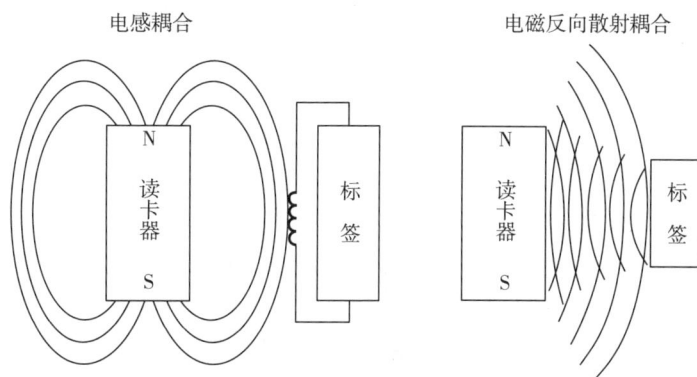

图 8-9 无线电子标签工作原理

2)近场通信识别

近场通信(Near Field Communication,NFC),是一种新兴的技术,使用了 NFC 技术的设备(如移动电话)可以在彼此靠近的情况下进行数据交换,是由非接触式射频识别及互联互通技术整合演变而来的,通过在单一芯片上集成感应式读卡器、感应式卡片和点对点通信的功能,利用移动终端实现移动支付、电子票务、门禁、移动身份识别、防伪等应用。

3)射频识别和近场通信的主要差异

射频识别和近场通信是两种基于无线射频技术的通信方式,但它们在设计目标、应用场景和技术细节上的主要差异。

(1)技术定位。RFID 主要用于物体识别与追踪,通过无线电波自动识别标签并获取数据,通常为单向通信(标签→读写器)。

NFC 是基于 RFID 技术发展而来的,但支持双向通信(设备间可互传数据),更注重安全、短距离的交互式应用(如支付、文件传输)。

(2)工作频率与通信距离。RFID:低频(LF)125~134kHz,通信距离短(几厘米),适用于动物识别、门禁卡;高频(HF)13.56MHz,典型距离约 1m(如图书管理、物流标签);超高频(UHF)860~960MHz,距离可达数米至十几米(仓储、零售库存追踪)。NFC 固定使用 13.56MHz 高频频段,通信距离极短(通常小于 10cm),需设备靠近甚至接触,确保安全性和防干扰。

(3)通信模式。RFID 单向通信:读写器主动读取标签数据(无源标签无需电源)。部分有源标签支持远距离回传数据。NFC 双向通信:设备可同时作为读写器(主动模式)或标签(被动模式),支持点对点传输(如手机互传文件)。支持卡模拟模式(如手机模拟公交卡)。

(4)传输速率。RFID 速率较低(通常不大于 40kbps),满足简单数据读取需求;NFC 速率更高(可达 424kbps),适合传输复杂数据(如图片、联系人信息)。

(5)安全性。基础 RFID 标签无加密,易被窃听或克隆(如无保护的门禁卡)。部分高频 RFID 支持加密(如银行卡的非接触支付)。NFC 天然支持安全协议(如 ISO/IEC14443),具备加密、双向认证功能,适合支付场景(如支付宝)。通信距离极短,降低远程窃听风险。

(6)应用场景。RFID:物流追踪(仓库管理)、零售库存盘点、动物芯片、无人超市、工业自动化。NFC:移动支付(Apple Pay、交通卡)、智能门禁、设备配对(蓝牙快速连接)、社交名片交换、防伪标签验证。

(7)兼容性。NFC 兼容部分 RFID 标准(如 ISO14443TypeA/B),可直接读取高频 RFID 标签,但无法兼容远距离的超高频 RFID;RFID 设备通常不支持 NFC 的高级功能(如点对点传输)。

3. Wi-Fi

无线局域网即在局部区域内以无线媒体或者介质进行通信的无线网络。无线局域网与金属线缆网络相比,其架设成本低,部署实现容易且传输速度也比较快。随着无线以太网的迅速发展,无论是在工作场合还是在公共场所,如购物商场、学校等,无线局域网都被广泛地应用。由于无线局域网的主要应用是在室内环境中,在 IEEE 802.11 标准中,无线网卡和无线接入点都有测量射频信号强度的功能,所以一般无线局域网的定位技术采用基于接收信号强度的方式进行室内定位。而基于 Wi-Fi 技术的室内定位方法近年来得到大量的研究与推广。

Wi-Fi 定位的原理是利用每台路由器独有的 MAC 地址对用户实现定位,其工作原理如图 8-10 所示,具体可以从 3 个方面来理解。

(1)每一个无线 AP 都有唯一的 MAC 地址,并且在一段时间内是不会移动的。

(2)设备在开启扫描 Wi-Fi 的情况下,可以扫描并收集周围的 AP 信号,并获取到 MAC 地址,无论是否需要密码,是否连接,甚至信号强度不足以显示在无线信号列表中。

(3)设备将 AP 数据发送到位置服务器(WPS),服务器检索出每一个 AP 的地理位置,并结合每个信号的强弱程度,计算出设备的地理位置并返回。

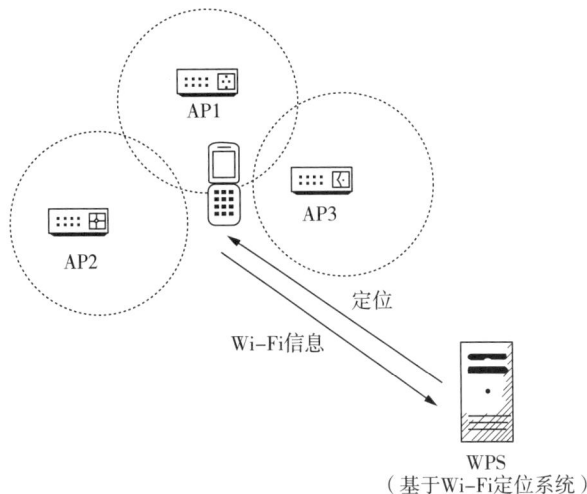

图 8-10 Wi-Fi 定位工作原理

4. ZigBee 定位

ZigBee 是一种基于 IEEE 802.15.4 标准的低功耗局域网协议,适用于短距离、低功耗、对精度要求不高(米级)的场景(如室内定位、资产跟踪等)。

1)ZigBee 定位原理

ZigBee 定位通过测量无线信号的物理特性(如信号强度、时间差、角度等)来估算目标节点的位置,常见的定位技术主要如下。

(1)RSSI(接收信号强度指示):通过测量信号强度估算距离,结合多节点数据实现定位。

其优点是成本低,但易受环境干扰,精度较低(通常 2~5m)。

(2)TOA(到达时间):基于信号传播时间计算距离,需要高精度时间同步,硬件成本较高。

(3)TDOA(到达时间差):通过多个接收节点的时间差定位,需精确时钟同步,抗干扰性较强。

(4)AOA(到达角):利用天线阵列测量信号方向,精度较高(可到 1m 内),但硬件复杂。

2)系统组成

(1)锚节点(anchor node):位置已知的固定节点,作为参考点。

(2)移动节点(mobile node):待定位的目标设备。

(3)协调器(coordinator):负责网络管理和数据汇聚。

(4)定位引擎:算法处理模块(如三边测量、指纹匹配、卡尔曼滤波等)。

5. 超宽带定位

超宽带定位通过发送纳秒级极窄脉冲信号,利用飞行时间(Time of Flight,ToF)或到达时间差(Time Difference of Arrival,TDoA)计算信号传播时间,结合光速直接换算距离或位置,精度可达厘米级。抗干扰强(如仓储机器人导航)。

超宽频谱(3.1~10.6GHz)允许信号在低功率下传输,且对多径效应(信号反射)和窄带干扰(如 Wi-Fi、蓝牙)不敏感,适合复杂环境。

6. 红外定位

1)红外定位技术的基础机制

(1)主动式:标签/终端发射红外脉冲,多个接收器(如红外摄像头)通过到达时间差或角度测量计算位置。

(2)被动式:固定红外信标(如 LED 灯)持续发射编码信号,终端接收后解析位置信息(类似室内 GPS)。

(3)混合模式:结合信号强度与信号方向,提升定位鲁棒性。

2)红外定位技术的关键技术指标

(1)波长范围:通常使用近红外(780nm~1μm),穿透力弱但安全性高。

(2)调制编码:通过频闪编码区分不同信标(如灯光定位方案)。

(3)同步精度:依赖高精度时钟同步(误差小于 1ns)实现厘米级定位。

7. 主流无线定位技术对比

无线传输技术应用于建筑内定位时,应包括蓝牙、RFID、Wi-Fi、ZigBee、UWB、红外等技术,宜按表 8-2 中不同场景的功能需求、技术特点进行合理选择。

表 8-2 主流无线定位技术对比表

定位技术	定位精度	安全性	穿透性	抗干扰	功耗	传输速率	传输距离	建设成本
蓝牙	2~10m	较高	好	较弱	较低	0.7~2Mbps	10m	低
RFID	区域型定位	较低	差	弱	极低	不支持双向语音	5m	极低
Wi-Fi	5~10m	低	较差	较强	较高	近距离最高300Mbps	30m	较低

（续表）

定位技术	定位精度	安全性	穿透性	抗干扰	功耗	传输速率	传输距离	建设成本
ZigBee	3～5m	较高	好	较强	低	250kbps	70m	低
UWB	6～15cm	极高	好	强	低	近距离最高 1Gbps	80m	高
红外	5～10m	高	差	强	高	无	近	高

8.6　嵌入式系统

嵌入式系统为物联网设备提供处理能力、存储能力和输入输出接口，使得设备能够执行特定的功能，并与其他设备或系统进行通信。

嵌入式系统主要由嵌入式微处理器、外围硬件设备、嵌入式操作系统及用户应用程序四部分构成。它是一个能够单独工作的软硬件相结合的系统。随着物联网技术在人们生活中的普及，越来越多的应用需要采用支持 Internet 接入功能的嵌入式系统。

8.6.1　嵌入式系统结构

嵌入式系统通常是由嵌入式硬件系统和嵌入式软件系统两部分组成。图 8－11 给出了嵌入式系统硬件和软件组成结构。由于嵌入式系统的应用相关性特点，不同的嵌入式系统的具体硬件和软件结构具有一定的差异性。从宏观看，一般的嵌入式系统具备一定的共性。

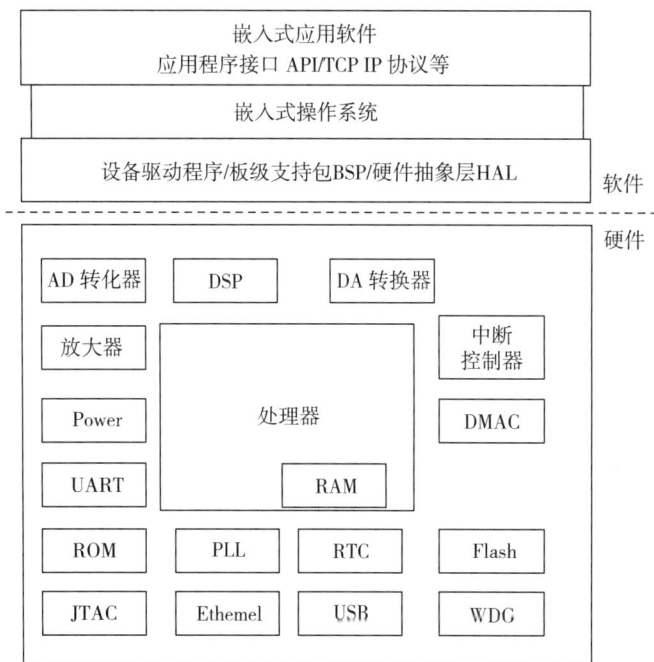

图 8－11　嵌入式系统硬件和软件组成结构

第8章 物联网

1. 硬件环境

嵌入式系统的硬件主要包括嵌入式核心芯片、存储器系统和外部接口。

(1)嵌入式核心芯片指嵌入式微处理器(EMPU)、嵌入式微控制器(EMCU)、嵌入式数字信号处理器(EDSP)、嵌入式片上系统(E SoC)、嵌入式可编程片上系统(EP SoC)。

(2)嵌入式系统的存储器系统,包括程序存储器(ROM、EPROM、Flash)、数据存储器(随机存储器)、参数存储器(目前一般使用 EEPROM)和 NVRAM 等。

(3)嵌入式系统的外部接口。一般嵌入式处理器上已集成了接口,但是外设需要外接。例如,大多数的嵌入式通信控制器集成了以太网接口,但是收发器需要外部电路。

2. 软件环境

嵌入式系统的软件主要包括两大部分:嵌入式操作系统和应用软件。

嵌入式操作系统具有一定的通用性,虽然目前使用的嵌入式操作系统有几十种,但是常用的不过几种,一种操作系统适应一定的应用范围。常见的嵌入式操作系统有 VRTX、pSOS、µCOS - Ⅱ/Ⅲ、VxWorks、Windows CE、EPOC、Linux、PALM、OS9、JavaCHORUSOS、QNX、NAVIO 等。

嵌入式应用软件种类非常多,不同的嵌入式系统具有完全不同的嵌入式应用软件。

嵌入式软件可以分为两大类:含操作系统的嵌入式软件(SOSES 和 LOSES)与不含操作系统的嵌入式软件(NOSES)。图 8 - 12(a)给出了 NOSES 软件结构,这也是 8 位单片机常用的软件结构。在这种结构中,监控程序循环执行各个例程,若外部设备发出中断请求信号,则立即停止监控程序的运行,转而执行中断服务子程序(1SR)。中断服务子程序在运行过程中,若需要访问硬件,则通过驱动程序、硬件初始化指令段、硬件使能指令段或者硬件激活指令段。

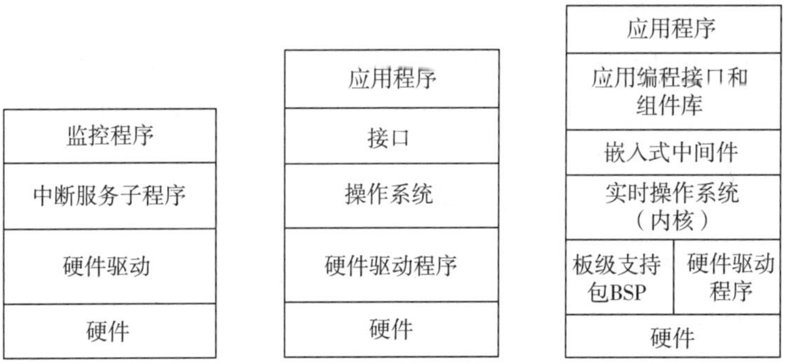

图 8 - 12 嵌入式系统软件结构

图 8 - 12(b)和图 8 - 12(c)分别给出了 SOSES 和 LOSES 软件结构,两者的共同点是都包含操作系统,但两者的不同点是 LOSES 对硬件驱动接口进行了标准化处理,在操作系统和硬件之间构成了一个硬件抽象层,如 Windows CE 和 VxWorks。SOSES 的硬件驱动通常没有标准化,其驱动程序与低端嵌入式系统的基本相同,如 OS - Ⅱ 或 Tiny OS。LOSES 软件一般由板级支持包(Board Support Packet,BSP)、硬件驱动程序、嵌入式实时操作系统(Real Time Operating System,RTOS)、嵌入式中间件(Embedded Middleware)、应用程序编程接口 API 及组件(构件)库和嵌入式应用软件等组成。其中,RTOS 是核心,是嵌入式系统软件的基础和开发平台,BSP 和硬件驱动程序属于同一层。

(1)BSP:介于硬件和上层软件之间的底层软件开发包,为各种嵌入式电路板上的硬件提供统一的软件接口。它将具体硬件设备和软件分离开来,便于软件移植,是一种硬件抽象层(Hardware Abstract Layer,HAL)。

(2)硬件驱动程序:不属于 BSP 和 HAL 的对硬件设备进行初始化配置、激活使能和运行控制的程序。有些嵌入式操作系统规定了符合本操作系统 I/O 接口规范的驱动程序设计标准。

(3)RTOS:负责管理嵌入式系统的各种软硬件资源。完成任务调度、存储分配、时钟、文件与中断管理等,并提供文件、网络以及数据库等服务。

(4)嵌入式中间件:位于嵌入式操作系统,数据库与应用软件之间的一种软件,使用嵌入式操作系统所提供的基本功能与服务,并为上层的应用系统提供运行开发环境。

(5)AP1 及组件(构件)库:为嵌入式系统应用软件提供各种编程接口库以及第三方组件或 IP 构件。

(6)应用系统(软件):嵌入式系统的应用软件。

8.6.2 嵌入式操作系统

操作系统是计算机软件和计算机硬件之间的一个中介,并用于管理计算机资源和控制应用程序运行的计算机程序。操作系统包括指令和数据载入内存,I/O 设备和文件系统的初始化等。与微型计算机和大型计算机的通用操作系统相比,嵌入式操作系统具有可移植性、强调实时性能、内核精简、抢占式内核、使用可重入函数、可配置、可裁剪、高可靠性的基本特点。常见的嵌入式操作系统可以分为以下几类。

1. 根据源码是否开放,分为商用型和开源型

商用型操作系统功能稳定、可靠,有完善的技术支持和售后服务,往往价格昂贵。开源型实时操作系统在开发成本方面具有优势,μC Linux、RT Linux、Nucleus PLUS、ECOS 等是主要的开源型嵌入式操作系统。

2. 按照实时性能分类,可分为强实时型和普通实时型

强实时型嵌入式操作系统有 VxWorks、pSOS 等。普通实时型嵌入式操作系统有 Windows Embedded、μC Linux、Symbian 等。

3. 根据内核结构分类,分为单内核型和微内核型

单内核是传统型操作系统内核,有时也称宏内核。单内核内部包含 I/O 管理、设备管理、进程管理、调度器、内存管理、文件管理和时间管理等模块,各功能模块的耦合度很紧,模块之间的通信通过直接函数调用实现,而不是通过消息传递实现。系统在内核功能切换上开销非常小,对外来事件反应速度快。但同时占用内存大,缺乏可扩展性,维护困难,排除故障和增加新功能时需要重新编译。常见的单内核嵌入式操作系统有嵌入式 Linux、UNIX、DOS 等。

20 世纪 80 年代出现了微内核。图 8-13 展示了单内核和微内核的模块架构。微内核的基本思想是在内核模式中执行基本的核心操作系统功能,非基本的服务和应用构筑在微内核之上。微内核用新的架构代替了传统的垂直分层架构。传统上是操作系统一部分的服

务出现在内核模式的外部,包括设备驱动程序、文件系统、虚拟内存管理程序和窗口系统,它们以服务器进程方式工作。

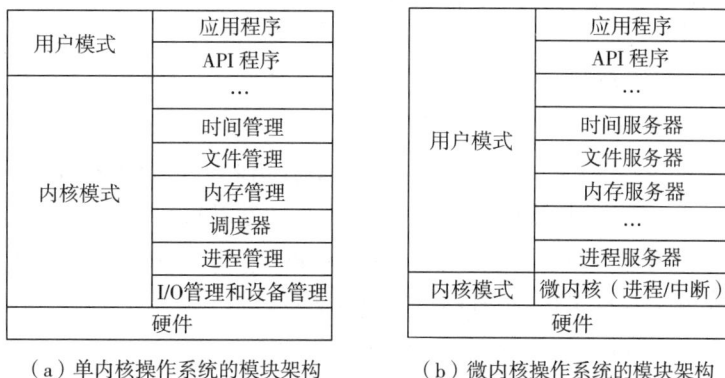

用户模式	应用程序
	API 程序
内核模式	...
	时间管理
	文件管理
	内存管理
	调度器
	进程管理
	I/O管理和设备管理
	硬件

（a）单内核操作系统的模块架构

用户模式	应用程序
	API 程序
	...
	时间服务器
	文件服务器
	内存服务器
	...
	进程服务器
内核模式	微内核（进程/中断）
	硬件

（b）微内核操作系统的模块架构

图 8-13　单内核和微内核模块架构

8.7　云计算

从前,人们常常会遇到这样的"囧境":硬盘损坏了或者计算机丢失了,多年积累的文件再也没有了,欲哭无泪。但是在云计算时代,如果每天把数据备份到"云"上,这样的情况就不会再发生了。数据备份到"云"上,即云存储,是云计算的一种应用。

8.7.1　什么是云计算

"云"是对计算机集群的一种形象比喻,每一个群包括几十台,甚至上百万台计算机,通过互联网随时随地为用户提供各种资源和服务,类似使用水、电、燃气一样(按需付费)。用户只需要一个能上网的终端设备(如计算机、掌上电脑、智能手机等),无须关心数据存储在哪朵"云"上,也无须关心由哪朵"云"来完成计算,就可以在任何时间、任何地点,快速地使用云端的资源。

用户与"云"的关系类似企业与电力系统的关系。过去,企业为了生产需要购买发电设备自建电厂,不但投资大,而且安全可靠性不能得到保证。现在,国家投资建成电力系统,像"云"一样,企业按需付费就可以使用,不必知道是哪个电厂发的电,也不必担心扩容的问题,不仅投资少而且安全可靠。在"云计算"诞生之前,用户总是购买计算机、存储设备等,而有了"云"以后,可以按照需要租用服务器和各种服务。"云"其实就是一种公共设施,类似国家的电力系统、自来水网一样。

云计算具有以下三个特点。

(1)超大规模。弹性伸缩"云"的规模和计算能力相当巨大,并且可以根据需求增减相应的资源和服务,规模可以动态伸缩。

(2)资源抽象。虚拟化"云"上所有资源均被抽象和虚拟化了,用户可以采用按需支付的方式购买。

（3）高可靠性。云计算提供了安全的数据存储方式，能够保证数据的可靠性，用户无须担心软件的升级更新、漏洞修补、病毒攻击和数据丢失等问题。

8.7.2 云服务类型

云计算提供的服务分成三个层次：基础设施即服务、平台即服务和软件即服务。

1. 基础设施即服务（Infrastructure－as－a－Service，IaaS）

IaaS 是指将云中计算机集群的内存、存储、计算能力和 I/O 设备整合成一个虚拟的资源池，为用户提供所需的存储资源和虚拟化服务器等服务，如云存储、云主机、云服务器等。IaaS 位于云计算三层服务的最底端。有了 IaaS，项目开发时不必购买服务器、磁盘阵列、带宽等设备，而是在云上直接申请，且可以根据需要扩展性能。

2. 平台即服务（Platform－as－a－Service，PaaS）

PaaS 是指将软件研发的平台作为一种服务，提供给用户，如云数据库。PaaS 位于云计算三层服务的中间。有了 PaaS，项目开发时不必购买操作系统、数据库管理系统、开发平台、中间件等系统软件，而是在云上按需要申请的。

3. 软件即服务（Software－as－a－Service，SaaS）

SaaS 是指通过互联网就直接能使用软件应用，不需要本地安装，如阿里云提供的短信服务、邮件推送等。SaaS 是最常见的云计算服务，位于云计算三层服务的顶端。有了 SaaS，企业可通过互联网使用信息系统，不必自己研发。

复习思考题

1. 简述物联网的三层架构及各层的主要功能。

2. 物联网与互联网的主要区别是什么？

3. 举例说明物联网如何实现物理世界与数字世界的深度融合。

4. 传感器的静态特性和动态特性分别包含哪些指标？简要说明其含义。

5. 无线传感器网络的组成要素是什么？简述其协作式监测任务的实现过程。

6. 智能传感器与传统传感器的核心区别是什么？列举其典型应用场景。

7. 微机电系统的优势有哪些？举例说明其在航空航天和生物医疗领域的应用。

8. 中间件技术在物联网中的作用是什么？简述基于中间件的无线传感器网络架构。

9. 模拟视频与数字视频的主要差异是什么？

10. 视频压缩的必要性是什么？列举两种常见的视频压缩技术。

11. 超高清视频（如 8K）的技术特性包括哪些关键参数？

12. 简述物联网中传输协议与通信协议的区别。

13. 对比 Wi－Fi、蓝牙、ZigBee 和 LoRa 技术的优缺点及适用场景。

14. 窄带物联网（NB－IoT）的核心技术特点是什么？举例说明其典型应用。

15.5G 通信技术的关键性能指标（KPIs）有哪些？这些指标如何推动物联网应用的发展？

16. 根据表 8-1，说明在不同场景下应如何选择通信技术。

17. 简述 GNSS（如北斗系统）的基本工作原理及主要应用场景。

18. 基站定位技术的精度受哪些因素影响？如何提升其定位精度？

19. 对比蓝牙、UWB、红外定位技术的精度、功耗及适用场景。

20. 嵌入式系统的硬件和软件分别包含哪些组成部分？

21. 嵌入式操作系统与通用操作系统的核心区别是什么？列举常见的嵌入式操作系统。

22. 简述单内核与微内核操作系统的架构差异及优缺点。

23. 云计算的三种服务模式（IaaS、PaaS、SaaS）有何区别？各举一例说明其应用。

24. 边缘计算在物联网中的作用是什么？简述其与云计算的协同关系。

25. 以智慧建筑为例，说明物联网如何通过感知层、网络层、应用层的协同实现精细化管理。

26. 在工业物联网中，无线通信技术可能面临哪些挑战？请提出相应的解决方案。

第9章 能耗监测系统

能耗监测系统是通过实时监测和分析能源使用情况,帮助用户降低能源消耗,提升设备协调运行和优化综合性能,提高能源利用效率。本章首先介绍能耗监测系统的组成,然后阐述能耗监测仪表、数据采集器、能耗监测仪表接口、能耗监测仪表通信协议,最后讨论能耗监测软件功能。本章重点内容:电子式电表、电磁流量计、超声波流量计;数据采集器;通信接口、通信协议和能耗监测软件。

9.1 能耗监测系统概述

能耗即能源消耗量,是行业或微观企业在生产过程中浪费掉的无效能耗和用于产品生产的有效能耗。有效能耗占能耗的比例就是能效(Energy Efficiency,EE)。提高能效,减少无效能耗,也就减少了能源消耗量。

建筑能耗(energy consumption of building)是建筑使用过程中由外部输入的能源,包括维持建筑环境的用能(如供暖、制冷、通风、空调和照明等)和各类建筑内活动(如办公、家电、电梯、生活热水等)的用能。

能耗监测系统包括电量、水量、燃气量、热(冷)量等能耗数据的显示、记录、统计和汇总,并形成分类分级报表;按统计和汇总数据进行分析,能够发现问题、找出原因,解决无效能耗的问题,提升能效,增强企业效益。

9.1.1 能耗监测系统组成

能耗监测系统主要由测量仪表(电表、水表、热量表、燃气表)、数据采集层、网络交换机和管理机组成,如图 9-1 所示。

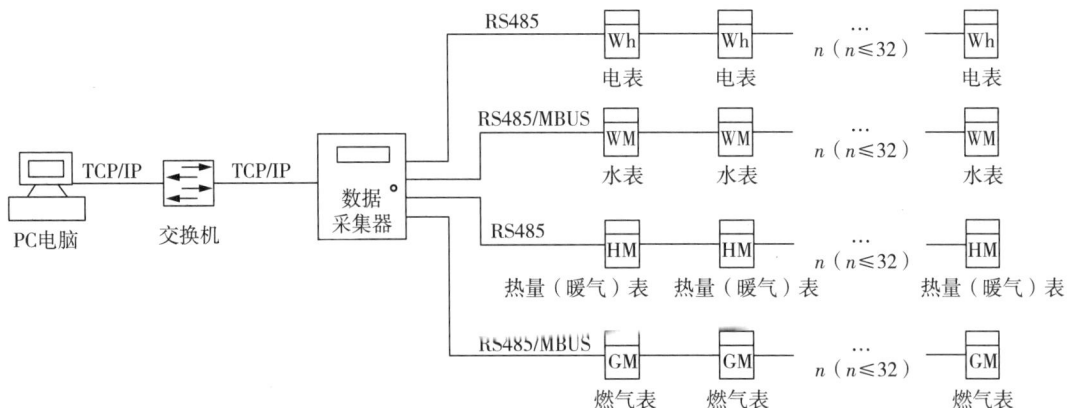

图 9-1 能耗监测系统

从图9-1可以看出,能耗监测系统的数据采集器上端口接口采用RJ45,通信协议一般采用TCP/IP。下端口接口通常采用M-Bus、RS485,通信协议采用DL/T645、CJ/T188和MODBUS等。

水表采用RS485接口、RS485通信+DC12V供电(采用4线制,2组2芯线),或采用M-BUS接口、通信和供电一体(采用2线制,1组2芯线),常用协议CJ/T188。

电表采用RS485接口、RS485通信(采用2线制,1组2芯线),常用协议DL/T645或MODBUS。

水表采用RS485接口、RS485通信+DC12V供电(采用4线制,2组2芯线),或采用M-BUS接口、通信和供电一体(采用2线制,1组2芯线),常用协议CJ/T188或MODBUS。

热量(暖气)表采用RS485接口、RS485通信+DC24V/DC12V供电(采用4线制,2组2芯线),常用协议MODBUS。

燃气表采用RS485接口、RS485通信+DC12V供电(采用4线制,2组2芯线),或采用M-BUS接口、通信和供电一体(采用2线制,1组2芯线),常用协议MODBUS。

9.1.2　能耗监测流程

能耗监测流程通过一系列硬件和软件组件的协同工作来实现对能源消耗的精确监控与管理。

1. 服务器

服务器在能耗监测系统中扮演着核心角色,负责接收来自数据采集器的数据,并进行存储、处理及分析。它提供了强大的计算能力和足够的存储空间,以支持大规模数据的实时处理和长期保存。此外,服务器还运行能耗监测软件,为用户提供一个用户友好的界面来查看和分析能耗数据。

2. 数据采集器

数据采集器是连接仪表和服务器的关键设备,它的主要任务是从不同类型的计量仪表中收集能耗数据,并将这些数据转换成适合网络传输的格式。数据采集器通常支持多种通信接口和协议,确保它可以与各种仪表兼容并高效地传输数据。

3. 仪表类型

电表:用于测量电流、电压、功率等电气参数。

水表:可以是机械式或超声波式的,用来监控用水量。

热量表:用于记录供热系统的能量消耗,通常采用MBUS通信接口进行数据传输。

燃气表:用于监测天然气使用情况,可采用RS485或无线通信技术。

4. 通信接口

RS485:一种工业级串行通信标准,适用于长距离的数据传输,能够在一条总线上连接多个节点,具有良好的抗干扰能力。

M-BUS:适合于住宅和商业建筑中的热能表、水表等计量仪表的数据传输,简单易用且成本较低。

5. 通信协议

通信协议定义了数据在网络中如何被编码、发送和接收。常用的通信协议如下。

Modbus：开放的工业通信协议，支持 RS485 等物理层接口。

DL/T645：主要用于电表与数据采集器间的通信。

CJ/T188：适用于水表、燃气表等的通信。

6. 能耗监测软件

能耗监测软件部署于服务器上，提供了一个用户界面，使管理员能够查看实时能耗数据、历史趋势、报警信息等。该软件还可以执行高级数据分析，帮助识别节能潜力点，并制定相应的优化策略。此外，它通常支持与其他管理系统集成，如楼宇自动化系统，从而实现更高效的能源管理和运营。

综上所述，能耗监测流程从现场的计量仪表开始，通过数据采集器收集数据，利用 RS485 或 M-BUS 等通信接口将数据传输到服务器。在此过程中，遵循特定的通信协议保证数据的正确性和完整性。最后，借助能耗监测软件的强大功能，用户能够全面掌握能源使用状况，并采取有效措施降低能耗。

9.2 能耗监测仪表

9.2.1 能耗监测仪表概述

能耗监测仪表主要由电表、水表、燃气表、热量表等组成。这些设备带有通信接口，通过现场总线或无线信号传输与相关设备（如数据采集器）连接，实现各类型能耗信息的采集。

9.2.2 电能监测仪表

电能仪表为电力参数测量、电能质量监视和分析、电气设备控制提供解决方案的电力测量及控制设备。电子式电能表通常由采样部分（互感器）、测量部分、电源部分、显示部分、微处理部分、接口部分、外壳及接线端钮等构成，如图 9-2 所示。

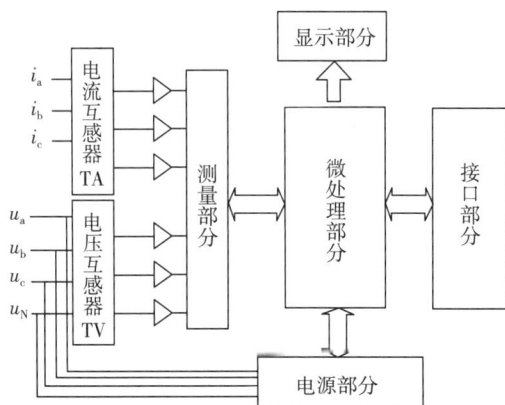

图 9-2 电子式电能表的基本结构

1. 采样部分

电子式电能表采样部分通常采用互感器。利用互感器把高电压(或大电流)变换到一定的范围,与测量部分或仪表连接。

2. 测量部分

测量部分接收交流电压、电流信号,将其运算后得到相乘的电功率信号。电子式电能表的精度和稳定性的主要性能就由此部件决定。

电子式电能表测量的有功电能是 $0 \sim T$ 时间内电压、电流的乘积对时间的积分。

$$W(t) = \int_0^T p(t) \mathrm{d}t = \int_0^T u(t)i(t)\mathrm{d}t \tag{9-1}$$

式中,$p(t)$ 为瞬时有功功率。$u(t)$ 为瞬时时压,$i(t)$ 为瞬时电流,$W(t)$ 为有功电能。

图 9-3 中,$p(t) = u(t) \times i(t)$ 为功率曲线,而有功电能 $W(t)$ 为功率曲线与横轴所包围的面积(阴影部分)之和。

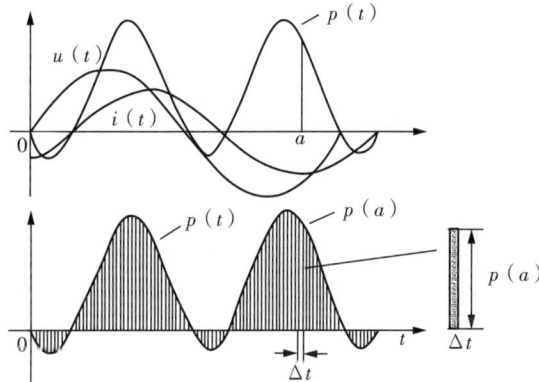

图 9-3　电压、电流、功率、电能曲线

为实现以上的测量目的,测量过程应有图 9-4 所示的几个步骤,图中画出了每一步骤的信号波形。

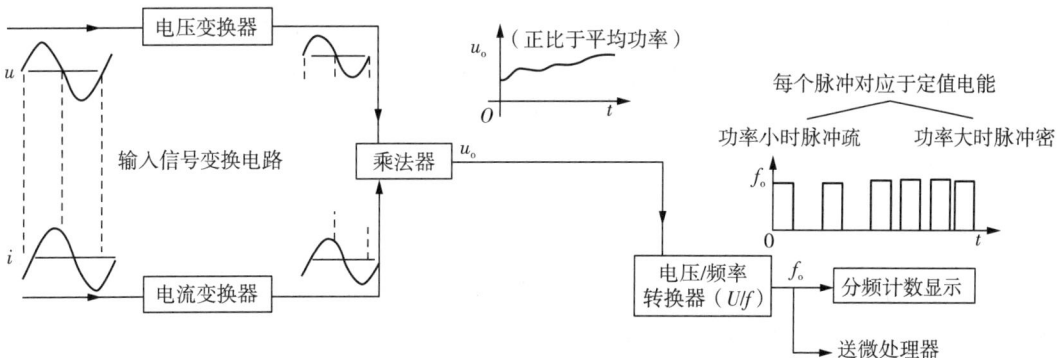

图 9-4　测量线路的组成部分

第一步:被测量的高电压 u 经电压变换器和大电流 i 经电流变换器转换后,成比例地变换成了能被乘法器接受的弱小信号。

第二步:乘法器完成电压和电流瞬时值相乘,输出一个与一段时间内的平均功率 P 成正比的直流电压 u_0;

第三步:利用电压/频率转换器,将 u_0 转换成一列脉冲,该列脉冲的频率 f_0 正比于平均功率,平均功率越大,脉冲越密集,而每个脉冲对应的电能量是个定值(即脉冲常数),每个脉冲相当于感应式电能表的铝盘转一圈。

第四步:将该列脉冲分频(相当于感应式电能表计度器中传动减速齿轮的作用),并通过一段时间内计数器的计数,显示出相应的电能,其电能值 W 为

$$W=脉冲常数×所计脉冲的个数 \qquad (9-2)$$

3. 微处理部分

微处理部分接收测量部件输出的电功率信号,计算出所用的电量,如多费率电量、最大需量等,并且管理显示、时钟、通信接口和通信协议、数据存储器等部件。一般由单片机构成其核心。

4. 显示部分

显示部分将电能量及其他信息显示出来。一般有数码管(发光二极管)、液晶显示器以及机械计度器三种方式。其中电子式电能表由于功能较多,需要显示多项数据,一般用液晶显示器。

5. 接口部分

电子式电能表通信接口主要为 RS485,通信协议主要为 DL/T645,也可为 Modbus TCP/IP;可以联网,实现远程抄表。

6. 电源部分

电源部分将输入的市电交流电压降压、整流、滤波后得到直流电压值 5V、12V 等,供给表内各个环节的电路。

9.2.3 流量监测仪表

流体是能流动的物质,具有易流动性、可压缩性和黏性。流量测量是指对流体(液体、气体或蒸汽)在单位时间内通过某一特定截面的量进行准确计量的过程。准确的流量测量有助于优化生产流程,减少资源浪费,提高经济效益,同时确保环境安全和人类健康。测量流体的流量主要采用电磁流量计和超声波流量计。

1. 电磁流量计

1)电磁流量计的工作原理

电磁流量计是基于电磁感应原理工作的流量测量仪表,用于测量具有一定导电性液体的体积流量。测量精度不受被测液体的黏度、密度及温度等因素变化的影响,且测量管道中没有任何阻碍液体流动的部件,所以几乎没有压力损失。适当选用测量管中绝缘内衬和测量电极的材料,就可以测量各种腐蚀性(酸、碱、盐)液体流量,尤其在测量含有固体颗粒的液体如泥浆、纸浆、矿浆等的流量时,更显示出其优越性。

电磁流量计的工作原理如图 9-5 所示。在磁铁 N-S 形成的均匀磁场中,垂直于磁场

方向有一个直径为 D 的管道。管道由不导磁材料制成,管道内表面衬挂绝缘衬里。当导电的液体在导管中流动时,导电液体切割磁力线,于是在和磁场及其流动方向垂直的方向上产生感应电动势,如安装一对电极,则电极间产生和流速成比例的感应电势 E:

$$E = BDv \tag{9-3}$$

式中,D——管道内径(m);

　　　B——磁场磁感应强度(T);

　　　v——液体在管道中的平均流速(m/s)。

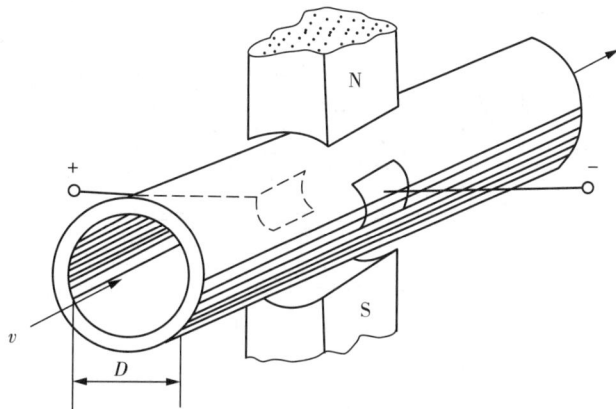

图 9-5　电磁流量计的工作原理

由式(9-3)可得 $v = E/BD$,则体积流量为

$$Q = \frac{\pi D^2}{4} v = \frac{\pi DE}{4B} \tag{9-4}$$

从式(9-4)可见,流体在管道中流过的体积流量和感应电势成正比。把感应电势放大接入显示仪表,便可指示相应的流量。

2)电磁流量计的结构

图 9-6 为电磁流量计结构示意,由导管,外壳、励磁线圈、磁轭、电极和绝缘内衬等部分组成。电极与被测液体接触,一般使用耐腐蚀的不锈钢和耐酸钢等非磁性材料制造,通常加工成矩形或圆形。为防止磁力线被测量导管短路,并使测量导管在较强的交变磁场中尽可能降低涡流损失,测量导管用非导磁的高磁阻材料制成。中小口径电磁流量计的导管用不导磁的不锈钢或玻璃钢等制造。大口径的导管用离心浇铸把橡胶和线圈、电极浇铸在一起,可减小因涡流引起的误差。金属管的内壁挂一层绝缘衬里,防止两个电极被金属导管短路,同时可以防腐蚀,衬里一般使用天然橡胶、氯丁橡胶、聚四氟乙烯等。

2. 超声波流量计

1)超声波流量计的测量原理

超声波流量计利用超声波在流体中的传播特性来测量流体的流速和流量,最常用的方法是测量超声波在顺流与逆流中传播速度差。超声波流量计测量原理如图 9-7 所示。两个超声换能器 P_1 和 P_2 分别安装在管道外壁两侧,以一定的倾角对称布置。超声波换能器通常采用锆钛酸铅陶瓷制成。在电路的激励下,换能器产生超声波以一定的入射角射入管壁,在管壁内以横波形式传播,然后折射入流体,并以纵波的形式在流体内传播,最后透过介质,穿过管壁为另一换能器所接收。两个换能器是相同的,通过电子开关控制,可交替作为发射器和接收器。

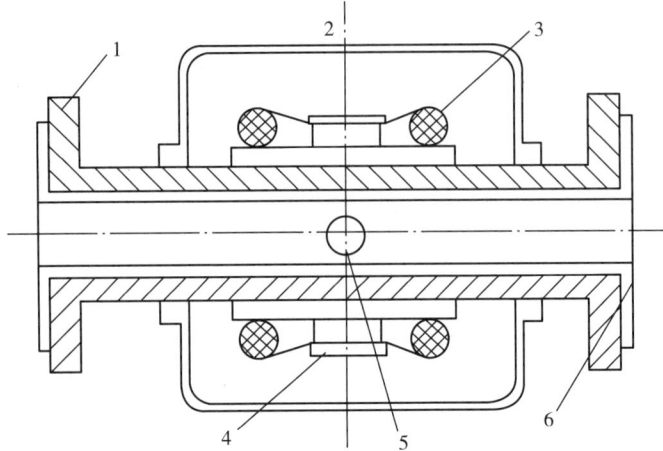

1—导管;2—外壳;3—励磁线圈;4—磁轭;5—电极;6—绝缘内衬。

图 9-6 电磁流量计结构示意

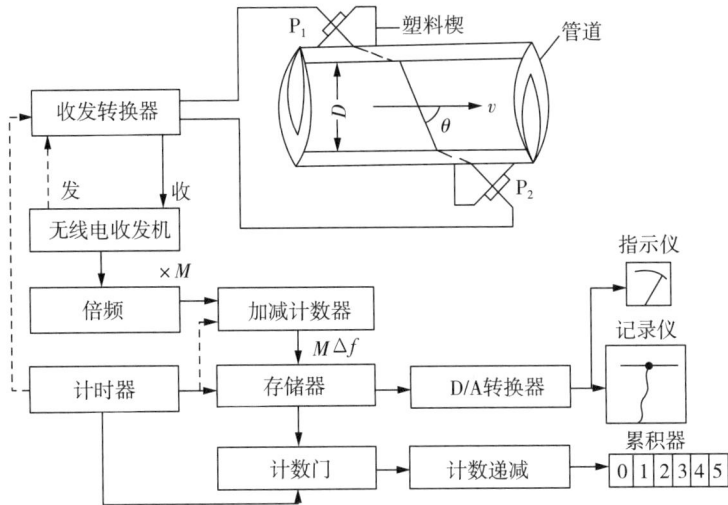

图 9-7 超声波流量计测量原理

设流体的流速为 v,管道内径为 D,超声波束与管道轴线的夹角为 θ,超声波在静止的流体中传播速度为 v_0,则超声波在顺流方向传播频率 f_1 为

$$f_1 = \frac{v_0 + v\cos\theta}{D/\sin\theta} = \frac{(v_0 + v\cos\theta)\sin\theta}{D} \tag{9-5}$$

超声波在逆流方向传播频率 f_2 为

$$f_2 = \frac{v_0 + v\cos\theta}{D/\sin\theta} = \frac{(v_0 + v\cos\theta)\sin\theta}{D} \tag{9-6}$$

故顺流与逆流传播频率差为

$$\Delta f = f_1 - f_2 = \frac{v}{D}\sin 2\theta \qquad (9-7)$$

由此得流体的体积流量 Q 为

$$Q = \frac{\pi D^2}{4}v = \frac{\pi D^2}{4} \times \frac{D\Delta f}{\sin 2\theta} = \frac{\pi D^3 \Delta f}{4\sin 2\theta} \qquad (9-8)$$

对于一个具体的流量计,式(9-8)中 θ、D 是常数,而 Q 与 Δf 成正比,故测量频率差 Δf 可算出流体流量。图 9-8 中画出了测量电路,由于 Δf 很小,为了提高测量准确度,缩短测量时间,使用了倍频回路。然后,把倍频的脉冲数对应着顺、逆流方向进行加减运算,结果与流速成正比。

2)超声波流量计的使用

超声波流量计可用来测量液体和气体的流量,比较广泛地用于测量大管道液体的流量或流速。它没有插入被测流体管道的部件,故没有压头损失,可以节约能源。

超声波流量计的换能器与流体不接触,对腐蚀很强的流体也同样可准确测量。换能器在管外壁安装,故安装和检修时对流体流动和管道都毫无影响。超声波流量计的测量准确度一般为 $1\%\sim2\%$,测量管道液体流速范围一般为 $0.5\sim5\mathrm{m/s}$。

3. 电磁流量计与超声波流量计的比较

电磁流量计与超声波流量计在测量原理、测量介质、测量精度与范围、安装方式、使用环境与限制以及成本与价格等方面都存在显著差异。在选择时,应根据被测流体的性质、测量精度的要求、安装环境的条件以及成本等因素进行综合考虑。电磁流量计与超声波流量计的主要区别如下。

1)测量原理

电磁流量计:基于法拉第电磁感应定律工作。当导电流体流过垂直于流动方向的磁场时,会在导体中感应出一个电动势,其大小与流体的流速成正比。电磁流量计通过测量这个感应电动势来推算流体的流量。

超声波流量计:通过检测流体流动对超声束(或超声脉冲)的作用来测量流量。具体来说,超声波在流体中向上游和向下游的传播速度由于叠加了流体的速度而不同,因此可以根据超声波向上向下游传播速度之差测得流体流速。

2)测量介质

电磁流量计:适用于各种导电液体,包括清水、污水、酸、碱、盐溶液等。但其局限性在于只能测量导电介质的液体流量,不能测量非导电介质的流量,如气体和蒸汽。

超声波流量计:可以测量常规液体流量,还可以对具有强腐蚀性、放射性、易燃、易爆等特点的流体进行流量的测量。超声波流量计可测任何液体,测量范围广泛。

3)测量精度与范围

电磁流量计:测量精度受多种因素影响,但一般能满足大多数工业测量需求。其测量范围广泛,不受被测介质的温度、黏度、密度、电导率(以一定范围波动)的影响。

超声波流量计:测量精度高,通常可达到 $\pm0.5\%$ 至 $\pm1\%$ 的测量精度。超声波流量计的应用范围也受到一定限制,目前我国的超声波流量计仅可用于 $200℃$ 以下流体的测量。

4)安装方式

电磁流量计:安装方式相对固定,需要根据测量管道的位置和方向进行安装。同时,电磁流量计的安装位置应确保流体能够充满测量管,并且管道内无气泡或固体颗粒。

超声波流量计:安装方式更为灵活,可以采用外加式安装,不需要破坏管道。这使得超声波流量计在难以直接安装测量仪表的场合下具有更大的优势。

5)使用环境与限制

电磁流量计:要求安装地点不能有振动,不能有强磁场,且变送器和管道必须有良好的接触及良好的接地。电磁流量计还受到介质电导率的限制,当介质电导率过低时,测量精度会受到影响。

超声波流量计:其测量线路相对复杂,对测量线路要求较高。同时,超声波流量计的使用也受到介质温度的限制,目前我国的超声波流量计仅可用于200℃以下流体的测量。此外,超声波流量计在电磁波干扰强的环境中使用时,测量精度可能会受到影响。

6)成本与价格

电磁流量计:成本相对较高,特别是在需要高精度和高稳定性测量的场合下。然而,由于其测量范围广、测量精度稳定等优点,电磁流量计在工业领域得到了广泛应用。

超声波流量计:成本相对较低,特别是在中小口径管道测量中更为经济。同时,超声波流量计的安装和维护成本也较低,使得其在一些特定场合下具有更大的优势。

9.3　数据采集器

数据采集器是一种采用嵌入式微处理器的能耗数据采集专用装置,具有数据采集、数据处理、数据存储、数据传输以及现场设备运行状态监控和故障诊断等功能。

9.3.1　数据采集器概述

数据采集器是一种对物联网底层设备(仪表)进行数据汇集和管理的设备,物联网底层设备(仪表)主要包括水表、电表、燃气表、热量表以及传感器等。它通过信道对其连接的各类表计的信息进行采集、处理和存储,并通过信道与数据中心交换数据。数据采集器是信息的交换中心,是电脑与现场设备之间连接的纽带。

能耗数据的采集链路,可以分为数据感知、数据管理及业务应用三个层次。数据感知层主要由各类计量仪表和传感器组成,是能耗监测的基础数据源。数据管理则主要由数据采集器及无线设备组成,负责对数据感知层的设备进行采集,通过标准化处理并转化为满足数据利用需求的过程。业务应用层搭建在微机端及移动端软件中,通过大数据分析、云计算等技术,实现能耗管理的集中控制。

9.3.2　数据采集器结构

数据采集器的结构如图9-8所示。它的硬件主要包括微处理器、上行通信模块、下行通信模块、电源模块及防护外箱组成。软件主要由监控程序和功能执行程序组成。

　　微处理器芯片:搭载嵌入式处理芯片、flash 芯片、RAM 芯片、TF 卡、时钟模块等,为数据采集、分析处理、数据传输、数据存储等业务提供超高效数据运算。它是数据采集器的关键模块。下行通信模块的功能是将终端仪表的实时数据通过总线的形式采集至数据采集器。数据采集器的下行硬件接口一般为 RS485 和 MBus 两种。

　　电源输出控制模块:主要为数据感知层的仪表或设备提供低压直流电源。数据采集器一般为 AC220V 供电接入,通过电源及变压模块,转为低压直流电供各类仪表进行使用。使用 RS485 通信方式时,水表一般为 DC12V 供电;热量表一般为 DC24V 供电,传感器一般为 DC24V 供电。使用 MBus 供电时,一般为 36~42V 供电,一般多用于水表。

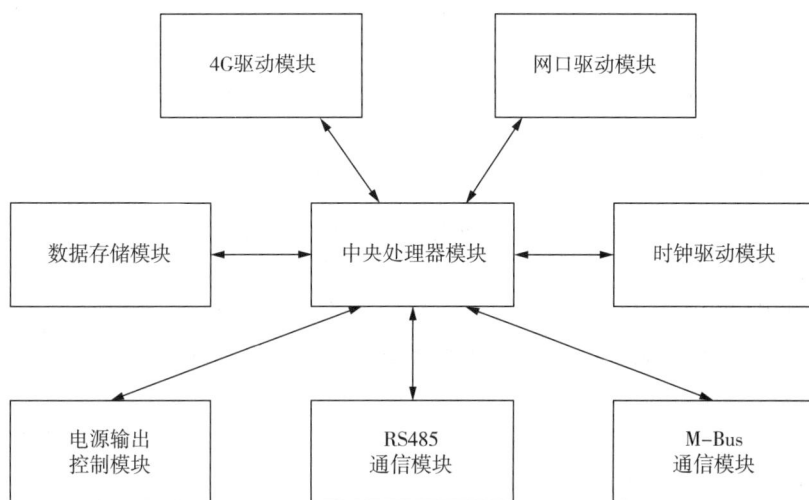

图 9-8　数据采集器的结构

　　上行通信模块的功能是将数据采集器采集及存储的终端设备的数据通过网络上传到服务器。数据采集器的上行通信方式一般为有线 TCP/IP 或无线 4G。

　　TCP/IP 传输协议,即传输控制/网络协议,也叫作网络通信协议,它是在传统网络的使用中的最基本的通信协议。

　　4G 通信技术是第四代的移动信息系统,其具备通信速度快、智能化、兼容性强的优势,广泛应用在物联网领域。4G 模块硬件将射频、基带集成在一块 PCB 小板上,完成无线接收、发射、基带信号处理功能。

　　防护外箱:为节省布线,数据采集器一般安装在室内弱电井的机柜中,需要防护日常的粉尘侵入或外力撞击,一般会选用冷轧钢材质作为数据采集器的防护外箱,预留接线孔位,挂墙安装。

9.3.3　数据采集器的工作原理

　　数据感知层设备和数据采集器之间应采用符合各相关行业智能仪表标准的各种有线或无线物理接口。有线通信方式主要为 RS485、MBus,无线通信方式主要为 LoRa、NB、Wi-Fi 等。无线仪表数据亦可通过网络,将基础数据直接上传到业务应用层。

　　数据采集器应使用基于 IP 协议承载的有线或者无线 4G/5G 方式接入网络。

1. 数据采集

数据采集器可支持根据数据中心命令采集和主动定时采集两种数据采集模式,且定时采集周期可以从 10min 到 1h 配置。且支持同时对不同用能种类的计量装置进行数据采集。

2. 数据处理

数据采集器下行可支持对数据感知层设备能耗数据的协议解析。电能表,一般参照行业标准《多功能电表通信规约》(DL/T 645—1997)执行。水表、燃气表和热(冷)量表一般参照行业标准《户用计量仪表数据传输技术条件》(CJ/T 188—2004)执行。部分企业自定义协议,数据采集器可通过协议解析的方式进行仪表集成。

数据采集器支持对计量装置能耗数据的处理,具体如下:

(1)利用加法原则,从多个支路汇总某项能耗数据;

(2)利用减法原则,从总能耗中除去不相关支路数据得到某项能耗数据;

(3)利用乘法原则,通过典型支路计算某项能耗数据。

3. 数据远传

数据采集器可将采集到的能耗数据进行定时远传,一般规定分项能耗数据每 15min 上传 1 次,不分项的能耗数据每 1h 上传 1 次。根据远传数据包格式,在数据包中添加能耗类型、时间、楼栋编码等附加信息,进行数据打包。为保障数据安全,数据采集器具备加密功能,在远传前数据采集器应对数据包进行加密处理。如因传输网络故障等原因未能将数据定时远传,数据采集器会记录数据上传失败状态并定时检测网络情况,待传输网络恢复正常后,数据采集器可利用存储的数据进行断点续传。为满足业务使用要求,数据采集器可向多个数据中心(服务器)并发发送数据。

4. 配置与维护

数据采集器可在本地对数据感知层设备进行基础信息配置和管理,主要如下:

(1)仪表资料的建立,如仪表类型、计量区域、业主信息、仪表通信地址等;

(2)通过数据采集子系统故障的定位和诊断,并支持向数据中心上报故障信息;

(3)接收来自数据中心的查询、校时等命令;

(4)具备自动恢复功能,在无人值守情况下可以从故障中恢复正常工作状态。

9.4 能耗监测仪表接口

通信接口是智能仪器与外部设备进行数据传输和通信的重要组成部分。通信接口可以实现仪器与计算机等其他仪器或设备之间的数据交换和控制。通信接口主要由硬件通信接口和通信协议构成,智能仪表硬件通信接口的类型包括 RS485 接口、MBUS 接口、无线收发接口、光电接口等。通信接口的速度可靠性和兼容性是选择通信接口时需要考虑的重要因素。

9.4.1 RS485 总线接口

RS485 接口一般用于电表、电磁热量表、超声波流量计等。RS485 总线采用平衡发送和差分接收方式实现通信,因此具有抗共模干扰能力强、抗噪声干扰性好的特点,RS485 采用半双工工作方式,任何时候只能有一点处于发送状态,因此,发送电路须由使能信号加以控制。RS485 用于多点互联时非常方便,可以省掉许多信号线。应用 RS485 可以联网构成分布式系统。在要求通信距离为几十米到上千米时,广泛采用 RS485 串行总线标准。RS485 总线通信距离最长可以达到 1200m。智能仪表 RS485 总线接口数据传输速率为 2400～115200bps,速度传输越慢,传输可靠性越高。

RS485 总线的主要技术参数如下。

(1)RS485 的电气特性:逻辑"1"以两线间的电压差为 2～6V;逻辑"0"以两线间的电压差为 2～6V。

(2)RS485 的数据最高传输速率为 10Mbps。

(3)RS485 接口是采用平衡驱动器和差分接收器的组合,抗共模干扰能力增强,即抗噪声干扰性好。

(4)RS485 最大的通信距离约为 1200m,最大传输速率为 10Mbps,传输速率与传输距离成反比。

(5)RS485 总线一般最大支持 32 个仪表,也有 RS485 总线带载可以达到 128 个或者256 个仪表。

(6)RS485 总线网络拓扑一般采用"手拉手"的总线型结构。RS485 总线组成的半双工网络,一般需 2 根连接线(有极性 AB 线),采用屏蔽双绞线传输。

9.4.2　仪表总线

1. 仪表总线的基本概念

在 OSI 的七层网络模型中,仪表总线(Meter Bus,M‑Bus)[①]只对物理层、链路层、网络层、应用层进行了功能定义。由于在 ISO 参考模型中不允许上一层次改变如波特率、地址等参数,因此在七层模型之外 M‑Bus 定义了一个管理层,地址 254 或 255 被保留用于管理物理层,地址 253 用于网络层。基于这个新的管理层,可以直接管理每个层去执行指定功能而不必遵守 OSI 模型对任一层次进行管理。

M‑Bus 采用独特的电平特征传输数字信号,抗干扰能力强,传输距离长。在非电力仪表中的适用性优于 RS485 等传输方式,已在能源消耗数据采集等方面得到广泛应用。M‑Bus 系统采用半双工异步通信,传输速率为 300～9600bps,传输距离较远,总线连接方式采用总线型拓扑结构,可以在几公里的距离上连接几百个从设备。

M‑Bus 是一个层次化的系统,由一个主设备、若干从设备和一对连接电缆组成,所有从设备并行连接在总线上,由主设备控制总线上的所有串行通信进程。M‑Bus 总线主从层次化结构如图 9‑9 所示,其中 Master 表示 M‑Bus 总线控制器,Slave 代表挂在总线上的仪表设备,也就是主从应答模式。任一从站的故障不影响整个总线的功能,满足能耗计量仪表联网和远程读数的需要。

---

① 《社区能源计量抄收系统规范 第 2 部分:物理层与链路层》(GB/T 26831.2—2012)规定了仪表通信系统中基于双绞线的 M‑Bus 总线接口物理层和链路层的参数,适用于热量表、热分配表、水表和燃气表对仪表通信系统与远程抄表的一般描述,还适用于其他的仪表(比如电能表)、传感器和执行器。

图 9-9 中,微控制单元(MCU)是一种集成在单个芯片上的小型计算机系统,通常包含处理器核心、存储器(包括 RAM 和 ROM)、输入输出接口(I/O)、定时器/计数器以及其他外设功能如 A/D 转换器等。

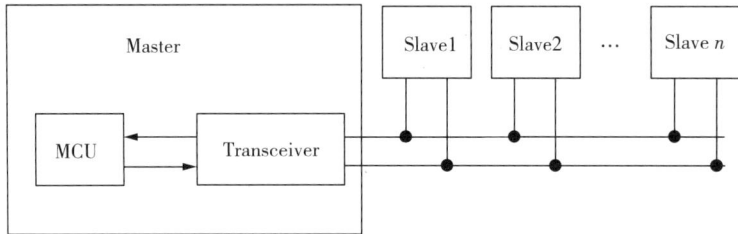

图 9-9　M-Bus 总线主从层次化结构

2. 仪表总线的工作原理

M-Bus 物理层码流传输具有独特的电平特征,见表 9-1 所列。主设备到从设备的码流传递通过电平的偏移实现,从设备到主设备的码流传递则通过调制从设备消耗的电流来实现。定义逻辑"1"为 MARK,逻辑"0"为 SPACE。M-Bus 总线的电压、电流参数特性如图 9-10 所示。

表 9-1　M-Bus 物理层码流传输具有独特的电平特征

信号逻辑	码流的表示	码流传输方向
逻辑"1"(MARK)	$22V \leqslant V_{mark} \leqslant 42V$	主站→从站
	$0mA \leqslant I_{mark} \leqslant 1.5mA$	从站→主站
逻辑"0"(SPACE)	$12V \leqslant V_{space} \leqslant V_{mark} - 10V$	主站→从站
	$I_{mark} + 11mA \leqslant I_{space} \leqslant I_{mark} + 20mA$	从站→主站

M-Bus 主设备向从设备发送逻辑"1"时,总线电压为 V_{mark}($\leqslant 42V$),发送逻辑"0"时,电压下降 10V 以上,降到 V_{space}($\geqslant 12V$);从站向主站发送逻辑"1"时,从站所取电流为 I_{mark}($\leqslant 1.5mA$);发送逻辑"0"时,从站的 M-Bus 接口会在 I_{mark} 上加上脉冲电流 11~20mA,形成 I_{space}。

主设备通过检测总线上是否出现 11~20mA 脉冲电流确定接收"0"还是"1";从设备接收数据时,由于总线绝对电压会随着距离和总线电流变化而变化,故通过检测总线电压与动态参考电压是否相差 10V 以上来确定接收"0"还是"1"。因此 M-Bus 在任何时候的数据传输都是单向传输,从主设备到从设备或自从设备到主设备,这种通信方式不仅实现了对从设备的远程供电同时还获得较强的抗干扰能力,能抵抗外部干扰。

M-Bus 协议规定总线处于空闲状态是用逻辑"1"表示,即总线电压维持在 V_{mark},而每个从站取电流 $I_{mark} \approx 1.5mA$,即两线制总线上的总电流等于 $I_{mark} \times$ 从站总数。这样无论总线处于空闲状态还是数据传输状态,总线电压不低于 V_{space},每个从站获取电流不小于 I_{mark},这个电流就可用作从站供电电源。在 M-Bus 的正常运行状态下,总线可以持续不断地既传输信号又提供电源,使终端仪表所用电池成为备用电源,减少了仪表定期维护、更换电池等工作,仪表的安装位置也可以比较随意。

M-Bus 总线具有抗干扰能力强、中继级数多、带终端级数多等优势,广泛应用于各类控制器、集中器等装置中,便于控制系统收集相关仪表的实时数据,然后再通过各类通信方式将数据传送至服务器做分析处理。这样就可以实现远程数据的实时采集、巡检和监控等功能。

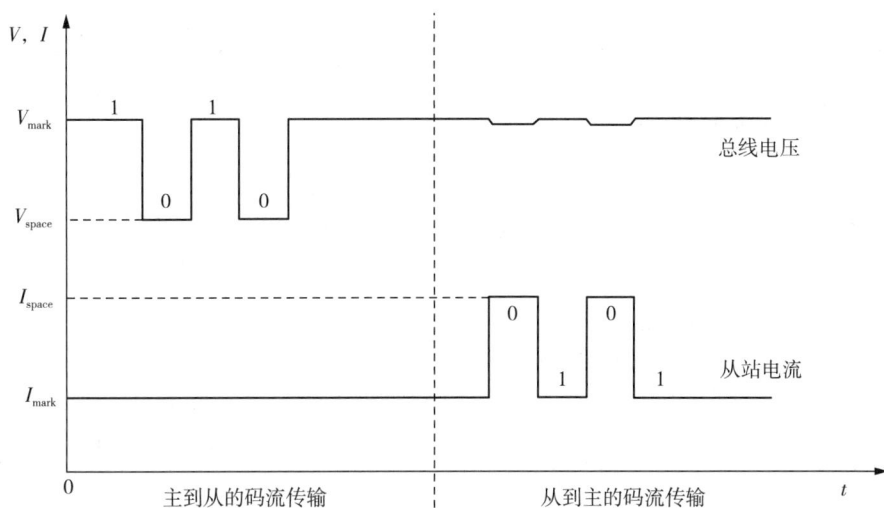

图 9-10 仪表总线(M-Bus)的电压、电流参数特性

9.4.3 M-Bus 接口与 RS485 接口比较

M-Bus 接口与 RS485 接口的区别:485 接口是工业常用的总线通信方式,下接设备需要单独解决供电。因此,常见的 2 线制仪表都是 M-Bus 仪表,4 线仪表多为 485 仪表。

M-Bus 接口相比 RS485 接口的优势:M-Bus 不分正负极性,同时能为低功耗设备提供电源。RS485 接口采用"手拉手"接线方式,而 M-Bus 接口可以树状或者星状连线,施工更加便捷。

M-Bus 接口的主站和从站:一般消耗型仪表都是 M-Bus 从站,从站自身无电源接口,其内部有电池或完全没有供电部分,常见的两线制水表,热量表都是 M-Bus 从站设备。

M-Bus 和 MODBUS 区分:M-Bus 接口是物理层,而 MODBUS 协议为应用层。简单理解 M-Bus 接口是高速公路,而 MODBUS、CJ/T 188—2018、DL/T 645—2007 协议就是汽车了,汽车可以上高速。

RS485 及 M-Bus 两种通信方式对比见表 9-2 所列。

表 9-2 RS485 及 M-Bus 两种通信方式对比

通信方式	RS485	M-Bus
通信接线	2 芯线,有极性之分,不能反接	2 芯线,没有极性之分,可以反接
供电接线	终端设备需要另接供电电源,2 芯线,有极性之分,不能反接	终端设备无须供电电源,电源与网络共线传输

通信方式	RS485	M-Bus
网络拓扑	总线型、星型、混合型	总线型
管线材料	需要较多的管线	需要较少的管线
抗干扰能力	最高 5V 电压,抗干扰能力较弱	最高 42V 电压,抗干扰能力较强
总线带载数量	每路总线不超过 32 个设备	每路总线不超过 128 个设备

9.4.4　无线收发接口

无线收发接口一般用于不适宜布线场景的通信,无线收发接口一般长距离通信指 4G 无线或 NB-IoT 无线接口,短距离通信比较常用为远距离无线(Long Range Radio,LoRa)接口。

LoRa 无线接口是一种基于扩频技术,在局域网中使用的无线通信技术。LoRa 无线数传收发器采用无线 433MHz、470MHz 等频段进行无线数据传输,可视传输距离达到 3000m,LORA 无线和 4G、NB-IoT 无线传输方案相比它无需无线流量资费,和 Wi-Fi、ZigBee 相比通信距离更远。一般用于地下室等信号不好的配电室或地下管井安装的计量仪表的通信。

无论采用 4G 无线通信或 NB-IoT 无线通信,仪表数据都是从计量仪表经过运营商的互联网直接上传至系统服务器,无需数据采集器等现场数据采集设备。运营商的网络是全球覆盖最为广泛的网络,因此在接入能力上有独特的优势。然而,真正承载到移动网络上的物与物联接只占到连接总数的 10%,大部分的物与物联接通过蓝牙、Wi-Fi 等技术来承载。

4G 无线通信作为高速移动网络的阶段性产物,数据传输速率较快,可以达到 100Mbit/s,具有应用范围广、技术稳定性好、信号质量高、传输速度快等优点,通常用于数据采集器、电表等数据传输数据量大,通信实时性要求高的应用场合。但通常 4G 无线通信无法有效地覆盖到能耗监测仪表的所有位置和使用场景,为此,产业链从几年前就开始研究利用窄带 LTE 技术来承载 IoT 联接。历经几次更名和技术演进,2015 年 9 月,3GPP 正式将这一技术命名为 NB-IoT。MWC2016 上,NB-IoT 首次亮相,受到瞩目,运营商和设备商纷纷为其站台和背书。

NB-IoT 无线通信是一种低功耗、窄带宽的无线通信技术,专门用于物联网设备,特别是计量仪表的通信。NB-IoT 的数据传输速度相对较低,主要用于低速数据传输,一般传输速率在 200kbps 以下,但 NB-IoT 无线通信覆盖广,相比传统 GSM,一个基站可以提供 10 倍的面积覆盖,其次是海量连接 200kHz 的带宽可以提供 10 万个连接。其还具有低功耗、低成本的特点,使用 5 号电池便可以工作十年,通信性价比高,通常用于通信交互频率要求不高,电池供电或造价成本较低的计量仪表。

9.4.5　光学接口

计量仪表光学接口主要指红外通信接口。红外线通信是一种近距离、无连线、低功耗和保密性较强的通信方式。红外线端口通信最大的特点是采集方便,可使用自定义连接协议,数据传输速度能达到 4Mbps。在能耗监测系统中一般采用手持红外通信设备通过计量仪表红外通信接口进行仪表数据的采集。

9.5 能耗监测仪表通信协议

能耗监测仪表通信协议是在硬件通信接口的基础上,通信双方对数据传送控制的一种约定。约定中包括对数据格式、同步方式、传送速度、传送步骤、纠错方式以及控制字符定义等问题做出统一规定,通信双方必须共同遵守,它也叫作链路控制规程。根据不同的监测仪表和通信网络,有各种不同的通信协议,各种协议之间在报文格式、命令交互方式、报文校验方式各有不同,其中 CJ/T 188—2018、DL/T 645—2007 和 modbus - RTU/TCP 协议是针对水表、电表、热量表和其他仪表集中采集的比较通用的标准协议。

9.5.1 户用计量仪表数据传输技术条件

《户用计量仪表数据传输技术条件》(CJ/T 188—2018)规定了户用计量仪表(以下简称仪表)数据传输的功能要求、物理层、数据链路层、数据安全性和应用层。

《户用计量仪表数据传输技术条件》(CJ/T 188—2018)规定了户用计量仪表,包括水表、燃气表、热量表等仪表数据传输的基本原则、接口形式及物理性能、数据链路、数据标识、数据安全性和数据表达格式的要求,适用于数据采集器之间,一主一从或一主多从数据交换的集中抄表系统。其中 M - Bus 协议及光电接口通信均基于该协议发展而来。

9.5.2 多功能电能表通信协议

《多功能电能表通信协议》(DL/T 645—2007)规定了多功能电能表与数据采集器之间的物理连接、通信链路及应用技术,适用于能耗监测系统中有通信功能的电能表,如单相电能表、三相电能表、多费率电能表等与数据采集器进行点对点的或主多从的数据交换方式。

9.5.3 Modbus 应用协议

Modbus TCP/IP[①] 是一种基于 TCP/IP 协议的 Modbus 通信协议,用于在客户机和服务器之间进行数据通信。Modbus TCP 协议使用标准的 TCP/IP 协议栈,通过以太网进行通信,并支持多个设备同时访问同一个 Modbus TCP/IP 服务器。通过 Modbus 协议,计量仪表可与数据采集器之间进行相互通信。

---

① 《基于 Modbus 协议的工业自动化网络规范》(GB/T 19582—2008)定义了一个计量仪表能识别使用的消息结构,规定了数据采集器请求访问其他计量仪表的数据交互方式和计量仪表的回复报文以及报错机制。Modbus 协议制定了访问只读和控制的报文的格式。Modbus 协议有 Modbus RTU、Modbus ASCII 和 Modbus TCP/IP 三种协议标准,Modbus RTU 和 Modbus ASCII 主要用于 RS485 工业总线领域,而 Modbus TCP/IP 则常用于以太网通信领域。Modbus TCP/IP 是对完善的 Modbus RTU 协议的改编,用于 TCP/IP 网络。它将原始协议的简单性和可靠性带入以太网和互联网通信领域。凭借其开放标准,它在工业自动化和楼宇管理系统中得到广泛应用。

1. 通信原理

TCP/IP 协议：Modbus TCP 使用 TCP/IP 协议作为底层通信协议。TCP(传输控制协议)提供了可靠的、面向连接的通信,确保数据的可靠传输;IP(互联网协议)提供了网络寻址和路由功能,使得不同设备能够相互通信。

连接建立：客户机通过建立 TCP 连接与服务器进行通信。客户机通过指定服务器的 IP 地址和端口号(默认为 502)来建立连接。

帧结构：Modbus TCP 使用了标准的 Modbus 帧结构,并在 TCP 报文中传输。帧结构包括事务标识符、协议标识符(固定为 0x0000)、长度字段、单元标识符、功能码、数据字段和 CRC 校验(在 Modbus TCP 中不使用,由 TCP/IP 协议保证数据完整性)。

2. 通信过程

连接建立：客户机主动建立 TCP 连接,与服务器进行通信。

请求发送：客户机向服务器发送请求消息,请求读取或写入数据。请求消息中包含了事务标识符、协议标识符、长度字段、单元标识符、功能码以及相关的数据和操作参数。

响应接收：服务器接收到客户机的请求后,根据请求的功能码执行相应的操作,并生成响应消息。响应消息中包含事务标识符、协议标识符、长度字段、单元标识符、功能码以及请求的结果数据。

异常处理：如果服务器无法满足客户机的请求,或者执行请求时发生错误,服务器将生成一个异常响应消息。异常响应消息包含了事务标识符、协议标识符、异常功能码和异常代码。

连接关闭：当通信完成后,客户机可以选择关闭 TCP 连接。

电表、水表、热(冷)量表、燃气表常用通信接口与通信协议见表 9-3 所列。

表 9-3　电表、水表、热(冷)量表、燃气表常用通信接口与通信协议

表具名称		通信接口		通信协议
		有线	无线	
电表		RS485	4G	DL/T645、Modbus-RTU/TCP
水表	电磁水表	RS485	4G	Modbus-RTU/TCP
	超声波水表	RS485、MBUS	NB-IoT	Modbus-RTU/TCP
	光电直读水表	RS485、MBUS	NB-IoT、LoRa	CJ/T188
热量表	电磁热量表	RS485	NB-IoT	Modbus-RTU/TCP
	超声波热量表	RS485、MBUS	NB-IoT	CJ/T188
燃气表	膜式燃气表	RS485	NB-IoT、4G	Modbus-RTU/TCP
	超声波燃气表	RS485	NB-IoT、4G	Modbus-RTU/TCP

9.6　能耗监测软件功能

能耗监测软件为用户提供能源数据采集、统计分析、能效分析、用能预警、设备管理等服务，为决策者带来数据形象化、管理简单化的"一站式"管理信息系统。

1. 建筑基础信息数据管理

可按建筑楼宇管理、功能区域管理、行政部门管理、能耗分类分项。

(1)建筑楼宇管理：可按建筑性质录入建筑名称、建筑地理位置、建筑类别、年代、建筑层数、建筑总面积、空调面积、能源经济指标、能耗设备、建筑环境等信息。

(2)功能区域管理：可根据建筑使用功能区域划分，如办公区域、走廊、公共区域。

(3)行政基本信息：可根据用能部门进行划分，如行政管理部门、业务部门、财务部门。

(4)用能相关信息：电耗(kW·h、标准)、气耗(立方米、标煤)、水耗(立方米)、冷热量消耗(MW·h)等分类管理。

(5)设备管理：可根据计量仪表、采集器地址码进行绑定，录入仪表信息：如仪表编号、仪表地址、负责区域。

2. 能耗总览及统计

(1)对各类能源消耗情况一目了然，对总能耗、耗电量、耗水量、耗燃气、耗热(冷)量等能源的数值实时显示(当天累积值、当月累积值)，可以显曲线趋势图、柱状对比图，可显示同比、环比相差值和相差的百分比，同时具备能耗数据的标准煤转换功能。

(2)提供多种数据统计方式，可按能耗类型、设备类型、区域用能统计。系统可提供日统计、月统计、年统计等多种时段数据的统计方式；统计结果可以提供报表输出功能，可以将输出的报表保存为 EXCEL 等文档格式。

(3)提供曲线图、柱状图、饼图等多种图形表现方式，并能保存成文档格式和打印功能。统计结果应多采用方便采购人理解的图形表现方式。

3. 能耗分析

(1)按照能源种类分为水、电、燃气、热量等几类负荷进行计量，做到每类负荷逐时、逐日、逐月、逐年能耗累计、排序、分析。通过热图了解各区域的能耗情况，还可以通过仪表了解能耗量指标，与年指标对照。支路能耗分析，以树枝图展示各个支路能耗的流向。

(2)对空调系统的主机能效、系统能效监测，与设计值、国家节能运行标准值对比，找出差距，提供节能管理水平。对空调系统的各大设备耗电量实时分析，展示占比饼图。对能效系统实时值与设计标准值以仪表盘形式对比分析展示。

(3)结合建筑的季节性能耗特征对各用能部门的各种能耗阈值进行能耗对标、诊断，辅以能耗超标、能耗支路"跑冒滴漏"、非工作时段异常用能等实时报警，并为用能部门的能耗考核方案提供科学的数据基础。

4. 设备监控

(1)对空调实时运行状态参数动态显示，全面了解空调系统的运行状态。

(2)对空调主机的运行进行分析，包括能效系数、单位冷量成本，展示空调主机的效率值、冷冻水泵输送系数、冷却水泵输送系数、冷却塔输送系数。

（3）对空调末端数据进行采集，计算能效比、单位空调面积耗热（冷）量等参数。可通过远程控制风机盘管的温度、挡位、开关机等，达到生产生活的节能需求。

5. 能耗报警

（1）对电系统、中央空调系统用能具有非工作时间用量超限报警功能。

（2）对带有总表、分表的能耗分支，提供数据的差异异常报警功能。对水系统具有的监控"跑冒滴漏"的预警功能。

（3）能耗异常数据报警、日志查询等功能。

6. 节能诊断及考核

按照《民用建筑能耗标准》（GB/T 51161—2016）或项目的定额指标，自动生成节能诊断报告，包含能耗超标统计、能耗明细，诊断报告可打印及下载 PDF 格式。根据可按照设定的用能区域或组织区域、根据区域内用能人数等情况，自动生成各单位用能排名。

7. 能耗计量收费

（1）多种计量收费方式：根据不同的功能区域、仪表类型，可按照分时段、阶梯单价、尖峰平谷等计量，合理收费。

（2）对能耗用量统计，可按年、月、日或自定义时间查询数据。

（3）用户费用结算统计，可对已结算的费用进行统计分析并输出报表。

（4）支持后付费、预付费功能，预付费功能支持最短每 2h 结算，支持充值优惠补贴，支持费用封顶。

（5）可提供收费单据直接打印功能。

8. 权限管理功能

分级权限管理，软件功能访问权限和楼宇数据访问、控制权限。可根据不同的应用角色分配相应的功能模块，系统使用更加安全。

9. 软件数据接口

系统支持对外提供超文本传输协议等数据接口，支持对外提供实时数据、仪表历史用量数据、能耗分项数据、能耗超标报警数据、结算用量数据及费用结算数据等。

复习思考题

1. 试介绍能耗、有效能耗与能效的关系。我们在日常生活该怎样节能减排？

2. 分别介绍水、电、燃气、热量的计量单位。

3. 什么是能效等级？中国的能效标识将能源效率分为几个等级？

4. 能耗监测系统的主要目标是什么？简述其在节能减排中的作用。

5. 描述能耗监测系统的基本组成结构和能耗监测流程，并解释每个组成部分的功能。

6. 电子式电能表有哪些优点？

7. 简要叙述电子式电能表计量电能的步骤。

8. 简述电磁流量计的工作原理及使用特点。

9. 简述超声波流量计的工作原理及使用特点。

10. 简述电磁流量计与超声波流量计的主要区别。

11. 在能耗监测系统中,数据采集器的作用是什么?请列举几种常见的数据采集方式。

12. 试画出数据采集器的结构图。

13. 简述数据采集器上、下端口通信协议。

14. 数据采集器上、下端口通信协议有何区别及作用?

15. 试论述能耗监测系统中的通信协议的重要性,并列出几个常用的通信标准。

16. 试分别介绍能耗监测系统的主要通信接口和通信协议。

17. 简述能耗监测系统通信协议和通信接口的主要区别。

18. 能耗监测软件需要哪些基本配置?

第 10 章　信息机房

信息机房为集中放置的电子信息系统设备提供了运行环境的建筑场所。建设一个功能完善、安全可靠、节能环保的信息机房,为电子信息系统创建一个安全、高效的运行环境,既可以保障服务器、存储器和网络设备的运行安全可靠、均衡、经济,延长设备使用寿命,又可以确保计算机工作人员的身心健康,提高工作效率,营造一个良好的人机环境。

本章重点内容:电子信息系统运行的基本要求、空气调节系统设计、供配电系统设计、消防设施以及综合监控系统。

10.1　信息机房概述

10.1.1　信息机房的设置

现行国家标准《建筑电气与智能化通用规范》(GB 55024—2022)将建筑智能(慧)划分为建筑物信息设施、建筑设备管理系统和公共安全系统等几部分。每部分都需要设置一个场所安置信息设施处理的主要设备(服务器、网络设备、数据存储器等)。按照我国的具体管理体制,安置建筑物信息处理设备的场所称为"信息机房",一般由所在园区(单位)的信息部门负责管理;安置建筑设备管理系统信息处理设备的场所称为"设备机房",一般由所在园区(单位)的资产部门(物业)负责管理;安置公共安全系统信息处理设备的场所称为"监控(安防)机房",一般由所在园区(单位)的安保部门负责管理。

设备机房、监控(安防)机房与信息机房比较,建设工艺相对简单,限于篇幅,本章只介绍信息机房建设工艺。其内容也可供设备机房、监控(安防)机房建设参考。

为了缩短布线距离,便于设备搬运,信息机房一般设置在建筑物的底(首)层,与综合布线的设备间合用,也可以设置在第 3 层至第 5 层。

机房不应设置在潮湿、易积水场所的正下方或与其贴邻;机房应远离强振动源和强噪声源,当不能避免时,应采取有效的隔振、消声和隔声措施;机房应避免强电磁场干扰,当不能避免时,应采取有效的电磁屏蔽措施。

10.1.2　信息机房的组成

按电子信息系统的规模、用途以及管理体制,信息机房主要设置计算机(数据处理)机房、低压配电间(不间断电源室、蓄电池室)以及工作人员办公区等。计算机机房放置服务器、存储器、网络交换机、总配线架等。为了防止电磁干扰,宜设置低压配电间(不间断电源室、蓄电池室)。信息机房面积比较小,灭火装置一般采用无管网,气瓶直接放置在机房内的两端。

10.1.3　信息机房等级

根据电子信息系统运行中断的影响程度,信息机房可分为 A、B、C 三级。

A 级:电子信息系统运行中断后,会对国家安全、社会秩序、公共利益造成严重损害的;

B 级:电子信息系统运行中断后,会对国家安全、社会秩序、公共利益造成较大损害的;

C 级:不属于 A、B 级的情况。

同一计算机场地的不同区域,可根据实际情况参照上述等级进行划分。

10.1.4　电子信息系统运行的基本要求

电子信息系统(尤其是数据中心、信息机房等关键设施)的稳定运行,环境设施和供配电质量是基础的物理保障。

1. 环境设施

环境设施为 IT 设备提供适宜、稳定的物理运行环境,确保其性能和寿命。

1)信息机房的温度、湿度、露点温度

(1)温度,即空气的冷热程度。信息机房的温度、湿度和露点温度见表 10-1 所列。

表 10-1　信息机房的温度、湿度和露点温度

项目	技术要求			备注
	A 级	B 级	C 级	
冷通道或机柜进风区域的温度	18~27℃			不得结露
冷通道或机柜进风区域的相对湿度和露点温度	露点温度宜为 5.5~15℃,同时相对湿度不宜大于 60%			
主机房环境温度和相对湿度(停机时)	5~45℃,8%~80%,同时露点温度不宜大于 27℃			
主机房和辅助区温度变化率	使用磁带驱动时,应小于 5℃/h 使用磁盘驱动时,应小于 20℃/h			
辅助区温度、相对湿度(开机时)	18~28℃,35%~75%			
辅助区温度、相对湿度(停机时)	5~35℃,20%~80%			
不间断电源室、电池室温度	20~30℃			

信息机房温度过高会导致设备过热宕机、寿命缩短,温度过低会造成能源浪费、设备冷凝。通常在冷通道设备进风口处监测信息机房温度。

(2)相对湿度(RH),即空气中水汽含量与该温度下饱和水汽量的百分比。信息机房相对湿度过低(<40%),则会导致静电累积,损坏电子元件;相对湿度过高(>60%),则会导致设备结露、金属腐蚀、电路短路。

(3)露点温度,即空气在气压不变条件下冷却至饱和凝结(出现露珠)时的温度。其反映空气中水汽的实际含量(绝对湿度)。若机房内任何物体表面温度不大于当前露点温度,则将产生冷凝水。通常需控制露点温度为 5~15℃(避免低温表面结露)。

计算公式如下:

$$T_d \approx T - [(100 - RH) \div 5] \quad (T \text{ 为当前温度}, RH \text{ 为相对湿度})$$

示例:温度为 25℃、湿度为 50%,则露点温度约为 15℃(若机柜表面温度≤14℃,会结露)。

2)信息机房的空气质量

信息机房内的空气质量(物理性、化学性、生物性和放射性)指标及要求,应满足《室内空气质量标准》(GB/T 18883—2022)的规定。信息机房空气质量不达标会对设备运行及工作人员健康造成多重危害。

(1)物理性危害:温湿度失控、颗粒物污染等。

温湿度失控:高温会使设备过热宕机,元器件寿命缩短(如每升温 10℃,寿命减半);高湿会引起冷凝水导致电路短路、金属腐蚀;低湿会导致静电放电击穿芯片(静电电压可达 15kV)。

颗粒物污染:粉尘堆积堵塞散热风扇/滤网,会使设备温度飙升;导电粉尘(如金属屑)会直接引发电路短路。为了保障重要的电子信息系统运行安全,信息机房的空气含尘浓度,在静态条件下测试,每立方米空气中粒径不小于 $0.5\mu m$ 的悬浮粒子数,应少于 1.76×10^7 粒。

(2)化学性危害:腐蚀性气体、VOCs 等。

腐蚀性气体(即使 ppb 级):SO_2/H_2S 会腐蚀电路板铜箔、银触点,导致"蠕变腐蚀"(不可逆断路/接触不良);臭氧会氧化连接器镀层,增加电阻。

VOCs(有机挥发物):在电路板表面形成绝缘膜,引发信号传输故障。

(3)生物性危害:霉菌/真菌、细菌/过敏源等。

霉菌/真菌:高湿环境下滋生菌丝,造成电路生物性短路;代谢物(如有机酸)腐蚀金属。

细菌/过敏原:长期暴露人员可能会出现呼吸道疾病(如哮喘等)。

(4)放射性危害:氡气、γ 辐射等。

氡气(主要风险):长期吸入可能引起呼吸道疾病,对运维人员构成健康威胁。

γ 辐射:超标辐射可能增加致癌风险(但机房通常接近本底水平)。

3)噪声、电磁干扰、振动及静电

为了保障设备稳定运行和工作人员健康,应控制信息机房的噪声、电磁干扰、振动及静电。

(1)噪声,即机房内设备(空调、UPS、服务器的风扇等)运行产生的有害声波。在长期固定工作位置噪声值大于 60dB(A)时,工作人员听力会疲劳、损伤,设备声振会出现耦合故障。

控制措施:选用低噪声设备(变频空调、静音 UPS);安装消声器、隔声罩;机房墙体采用吸声材料(多孔铝板、岩棉);设备分区隔离(空调外机远离主机房)。

(2)电磁干扰(EMI)。主机房和辅助区内的无线电骚扰环境场强在 80~1000MHz 和 1400~2000MHz 频段范围内大于 130dB($\mu V/m$)。工频磁场场强大于 30A/m,可能引起数据丢包、设备误动作以及网络性能下降。

控制措施:等电位接地解决电位差→屏蔽阻断空间辐射→滤波切断传导路径→设备布局减少干扰耦合。

(3)振动,即设备运行或外部环境(风机)引发的机械振动。在电子信息设备停机条件下,若主机房地板表面垂直及水平向的振动加速度大于 $500mm/s^2$,则会导致硬盘磁头损坏、精密元件脱焊、设备结构性疲劳。

控制措施:建筑结构采用柔性连接(伸缩缝),空调机组底部加橡胶隔振垫。

(4)静电。主机房和辅助区内绝缘体的静电电压绝对值大于 1kV,可能会击穿电子元件(CMOS 芯片敏感度仅 100V),引发火灾(粉尘环境)。

控制措施:湿度维持在 40%～60%(湿度↑→静电↓);使用防静电涂料/地毯;铺设防静电地板(表面电阻为 $10^5 \sim 10^9 \Omega$),接地线间隔不大于 6m;工作台、机柜金属部分接地。

2. 供配电质量

信息机房电源为所有 IT 设备、空调、照明、安防系统等提供持续、稳定、清洁的电力供应,是系统运行的"血液"。电子信息设备交流供电电源质量要求见表 10-2 所列。

表 10-2　电子信息设备交流供电电源质量要求

项目	技术要求			备注
	A 级	B 级	C 级	
稳态电压偏移范围/%	+7～-10			交流供电时
稳态频率偏移范围/Hz	±0.5			交流供电时
输入电压波形失真度/%	≤5			电子信息系统正常工作时
允许断电持续时间/ms	0～10			不同电源之间进行切换时

10.2　信息机房建筑与结构

信息机房的建筑与结构需综合考虑设备承重、抗震性能、防火安全、空间布局及长期稳定性,是保障信息技术设备安全运行的基础。

10.2.1　建筑结构

信息机房的抗震和地板荷重分级通常依据其重要性、用途及设备要求划分。信息机房建筑与结构技术要求见表 10-3 所列。

表 10-3　信息机房建筑与结构技术要求

内容	技术要求			备　注
	A 级	B 级	C 级	
抗震设防分类	不应低于丙类,新建不应低于乙类	不应低于丙类	不宜低于丙类	—
主机房活荷载标准值/(kN/m²)	8～12	组合值系数 $\varphi_c=0.9$ 频遇值系数 $\varphi_f=0.9$ 准永久值系数 $\varphi_q=0.8$		按机柜的摆放密度确定荷载值
主机房吊挂荷载/(kN/m²)	不应小于 1.2			—
不间断电源室活荷载标准值/(kN/m²)	宜为 8～10			—

（续表）

内容	技术要求			备 注
	A 级	B 级	C 级	
电池室活荷载标准值/(kN/m²)	蓄电池组 4 层摆放时,不应小于 16			—
钢瓶间活荷载标准值/(kN/m²)	不应小于 8			—
电磁屏蔽室活荷载标准值(kN/m²)	宜为 8～12			—
主机房外墙设采光窗	宜			节约能源
防静电活动地板的高度	不宜小于 500mm			作为空调静压箱时
防静电活动地板的高度	不宜小于 250mm			仅作为电缆布线使用时
屋面的防水等级	I	I	II	—

屋面防水等级的划分主要依据建筑物的使用功能、重要性和防水层合理使用年限,国家标准《屋面工程技术规范》(GB 50345—2012)将屋面防水分为三个等级。单独建一栋建筑物作为信息机房,其屋面的防水等级见表 10-3 所列。

在已有的建筑物内改建的信息机房,应根据荷载要求采取加固措施。

10.2.2　信息机房装饰装修

信息机房的装饰装修是以土建结构的顶、墙、地作为机房的载体。为了节能、环保,机房的顶、地、墙六面体要进行保温处理。为满足机房洁净度要求,机房地面、顶棚、墙面等围护结构要选择不产尘、不藏尘的材料。所有孔洞应全部防火封堵。装修材料应防火、防腐、防潮且无毒、无味,其燃烧性能不得低于《建筑内部装修设计防火规范》(GB 50222—2017)规定的 B1 级(见表 10-4)。信息机房用复合防火玻璃及经钢化工艺制造的单片防火玻璃应符合《建筑用安全玻璃　第 1 部分:防火玻璃》(GB 15763.1—2009)、《建筑用安全玻璃　第 2 部分:钢化玻璃》(GB 15763.2—2005)等的规定。

表 10-4　装修材料燃烧性能等级

等级	装修材料燃烧性能
A	不燃性
B1	难燃性
B2	可燃性
B3	易燃性

1. 信息机房的吊顶

主机房内顶表面应平整、光滑、不起尘、避免眩光,并应减少凹凸面。当主机房顶板采用碳纤维加固时,应采用聚合物砂浆内衬钢丝网对碳纤维进行保护。信息机房的楼层较低时可不设吊顶,楼层较高时可设吊顶。吊顶至地板净高度一般低于 2600mm。

不吊顶的机房顶部应表面洁净,安装保温材料。

吊顶的机房顶部采用金属板吊顶,吊杆采用镀锌金属吊杆。按吊顶板重量及吊顶高度,吊杆直径一般选择 8～12mm。当吊杆长度大于 1.5m 时,应加反支撑处理。吊顶宜采用 300mm×1200mm 高级铝合金微孔吸音板,表面采用粉末静电喷涂,涂层均匀。

在吊顶前,为保证机房区的清洁度,吊顶以上顶部和四壁均应抹灰,刷不易脱落的防尘漆,并采用 A 级 20mm 厚带铝箔橡塑保温板进行保温处理,吊顶龙骨使用轻钢龙骨,吊顶嵌入式三角龙骨采用与顶板配套的产品。

保温材料的防火等级为 A 级(或 B1 级)且无毒、无味的保温材料。

洁净材料为具有防火、防腐、防潮性能且无毒、无味的水性材料。

2. 信息机房的地面

信息机房的地面通常铺设防静电地板。若信息机房采用微型模块化机柜,则可不铺设防静电地板。

1)不铺设防静电地板

信息机房的地面不铺设防静电地板,采用水泥砂浆保温或土建提前进行保温处理。地面承载力应满足机房楼层地面承载力要求,防火、防静电性能应满足机房防火、防静电指标要求。

2)铺设防静电地板

信息机房的地面铺设防静电地板,对机房原楼层地面做地面洁净、保温处理。洁净材料要求具有防火、防腐、防潮性能且无毒、无味;保温要求采用防火等级不小于 B1 级的保温材料进行地面保温,一般采用橡塑保温棉、泡沫玻璃等材料,或土建提前保温处理。

活动地板下的空间既用于电缆布线,又用于布置空调静压箱时,地板高度不宜小于500mm。活动地板下的地面和四壁装饰应采用不起尘、不易积灰、易于清洁的材料,楼板或地面应采取保温、防潮措施。一层地面垫层宜配筋,围护结构宜采取防结露措施。

铺设防静电活动地板下的空间只敷设线缆,地板高度不宜小于 250mm。为避免电缆移动时被划破,活动地板下的四壁装饰应用水泥砂浆抹平,地面材料应平整、耐磨。

防静电地板一般采用复合型地板等。地板幅面尺寸一般为 600mm×600mm,厚度为30~40mm,也可按需定做。其防静电面层一般选用高耐磨贴面等。防静电地板的性能指标应符合《防静电活动地板通用规范》(GB/T 36340—2018)的规定。

3. 信息机房的墙、柱

主机房内墙壁表面应平整、光滑、不起尘、避免眩光,并应减少凹凸面。机房围护的墙面要洁净、保温。

机房墙面采用 C75 型轻钢龙骨、12mm 厚彩钢石膏复合板饰面,采用轻钢龙骨架空安装。内墙面采用 A 级 20mm 厚铝箔阻燃橡塑保温板进行保温处理。彩钢石膏复合板表面为厚度 0.6mm 的热熔镀锌钢板,内衬 12mm 厚石膏板;金属面板应采用"U"形边,相邻墙板之间用扣件进行固定连接,并提供配套压条封住缝隙。

机房墙面采用彩钢板+保温棉,踢脚线采用 0.8mm 厚不锈钢板贴面,基层采用密度板,高度为 100mm。安防(消防)室墙面应涂刷乳胶漆。

为合理地划分机房内各功能区,宜采用轻钢龙骨双面复合金属板做隔断。轻钢龙骨双面复合金属板的龙骨间或复合金属墙板内侧充填保温材料,内外面层安装防静电复合金属墙板。

4. 信息机房的隔断

隔断是机房内部固定的、不到顶的垂直分隔物。采用不锈钢玻璃做隔断时,依据各区域功能要求,分为单层玻璃、双层玻璃。按消防要求,一般选择防火玻璃,其厚度应按耐火级别要求,可在8～12mm内选择。

主机房与电源室:采用8mm防火玻璃＋9mm中空＋8mm钢化双层玻璃做隔断。主机房与预留区:采用轻钢龙骨双面彩钢板轻质隔墙。

5. 信息机房的门、窗要求

信息机房的门采用密闭型防火门,防火级别要按机房防火等级确定。防火门的技术要求要符合《防火门》(GB 12955—2024)的规定。为保证机房正压、洁净、保温,主机房区域的窗户要封闭并进行保温处理。为了采光,窗户可采用两层防火玻璃密封,外层防火玻璃装饰要与大楼统一格调。

10.2.3　设备布置

信息机房内应在满足电子信息系统运行和工作人员操作安全的基础上,按设备不同应用进行平面布置。

为利于设备散热和节能,机柜(架)内的设备为前进风(后出风)冷却方式。机柜(架)的布置宜采用面对面、背对背方式。机柜或机架面对面布置形成冷通道,背对背布置形成热通道,冷热通道隔离更有利于节能。

机柜自身结构采用封闭冷通道可以避免气流短路,此时机柜布置可以采用其他方式。

信息机房内通道之间的距离应符合下列规定:

(1)用于搬运设备的通道净宽不应小于1.5m;

(2)面对面布置的机柜(架)正面之间的距离不宜小于1.2m;

(3)背对背布置的机柜(架)背面之间的距离不宜小于0.8m;

(4)当需要在机柜(架)侧面和后面维修测试时,机柜(架)与机柜(架)、机柜(架)与墙之间的距离不宜小于1.0m;

(5)从工作人员安全、设备运输、维修、通风散热等方面考虑,成行排列的机柜(架),其长度大于6m时,两端应设有通道;当两个通道之间的距离大于15m时,在两个通道之间还应增加通道。实际项目中遇到柱子等影响,通道的宽度不宜小于1m,局部可为0.8m。

例题:某校园信息机房位于图书馆一层,总面积约91m²,由信息处理机房、电源室和操作区组成。信息处理机房作为整个校园的网络核心,其中冷通道机柜放置核心网络和服务器设备等,作为电子信息设备处理、存储、交换和传输设备的场所;电源室放置基站空调、配电柜、蓄电池等;操作间作为运维人员操作的办公室。具体分区见表10－5所列,设备平面布置如图10－1所示。

表10－5　信息机房分区

功能区	面积	功能/用途
信息处理机房	46m²	冷通道机柜以及相应的网络和服务器设备等,作为电子信息设备处理、存储、交换和传输设备的场所
电源室	27m²	市电配电柜、基站空调、蓄电池等设备的集中区域
办公室	18m²	运维人员操作的区域、柜式空调

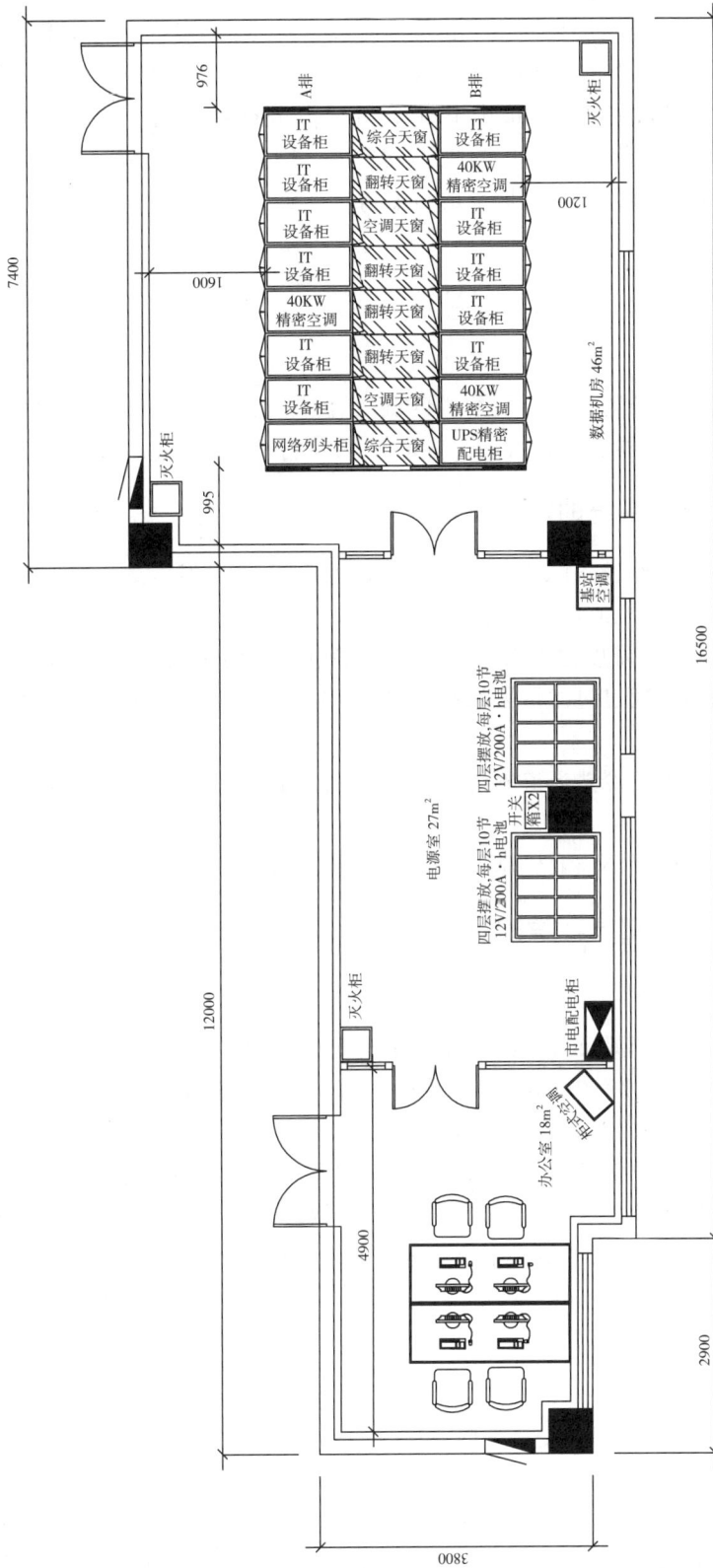

图10-1　信息机房设备平面布置

A排　B排

IT设备柜	综合天窗	IT设备柜
IT设备柜	翻转天窗	40KW精密空调
IT设备柜	空调天窗	IT设备柜
IT设备柜	翻转天窗	IT设备柜
40KW精密空调	翻转天窗	IT设备柜
IT设备柜	翻转天窗	IT设备柜
IT设备柜	空调天窗	40KW精密空调
网络列头柜	综合天窗	UPS精密配电柜

灭火柜

976

1200

1600

995

7400

数据机房 46m²

基站空调

16500

电源室 27m²

四层摞放，每层10节
12V/200A·h电池

四层摞放，每层10节
12V/300A·h电池

开关箱X2

12000

灭火柜

市电配电柜

办公室 18m²

4900

2900

3800

311

从图 10-1 可以看出,信息机房的平面要结合实际工程进行分区、布置。

当信息机房与其他功能用房在同一个建筑内时,它们之间应采用耐火极限不低于 2.0h 的防火隔墙和 1.5h 的楼板隔开,隔墙上的门应采用甲级防火门。

大于 120m² 的主机房,疏散门不应少于两个,并应分散布置,疏散门的净宽度不应小于 1.4m。机房的疏散门应向疏散方向开启,应自动关闭,并应保证在任何情况下均能从机房内开启。走廊、楼梯间应畅通,并应有明显的疏散指示标志。

10.3 空气调节系统

信息机房空气调节系统通过调节机房内的温度、湿度、空气洁净度和气流分布,保障机房内电子信息设备(如服务器、存储设备、网络设备等)运行的安全、稳定、高效。

10.3.1 空气调节系统的基本要求

(1)温度控制:通过制冷设备(如精密空调、冷水机组)将机房温度维持在 20~25℃ 的稳定范围,防止设备因过热宕机或性能下降。

(2)湿度调节:控制相对湿度在 40%~60%,避免静电(湿度过低)或设备腐蚀(湿度过高)。

(3)空气洁净度管理:通过过滤器去除灰尘、颗粒物等污染物,防止电子元件积尘导致短路或散热不良。

(4)气流组织优化:采用冷热通道隔离、封闭通道等方式,确保冷空气精准输送到设备进风口,热空气高效排出。

(5)冗余与可靠性:配置 $N+1$ 空调调节机,确保单点故障不影响机房运行。

10.3.2 信息机房空气环境的特点

1. 显热量大

热量(heat)是一种能够引起温度变化或者相变的非功形式的能量。显热(sensible heat)是物体在加热或冷却过程中,温度升高或降低而不改变其原有相态所需吸收或放出的热量。显热的表征是温度改变,相态不变。

信息机房内安装的电子信息设备(如服务器、存储器、网络交换机等)以及动力保障设备(如 UPS 等),均会以传热、对流、辐射的方式向机房内散发热量。这些热量仅造成信息机房内温度升高,属于显热。一台服务器机柜散热量在每小时几千瓦到十几千瓦,如果安装刀片式服务器,那么散热量在 400W/m² 左右,装机密度较高的信息机房可能会超过 600W/m²。机房内显热比可高达 95%。

2. 潜热量小

不改变机房内的温度,而只改变机房内空气含湿量,这部分热量称为潜热。潜热(latent heat)是物质相变过程中所吸收或放出的热量。潜热的表征是相态改变,温度不变。

信息机房内没有散湿设备,潜热主要来自工作人员及室外空气。信息机房一般采用人机分离的管理模式,围护结构密封较好,新风一般也是经过温湿度预处理后进入信息机房,所以信息机房潜热量较小。

水的显热和潜热的表现形式如图 10-2 所示,可见潜热的热能是很大的。

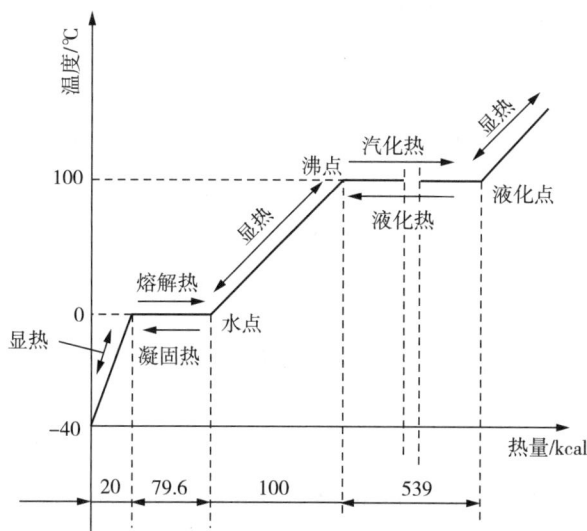

图 10-2　水的显热和潜热

信息机房的湿度很大时,要让水蒸气冷凝成水需要很多冷量。湿度大与湿度适中的房间使用空调降温除湿达到相同的温湿度条件,会消耗很多能量。这也是信息机房需要良好密封的一个重要原因。

显热比(sensible heat ratio)是从某一空间移除的显热量与全热(显热+潜热)量之比。空调的总制冷能力是所去除的显热和潜热的和。显热比是总制冷中显热所占的比例。

$$显热比(SHR) = \frac{显热量}{显热量 + 潜热量}$$

办公楼中的中央空调等设备主要为人作提供舒适的环境,其显热比通常比较低,为70%;信息机房 90% 以上的热量均为显热量,需要高显热比空调机组。

3. 风量大、焓差小

电子信息设备的热量通过传导、辐射的方式传递到机房内,因此,电子信息设备密集的区域发热量集中。为使信息机房内各区域温湿度均匀,且控制在允许的基数及波动范围内,就需要有较大的风量将余热量带走。另外,信息机房内潜热量较少,一般不需要除湿,空气经过空调机蒸发器时不需要降至零点温度以下,所以送风温差及焓差要求较小,为将信息机房内余热带走,就需要较大送风量。

4. 不间断运行、常年制冷

信息机房内设备属于稳态热源,常年不间断运行,这就需要有一套不间断的空调保障系统。在空调设备的电源供给方面也有较高的要求,需要有双路市电互投,对于保障重要信息技术设备的空调系统还应有发电机组作为后备电源。长期稳态热源导致即便在冬季信息机房内也需要制冷,尤其是在南方地区。在北方地区,冬季也需要制冷,在选择空调机组时要考虑机组的冷凝压力和其他相关问题,另外可增加室外冷空气进风比例,以达到节能的目的。

5. 送回风方式

空调的送风方式常为下送、上回、侧送、侧回等。信息机房内空调送回风是利用高架地板下部或天花板上部的空间作为静压箱送、回风,静压箱内形成的稳压层可使送风均匀,使空间内各点静压相等。

6. 洁净度要求高

信息机房空气中的尘埃、腐蚀性气体等会损坏电子元器件,引起接触不良和短路等。因此,信息机房所有空调机和新风系统宜采用初效过滤器或中效过滤器。若信息机房周围环境条件不好,可以增加亚高效过滤器或化学过滤器;末级过滤装置宜设置在正压端。

10.3.3　空气调节机

信息机房用单元式空气调节机[①]是一种向机房提供空气循环、空气过滤、冷却、再热及湿度控制的单元式空气调节机。

1. 单元式空气调节机的制冷原理

单元式空气调节机主要由压缩机、冷凝器、节流阀和蒸发器等部件组成,如图 10-3 所示。

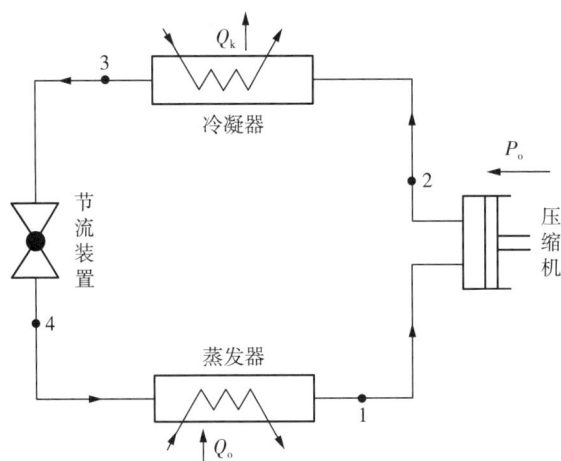

图 10-3　单元式空气调节机的制冷原理

(1)压缩机。压缩机是整个制冷系统的心脏,它从吸气管吸入低温低压的制冷剂气体,通过电动机运转带动活塞对其进行压缩后,向排气管排出高温高压的制冷剂气体,为制冷循环提供动力,从而实现压缩→冷凝(放热)→膨胀→蒸发(吸热)的制冷循环。

信息机房精密空调常用涡旋式压缩机,其特点是效率较高。

(2)冷凝器。冷凝器(俗称室外机)的作用是将其内高压高温的制冷剂气体与冷却介质

---

① 《数据中心和通信机房用空气调节机组(Air conditioning unit for data center and communication room)》(GB/T 19413—2024)适用于为数据中心、通信机房以及计算机、数据处理机、程控交换机、服务器、网络设备、数据存储器等机房内放置的电子信息设备提供适宜环境的空气调节机组。

(空气或水)进行热交换,把制冷剂在蒸发器内所吸收的热量和压缩功的热量释放出去,使高压蒸汽冷凝为高压液体。

在制冷剂蒸气冷凝过程中,压力是不变的,仍为高压。冷凝器与节流装置之间的制冷剂为高压常温液体。

(3)节流装置。因节流装置孔(管径)小,进入节流装置的高压制冷剂受到节流装置的阻力而降低。同时,少量的制冷剂液体因沸腾吸热而使其本身降温成为低温低压液体,进入蒸发器。电子膨胀阀无级调节开度为 10%～100%,调节范围宽、速度快、流量控制精确。

(4)蒸发器。由膨胀阀流出的低温低压制冷剂液体进入蒸发器,由于制冷剂的沸点低,蒸发器的管径较大,因此在蒸发器中立即沸腾蒸发,汽化为低温低压制冷剂气体。蒸汽温度的高低取决于相对的蒸发压力。蒸发器与压缩机之间为低温常压汽化的制冷剂蒸气。

(5)制冷剂(refrigerant)。制冷剂是在制冷系统中用于传递热量的流体,在低温低压环境吸收热量,在高温高压环境放出热量,通常有伴有相变过程。使用 R410a 的压缩机则使用聚酯油来润滑。

(6)风机。空调内风机是驱动室内空气与蒸发器进行循环换热的动力。室内风机工作时,产生正负压区,机房内的风由空调的回风口进入,与蒸发器进行间接换热后,成为冷风,通过风机送至机房的热负载区进行冷却。常用的空调室内机有如下两种:①直联离心风机,其特点是效率高、可靠性高、风量大、送风距离远、维护方便;②皮带传动离心风机,其特点是技术简单、送风量比直联离心风机小、需要维护皮带。

(7)空调加湿方式。空调加湿方式主要有远红外加湿和电极式加湿方式。

远红外加湿方式适用于我国北方地区。其主要特点如下:加湿量大;加湿速度快(接到本机电脑加湿指令 6s 内就可以产生湿蒸气进入空调风道系统)且反应灵敏;对水质无特别要求,加湿采用与水非接触加湿方式;加湿器(不锈钢水盘＋高强度的石英灯)由微电脑对湿度逻辑控制,实现加湿过程节能。

电极式加湿方式适用于我国南方地区。其主要特点如下:加湿量大;可提供洁净的湿蒸气;自动水位控制;由电脑控制,每 25～30min 电极式加湿罐自动冲洗一次,以减少水中的钙镁离子对加湿器的影响,但对水质有一定的要求。

2. 单元式空气调节机的主要技术参数

(1)制冷量(cooling capacity)。制冷量是在规定的制冷量试验条件下,单位时间内从被冷却的物质或空间中移去的显热和潜热之和,单位为瓦(W)。

(2)制冷消耗功率(refrigerating consumed power)。制冷消耗功率是在规定的制冷量试验条件下,机房空调所消耗的总功率,单位为瓦(W)。

(3)能效等级。单元式空气调节机能效限定值是在规定条件下,其性能系数的最小允许值,简称能效限定值。能效比(Energy Efficiency Ratio,EER)是总制冷量与制冷消耗功率之比。对于使用封闭式压缩机的制冷系统,EER 为制冷量与输入电功率之比。一级(高效级)的能效比通常要求不小于 4.0,采用先进节能技术(如变频压缩机、自然冷却),适用于高密度机房或对能效要求严格的场景。二级(中效级)的能效比一般为 3.5～4.0,适合常规机房使用。三级(基础级)的能效比通常为 3.0～3.5,适合对节能需求较低或预算有限的场景。

(4)冷风比(cooling-air ratio)。冷风比是在规定的制冷量试验条件下,空调机的总制冷量与每小时送风量之比,单位为 $W/(m^3/h)$。

10.3.4 空气调节系统设计

信息机房具有建筑围护结构密封、电子信息设备单位发热量大、全年不间断运行等特点，必须设置不间断运行的高可靠、绿色节能型制冷系统。

空调负荷计算分为房间级、行间级[①]和机柜级三种计算方式。信息机房通常采用行间级。

行间空调直接部署在服务器机柜之间，冷空气从行间空调机侧吹出进入封闭的冷通道，冷空气从机柜正面吹入，带走 IT 设备产生的热量，升温后形成热空气，由机柜后面排出，热空气吸回至机房空调回风口完成空气循环。这种近距离制冷方式显著缩短了冷空气的传输路径，减少了冷热空气混合，能快速消除单机柜高达 $10\sim30kW$ 的散热量，冷量利用率高（＞90％），电能使用效率（Power Usage Effectiveness，PUE）值可降至 1.3 以下。信息机房多采用行间级空调机，选型步骤如下。

（1）IT 功耗＝IT 额定功率×δ（$\delta=0.67$ 为 IT 负荷系数）。

（2）空调数量＝IT 功耗×1.15×1.05/空调显冷量，尾数向上取整（1.15 为空调余量系数，1.05 为 UPS 散热余量系数）

（3）冗余原则：密闭模块内默认按 $N+1$ 冗余；模块正常工作时必须至少有一台带加湿功能的空调，因此 $N+1$ 原则下每个模块至少须配 2 台带加湿空调。

IT 功耗指服务器、存储器、网络交换机等的散热量，是实际功率（负载）。额定功率指服务器、存储器、网络交换机等的铭牌功率，一般可通过 IT 设备的标签获取。做方案时若确定客户提供的是铭牌功率，则可考虑 IT 负荷系数 δ。

例：信息机房采用双排密闭模块，共配 12 台 IT 机。每台机柜按 3.5kW 额定功率计算。如采用行级风冷空调（带加湿），空调制冷量为 25kW（显冷量），按 $N+1$ 冗余设计，试问需配置多少台空调？

解：IT 总功耗：$Q_1=12\times3.5\times0.67=28.14$（kW）；

需要制冷量：$Q=Q_1\times1.15\times1.05\approx33.99$（kW）；

需要空调台数：$N_1=Q/25=1.36$ 台，取整 $N_1=2$（台）；

考虑 $N+1$ 冗余，实际配置空调：$N=N_1+1=3$（台）。

---

① 冷通道封闭技术。机柜散热量较大时，冷热通道间的混合现象较明显，为增加冷通道的送冷效率，需隔离冷、热通道，以避免两者在机柜上方发生混合而造成冷量损耗。可在机柜上方设多功能挡板对冷、热通道进行隔离，降低因冷热通道混合而引起的能量消耗，以保证空调制冷效率。具体做法：在冷通道上部顶盖采用平顶结构，与机柜顶部平行，高于机柜顶部 200mm，以免影响机柜顶部布线；活动天窗开启后，冷通道净高大于 2m，两端平移门，以免影响工作人员逃离；活动天窗采用电磁方式固定，可按机房消防联动信号自动打开（并可手动控制），使灭火气体可直接进入通道内，以保证通道内使用安全；在冷通道内顶部安装 LED 平板灯，在出入口处设人体红外感应开关，采用智能照明系统控制，并作为应急照明的一部分，可接收消防信号强制点亮。在实现相同冷却效果的前提下，封闭通道的方式都可依靠减少室内风机的送风量来实现信息机房的节能。封闭冷通道后室内风机送风量可减少 30％，室内风机可省电约 2/3；封闭冷通道后制冷系统的能耗在信息机房整体能耗中所占比例由 38％减低为 35.4％；信息机房封闭冷通道比封闭热通道节能 2％，比不封闭通道节能 4％。PUE 计算实例表明：封闭冷通道后信息机房的 PUE 值降低 0.04，封闭热通道后信息机房的 PUE 值降低 0.02。电能使用效率（PUE）＝信息机房（数据中心）总能耗÷IT 设备能耗。信息机房（数据中心）总能耗包括 IT 设备、冷却系统、配电系统（UPS，PDU）、照明、安防等所有能耗。IT 设备能耗包括服务器、存储、网络设备等直接支持业务的设备用电。PUE 越低，冷却与配电等非 IT 能耗越少，运营成本越低。通过采用高效冷却技术、智能调控系统和清洁能源，信息机房（数据中心）正逐步迈向"零碳"与"超低 PUE"时代。

10.3.5　信息机房的新风

向信息机房补充新风主要有两个用途:一是给信息机房提供足够的新鲜空气,稀释室内有害物质的浓度,满足工作人员的卫生基本要求,为工作人员创造良好的工作环境;二是补充室内排风而保持室内正压,防止外部污浊气体(灰尘)进入,保证信息机房有更好的洁净度。

1. 新风机

新风机从室外抽取的空气经过除尘、除湿(或加湿)、降温(或升温)等处理后通过风机送到室内,在进入室内空间时替换室内原有的空气。

1)新风机工作原理

(1)新风机组温度控制系统是由安装在送风管内的比例积分(PI)温度控制器(温度传感器和电动调节阀),把送风风道的温度传感器所检测到的送风温度传送至温度控制器预先设定的温度进行比较,并根据 PI 运算的结果,温度控制器给电动调节阀一个开/关阀的信号,调节电动调节阀的开度,从而使送风温度保持在所需要的范围。

(2)电动调节阀与风机连锁,以保证切断风机电源时风阀亦同时关闭。电动调节阀亦可实现与风机的联动,当风机切断电源时关闭电动调节阀。两种连锁线路连接方式分别用于断电复位设备和电关设备,用户可据具体情况自行取舍。(有防冻要求的场合可通过行程限位器将热水阀位保持在要求的开度)

(3)在需要制冷时,温度控制器置于制冷模式,当传感器测量的温度达到或低于设定温度时,温度控制器给电动调节阀一个关阀信号,电动调节阀的关阀接点接通阀门关闭。若测量温度没达到设定温度,则温度控制器给电动调节阀一个开阀信号,电动调节阀开阀接点接通阀门打开。

(4)当过滤网堵塞时或当其超过规定值时,压差开关给出开关信号。

(5)当盘管温度过低时,低温防冻开关给出开关信号,风机停止运行,防止盘管冻裂。

2)新风机的主要技术参数

(1)风量。风量为新风机单位时间所提供的空气体积流量,通常以立方米每小时(m^3/h)为单位。它决定了新风机能够快速更换室内空气的能力。

(2)能效等级。能效等级是衡量新风机能源使用效率的等级,通常以能效比来表示。较高的能效等级意味着新风机在提供新鲜空气的同时,能够更有效地利用能源,从而减少能源消耗和运行成本。

(3)过滤效率。过滤效率为新风机对室内空气净化的能力。

(4)噪声。噪声即新风机运行时的噪声水平,通常为单位以分贝(dB)。较低的噪声水平意味着新风机在使用时不会对室内环境造成干扰。

2. 新风系统

信息机房的新风系统设计是保障机房空气质量、维持正压环境、辅助温湿度控制的关键,需结合洁净度、节能性和可靠性进行综合规划。

1)新风系统的基本功能

(1)空气净化:过滤室外灰尘、颗粒物(PM2.5/PM10)、有害气体(SO_2、NO_x 等),保护设备免受污染。

(2)正压维持:在静态条件下测试,信息机房与其他房间、走廊间压差不应小于 4.9Pa,与室外静压差不应小于 9.8Pa,防止机房外部的粉尘进入机房。新风系统应采取防止污染物随气流进入其他房间的措施。

(3)温湿度调节:对引入的新风进行预冷/预热、除湿/加湿处理,避免冲击新风系统负荷。

2)新风量计算

(1)按人员需求:每人 30～50m³/h(若信息机房无人值守,可忽略)。

(2)按正压需求:根据缝隙渗透风量计算,经验值为 0.5～1 次/h 换气。

(3)按设备需求:部分设备需少量新风辅助散热,按设备功率的 1%～3% 计算。

新风量通常可按下式计算:

$$Q = 机房面积 \times 层高 \times 1.5(安全系数)$$

例:46m² 机房→$Q = 46 \times 4.5 \times 1.5 = 310(\text{m}^3/\text{h})$。

3)新风机选型

新风机宜采用挂壁式或窗式,新风量宜为所用空调机送风量的 5%。新风机应能有效去除空气中的灰尘、颗粒物、盐分、腐蚀性气体等污染物,防止设备内部积尘影响散热,造成电路板腐蚀或短路。空气处理流程:室外新风→初效过滤(G4 级)→中效过滤(F7～F9 级)→温湿度调节(表冷/加热/除湿)。信息机房环境条件不好,可以增加亚高效过滤器或化学过滤器组成的三级过滤方式。末级过滤装置宜设置在正压端。

新风机要有通信接口(RS485),支持通信协议 Modbus RTU,实现远程监控、联动。

10.3.6 信息机房的给水排水

信息机房精密空调的加湿器,其给水或排水管道应采取防渗漏和防结露措施。管道穿过机房墙壁和楼板时应设置套管,管道与套管之间应采取密封措施。精密空调下方设防水堰及配套地漏时,应采用洁净室专用地漏或自闭式地漏。地漏下应加设水封装置,并应采取防止水封损坏和反溢措施。机房内的给排水管道及其保温材料均应采用难燃材料,以满足消防规范要求。

对于水质盐碱较高的地区,精密空调加湿水需进行软化处理,置换水质中的钙、镁离子。软化水设备能力依据机房大小、加湿量、环境进行选择。

10.4　供配电系统

信息机房供配电系统主要包括双路市电输入、不间断电源(含模块化或双母线架构)、低压配电柜(动力/照明/IT 负载分路)、防雷接地系统(含 SPD 电涌保护)、智能监控模块(实时监测电压、电流、谐波等参数)等。

10.4.1 信息机房对供配电系统的基本要求

(1)高可靠性:采用双路市电＋不间断电源,保障关键负载持续运行;可用性 99.99% 以上,支撑 7×24h 不间断运行。

（2）电能质量：确保电压、频率稳定，抑制谐波干扰。

（3）冗余设计：实施 $N+1$ 或 $2N$ 配电结构，关键设备配置 ATS 自动切换。

（4）可扩展性：配电容量预留 20%～30% 扩容空间，采用模块化架构。

（5）智能监控：集成电力参数监测、故障报警及能效管理系统。

（6）安全规范：接地电阻不大于 1Ω，防火、防雷设施完备，配备电涌保护装置。

10.4.2　不间断电源

不间断电源（Uninterruptible Power Supply，UPS）是一种通过储能装置（如电池）和逆变电路为负载提供持续、稳定电力的设备。在市电异常（停电、电压波动等）时，不间断电源可以零延时切换至逆变电路状态，保障关键设备（如服务器）的连续运行。

1. 不间断电源的分类

UPS 按工作原理可分为以下几类。

（1）双变换在线式 UPS：全程逆变供电，零切换时间，输出质量最优［电压精度为 $\pm(1\%～3\%)$，THD<3%］。

（2）后备式 UPS：市电正常时直供，断电后切换逆变（延迟小于 10ms），成本低但输出质量一般。

（3）在线互动式 UPS：内置稳压器调节电压，切换时间短（2～4ms），效率与成本均衡。

UPS 按容量可分为以下几类。

（1）微型 UPS（小于 $1kV\cdot A$）：单机供电，用于单台设备。

（2）中小型 UPS（$1～10kV\cdot A$）：模块化设计，适配机柜或小型机房。

（3）大型 UPS（大于 $10kV\cdot A$）：支持多机并联、$N+X$ 冗余，用于信息机房（数据中心）。

2. 双变换在线式 UPS 的组成与工作原理

1）双变换在线式 UPS 的组成

在线式不间断电源的基本组成以整流器/充电器、逆变器、蓄电池为核心，结合静态开关（静态旁路）、手动维修旁路等实现电力无缝切换，如图 10-4 所示。

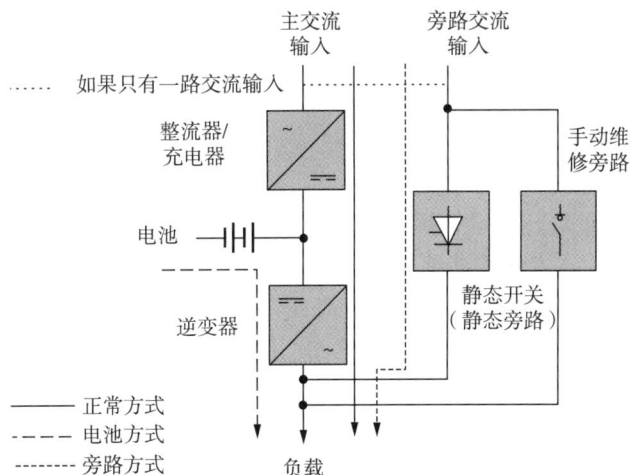

图 10-4　双变换在线式 UPS 的组成

(1)整流器(AC/DC):将输入交流电(AC)转换为直流电(DC),为电池充电并为逆变器供电;采用 IGBT 高频整流技术,支持宽输入电压范围±(15%～25%)和高功率因数(≥0.99)。

(2)逆变器(DC/AC):将整流后的直流电或电池电能逆变为纯净的交流电,输出至负载;输出电压精度为±(1%～3%),频率精度为±0.1Hz,波形 THD＜3%(线性负载)。

(3)电池组:储能核心,主要为阀控铅酸电池(VRLA)或锂电池,支持热插拔更换;后备时间通常为 5～30min(满载),可扩展外接电池柜延长续航。

(4)静态开关(STS):基于半导体器件(如晶闸管),实现主电路与旁路间零中断切换(≤4ms)。

(5)旁路电路:当 UPS 过载或故障时,自动/手动切换至市电或备用电源直接供电。

(6)滤波电路:输入/输出端配置 LC 滤波器,抑制谐波干扰(输入 THD_i＜5%),确保电能质量。

(7)控制模块:实时监测电压、频率、负载及电池状态,协调整流、逆变与切换逻辑。

(8)散热系统:强制风冷或液冷设计,保障高负载下元器件温度可控。

2)双变换在线式 UPS 的工作原理

(1)市电正常模式。市电经整流器转换为直流电,一路为逆变器供电(DC→AC),另一路为电池浮充。逆变器输出纯净正弦波,完全隔离电网电压波动、频率偏移及谐波干扰,为负载提供稳定电力。

(2)市电中断模式。整流器停止工作,电池组放电(DC)→逆变器(DC→AC)→负载,切换时间为零中断。电池续航期间,负载供电不受影响,直至市电恢复或电池耗尽。

(3)过载/故障模式。若负载超过额定容量或 UPS 内部故障,静态开关立即切换至旁路,由市电直接供电,确保负载连续运行。

(4)电池充电模式。市电恢复后,整流器优先为电池充电(恒流→恒压→浮充三阶段),避免过充/欠充,延长电池寿命。

3. 不间断电源主要电气性能

(1)输入特性:支持宽输入电压范围(±15%～±25%)和频率范围(45～65Hz),适应电网波动;输入功率因数不小于 0.99,减少谐波污染和配电损耗。

(2)输出特性:输出电压精度为±1%～±3%(稳态),频率精度为±0.1Hz(在线模式),波形总谐波失真度(THD)小于 3%(线性负载),负载突变时电压恢复时间不超过 20ms,确保精密设备稳定运行。

(3)切换性能:在线式 UPS 实现零切换中断,旁路切换无间断;后备式 UPS 切换时间小于 10ms,依赖静态开关技术保障连续性。

(4)电池性能:采用阀控铅酸(VRLA)或高效锂电池,支持热插拔;满载后备时间为 5～30min,可扩展至数小时;智能三阶段充电(恒流—恒压—浮充),提升电池寿命。

(5)效率与保护:双变换模式效率不小于 93%,ECO 模式大于 98%(降低保护等级);输入电流谐波小于 5%,过载能力 125%时负载 10min、为 150%时负载 1min,具备短路及过温保护。

(6)冗余与扩展:模块化设计支持 $N+X$ 冗余,单模块故障自动隔离;多机并联时电流均流偏差小于 5%,支持弹性扩容。

（7）智能管理:集成 RS485 等接口,支持 Modbus 等协议,实时监控电池健康、负载状态及环境温度;故障预警与日志分析助力预测性维护。

4. 模块化不间断电源

模块化 UPS 通过分布式功率模块与集中式智能控制的结合,实现"弹性容量"与"零停机维护",将传统 UPS 的集中式单点架构转变为可动态调整的模块化集群,从而提升效率、可靠性和扩展性。

模块化 UPS 由功率模块、控制模块以及电池模块等组成,如图 10-5 所示。

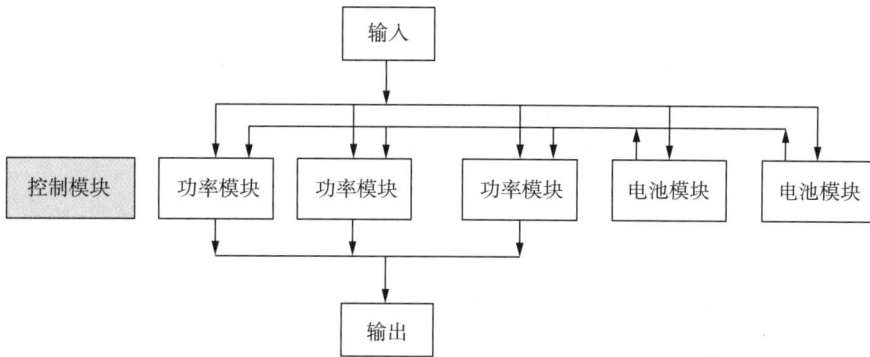

图 10-5　模块化 UPS

1）主要模块

功率模块:每个模块包含完整的 AC/DC 整流器、DC/AC 逆变器、控制电路和独立散热单元,通常为 5～50kV·A 的标准化单元。

控制模块:负责系统级协调,包括负载分配、冗余管理和故障检测（主控模块通常采用双冗余设计）。

静态开关（STS）:实现市电旁路与逆变输出的无缝切换（切换时间不超过 1ms）。

电池组:支持集中式或分布式电池配置,部分模块化 UPS 将电池集成到功率模块中。

2）双变换结构

遵循在线式 UPS 的 AC—DC—AC 双变换原理。

AC→DC:输入交流电经 PFC（功率因数校正）整流为直流电,为逆变器和电池充电。

DC→AC:逆变器将直流电转换为稳定交流电输出,同时电池组作为备用能源。

模块并联:多模块通过均流总线并联运行,动态调整各模块输出功率。

3）运行效率

模块化 UPS 在轻载时自动关闭冗余模块,提升低负载效率 3%～5%（如 50% 负载效率达 97%）。信息机房宜优先选用模块化 UPS（$N+X$ 冗余）＋锂电池,效率大于 96%,支持热插拔。

选型建议:高密度信息机房优先模块化 UPS,关键负载采用双变换在线式＋静态转换开关（STS）构建双总线供电,节能场景结合锂电与 ECO 模式降低总成本。

10.4.3 蓄电池

蓄电池(storage battery)是一种通过电化学反应将电能与化学能相互转换的储能装置。其结构蓄电池由壳体(槽、盖)、正极板、负极板、防酸帽、隔板和电解液等组成。

铅酸蓄电池均采用铅和二氧化铅作为负极和正极活性物质,以硫酸溶液作为电解液。阀控式铅酸蓄电池即带有阀的密封蓄电池,在其内压超出预定值时,允许气体(氢)逸出,在正常情况下无须补加电解液。

蓄电池的基本单元标称电压为 2V。蓄电池组是用电气方式连接起来的用作能源的两个或多个单体蓄电池。

1. 蓄电池型号命名方法

蓄电池型号命名用汉语拼音字母表示,命名方法如图 10-6 所示。

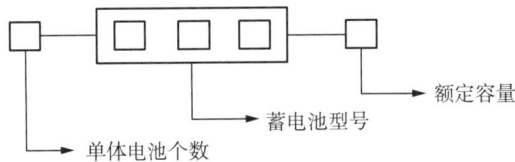

图 10-6 命名方法

单体电池额定电压为 2V,可省略;6V、12V 电池的个数分别为 3、6。

例 1:GFM-1000 为额定电压 2V、额定容量 1000A·h 的固定型(G)、阀控式(F)、密封(M)铅酸蓄电池。

例 2:6-GFM-100 为内有 6 个单体电池、额定电压 12V、额定容量 100A·h 的固定型(G)、阀控式(F)、密封(M)铅酸蓄电池。

例 3:6-FM-100 为内有 6 个单体电池、额定电压 12V、额定容量 100A·h 的阀控式(F)、密封(M)铅酸蓄电池。

蓄电池的容量可用安·时(A·h)表示。例如,一节蓄电池用 10A 的恒定电流放 10h,就说该电池放出了 100A·h 的容量。这里有一个术语叫"放电率",就是放电速率的意思,比如标称容量为 100A·h 的电池,若给出的是"10h 放电率",则就是 100A·h/10h=10A,用 10A 的恒定电流放电 10h,此时的蓄电池终止电压正好是 10.2V,即 1.70V×6。

例如,标称容量为 100A·h 的电池,若给出的是"20h 放电率",就是 100A·h/20h=5A,用 5A 的恒定电流放电 20h,此时的电池电压正好是 10.2V,即 1.70V×6。

一般放电率用的符号是 C10、C20 等,其中 C 表示的是蓄电池的容量,数字表示放电率,如 10 表示 10h 放电率,20 表示 20h 放电率。

蓄电池内阻由欧姆极化(导体电阻)、电化学极化和浓差极化电阻组成。

2. 阀控式铅酸蓄电池(VRLA)的主要技术参数

1)基本参数

(1)额定容量。蓄电池在特定放电率(如 C10、C20)下的容量,单位为安·时(A·h)。常见容量为 100A·h、200A·h 等(单体 12V)。容量需按负载功率、备用时间计算,并考虑冗余设计(通常预留 20%~30%的余量)。

(2)额定电压。单体电压:2V(长寿命)、6V、12V(常用)。UPS 蓄电池组电压通常为 192V、384V 等(由多个单体串联组成)。

2)性能参数

(1)放电特性:放电率、终止电压。

放电率:C10(10h 放电率)、C3(3h 放电率)等,高放电率下容量会衰减(如 C3 放电容量约为 C10 的 80%)。

终止电压:单体放电截止电压通常为 1.75~1.85V(12V 蓄电池对应 10.5V)。

(2)循环寿命与浮充寿命。

循环寿命:随放电深度增加而降低,深度放电(80% DOD)下,铅酸电池为 300~600 次,锂电池为 2000~5000 次。

浮充寿命:2.25~2.30V/单体(25℃)。

3)电气特性

最大充电电流:不大于 0.25C(如 100A·h 蓄电池最大充电电流 25A)。

内阻典型值:单体蓄电池内阻不大于 1mΩ(12V 蓄电池),内阻过高可能预示老化或故障。

3. 阀控式铅酸蓄电池选型

选择蓄电池容量要按负载功率和备用时间计算。

$$电池容量 = \frac{有功功率 \times 后备时间 \times 1000}{电池组电压 \times 逆变器效率 \times 放电深度} \tag{10-1}$$

式中,有功功率=UPS 容量×功率因数(0.8);

后备时间(backup time)是指电池在满载或部分负载情况下能够持续供电的时间;

电池组电压:按实际 UPS 直流输入电压(如 192V、240V、384V、480V 等)调整电池串联数量或并联组数;

逆变器效率:一般为 90%~95%,保守计算取 90%(0.9);

放电深度:指电池在一次放电过程中释放的电量占其标称容量的百分比,铅酸电池建议 80%(0.8),锂电池可放宽至 90%。

4. UPS 的蓄电池回路用直流断路器

交流电存在周期性电压过零点,电弧易自然熄灭。直流电无过零点,一旦产生电弧会持续燃烧,普通交流断路器因缺乏强制灭弧设计(如磁吹灭弧、多层隔板),无法有效分断电流,可能导致触点熔焊、设备烧毁甚至火灾。

直流断路器的选用条件:额定工作电压、额定工作电流和额定短路通断能力。

(1)额定工作电压。蓄电池组的端电压(也认为是直流电路的电源电压)决定所选择直流断路器的额定工作电压。断路器的额定工作电压要大于蓄电池组的端电压。

(2)额定工作电流大于直流线路的负载电流。

$$电池电缆最大电流 = \frac{UPS 容量}{逆变效率 \times 电池节数 \times 终止电压} \tag{10-2}$$

（3）额定短路通断能力大于电路可能出现的最大短路电流。

直流断路器应具有长延时、短延时和瞬时过载保护功能，用来保护线路及蓄电池免受过载、短路等故障。

蓄电池直流电压低于 500V、电流小于 250A，可选用塑料外壳式直流断路器 250/2P 串联连接；蓄电池直流电压低于 500V、电流大于 250A，可选用塑料外壳式直流断路器 400/3P 串联连接。

5. 蓄电池联结

蓄电池连接电缆应优先选择铜芯电缆，按电流和压降计算截面积，并严格遵循机房防火与安全规范。

蓄电池联结时，其容量大于 200A·h 时，采用软铜母排联结；容量小于 200A·h 时，为便于接线，一般选用软电缆（如 YC 电缆、BVR 铜芯多股电缆等）联结。

电缆应按其允许载流量 I_{pc} 和回路允许电压降 ΔU_p 两个条件选择。电缆截面积 S 可按下列公式计算

$$I_{pc} \geqslant I \qquad (10-3)$$

$$S = \frac{\rho \times 2L \times I}{\Delta U_p} \qquad (10-4)$$

式中，S——电缆截面积（mm^2）；

ρ——电缆的电阻率。在环境温度为 25℃时，铜导线的 ρ 可取 $0.01725\Omega \cdot \mathrm{mm}^2/\mathrm{m}$；

L——电缆长度（m）；

$0.5\% U \leqslant \Delta U_p \leqslant 1\% U$。

10.4.4 供配电系统设计

信息机房的供电电压为 380V/220V，频率为 50Hz。配电系统采用放射式配电方式，TN-S 系统接地方式。

1. 信息机房用电设备负荷统计

信息机房用电设备负荷统计时，按 IT 设备（服务器、存储器、网络设备等）、空气调节系统（精密空调、新风机等）和辅助设施（照明、安防、消防、监控系统等）分别做出信息机房基本用电情况统计表。

2. 信息机房配电负荷计算

信息机房的电气负荷一般采用需要系数法（demand coefficient）计算，用电设备组的主要计算公式如下。

计算有功功率：

$$P_c = K_d \sum P_e \qquad (10-5)$$

计算无功功率：

$$Q_c = P_c \tan\varphi \qquad (10-6)$$

计算视在功率：

$$S_c = \sqrt{P_c^2 + Q_c^2} \qquad (10-7)$$

计算电流：

$$I_c = \frac{S_c}{\sqrt{3}\,U_r} = \frac{P_c}{\sqrt{3}\,U_r \cos\varphi} \qquad (10-8)$$

需要系数：

$$K_d = \frac{P_{max}}{P_e} \qquad (10-9)$$

用电设备的功率因数：

$$\cos\varphi = \frac{P_c}{S_c} \qquad (10-10)$$

上面式子中，P_e——用电设备组的设备功率（kW）；

$\quad\quad\quad\quad\;\;$ $\tan\varphi$——用电设备功率因数角的正切值，按不同负荷的 $\cos\varphi$ 换算取得；

$\quad\quad\quad\quad\;\;$ U_r——用电设备额定电压（线电压）（kV）；

信息机房用电设备台数较多，各台设备容量相差不悬殊时，宜采用需要系数法，见表 10-6所列。

表 10-6　用电设备的 K_d、$\cos\varphi$ 及 $\tan\varphi$

用电设备组名称	K_d	功率因数	
		$\cos\varphi$	$\tan\varphi$
计算机	0.00 ~ 0.70	0.80	0.75
计算机外部设备	0.40~0.50	0.50	1.73
风冷式空气调节机	0.65~0.75	0.80	0.75
通风机	0.60~0.70	0.80	0.75
LED 灯（≤5W）	0.8	0.4	2.29
LED 灯（>5W）	0.8~1.0	0.7	1.02
LED 灯（高功率因数者）	0.9~1.0	0.9	0.48

按公式（10-5）求出信息机房的总用电量，并列出 UPS 所带负载用电量。

10.4.5　供配电系统设计案例

1. 项目概况

在图 10-1 中，从信息机房所在大楼的低压配电室引两路市电电源作为机房的专用供电回路，电缆及配套设备由大楼强电施工单位敷设并安装至信息机房指定的位置（配电室）。计算信息机房用电量主要分为两部分：电子信息设备用电量；为电子信息设备服务的用电量。信息机房供配电系统如图 10-7 所示。

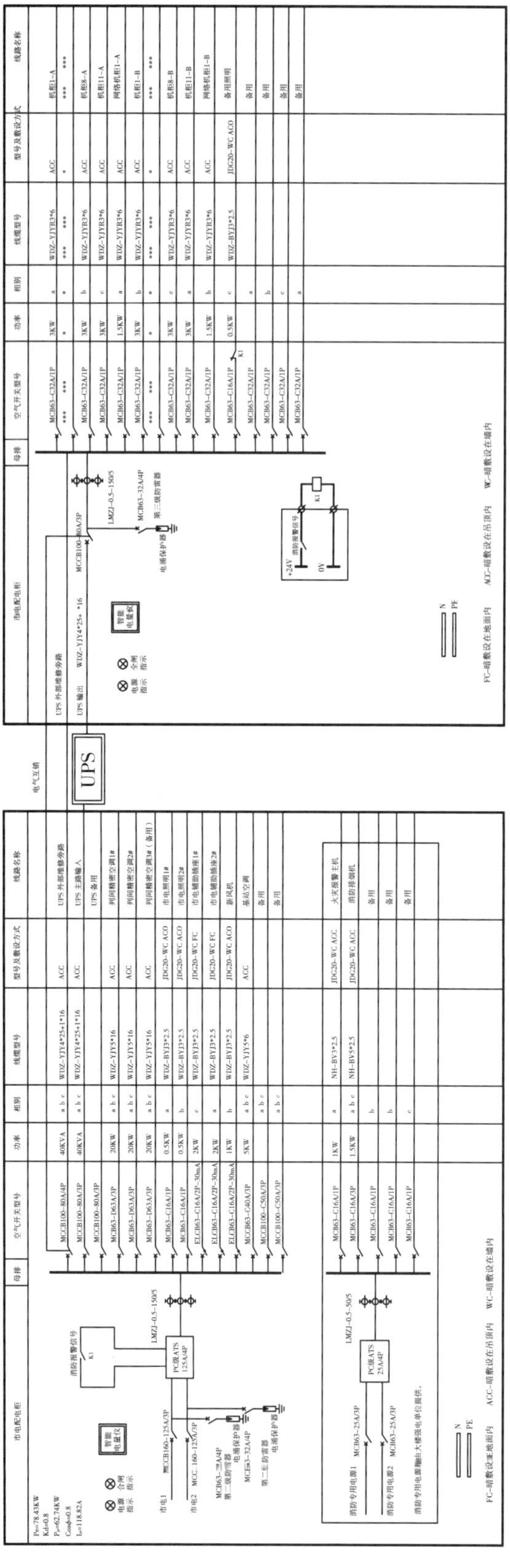

图10-7 信息机房供配电系统

2. 供电负荷计算

1)电子信息设备用电量

图 10-1 中,机柜共 11 台,每台机柜用电量按 3.5～5.0kW 估算:

$$P_{e1}=11\times(3.5\text{kW}\sim5.0\text{kW})=38.5\sim55.0(\text{kW})$$

本例按 38.5kW 计算。

2)为电子信息设备服务的用电量

(1)空气调节系统的用电量。空气调节系统主要包括空气调节机和新风机等。空气调节机的输入功率,由制冷量和制冷能效比(EER)决定。

$$输入功率＝制冷量÷能效比$$

制冷能效比(EER)越高,空调越省电。空气调节机能效比通常为 3.5～4.0(EER＝3 表示 1 度电产生 3kW 冷量)。每台空调加湿用电量可按空气调节机用电量的 20%估算。

图 10-1 中,空气调节机为 3 台,每台制冷量为 25kW,EER＝3 时,输入功率为 1.2× $(25÷3)=10.0(\text{kW})$。

$$P_{e2}=3\times10=30(\text{kW})$$

新风机用电量可查产品说明书,也可按每台 1.5kW 估算。图 10-1 中有 3 台新风机,则

$$P_{e3}=3\times1.5=4.5(\text{kW})$$

(2)照明负荷的估算。信息机房照明用电量可按 30W/m² 计算,则

$$P_{e4}=91\times30=2.73(\text{kW})$$

(3)安全防范设备用电量。安全防范设备主要是火灾自动报警设备、灭火设备、视频监控、门禁以及信息机房综合监控系统设备等,一般用电量很小。图 10-1 中安全防范设备的用电量:

$$P_{e5}\approx3.0\text{kW}$$

供电负荷为

$$P_e=P_{e1}+P_{e2}+P_{e3}+P_{e4}+P_{e5}=38.5+30+4.5+2.73+3.0=78.73(\text{kW})$$

3. 供电电源的电缆、断路器、自动转换开关电器(ATSE)选择

选择供电电源断路器、电缆、自动转换开关电器(ATSE)的依据是计算电流。

由式(10-5),查表 10-6,K_d 取 0.8,则

$$P_c=K_dP_e=0.8\times78.43\approx62.74(\text{kW})$$

由式(10-6)得

$$Q_c=P_c\times\tan\varphi=62.74\times0.75=47.06\approx(\text{kvar})$$

由式(10 - 7)得

$$S_c = \sqrt{P_c^2 + Q_c^2} = \sqrt{62.74^2 + 47.06^2} \approx 78.43(\text{kV} \cdot \text{A})$$

由式(10 - 8)得

$$I_c = \frac{S_c}{\sqrt{3}U_r} = \frac{78.43}{\sqrt{3} \times 0.38} \approx 118.33(\text{A})$$

1)电缆

信息机房要选无卤素、低烟、阻燃型交联聚乙烯绝缘聚乙烯护套电缆 WDZ - YJY。YJY 外层为 PE,无卤素、燃烧烟雾少、毒性低,燃烧时释放二氧化碳和水。

选择电缆要计算电流:

$$I_c = 118.83\text{A}$$

可选 WDZ - YJY4×70+1×35。

2)断路器

断路器可选用 MCCB160 - 125A/3P。断路器不宜选得过大,如 118.83A 不宜选 160A 的。若选 160A,所保护的电子设备一旦出现故障,则断路器不能及时"跳闸",起不到保护的作用,可能会引起火灾。

3)自动转换开关电器

自动转换开关电器(Automatic Transfer Switching Equipment,ATSE)选用 PC 级 ATSE 125A/4P。

自动转换开关电器主要用于监测电源电路并在必要时将负载从一个电源自动切换到另一个电源,确保负载的持续供电。

TN - S 系统可能存在中性线偏移风险时,ATSE 和断路器需采用四极(断开相线+中性线)。

在电源切换过程中,主电源与备用电源的零线(中性线)会短暂同时导通(通常不超过 20ms),避免中性线完全断开。信息机房中采用 TN - S 三相五线制系统,即三根相线 L、中性线 N、保护地线 PE。由于 UPS 输出中性线来源于电网中性线,当电网中性线断开时,UPS 输出中性线处于"悬浮"状态,中性线电位产生漂移,UPS 输出端零地电压有可能高达几十伏甚至上百伏。为解决这一问题,信息机房应采用带有中性线重叠切换(见图 10 - 8)的 ATSE,在切换过程中,ATSE 输出中性线始终与输入电网的中性线相连,第四级(零线)切换为重叠切换,按先接后离的操作顺序,重叠切换时间小于 100ms,UPS 零地电压始终保持相对较低值。

ATSE 与断路器量级匹配原则如下。

(1)额定电流:ATSE 不小于负载电流的 1.2 倍,断路器上下级满足选择性。

(2)短路分断:断路器 I_{cu} 不小于系统最大短路电流,ATSE 耐受能力匹配分断时间。

(3)时间级差:断路器脱扣延时大于 ATSE 切换时间,避免越级跳闸。

(4)中性线处理:TN - S 系统采用四极设备防电位偏移。

需验证参数兼容性及保护曲线配合。

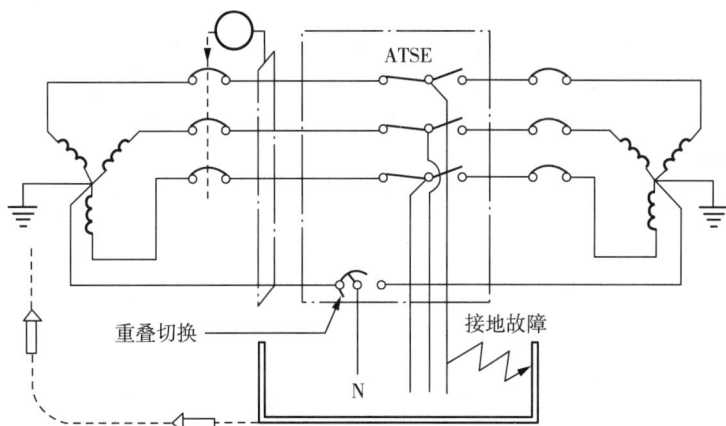

图 10-8　重叠切换示意

4. 不间断电源及其断路器、电缆选择

1）UPS 主机

电子信息设备用电量 $P_e = 38.5\text{kW}$。

由式(10-5)，查表 10-6，K_d 取 0.8，则 $P_c = K_d \times P_e = 0.8 \times 38.5 = 30.80(\text{kW})$。

由式(10-5)，查表 10-6，$\cos\varphi$ 取 0.8，则 $S_c = P_c / \cos\varphi = 30.80 \div 0.8 = 38.5(\text{kV} \cdot \text{A})$。

选两个模块，每个模块 20kV·A，$N = 20 \times 2 = 40(\text{kV} \cdot \text{A})$，另选一台 20kV·A 作冗余备份。

不同厂商模块化 UPS 产品中单个功率模块的容量不同，单机柜可容纳 1～3 个模块（总容量 20～60kV·A）。模块采用热插拔技术，系统可用性达 99.999%，支持 $N+X$ 冗余并联。

UPS 效率随负载率变化，最佳负载率为 50%～80%（负载率为 70% 时，效率超过 96%，负载率为 30% 时降至 92%）。

2）蓄电池

蓄电池容量计算如下：

$$C_{单节} = \frac{S \times PF \times T \times 1000}{V_{DC} \times \eta \times DOD} \tag{10-11}$$

式中，T——后备时间，是指蓄电池在满载或部分负载情况下能够持续供电的时间；

　　　V_{DC}——蓄电池组电压，按实际 UPS 直流输入电压（如 192V、240V、384V、480V 等）调整蓄电池串联数量，假设使用 32 节 12V 蓄电池串联（一组），总电压为 $32 \times 12 = 384(\text{V})$；

　　　PF——功率因数，通常取 0.8～0.9，需按 UPS 规格调整；

　　　η——逆变器效率，一般为 90%～95%，保守计算取 90%(0.9)；

　　　DOD——蓄电池的放电深度，是指蓄电池在一次放电过程中释放的电量占其标称容量的百分比，铅酸蓄电池建议取 80%(0.8)，锂电池可放宽至 90%。

信息机房 UPS 容量为 40kV·A、逆变电压为 384V，$\cos\varphi = 0.8$，后备时间为 90min，蓄电池（铅酸电池）容量为

$$C_{单节} = \frac{40 \times 0.8 \times 1.5 \times 1000}{384 \times 0.9 \times 0.8} \approx 173.6(\text{A} \cdot \text{h})$$

推荐配置:32 节 12V/200A·h 铅酸蓄电池串联,总容量为 384V/200A·h,实际后备时间约 104min(满足 90min 需求),所选容量略高于计算值以留冗余。

选用蓄电池的组数要尽量少,减少蓄电池组之间的环流。蓄电池组并联数量不能超过 4 组。不同厂家、不同容量、不同型号、不同时期的蓄电池组严禁串联或并联使用。

3)不间断电源的断路器、电缆选择

信息机房的 UPS 电缆配置既涉及直流电缆的配置,又涉及交流电缆的配置;既与其余的低压供配电设备的电缆配置有相同之处,又有其特殊之处。

(1)UPS 主路输入电缆电流计算:

$$I_{in}=(S\times\cos\varphi\times1.25)\div(1.732\times U\times\mu) \tag{10-12}$$

式中,S 为容量,$\cos\varphi$ 为功率因数,1.25 为整流器容量倍数(含 25% 电池容量),U 为标称电压(线电压),μ 为整机效率(0.9)。

UPS 容量为 40kV·A,代入式(10-12)得

$$I_{in}=(40000\times0.8\times1.25)\div(1.732\times380\times0.9)=67.34(A)$$

选 UPS 主路输入断路器 MCCB100-80A/3P,电缆 WDZ-YJY4×25+1×16。

(2)UPS 旁路输入电缆电流计算:

$$I_{bypass}=I_{out}=S\div(1.732\times U) \tag{10-13}$$

UPS 容量为 40kV·A,代入式(10-13)得

$$I_{bypass}=I_{out}=40000\div(1.732\times380)=60.6(A)$$

选择 UPS 旁路断路器[①] MCCB100-80A/4P,电缆 WDZ-YJY4×25+1×16。

大电流场合可选用几条截面积小的电缆以并联形式连接,进行降额,防止分流不均或其中一条故障导致其他电缆过流。中、小型 UPS 可按 3~5A/mm² 进行配置,大型 UPS 可按 1.5~2.5A/mm² 配置。超大型选用铜母排为宜。UPS 的中线有旁路电源输入中线、UPS 输出中线等。UPS 的中线截面积应为相线截面积的 1.2~1.5 倍。

4)不间断电源蓄电池的断路器、电缆选择

(1)直流断路器选型。直流断路器主要技术参数包括额定工作电压(U_e)、额定电流(I_n)和额定短路分断电流 I_{cu}。

① 额定工作电压(U_e)要大于蓄电池组最高工作电压:

$$U_{max}=U_{CV}\times N \tag{10-14}$$

式中,U_{CV} 为单节蓄电池均充电压,N 为单组蓄电池节数。

② 额定电流(I_n):

$$I_n=\frac{S\times\cos\varphi}{\eta\times U_{min}} \tag{10-15}$$

---

① UPS 旁路断路器 MCCB100-80A/4P 与 UPS 输出断路器 MCCB100-80A/3P 应电气互锁。UPS 出现故障或处于维修状态,UPS 输出断路器 MCCB100-80A/3P 断开,UPS 旁路断路器 MCCB100-80A/4P 才闭合。

式中,S 为 UPS 容量,$\cos\varphi$ 为功率因数,η 为逆变器效率,$U_{\min}$ 为蓄电池放电终止电压。

蓄电池放电时电压会下降(如蓄电池终止电压为 1.75V/单体),需按最低电压计算电缆和断路器。

③ 直流断路器额定短路分断电流 I_{cu} 应大于通过断路器的最大短路电流。

$$I_{sc}=\frac{U_{DC}}{R_{total}} \tag{10-16}$$

式中,U_{DC}——蓄电池额定电压,直流电流为标称电压对应的满载计算值;

　　　R_{total}——短路回路总电阻,包括蓄电池的内阻 R_{bat}、连接电缆(条)/铜排的电阻 R_{cable} 以及每个连接点接触 $R_{contact}$。触点接触电阻 $R_{contact}$ 包括两部分:每节蓄电池端子压接电阻和直流断路器的每个触点接触电阻[①]。

④ 蓄电池的内阻可以查所用其产品技术参数表或用公式(10-16)计算。

⑤ 连接电缆(条)的电阻可按式(3-7)计算。

(2)直流电缆选型。为便于不间断电源的蓄电池接线,大电流、高可靠性场景宜选用重型橡套软电缆(YC);固定敷设、中小电流场景宜选用铜芯聚氯乙烯绝缘软电缆(BVR)。按蓄电池组容量、机房环境及预算,混合使用 YC(主干)与 BVR(分支),兼顾性能与成本效益。

电缆截面积 S 可按式(10-4)计算。

例:UPS 容量为 40kV·A,逆变电压为 384V,后备时间为 90min。试选择蓄电池回路用的直流断路器和电缆(蓄电池之间以及蓄电池组与 UPS 主机联结电缆)。

(1)选配蓄电池回路断路器时,需结合其产品技术参数,具体选型步骤如下。

额定电流:由(10-15),$I_n=40\times0.8\div(384\times0.875\times0.9)\approx105.82(A)$。

计算短路电流,要先计算蓄电池回路总电阻。蓄电池内阻的计算有两种方法:查产品说明书,每节铅酸蓄电池(200A·h)的内阻为 $2\sim3m\Omega$,$R_{bat}=32\times2=64(m\Omega)$;按蓄电池内阻的经验公式估算。蓄电池的内阻与容量成反比,典型公式为

$$R_{cell}=\frac{K}{C_{Ah}} \tag{10-17}$$

式中:C_{Ah}——单节电池额定容量(A·h);

　　　K——经验系数(mΩ·A·h),取值与电池类型相关。普通铅酸电池:$K\approx400\sim600$(常用 $K=500$ 保守估算);高倍率电池(如 AGM/胶体):$K\approx200\sim400$(低内阻设计)。

温度修正:温度每下降 1℃,内阻上升 0.8%~1%。

$$R_T=R_{25℃}\times[1-\alpha(25-T)] \quad (\alpha\approx0.008\sim0.01) \tag{10-18}$$

例如,1.25mΩ 蓄电池在 0℃时($\alpha=0.01$):

$$R_0\approx1.25\times[1+0.01\times(25-0)]-1.25\times1.25\approx1.56(m\Omega)$$

---

① 断路器的每个触点接触电阻取决于其工作状态。当断路器处于闭合(导通)状态时,其触点接触电阻主要由导电部件的接触电阻和材料本身的电阻组成。额定电流越大,接触电阻越小,通常在几十微欧($\mu\Omega$)到几百微欧之间,如额定电流为 100A 的断路器,接触电阻可能为 $50\sim200\mu\Omega$。当断路器处于断开(分闸)状态时,其触点接触电阻表现为触头之间的绝缘电阻,通常在兆欧(MΩ)级别(如 1MΩ 以上)。

极端场景：

$$温度为-20℃时，内阻≈2×R_{25℃}$$

$$温度为-50℃时，内阻≈0.8×R_{25℃}$$

蓄电池组总内阻：

$$R_{battery}=n×R_{cell} \tag{10-19}$$

电缆电阻 $R_{cable}=21.09$ mΩ（截面积为 $35mm^2$，长度为 $42.8m$）。

连接点接触电阻 $R_{contact}$ 包括三部分：①蓄电池每个端子压接电阻为 $0.1mΩ$，$0.1×64=6.4（mΩ）$；②直流断路器的每个触点接触电阻为 $0.3mΩ$，$2×0.3=0.6（mΩ）$；③加上蓄电池组两端电缆与 UPS 主机连接两个点电阻 $2×0.3=0.6（mΩ）$。

触点接触电阻 $R_{contact}=6.4+0.6+0.6=7.6（mΩ）$。

总回路电阻 $R_{total}=64+21.09+7.6=92.69（mΩ）$。

短路电流：

$$I_{SC}=\frac{U_{DC}}{R_{total}}=\frac{384}{92.69}=4.14（kA）$$

实际受线路电感限流影响，典型值为 $10\sim20kA$。

查产品技术参数，选用直流断路器 NDM3Z－250H。NDM3Z－250H 的额定电流为 125A（可调范围为 $125\sim160A$），分断能力为 10kA@500VDC，极数为 2P（双极隔离，正负极同步分断），电压等级为 DC500V（覆盖 384V 系统）。报警触头仅在自由脱扣（故障跳闸）后触发，状态发生变化（常开变闭合，常闭变断开）。

（2）电缆要按电流、电压、阻燃要求及安装场景选择。

电缆长度包括蓄电池之间以及蓄电池组与 UPS 主机连接的电缆。蓄电池之间连接的电缆长度取 0.4m，32 节蓄电池串联电缆为 $0.4×32=12.8（m）$。蓄电池组两端与 UPS 主机连接的电缆长度要按蓄电池柜与 UPS 主机距离确定。蓄电池柜与 UPS 主机距离约为 $15×2=30（m）$，即蓄电池之间以及蓄电池组与 UPS 主机连接的电缆长度 $L=12.8+30=42.8（m）$。

信息机房的蓄电池之间以及蓄电池组与 UPS 主机连接的电缆长度越长，直流电压衰减越大。当长度 L 小于 30m 时，ΔU_p 取 $1‰×U$；当 $30<L<60$ 时，ΔU_p 取 $0.75‰×U$；当长度 $L≥60m$ 时，ΔU_p 取 $0.5‰×U$。

电缆截面积 S 可用下式计算，ΔU_p 取 $0.75‰U$：

$$S=\frac{P×2L×I}{\Delta U_p}=\frac{0.01725×42.8×72.6}{2.85}≈23.91（mm^2）$$

选用（优先）$ZR-YC-1×35mm^2$ 或 $ZR-BVR-1×35mm^2$。

选用铜鼻了的截面积不小于电缆截面枳的 1.2 倍，压接压力不小于 12kN。

一组蓄电池串接后，连接到 UPS 主机的电缆要与蓄电池之间连接电缆应同型号。两组蓄电池并接后，连接到 UPS 主机的电缆应为每组蓄电池联结电缆的 1.5 倍。

10.4.6　信息机房照明

信息机房照明可以保障人员操作安全、提升工作效率。

1. 基础参数与设计目标

信息机房主机房工作面(距地 0.75m)照度一般为 300～500lx,选取 400lx(兼顾舒适性与节能),均匀度大于 0.7,非工作区照度不低于工作区的 1/5。

2. 光通量与灯具数量计算

总光通量需求:

$$总光通量 = \frac{照度 \times 面积}{利用系数 \times 维护系数} = \frac{400 \times 46}{0.6 \times 0.8} \approx 38333(lm)$$

式中:利用系数为 0.6(中等反射率墙面/浅色吊顶);维护系数为 0.8(定期清洁环境)。

灯具选型:选用 40W LED 平板灯(单灯光通量为 3200lm,光效为 80lm/W)。数量计算如下:

$$\frac{38333}{3200} \approx 12(盏)$$

选 12 盏(冗余设计,确保照度均匀)600mm×600mm 的方形平板灯,适配标准机房吊顶模块。灯具技术规格:单灯功率为 40W(3200lm),色温为 4000K(中性白,提升专注力),显色指数 $Ra \geqslant 80$,防护等级为 IP20(标准室内防护),寿命 $\geqslant 5 \times 10^4$ h。

3. 灯具布局与安装

1)排列方式

4 列×3 行对称布局,适配长 7.4m×宽 6.2m 空间。

横向(长边 7.4m):4 列,间距为 1.8m(灯具中心距),灯具距两侧墙 0.7m。

纵向(宽边 6.2m):3 行,间距为 2.0m(灯具中心距),灯具距前后墙 0.6m。

信息机房照明布局示意如图 10-9 所示。

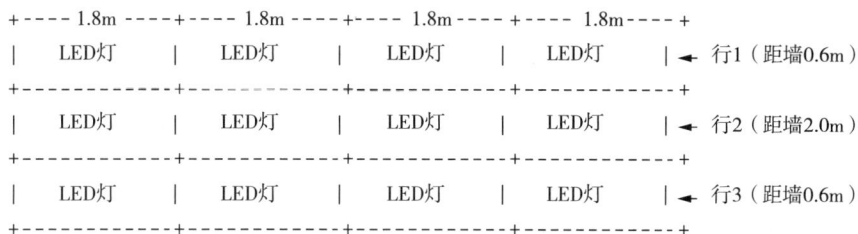

```
+---- 1.8m ----+---- 1.8m ----+---- 1.8m ----+---- 1.8m ----+
|   LED灯      |   LED灯      |   LED灯      |   LED灯      |←  行1（距墙0.6m）
+-------------+-------------+-------------+-------------+
|   LED灯      |   LED灯      |   LED灯      |   LED灯      |←  行2（距墙2.0m）
+-------------+-------------+-------------+-------------+
|   LED灯      |   LED灯      |   LED灯      |   LED灯      |←  行3（距墙0.6m）
+-------------+-------------+-------------+-------------+
```

图 10-9　信息机房照明布局示意

2)安装高度

吸顶安装,灯具下表面距地 3.0m(层高 3.2m,留 0.2m 线槽空间)。灯具安装前需确认机房吊顶承重(建议不小于 $15kg/m^2$)。

采用微棱镜扩散板,确保光线柔和不刺眼,避免屏幕反光。避免灯具正对机柜操作面,减少屏幕反光干扰。

4. 智能控制

(1)分区控制:将机房分为两个照明区(设备区/通道区),第一行和第三行为一个控制区,第二行(面对面机柜中间的顶部)为一个控制区。每个分区分别设置独立开关。

(2)人体感应:入口处安装红外传感器,无人时自动调暗至 30% 亮度。

(3)应急照明:第二行(4 盏)灯接入 UPS 电源,断电后维持不小于 50% 照度 30min。

10.4.7　防雷与接地

信息机房防雷与接地系统可以保护机房内电子信息设备、供电设备及工作人员安全。防雷与接地系统通过多级防护措施和规范化的接地网络将雷电流、电涌电压及异常电位差安全泄放至大地,避免设备损坏、数据丢失或火灾等风险,确保机房运行的安全性和电磁兼容性。

1. 防雷

信息机房的防雷采用"分区防护、逐级泄放",共分 4 个级等级。

A 类防直击雷:建筑物外部(避雷针、避雷带)拦截直击雷。

B 类泄放主电流:建筑内部配电系统,总配电柜安装开关型 SPD(如间隙放电型,10/350μs 波形,泄放 80% 雷电流,如 100kA 级)。

C 类限制残压:机房内部配电与干线线路分配电柜/列头柜安装限压型 SPD(如压敏电阻,8/20μs 波形,抑制剩余过电压),将残压限制在 2.5kV 以下。

D 类精细保护终端设备:在 UPS 输出端,加装精细保护 SPD(TVS 或低容量压敏电阻),将残压降至 1kV 以下,适配 IT 设备耐压水平。在网络设备、通信线路入口处,加装精细保护 SPD(TVS 或低容量压敏电阻),防止感应雷通过信号线入侵。

电涌保护器的作用是泄流和限压。

泄流:把入侵的雷电流分流入地,让雷电的大部分能量泄入大地,使雷电电磁脉冲(LEMP)无法达到或仅极少部分到达电子设备。

限压:在雷电过电压通过电源(或信号)线路时,在 SPD 两端保持一定的电压(残压),而这个限压又是电子设备所能接受的。

泄流和限压这两个功能应同时获得,即在分流过程中达到限压,使电子设备受到保护。因此,SPD 性能参数主要是电压、电流以及响应时间。

电子信息设备由 TN 交流配电系统供电时,从建筑物内总配电柜(箱)开始引出的配电线路必须采用 TN-S 系统的接地形式。配电系统中设备的耐冲击电压额定值 U_w 符合表 10-7 的规定。

表 10-7　三相配电系统(220V/380V)中设备的耐冲击电压额定值 U_w

设备位置	电源进线端设备	配电分支线路设备	用电设备	需要保护的电子信息设备
耐冲击电压类别	Ⅳ类	Ⅲ类	Ⅱ类	Ⅰ类
U_w/kW	6	4	2.5	1.5

不同设备的耐冲击电压要求与可以实现的 SPD 残压比较,如图 10-10 所示。

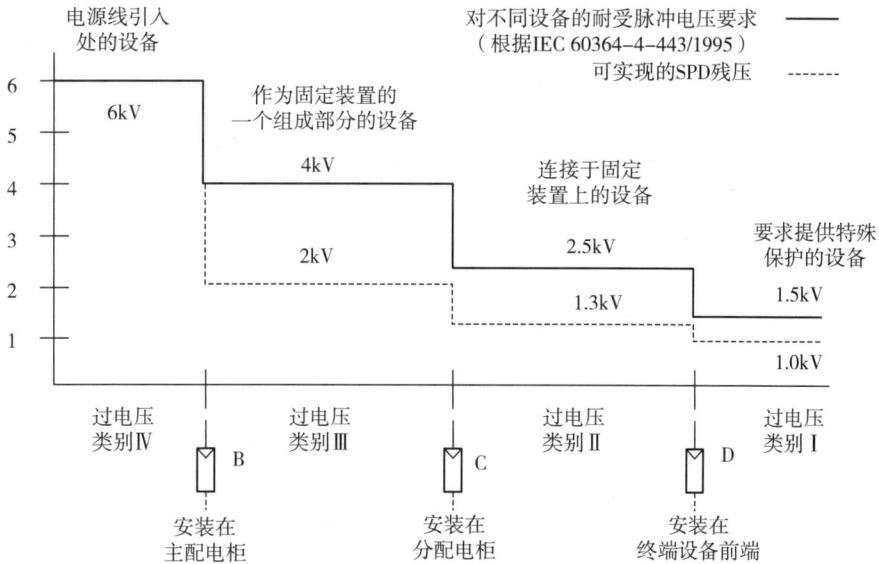

图 10-10 对不同设备的耐冲击电压要求与可以实现的 SPD 残压比较

在图 10-7 中,信息机房从所在大楼低压配电室引出的两路市电到配电柜,加装 Ⅲ 级(第二级)SPD;UPS 输出,加装 Ⅱ 级(第三级)SPD。

在 SPD 前端加装断路器原因如下。

(1)过电流保护。SPD 在泄放雷电流或承受持续过电压时可能发生短路故障(如 MOV 元件击穿),断路器可迅速切断电路,避免 SPD 过热起火或引发线路火灾,并避免上级保护装置误跳闸(选择性保护)。

(2)维护安全隔离。断路器可作为 SPD 的物理隔离点,确保检修 SPD 时工作人员与带电线路隔离。

(3)防止工频续流。部分 SPD(如气体放电管型)在泄放雷电流后可能产生工频续流(持续导通),断路器可及时分断,避免线路持续短路。

(4)SPD 前端配置过电流保护装置(断路器或熔断器),以适配 SPD 的标称放电能力。

(5)断路器可区分瞬时电涌(不动作)与持续故障(跳闸),避免误切断,且支持手动复位,降低运维成本。

在 SPD 前端加装断路器的关键参数如下。

(1)额定电流不大于 SPD 的最大后备保护断路器(熔断器)额定值(通常取 SPD 标称电流的1.6 倍)。

(2)分断能力需高于安装点预期短路电流(一般选 6~10kA)。

(3)类型优先选用 C 型或 D 型曲线断路器(抗电涌冲击能力强,避免误跳闸)。

(4)极数匹配与 SPD 接线方式一致(如单相 SPD 配 2P 断路器,三相配 4P)。

2. 接地

电子信息设备采用等电位连接,能够保障人身安全、保证电子信息系统正常运行、避免电磁干扰。电子信息设备有两个接地:一个是为电气安全而设置的保护接地,另一个是为实

335

现其功能性而设置的信号接地。按 IEC 标准规定,除个别特殊情况外,一个建筑物电气装置内只允许存在一个共用的接地装置,并应实施等电位连接,这样才能消除或减少电位差。对信息机房也不例外,其保护接地和信号接地只能共用一个接地装置,不能分接不同的接地装置。在 TN-S 系统中,设备外壳的保护接地和信号接地是通过连接 PE 线实现的,共同连接到同一接地装置,接地电阻 $R \leqslant 1\Omega$。

机房四周用 $30\text{mm} \times 3\text{mm}$ 铜牌做一套等电位保护地带装置,将金属地板支架、金属框架、设施管路,采用线径不小于 6mm^2,以最短距离与等电位接地连接。信息机房等电位连接网络如图 10-11(a)所示。采用 25mm^2 铜编织带将配电柜外壳以及服务器机柜、冷通道金属骨架、移动门、机柜顶部桥架以最短距离与楼层的等电位接地装置连接,并用 50mm^2 铜芯线引至机房所在楼的总等电位接地端子组成等电位接地,其连接网络如图 10-11(b)所示。

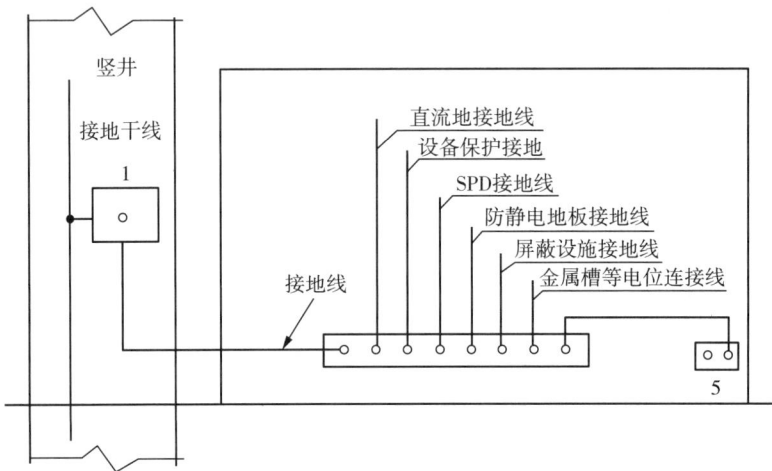

（a）S型等电位连接网络

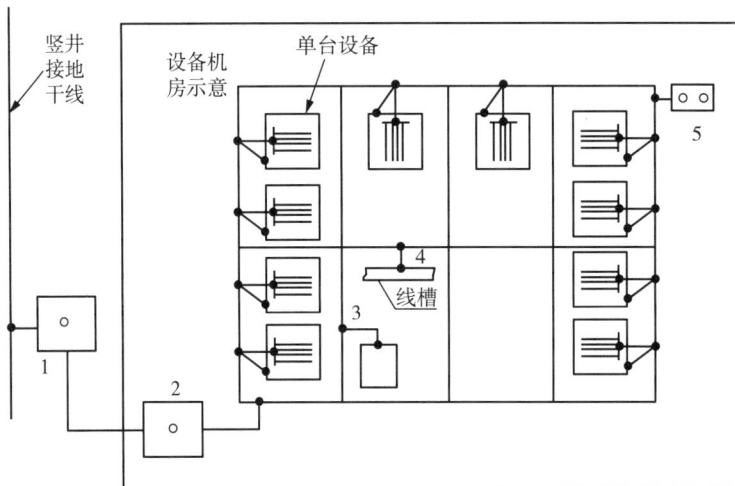

（b）M型等电位连接网络

1—弱电间内楼层等电位接地端子板;2—机房内等电位接地端子板;
3—防静电地板接地线;4—金属线槽等电位连接线;5—建筑物金属构件。

图 10-11　信息机房等电位连接网络示意

10.5　综合布线系统

在一个园区或单体建筑物内,宜在建筑物的低层设置一个设备间(CD/BD)。信息机房内的综合布线,主要是把主配线架的缆线与网络设备连接。为了有利于网络布线和外部网络缆线的引入,通常信息机房宜与园区(或单体建筑物)的设备间(CD/BD)合用。

10.5.1　综合布线拓扑结构

1. 信息机房的机柜及空调机排列

信息机房的主配线架、网络设备、服务器、存储设备和 UPS 模块等都安装在机柜内。图 10-1 中采用成行排列机柜,每排 8 个机柜(上排 A 从左到右编号为 A1,A2,…,A8,下排 B 从左到右编号为 B1,B2,…,B8)。在 A 排机柜的一端设置配线列头柜 A1,用于放置主配线架和主要网络设备,承担综合布线系统汇聚和集中管理等功能。UPS 模块及其配电输出装置放在 B1 柜,A4、B2 和 B7 为精密空调机。其余设备安装在服务器机柜。

2. 信息机房的网络设备分区

在一个园区或一栋单体建筑物内,网络按不同用途分为外网、内网和设备网。外网主要用于对外沟通,连接到互联网或其他外部网络;内网是针对内部业务应用而设立的专用网络;设备网主要服务于建筑内部的各种智能化设备。

一般会在与设备网连接的设备比较集中的地方设立一个设备(管理)间。外网和内网的设备放在信息机房内。

在信息机房中,把外网的网络设备部署在 A 排(A1,A2,…,A8),把内网的网络设备(含综合布线)部署在 B 排(B1,B2,…,B8)。

一个园区或一栋单体建筑物共用一个出口访问 Internet。外网的网络设备主要是路由器、防火墙、负载均衡器、核心交换机以及综合布线的主配线架,可以安装在 A1 机柜,把网络存储器、服务器(Web/API)安装在 A 列机柜的其他机柜。

综合监控系统的监控主机和网络交换机可以安装在 A 排(如 A8)机柜内。在 A8 机柜上部安装 24 口屏蔽电缆配线架,连接所监控的对象,(装置)电缆采用屏蔽双绞线。

一个园区或一栋单体建筑物内各用户业务无关联,每个用户可以单独建立内网。内网的网络设备主要是核心交换机、服务器、网络存储器以及综合布线的主配线架。每个用户可以把各自的设备分别安装在 B 列机柜中的某个机柜内。

3. 信息机房内的外网综合布线拓扑结构

信息机房内的综合布线系统(外网)拓扑结构如图 10-12 所示。

在图 10-1 所示的信息机房的办公区,设 4 个工位。每个工位配置 5 个以上插座,至少 1 个电话插座、2 个内网插座、2 个外网插座。

每个内网插座与用户的内网主配线架相连接,用于调试和管理内网。每个外网插座与外网的主配线架相连接,用于调试和管理外网。

信息机房内的信息传输用材料宜满足:6 类及以上的信息插座、电缆和配线架;OM4 及以上的多模光纤。

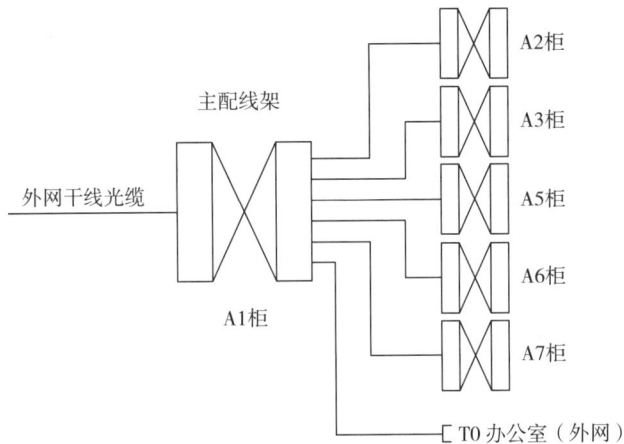

图 10-12 信息机房内的综合布线系统(外网)拓扑结构

4. 信息机房的线缆与园区内建筑物的线缆连接

运营商通信业务的室外传输线路(光缆)由入口设施引入信息机房的方法已在本书"3.3.5 建筑群子系统"讨论过,此处不再赘述。

1)信息机房与其所在楼综合布线的线缆

信息机房与其所在楼综合布线的线缆,可以从信息机房内综合布线的主配线架将线缆敷设到每层楼的配线间,其余与单体建筑物综合布线相同。

2)信息机房与园区中每栋楼综合布线的线缆

信息机房与园区内每栋楼综合布线的线缆,可以从信息机房综合布线主配线架将线缆敷设到园区内每栋楼设备间的配线架,再将每栋楼设备间的线缆敷设到每层楼的配线间,其余与单体建筑物综合布线相同。

10.5.2 信息机房综合布线主要装置

1. 机柜

为便于理线,网络列头柜和 UPS 精密配电柜尺寸为(宽×深×高)800mm×1200mm×2000mm(42U),其余机柜为 600mm×1200mm×2000mm(42U)。静态负载不小于1000kg,动态负载不小于 600kg(需匹配重型设备如全柜存储)。冷轧钢板(厚度不小于1.2mm),表面应进行防锈处理(如镀锌、喷塑)。

前后网孔门开孔率不小于 80%,兼顾散热与结构强度。机柜正面进风时,前门开孔率应不小于 60%,孔径应为 4.5~8.0mm,开孔区域面积比应不小于 80%;后门开孔率应不小于50%,孔径应为 4.5~8.0mm,开孔区域面积比应不小于 70%。

机柜按"面对面、背对背"排列,形成封闭冷通道或热通道。机柜前后预留不小于 1.2m的维护通道,侧面间距不小于 0.8m。空位安装盲板,减少冷热气流混合。每个机柜放置的功率较大设备(服务器与服务器、服务器与存储器)之间要留散热的空间。

综合布线系统的线缆从列头柜引出上走线线槽(或桥架)敷设至各服务器机柜。线槽或桥架的高度不宜大于 150mm,线槽或桥架的安装位置应与建筑装饰、电气、空调、消防等专业协调一致。

电源分配单元(PDU)支持双路冗余电源(A/B 路),可选择智能 PDU(远程监控电流、电压)。

2. 配线架

在每台机柜内部配置一台及以上光电混合配线架。网络列头柜至每台服务器机柜敷设多模光纤和六类及以上双绞线,其数量要按网络设备、服务器和存储器等的数量计算。

光电混合配线架提供光端口(如 LC、SC、MPO 等)和电口(如 RJ45、IDC 打线模块),支持光缆与铜缆的混合布线与灵活跳接。

(1)尺寸:高度 1U、宽 19 英寸,适配信息机房机柜。5mm 冷轧钢板,表面进行喷塑处理,防腐蚀,抗电磁干扰,外观黑色。

(2)端口配置:12 个 RJ45 接口,支持 Cat6/6A 标准(传输速率为 1Gbps/10Gbps),插拔寿命不小于 750 次,镀金触点(50μ)降低信号损耗;12 个双工 LC 适配器(24 芯光纤),兼容单模(SMF)和多模(MMF,OM3/OM4),适配 10G/25G 传输。光铜一体化管理。

(3)性能:耐压不大于 3000V,绝缘电阻不小于 1000MΩ,支持－5～40℃环境。

3. 缆线

(1)光纤。信息机房内设备间距通常小于 100m,多模光纤 OM4 支持 40G/100G 达 150m;OM5 支持 400G/800G 达 100m(通过 SWDM 波分复用)。多模光纤的光源采用 LED(单价低),光模块价格仅为单模的 30%～50%。光纤适用于高密度短距离布线,总成本显著优化。

(2)双绞线。八类网线(Cat8)采用双屏蔽(SFTP)网线,线芯直径近 0.64mm,带宽为 2000MHz,且传输速率高达 40Gbs,传输距离为 30m。Cat8 线分Ⅰ类和Ⅱ类,其中Ⅰ类 Cat8 线屏蔽类型为 U/FTP 和 F/UTP,能向后兼容 Cat5、Cat6、Cat6a 的 RJ45 连接器接口;Ⅱ类 Cat8 线屏蔽类型为 F/FTP 和 S/FTP,可向后兼容 TERA、GG45 连接器接口。双绞线适用于短距离的服务器、交换机与配线架以及其他设备的连接。

10.6　电磁屏蔽室

设置电磁屏蔽室的主要目的是实现电磁隔离,通过阻断或衰减电磁波的传播,实现"防止外部干扰侵入、防止内部信号泄漏、满足电磁兼容性(EMC)要求"。

对涉及国家秘密或对商业信息有保密要求的信息机房,应设置电磁屏蔽室或采取其他电磁泄漏防护措施。其他电磁泄漏防护措施主要是指采用信号干扰仪、电磁泄漏防护插座、屏蔽缆线和屏蔽接线模块等。

信息机房内电磁环境"无线电骚扰环境场强在 80～1000MHz 和 1400～2000MHz 频段范围内大于 130dB,工频磁场场强大于 30A/m"时,应采取电磁屏蔽措施。

10.6.1 电磁屏蔽室的屏蔽原理

电磁屏蔽室的屏蔽原理是通过物理结构和材料特性,阻断或衰减外部电磁波进入内部(或内部电磁波泄漏到外部),其核心机制包括电磁波反射、吸收和多次反射衰减。

1. 电磁屏蔽的三大机制

(1)反射损耗(reflection loss)。电磁波到达导电材料(如金属)表面时,因导体与空气的阻抗不匹配,大部分能量被反射。材料的电导率越高(铜、铝),反射损耗越大,尤其对高频电磁波(如射频、微波)效果显著。

(2)吸收损耗(absorption loss)。未被反射的电磁波进入屏蔽材料后,在材料内部因涡流损耗和介质损耗转化为热能,导致能量衰减。材料的磁导率(如铁、镍合金)和厚度决定了其对电磁波的吸收能力。该机制对低频磁场(如 50Hz 工频干扰)更有效。

(3)多次反射衰减(multiple reflection loss)。在多层屏蔽或复合材料中,电磁波在材料界面间多次反射和透射,进一步消耗能量。该机制适用于高频场景,需优化材料层数和结构设计。

2. 不同频段的屏蔽策略

(1)低频磁场(<100kHz)。磁场易穿透普通导体,需采用高磁导率材料(如坡莫合金、铁氧体)引导磁感线绕行,采用多层磁屏蔽或闭合磁路。

(2)高频电磁场(>1MHz)。依赖导电材料的趋肤效应(skin effect),高频电流集中在导体表面,形成屏蔽层。铜、铝等薄层金属即可满足要求。

(3)微波频段(>1GHz)。关注缝隙和孔洞的波长效应(孔径小于 $\lambda/10$),采用波导通风窗或导电衬垫密封。

3. 电磁屏蔽室的核心结构

(1)法拉第笼原理。电磁屏蔽室通常由金属(钢板、铜网)构成全封闭导电壳体,形成等电位体,内部电场为零。接缝焊接/铆接连续,避免电磁泄漏。

(2)通风与接口处理。蜂窝状金属结构允许空气流通,但阻挡电磁波(孔径远小于波长)。进出线需通过滤波器或光纤穿透器,抑制共模干扰。

(3)接地系统。单点接地:避免接地环路引入干扰,确保屏蔽体与大地电位一致。高频接地:使用低阻抗接地带(如铜排),减少接地阻抗对高频屏蔽的影响。

10.6.2 电磁屏蔽结构形式

(1)用于保密目的的电磁屏蔽室,其结构形式可分为可拆卸式和焊接式。焊接式可分为自撑式和直贴式。

(2)建筑面积小于 50m² 、日后需搬迁的电磁屏蔽室,结构形式宜采用可拆卸式。

(3)电场屏蔽衰减指标大于 120dB、建筑面积大于 50m² 的屏蔽室,结构形式宜采用自撑式。

(4)电场屏蔽衰减指标大于 60dB、小于或等于 120dB 的屏蔽室,结构形式宜采用直贴式,屏蔽材料叮选择镀锌钢板,钢板的厚度应根据屏蔽性能指标确定。

(5)电场屏蔽衰减指标大于 25dB、小于或等于 60dB 的屏蔽室,结构形式宜采用直贴式,屏蔽材料可选择金属丝网,金属丝网的目数应根据被屏蔽信号的波长确定。

10.6.3　屏蔽件

屏蔽门、滤波器、波导管、截止波导通风窗等屏蔽件,其性能指标不应低于电磁屏蔽室的性能要求,安装位置应便于检修。屏蔽件的性能指标主要是指衰减参数和截止频率等。选择屏蔽件时,其性能指标不能低于电磁屏蔽室的屏蔽要求。

屏蔽门宜采用旋转式屏蔽门。当场地条件受到限制时,可采用移动式屏蔽门。

所有进入电磁屏蔽室的电源线缆应通过电源滤波器进行处理。电源滤波器的规格、供电方式和数量应根据电磁屏蔽室内设备的用电情况确定。滤波器分为电源滤波器和信号滤波器。电源滤波器主要对供电电源进行滤波。电源滤波器的规格主要是指电源频率(50Hz、400Hz 等)和额定电流值。电源滤波器的供电方式有单相和三相。

所有进入电磁屏蔽室的信号电缆应通过信号滤波器进行处理或进行其他屏蔽措施处理。当信号频率太高(如射频信号)无法采用滤波器进行滤波时,应对进入电磁屏蔽室的信号电缆采取其他的屏蔽措施,如使用屏蔽暗箱或信号传输板等。

进出电磁屏蔽室的网络线宜采用光缆或屏蔽缆线,光缆不应带有金属加强芯。采用光缆的目的是减少电磁泄漏,保证信息安全。光缆中的加强芯一般采用钢丝,在光缆进入波导管之前应去掉钢丝,以保证电磁屏蔽效果。对于电场屏蔽衰减指标低于 60dB 的屏蔽室,网络线可以采用屏蔽缆线,缆线的屏蔽层应与屏蔽壳体可靠连接。

截止波导通风窗内的波导管宜采用等边六角型,通风窗的截面积应根据室内换气次数进行计算确定。

非金属材料穿过屏蔽层时应采用波导管,波导管的截面尺寸和长度应满足电磁屏蔽的性能要求。非金属材料主要是指光纤、气体和液体(如空调制冷剂、消防用水或气体灭火剂等)。波导管的截面尺寸和长度应根据截止频率和衰减参数,通过计算确定。

10.7　消防设施

消防设施是指火灾自动报警系统、自动灭火系统、消火栓系统、防烟排烟系统、应急广播、应急照明、安全疏散设施等。消防产品是指专门用于火灾预防、灭火救援和火灾防护、避难、逃生的产品。

10.7.1　防火阻隔与结构防护

物理隔离:机房分区设置防火隔墙(耐火不小于 1h),门采用甲级防火门。

材料阻燃:装修使用 B1 级难燃材料(如金属板、矿棉板),线缆选用低烟无卤阻燃型(LSZH)。

防烟封堵:线缆孔洞采用防火泥/密封胶封堵,防止火势纵向蔓延。

10.7.2　火灾自动报警系统

火灾自动报警系统是指探测火灾早期特征、发出火灾报警信号,为人员疏散、防止火灾蔓延和启动自动灭火设备提供控制与指示的消防系统。

1. 火灾自动报警系统的基本概念

报警区域:将火灾自动报警系统的警戒范围按防火分区等划分的单元。

探测区域:将报警区域按探测火灾的部位划分的单元。

安装间距:两个相邻火灾探测器中心之间的水平距离。

保护半径:一个火灾探测器能有效探测的单向最大水平距离。

联动反馈信号:受控消防设备(设施)将其工作状态信息发送给消防联动控制器的信号。

联动触发信号:消防联动控制器接收的用于逻辑判断的信号。

2. 火灾自动报警系统设置

1)探测器监测原理

火灾探测器用于实时监测环境中的火灾特征信号(如烟雾、温度、火焰或气体),并在探测到异常时向报警控制器发送信号。

感烟探测器可监测空气中烟雾粒子浓度(通过散射光、电离或光电原理),主要用于早期阴燃火探测(如线缆绝缘层燃烧)。

感温探测器可监测温度变化(定温:达到阈值报警;差温:温升速率异常报警;差定温复合型),主要用于快速升温或明火响应(如设备短路)。感烟探测器和感温探测器两者互补。

2)探测器设置要求

在信息机房中,感烟探测器与感温探测器的设置需结合机房环境、设备特点及规范要求,确保早期预警与精准响应。

感烟探测器:选择光电式感烟探测器(抗电磁干扰型),高气流区域改用吸气式感烟探测器。安装高度不大于 12m(普通机房);水平间距不大于 15m(保护半径不大于 7.5m),距墙不小于 0.5m;避让空调出风口不少于 1.5m,避让灯具不少于 0.5m,机柜风扇正下方避免安装。

感温探测器:选择差定温复合探测器(定温阈值 55~65℃,差温速率不小于 8℃/min)。安装高度不大于 8m;水平间距不大于 10m(保护半径不大于 5m),距墙不小于 0.5m;远离 PDU、UPS 等发热设备不小于 1m,避免空调直吹区域。

3)火灾自动报警主机

基本功能如下。

(1)信号接收与处理:实时接收烟感、温感、火焰探测器等各类报警信号;区分火警、故障、监管等不同状态,并通过声光报警提示。

(2)联动控制:触发灭火系统(气体/喷淋)、排烟风机、应急广播、电梯迫降等设备;联动关闭新风系统、切断非消防电源(防止火势蔓延)。

(3)信息显示与记录:显示报警位置、时间、类型,并存储历史数据。

主要模块组成如下。

(1)主控单元:CPU 处理核心,支持多回路信号输入,内置消防逻辑编程(如报警阈值、联动时序)。

(2)操作面板:人机交互界面,支持手动报警、消音、复位、设备状态查询。

(3)通信接口:支持 RS485、CAN 总线、以太网等协议,与消防控制中心或 BMS 系统集成。

(4)电源模块:主电源(AC220V)+备用蓄电池(DC24V,续航不少于 24h)。

（5）联动控制盘：独立控制灭火分区、风机等关键设备，防止主控单元失效导致联动失败。

4）分区管理

按机房功能划分区域（如主机房、UPS 室/电池间），不同区域匹配探测器类型。优先采用双信号（烟＋温）触发灭火系统，单信号仅报警，避免误动作。

在服务器机柜区，感烟探测器位于通道顶部，感温探测器嵌入机柜内顶部，双信号触发气体灭火，关闭机柜风扇。

在 UPS 室/配电间，感温探测器靠近设备发热点，吸气式采样管覆盖全区域，温度超标报警，联动切断电源。

在电池间，感温电缆沿电池架敷设，感烟探测器远离氢气释放口。温升速率超限报警，启动排风系统。

10.7.3　气体灭火系统

1. 气体灭火系统的概念

防护区：满足全淹没灭火系统要求的有限封闭空间。

预制灭火系统：按一定的应用条件，将灭火剂储存装置和喷放组件等预先设计、组装成套且具有联动控制功能的灭火系统。

灭火浓度：在 101kPa 大气压和规定的温度条件下，扑灭某种火灾所需气体灭火剂在空气中的最小体积百分比。灭火密度：在 101kPa 大气压和规定的温度条件下，扑灭单位容积内某种火灾所需固体热气溶胶发生剂的质量。七氟丙烷灭火系统的灭火设计浓度不应小于灭火浓度的 1.3 倍。通信机房和信息机房等防护区，灭火设计浓度宜采用 8%。为了保证使用时的人身安全和设备安全，防护区实际浓度不应大于灭火设计浓度的 1.1 倍。

泄压口：灭火剂喷放时，防止防护区内压超过允许压强，泄放压力的井口。

为有效防止灭火时七氟丙烷对信息机房等防护区造成损害，七氟丙烷的喷放时间不应大于 8s。

浸渍时间：在防护区内维持设计规定的灭火剂浓度，使火灾完全熄灭所需的时间。信息机房内的电气设备火灾，应采用 5min。

七氟丙烷灭火系统应采用氮气增压输送。氮气的含水量不应大于 0.006%。

储存容器的增压压力宜分为：一级（2.5±0.1）MPa（表压）；二级（4.2±0.1）MPa（表压）；三级（5.6±0.1）MPa（表压）。

七氟丙烷单位容积的充装量：一级增压储存容器，不应大于 1120kg/m³；二级增压焊接结构储存容器，不应大于 950kg/m³；二级增压无缝结构储存容器，不应大于 1120kg/m³；三级增压储存容器，不应大于 1080kg/m³。

2. 气体灭火控制器

气体灭火控制器负责接收火灾信号、执行灭火逻辑并驱动灭火装置释放灭火剂，适用于信息机房等需要避免水渍或二次污染的场所。

1）核心功能

信号接收与判断：接收火灾探测器（烟感、温感、火焰）或手动报警按钮的触发信号；通过双信号复合判断(如烟感+温感同时报警)降低误触发风险。

灭火逻辑执行:启动延时喷放(通常 30s,用于人员撤离),并联动声光报警、关闭新风系统;控制电磁阀/驱动瓶,释放灭火剂(七氟丙烷、IG-541 等)。

状态监控与反馈:实时监测灭火剂储瓶压力、管道阀门状态,异常时上报故障信号;反馈喷放状态至消防控制中心或火灾自动报警主机。

2)系统主要模块组成

主控单元:内置逻辑芯片,处理报警信号并执行预设灭火程序(如单区/多区控制模式)。

驱动输出模块:输出电信号启动灭火剂储瓶电磁阀,部分系统需联动气动驱动装置(如氮气启动瓶)。

声光报警器:喷放前发出疏散警报,如"气体释放,请立即撤离"的语音提示。

手动操作装置:紧急情况下通过机械手柄或按钮直接启动灭火(需破玻操作,防止误触)。

压力反馈装置:监测灭火剂储瓶压力,压力不足时触发低压报警。

3)气体灭火控制器通信接口与协议

RS485 适用于短距离或中等距离通信,常用于控制器与本地设备(如烟感、温感、手报按钮)的连接。Modbus(RTU/TCP)支持主从架构,数据格式简单。以太网(TCP/IP)速率高。支持远程监控,可通过局域网或互联网与消防报警主机或云平台实现数据传输。

3. 气体灭火系统用量

灭火设计用量和系统灭火剂储存量,应符合下列规定。

(1)防护区灭火设计用量或惰化设计用量应按下式计算:

$$W = K \cdot \frac{V}{S} \cdot \frac{C_1}{(100 - C_1)} \tag{10-20}$$

式中,W——灭火设计用量或惰化设计用量(kg);

C_1——灭火设计浓度或惰化设计浓度(%);

S——灭火剂过热蒸气在 101kPa 大气压和防护区最低环境温度下的质量体积(m^3/kg);

V——防护区净容积(m^3);

K——海拔高度修正系数,可按《气体灭火系统设计规范》(GB 50370—2019)的规定取值。

(2)灭火剂过热蒸气在 101kPa 大气压和防护区最低环境温度下的质量体积应按下式计算:

$$S = 0.1269 + 0.000513 \cdot T \tag{10-21}$$

式中,T——防护区最低环境温度(℃)。

(3)系统灭火剂储存量应按下式计算:

$$W_0 = W + \Delta W_1 + \Delta W_2 \tag{10-22}$$

式中,W_0——系统灭火剂储存量(kg);

ΔW_1——储存容器内的灭火剂剩余量(kg);

ΔW_2——管道内的灭火剂剩余量(kg)。

10.7.4　消防设施案例

图 10-1 所示的信息处理机房 46m²、电源室 27m²，高 4.5m；设置了 2 个防护区，采用无管网七氟丙烷自动灭火系统。

1. 火灾自动报警系统

结合机房层高，在数据机房和电源室吊顶下、吊顶内安装两层智能烟感探测器和智能温感探测器，各分区探测器将探测信号送至火灾报警控制主机。

依据现场情况需一路 220V 消防专用电源引入消防自动报警控制器。

（1）每一个防护区各有一路感烟探测器和一路感温探测器，火灾报警控制器在编程时采用双路确认模式。当气体灭火控制器接收到第一个火灾报警信号后，启动防护区内的警铃警示处于防护区域内的人员撤离；当接收到第二个火灾报警信号后，启动声光，同时联动照明、通风、空调系统并启动防护区域开口封闭装置，根据人员安全撤离防护区的需要，延时不大于 30s 后开启电磁驱动装置，灭火剂喷出进行灭火，当信号反馈装置受到一定压力时将喷洒信号反馈至气体灭火控制器，放气指示灯亮。

（2）当火灾发生时，通过控制模块联动强切掉市电电源，联动关闭新风机防火阀。灭火完成后，打开排烟阀和排烟机，将机房内的废气排出。

（3）火灾报警主机与气体灭火控制器可采用 RS485 接口，Modbus(RTU/TCP)协议或以太网(TCP/IP)连接，采用主从式架构。火灾报警主机负责采集火灾探测器信号（如烟感、温等），输出控制指令至联动设备，并显示全局消防状态。气体灭火控制器负责接收火灾报警主机的信号后，按预设逻辑启动声光报警，放气指示灯等。火灾自动报警系统与气体灭火系统的连接如图 10-13 所示。火灾报警主机与气体灭火控制器之间采用阻燃屏蔽电缆（如 ZR-RVVP 2×1.5mm²）连接。

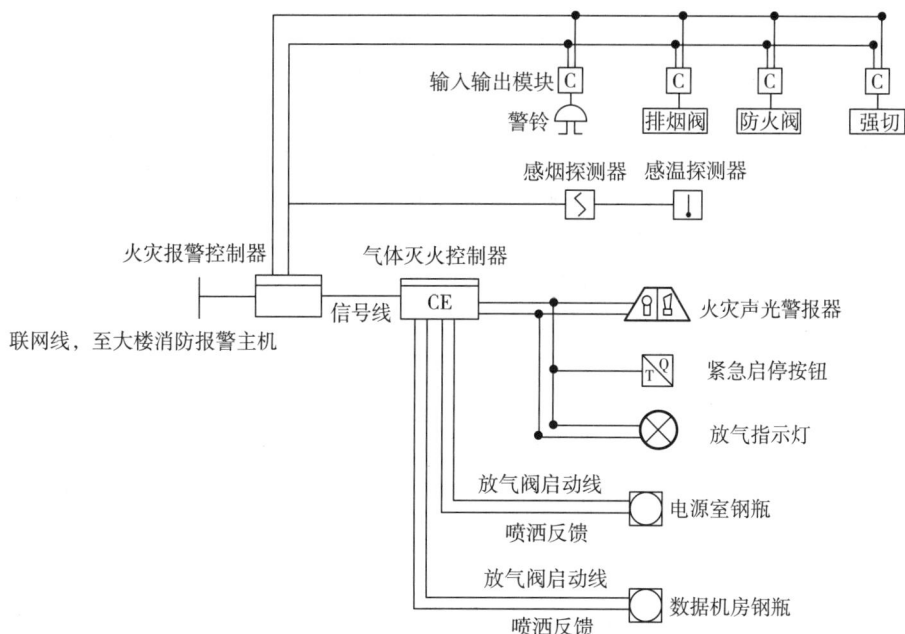

图 10-13　火灾自动报警系统与气体灭火系统的连接

（4）探测器回路总线采用 NH-RVS-2×1.5 导线，穿 Φ20 钢管保护，联动线和紧急启停线采用 NH-RVS-4×1.5 导线，穿 Φ20 钢管保护，布线应符合国家标准《火灾自动报警系统施工及验收标准》(GB 50166—2019)的规定。

2. 气体灭火系统

1）对防护区的要求

（1）防护区围护结构及门密的耐火极限均不宜低于 0.5h，吊顶的耐火极限不宜低于 0.25h。

（2）防护区围护结构承受内压的允许压强不宜低于 1200Pa。

（3）喷放灭火剂前，防护区内除泄压口外的开口应能自行关闭。

（4）一个防护区设置的预制灭火系统，其装置数量不宜超过 10 台。

（5）防护区的门应向疏散方向开启，并能自行关闭；用于疏散的门必须能从防护区内打开。

（6）防护区设置的泄压口宜设在外墙上，泄压口应位于防护区净高度的 2/3 以上，防护区不存在外墙的，可考虑设在与走廊相隔的内墙上。

2）系统设计参数

系统设计参数见表 10-8 所列。

表 10-8　系统设计参数

防护区名称	面积/m²	净高/m	净容积/m³	设计浓度/%	喷洒时间/h	设计用量/kg	储瓶型号	储瓶数量	充装量	泄压面积/m²
主机房	46	4.5	207	8%	10	131.2	70L	2	67.6KG/h	0.057
电源室	27	4.5	121.5	9%	10	87.6	90L	1	90.1KG/h	0.038

3）操作与使用

自动控制：在防护区无人时，将自动灭火控制器内控制方式转换开关键拨到"自动"位置，灭火系统处于自动控制状态。当防护区内烟感探测器报警后，主机发出警报，指示火灾发生的部位，启动气体灭火区内声光警报器，提醒工作人员注意。当温感探测器报警后，自动灭火控制器开始进入延时阶段，同时发出联动指令，关闭联动设备及保护区内除应急照明外的所有电源，启动声光整报器，自动延时 30s 后向控制火灾区的启动瓶发出灭火指令；打开启动瓶，启动保护区门口喷放指示灯及火灾声警报器，向先火区进行灭火作业。

手动控制：在防护区有人工作或值班时，将自动灭火控制器内控制方式转换开关拨到"手动"位置，灭火系统处于手动控制状态。当防护区发生火情时，可按下自动灭火控制器内手动启动按钮，或启动设在防护区门外的紧急启动按钮，即可启动灭火系统实施灭火。在自动控制状态，仍可实现电气手动控制，但应注意在实施前防护区内人员必须全部撤离。

当发生火灾警报，在延时时间内发现不需要启动灭火系统进行灭火的情况时，可按下自动灭火控制器上或手动控制盒内的紧急停止按钮，即可阻止灭火指令的发出，停止系统灭火程序。

3. 手提式灭火器

带电设备火灾是指电气设备在通电状态下燃烧的情况，灭火需兼顾防触电风险。电子信息设备属于带电设备，在信息机房入口处应放置手提式二氧化碳灭火器、水基喷雾灭火器或新型哈龙替代物灭火器。

10.8　信息机房综合监控系统

信息机房综合监控系统(integrated monitoring system for data centers)是通过物联网、传感器网络与智能分析技术，对机房基础设施及运行环境进行多维度实时监测、智能预警与集中管控的数字化管理系统。

10.8.1　综合监控内容

信息机房综合监控系统的核心目标是对动力设施、环境设施及安全防范进行全面监控与管理，保障机房运行的稳定性与安全性。

1. 动力设施

动力设施包括配电柜中的智能电表、断路器和电涌保护器以及 UPS 等。

1) 配电柜

(1) 配电柜中市电输入监测。

监测内容：低压配电柜的市电输入参数及状态包括三相相电压、线电压、频率、有功输入、有功输出、无功输入、无功输出、功率因素、视在功率、零序电压等参数。

监测方式：在配电柜进线处加装(带液晶显示的)智能电量仪，智能电量仪采集配电柜进线的各项配电参数，通过 RS485 通信接口及 Modbus 通信协议将信号上传至监控平台，由监控平台软件进行实时监测。

(2) 配电柜中市电输入用断路器监测。

监测内容：分合闸状态(实时位置)、故障脱扣报警(过载/短路)、储能机构状态(弹簧未储能预警)。

监测方式：辅助触点的干接点信号接入 DI 模块(常开/常闭)。

(3) 配电柜中市电输入用电涌保护器监测。

监测内容：SPD 故障/劣化状态。正常 SPD 功能完好，能提供保护；故障/劣化 SPD 内部 MOV 等核心元件因多次泄流或大电涌冲击已损坏或性能严重下降，失去保护能力(通常伴随热脱离或短路保护机构动作)。劣化预警(寿命终结)，性能降至阈值以下需更换。

监测方式：SPD 内置信号触点(干接点)，数字量输入(DI)，仅传递"开"或"关"("0"或"1")两种状态；电气采集器(模块)通过读取 SPD 干接点的通/断状态(低电平触发)，与监控主机连接，实时监测并告警其关键故障/劣化失效状态。

2) 不间断电源

监测内容：监测 UPS 运行参数及状态(只监不控)，包含逆变器状态、旁路状态、整流器状态、电池充电状态、风扇状态、温度状态等；输出电压、输出电流、旁路线电压、视在功率、有功功率、输出负载率、电池充电容量、电池后备时间等参数。市电中断时，UPS 无缝供电，电池容量低于 20% 时，同时通知运维人员。

监测方式：由设备厂商提供的通信接口(RS485)及通信协议(Modbus)接入监控系统，实时读取运行参数,支持远程启停、阈值报警(短信/邮件),并记录历史数据,实现多品牌 UPS 统一管理。

2. 环境设施

1)空气调节机

监测内容:监测空气调节机的回风/送风温湿度、压缩机/风机/加湿器等部件运行状态、滤网堵塞、制冷失效等故障报警,以及能效比、负载率等参数。

监测方式:由设备厂商提供的 RS485 通信接口及 Modbus 通信协议与监控主机连接后,由监控平台软件进行实时监测。同时与消防系统联动,火灾时自动关闭空气调节机。

2)新风机

监测内容:监测运行状态(启停、过载)、过滤网压差、送风温湿度、故障报警(电机过载、滤网堵塞)及电气参数(电流、功率)。

监测方式:由设备厂商提供的 RS485 通信接口及 Modbus 通信协议与监控主机连接后,由监控平台软件进行实时监测。同时与消防系统联动,火灾时自动关闭新风机。

3)液体泄漏检测

监测内容:监测液体泄漏位置(定位式系统)、浸水状态(点式/线缆式传感器)、报警类型(滤网堵塞、管道破裂等)及关联设备状态(空调排水、加湿器等)。

监测方式:在液体泄漏区域敷设感应电缆,每条感应电缆单独连接至液体信号处理单元,当液体发生泄漏时,液体信号处理单元通过检测及处理感应电缆电子信号的变化产生报警信号,上传至监控主机。

工作流程:泄漏发生→液体导通电极→电阻下降→检测电路输出电平跳变→控制板生成告警事件→通过通信接口上传协议报文→监控平台告警并定位。

4)温湿度监测

监测内容:监测机房温度($0 \sim 50℃$)、相对湿度($20\% \sim 80\%$)、露点温度及超限报警(高温/低温、高湿/低湿)状态。

监测方式:在机房区域安装智能温湿度传感器,将环境中的温度量、湿度量转换成电信号,通过通信接口 RS232/RS485/SNMP 及通信协议 Modbus RTU/TCP 将信号上传至监控主机,由监控平台软件实时监测。同时智能温湿度采集器自带液晶显示屏,可在监测现场查看当前的温度、湿度数值。

5)空气质量监测

监测内容:主要涵盖颗粒物、有害气体和微生物三大类指标。颗粒物监测包括 PM2.5 和 PM10 浓度,分别控制在 $75\mu g/m^3$ 和 $150\mu g/m^3$ 以下;有害气体监测重点针对 H_2S、SO_2、NO_2 等腐蚀性气体,其限值分别为 $0.03mg/m^3$、$0.2mg/m^3$ 和 $0.15mg/m^3$,以及 TVOC(总挥发性有机物),其浓度不超过 $0.6mg/m^3$,同时关注 CO_2 浓度(不超过 700ppm)和臭氧含量(低于 0.05ppm);微生物监测则通过空气粒子计数器检测 $0.3\mu m$ 以上颗粒物数量,确保机房环境洁净。

监测方式:利用智能传感器进行实时监测,把传感器的信号接入空气质量采集器处理。空气质量采集器采用 Modbus RTU/TCP 协议将数据传输至监控主机,并可联动空调或空气净化设备自动调整,维持机房内空气质量在最佳状态。

3. 安全防范

1）消防设施

监测内容：监测消防主机运行状态（火警、故障、联动信号）和消防电源（主备电电压/电流/开关状态）。

监测方式：消防报警主机发出报警信号，输出 24V 直流电压，采用 DC‑DC 降压模块（如 12V 输出的开关电源模块）把 24V 直流电压转换为监控主机可以接收的直流电压 12V，将报警信息传输至监控主机。

2）视频监控

监测内容：实时监视各路视频图像，通过在电子地图上点击相应的图标即可查看该摄像机的当前画面。支持历史视频检索回放功能，可根据录像的类型、通道、时间等条件进行检索，回放速度可调。

监测方式：彩色半球摄像机通过连接硬盘录像机，经网络交换机与综合监控主机网络联通，由监控平台软件进行图像监控。摄像机接口以以太网口＋PoE（RJ45）为主，协议必选 GB/T 28181＋ONVIF，辅以 RS485 用于联动。

3）门禁管理

监测内容：实时监控各道门人员进出的情况，并进行记录。可对人员的进出区域、有效日期、进出时段等进行授权，并可对人员进行权限组划分，也可对门控器进行远程设置操作。

监测方式：在机房内部部署门禁系统，包括读卡器（人脸机、指纹机等），通过网络型门禁控制器设备提供的接口（RJ45）及通信协议，采用 TCP/IP 的方式将门禁信号接入监控管理主机，由监控平台软件进行门禁的实时监测。

10.8.2　综合监控设备

1. 综合监控主机

综合监控主机负责数据采集、协议解析、智能控制及联动决策，用于实现机房环境、设备、安防等要素的集中化、自动化管理。

1）综合监控主机结构

综合监控主机采用 ARM（Advanced RISC Machines）架构主板，如图 10‑14 所示。系统集电板组是综合监控主机的核心，它的排线插口用电子排线与接口集电板组、电源模块、4G 通信模块和显示屏模块连接。软件主要由监控服务和应用服务组成。

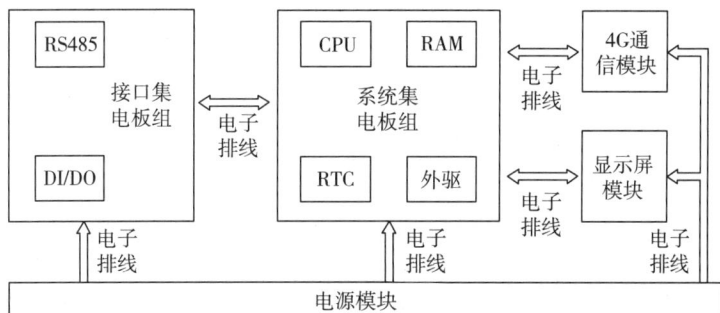

图 10‑14　综合监控主机结构

(1)系统集电板组：包含微处理器、存储单元(DDR 内存、eMMC 闪存、TF 卡)和时钟(Real Time Clock,RTC)等。其主要作用是安装综合监控系统程序服务软件,对数据通信采集、解析处理、存储及转发,储存告警日志,调用其他模块等。

(2)接口集电板组：接入所监控的对象(装置),包含应用传输接口(双千兆以太网口、USB 口、HDMI 口、USB-C 口等);下行接口 RS485/RS232 连接智能电表、UPS、空调机以及各类传感器等,支持 Modbus 等协议;下行开关量输入 DI 接收干接点信号(如门磁告警)、光耦隔离;控制输出接口 DO 驱动继电器控制设备。

(3)电源模块：可由双路 AC220V 接入,通过电源变换模块转为直流电 DC12V 或者 DC24V,给所有的各板组供电,同时由接口集电板组给所监控的对象(装置)使用。

(4)4G 通信模块：由基带处理器、射频芯片(RF)、SIM 卡槽、天线接口、电源管理组成,将采集的综合数据及异常告警等,通过 4G 网络实时上传至管理人员手机。SIM 卡槽适用于国内运营商的手机电话卡。

(5)显示屏模块：主要是一块 4 英寸显示屏和一个驱动板,可显示监控主机的版本号、IP地址及相关参数。方便管理人员现场查看与维护。

(6)防护外箱：采用冷轧钢材质,厚度为 3.4cm,带有显示灯等,安装在机房机柜内。线路连线可用理线器配合接线。

2)综合监控主机的工作原理

综合监控主机通过下行通信接口(RS485/RS232、DI/DO、RJ45)与所监控的对象(装置)连接,安装综合监控系统采集与服务的程序。

(1)数据采集。采集服务程序启动后,综合监控主机按采集周期可以发出采集命令到所监控的对象(装置)的通信接口,获取实时数据。采集周期可设为 5~60s。采集端口可同时并发多个端口数据。

(2)数据处理。综合监控主机对数据采集后,返回的是十六进制的代码或者 ASCII 码,反映寄存器地址、偏移量及校验码等。主机需要按厂商提供的通信协议表对代码进行对照翻译,把十六进制的代码或者 ASCII 码翻译为十进制的数据,与现场设备一致。数据处理的方法具体如下。

① 数据过滤：厂商提供的通信协议测点与现场设备通信采集有差异时,需要对无效数据进行过滤,对重复数据进行清洗,从而保证数据采集的有效性,如空调的故障状态值。

② 数据变比：某些设备协议数据测点会采集表征值,需要设定倍数比例才能取得真实数值,如电量仪的电流测点。

③ 数据偏移：某些设备协议数据测点会采集位置数字,需要设定偏移值才能取得真实数值,如空调的回风湿度值。

(3)数据交互。数据交互(data interaction)支持用户操作数据,实现系统与用户的双向沟通。综合监控系统基于浏览器/服务器架构(Browser/Server,B/S),综合监控主机通过 TCP/IP 网口接入网络交换机,管理人员通过本地电脑的 WEB 浏览器即可访问综合监控平台,无须安装专门的客户端软件。数据会通过程序的组态画布功能用丰富的图标和图片展现。产生的设备告警也通过 4G 通信模块发送给用户手机。数据传输页面的周期可以设定 2s 刷新一次,对数据保存可以直接调用服务。系统支持多客户端操作,用户可以同时登录系统查看不同设备的数据。

（4）配置与维护。综合监控主机可在客户端计算机的 WEB 浏览器端进行基础信息配置和管理，主要如下：

① 设备通信配置，如电量仪、温湿度采集器、UPS、空调的通信地址和波特率等参数；

② 数据测点的阈值管理，如测点告警的高限阈值、低限阈值；

③ 对客户端计算机校时、反向查询等命令；

④ 设置设备操作的联动控制，如高温告警联动空调开启动作；

⑤ 定时备份数据，告警事件日志审计。

2. 综合监控采集器

监控采集器通过传感器和通信网络，实时监测机房环境参数（液体泄漏、温湿度、空气质量等），实现数据采集、分析、预警与远程控制，保障机房安全、稳定与高效运行。传感器是一种检测装置，通过敏感元件感知被测对象的物理量（如温度）、化学量（如气体浓度、pH）及生物量（如酶活性、DNA）的变化，并将其转换为模拟电信号、光信号或数字信号等输出，经信号处理后，通过通信接口输出。

1）液体泄漏采集器

液体泄漏有非定位液体泄漏监测和定位液体泄漏监测两种方式。

（1）非定位液体泄漏监测。感应线缆使用双芯螺旋结构的检测线缆（两根高密度聚乙烯导线），螺旋设计可抗电磁干扰并提升强度。当液体接触线缆时，两根导线因液体的导电性发生短路，电阻骤降。采集器通过简单比较电路检测到短路信号，触发报警（声光/继电器输出）。通过 Modbus 等协议上传"液体发生泄漏"信号至监控平台，解决"是否漏"而无法提供泄漏点位置。这种方法成本低、电路简单、安装便捷，适合小型或隐患集中区域。

（2）定位液体泄漏监测。

① 传感探测，接触式检测感应电缆由两根基础检测线＋两根单位长度电阻精密恒定的定位线（导电聚合物材质）组成，如图 10－15 所示。其中定位线（两根黑色导电线）单位长度电阻值被精确加工并定值。在无泄漏时，两根定位线之间电流值为正常；当感应电缆被泄漏物浸泡，则两根定位线导电聚合物之间被短接，使所测电流值发生变化。按欧姆定理，电阻与长度有关，信号处理电路通过测算，就能得到发生故障泄漏点的位置。

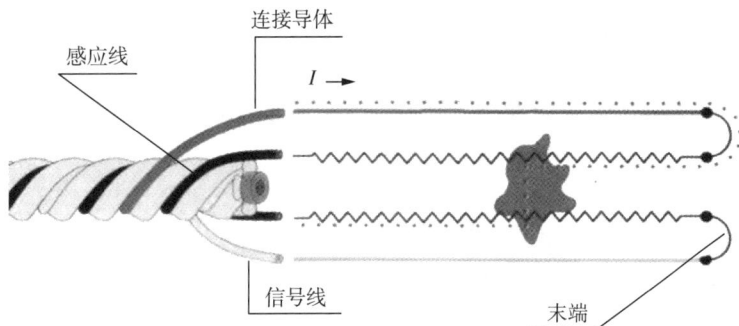

图 10－15 液体泄漏感应电缆

② 信号处理：包含阻抗测量电路（分辨率为 0.1kΩ）、自适应滤波器和 16 位 ADC 芯片，将泄漏信号转换为数字量，具备温度补偿功能（－20～70℃），误报率小于 0.01%。

③ 通信接口:RS485 或 RJ45 接口及 4～20mA AI 输出,兼容 Modbus、SNMP 协议,采集及告警信息实时上传综合监控主机,延时小于 200ms。

定位液体泄漏监测系统能精准定位,解决"哪里漏"的问题,大幅缩短故障排查时间,适合中、大型机房。

2)温湿度采集器

(1)传感探头包括电容式湿度传感器、铂电阻温度传感器、复合探头结构等。

电容式湿度传感器:测量范围为 0～100%,精度为 ±1.5%(25℃时)。

铂电阻温度传感器(PT1000):量程为 -40～+85℃,精度为 ±0.2℃(25℃)。

复合探头结构:双通道独立测量,避免温湿度交叉干扰。

(2)信号处理:低噪声放大电路(增益 100 倍,带宽 1kHz)消除导线阻抗影响;24 位 $\sum-\Delta$ADC,转换速率为 10 次/s,量化误差小于 0.01%;自动基线校正,湿度漂移补偿。嵌入式微控制器,运行自适应滤波算法;板载 EEPROM 存储 30 天历史数据(间隔 1min 采样)。

(3)通信接口:RS485 接口,数据上传延时小于 100ms。

3)空气质量采集器

(1)检测单元包括颗粒物传感器、气体传感器组等。

颗粒物传感器:采用激光散射原理,监测 PM2.5/PM10 浓度,防范粉尘引发设备散热异常。

气体传感器组:集成电化学/半导体技术,检测 VOC、CO_2、臭氧等气体,防止电路腐蚀及运行人员健康风险。

(2)信号处理:含前置放大电路、24 位 ADC 转换器和数字滤波系统,将传感器微伏级信号转化为数字信号,消除电磁干扰,补偿温漂误差,确保测量精度达 ±3%。搭载嵌入式处理器,运行自适应校准算法,融合多传感器数据,通过阈值对比(如 CO_2 超过 1000ppm 触发报警)实现污染等级判定。

(3)通信接口:RS485、RJ45 接口 4～20mA,AI 接口输出,兼容 Modbus、SNMP 协议,实现与综合监控主机的实时数据传输,响应延时小于 200ms;能与新风系统联动,净化机房内空气。

空气质量采集器可同步监测 8～12 项关键参数,数据刷新率为 1Hz,有效预防因空气质量引发的设备故障,保障机房运行的可靠性。

4)电气开关量采集器

要采集信息机房配电系统的断路器和电涌保护器信号,先要接入采集器,才能接入监控主机。

(1)信号输入与采集。

① 采集信号类型:采集配电柜内的开关量(DI)。

· 断路器状态:干接点信号(无源触点,通/断代表分闸/合闸)。

· SPD 状态:干接点信号(正常时断开,失效时闭合)。

② 信号调理:采集器输入通道内置电路对原始信号进行滤波、消除抖动(避免误报)和电平转换(适配采集器内部逻辑电压)。

(2)电气隔离(核心安全屏障)。

每个输入通道采用光电耦合器或继电器隔离:前端强电侧信号→驱动光耦内部的 LED

发光→后端弱电侧的光敏元件受光导通→生成隔离后的低压数字信号,以及物理切断强电(AC220V/380V)与弱电(DC5V/24V)的直连路径。防止配电柜内高压串扰、电涌、雷击残压等摧毁后端监控主机,确保系统安全。

(3)数据处理与存储。

① 状态映射:将采集的开关量信号(0/1)转换为逻辑状态(如"0＝断路器分闸,1＝合闸","0＝SPD 正常,1＝失效")。

② 数据缓存:临时存储状态信息,支持断网续传或批量上传(部分智能采集器支持)。

(4)协议转换与通信。

① 协议封装:将分散的开关量状态按标准工业协议(如 Modbus RTU/TCP、SNMP)格式打包。

② 通信接口:通过 RS485 接口将数据上传至监控主机。

③ 寻址机制:每个采集器配置唯一地址(如 Modbus 从站地址),主机通过地址轮询获取数据。

(5)简化布线与管理:分散的配电柜内众多状态点如直连监控主机,布线复杂、冗长。采集器作为本地信号汇聚点,柜内/附近信号就近接入,仅需一根通信线(RS485/网线)连至监控主机,可简化布线、降低成本、提升可维护性。

10.8.3　综合监控系统的拓扑结构

信息机房综合监控系统通过实时监测、报警联动和数据分析,保障机房设备与环境的稳定运行。

综合监控系统采用分布式的模块化结构,把软硬件集中于监控管理主机,易于实施和维护。同时采用浏览器/服务器(Browser/Server)结构,客户端只负责用户界面显示,数据处理放在监控管理主机端。

综合监控系统主要由数据采集层、监控层(监控管理主机)和应用层组成,如图 10 - 16 所示。为了防止电磁干扰(EMI),所监控装置(对象)接口与监控主机、网络交换机连接都采用两端带有 RJ45 连接器的 5 类及以上屏蔽跳线。

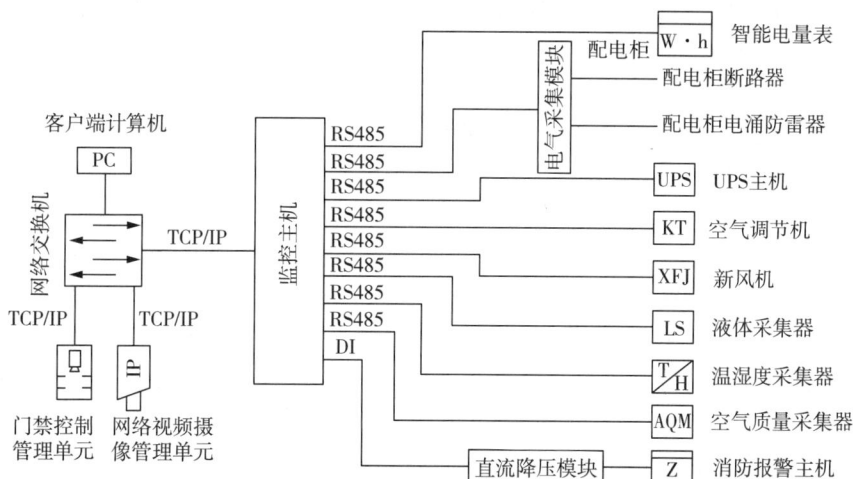

图 10 - 16　综合监控系统拓扑结构

(1)数据采集层:将被监控设备(对象)(如 UPS、空调、温湿度、漏水等)的现场信号,通过通信接口 RS485/RS232/DI 上传到监控管理主机。

(2)监控层。监控管理主机通过 RS485/DI 接口采集被监控设备(对象)的现场信号,进行数据解析、存储、处理、联动和上传等。采集响应时间小于 10s。

① 数据处理。监控管理主机将现场数据采集层传输来的各种信息进行存储、实时处理、分析和输出,处理所有的报警信息,记录报警事件,并负责将控制命令发往被监控设备(对象),实现远程监控被监控设备(对象)。监控管理主机还可脱网工作,独立进行数据处理及存储。

② 告警终端:在综合监控主机内置的 4G 通信模块内插入 SIM 卡,通过 SIM 卡(支持国内运营商通信制式)与公共通信网联通,给管理人员的手机发送短信告警信息或者拨打电话,及时了解信息机房运行情况。

(3)应用层:包括手机移动 APP、WEB 远程管理客户端等,主要用于远程的 WEB 浏览,管理人员可随时随地了解机房设备的工作状况。

① 管理人员的电脑通过互联网在授权许可情况下,输入综合监控系统的 IP 地址,通过有权限的用户账号和密码,直接观看到与监控服务器一致的监控画面,在具有相应权限下还可对设备实现远程控制。

② 管理人员的手机,在授权许可情况下登录相对应的综合监控系统 APP 应用程序,通过权限填写综合监控主机的 IP 地址、用户名和登录密码,可查看机房的设备状态、告警信息,对所监控设备(对象)进行远程操作。

10.8.4　综合监控软件

综合监控系统为全中文界面,图形化设计界面的结构,页面风格简洁并可以按用户需求进行定制。系统采用浏览器/服务器模式结构(无须安装插件),通过 WEB 进行访问和浏览,支持模板化管理页面界面风格。

(1)告警服务管理:标准告警级别管理,支持界面弹窗、声光等告警方式。

报警级别:系统的报警级别按重要性设为 1~5 级,级别越高的报警,表示重要性和危害性越大。系统具有并行处理报警功能,对报警时间按优先级的高低进行报警。

报警分类:报警信息可进行分组或分级管理,用户可以根据按实际发生的报警情况的紧急程度,划分为不同的报警组别或级别,对不同的报警组别或级别,系统会以不同的报警方式对外报警。

报警屏蔽:系统对设备测点提供"屏蔽报警事件""屏蔽恢复事件""屏蔽低限报警""屏蔽高限报警"等多种选择,可以屏蔽掉不重要的报警信息,增强系统的灵活性,提高数据的可信度。

报警缓冲:系统可设置报警缓冲的次数,当多次采集到该报警后才真正将报警在事件栏上显示出来,有效减少误报警的发生,提高监控系统的准确性。

报警跟踪:系统提供对于任意一条报警信息的状态进行跟踪统计,包括报警时间、报警内容、确认时间、处理时间、处理日志以及处理人等情况的统计,并可对各项报警信息进行及时度统计。

告警屏蔽:系统可按照一定维度(空间/时间段/设备/测点)配置告警屏蔽策略,已设定的策略以列表形式展示,用户可通过模糊搜索功能快速查找。

集中告警:系统提供集中告警页面,展示当前发生告警的所有网点,方便快速发现异常和处理。

(2)数据管理:系统能够监控到相关设备的实时参量,并能实时进行查询,支持数据定时存储、导出。

(3)日志管理:系统提供基于数据库的日志功能,包括用户操作日志、系统运行状态日志、告警日志等,以实现对机房人员操作、系统运行、事件告警的跟踪管理。系统日志不可被任何人修改,所有日志可以根据查询条件统计查询,并可即时生成报表、导出打印。

(4)联动控制:系统通过运算策略(包括算术运算、关系运算、逻辑运算、条件运算等)生成规则条件,用以定义控制策略。当采集到的参数满足触发条件时,可按照预先定义的联动策略执行联动控制动作,实现设备/子系统间的自动控制。

复习思考题

1. 信息机房的设置原则有哪些? 为什么不能与潮湿场所相邻?

2. 信息机房的组成包括哪些功能区域? 各区域的作用是什么?

3. 信息机房的抗震和地板荷重分级如何划分? 为什么需要高承重设计?

4. 信息机房空气调节系统的基本要求包括哪些? 为何需要全年不间断运行?

5. 新风系统的功能是什么? 新风量的计算依据有哪些?

6. 信息机房的温湿度控制标准是什么? 过高或过低的湿度会对设备造成哪些危害?

7. 信息机房供配电系统的基本要求有哪些? 为何需采用 TN-S 接地方式?

8. 不间断电源的主要作用是什么? 蓄电池的选型需要考虑哪些参数? 如何计算蓄电池组的容量?

9. 信息机房的配电负荷如何计算? 接地电阻的要求是什么?

10. 防雷与接地系统的分级防护策略是什么? 电涌保护器的作用原理是什么?

11. 简述信息机房综合布线的拓扑结构。外网与内网设备的分区原则是什么?

12. 机柜的排列方式对散热有何影响? 冷通道与热通道隔离的设计意义是什么?

13. 磁屏蔽室的屏蔽原理是什么? 反射损耗、吸收损耗和多次反射衰减的作用是什么?

14. 信息机房的火灾自动报警系统需要设置哪些探测器? 感烟探测器、感温探测器的安装有哪些要求?

15. 气体灭火系统的设计参数包括哪些? 七氟丙烷灭火系统的喷放时间和浸渍时间有何规定?

16. 综合监控系统主要监控的内容包括哪些? 动力设施、环境设施和安全防范的监测重点是什么?

17. 综合监控主机的结构和工作原理是什么? 数据采集、处理与联动控制的流程是怎样的?

18. 液体泄漏检测、温湿度监测、空气质量监测和电气开关量监测的技术实现方式是什么?

19. 信息机房的 PUE 值如何计算? 封闭冷通道对降低 PUE 的意义是什么?

20. 某信息机房总面积为 $91m^2$,IT 设备总功耗为 38.5kW,空调制冷量为 30kW。试计算总供电负荷,并说明断路器、电缆和 UPS 的选型依据。

主要参考文献

[1] 刘国林. 智能建筑综合布线标准实施手册[M]. 北京:中国建筑工业出版社,2000.

[2] 刘国林. 建筑物自动化系统[M]. 北京:机械工业出版社,2002.

[3] 刘国林. 综合布线系统工程设计(修订版)[M]. 北京:电子工业出版社,1998.

[4] 刘国林,殷贯西. 电子测量[M]. 北京:机械工业出版社,2003.

[5] 谢希仁. 计算机网络[M].8版. 北京:电子工业出版社,2021.

[6] 安德鲁·S. 特南鲍姆,尼克·费姆斯物尔,戴维·韦瑟罗尔. 计算机网络[M].6版. 潘爱民,译. 北京:清华大学出版社,2022.

[7] 李霆,张军,万席锋. 全光园区网络架构与实现[M]. 北京:清华大学出版社,2022.

[8] 新华三. 智能连接|"光"看新华三就够了:当前有哪些主流的全光技术方案? -上篇[EB/OL]. (2022-08-25)[2025-04-10]. https://zhuanlan.zhihu.com/p/517431497.

[9] 新华三. 智能连接|"光"看新华三就够了:当前有哪些主流的全光技术方案? -下篇[EB/OL]. (2022-08-25)[2025-04-10]. https://zhuanlan.zhihu.com/p/520654333.

[10] 中国勘察设计协会. 无源光局域网工程技术规程:T/CECA 20002—2019[S]. 北京:中国建筑工业出版社,2019.

[11] 杨苏敏. 全光通信网络在智慧建筑设计中的应用[J]. 建筑电气,2023,42(08):70-74.

[12] 王兴亮. 现代音响与调音技术[M].4版. 西安:西安电子科技大学出版社,2022.

[13] 谢咏冰,罗蒙,吴保骏,等. 舞台灯光工程设计与应用[M].2版. 北京:机械工业出版社,2019.

[14] 肖运虹,王志铭. 显示技术[M].2版. 西安:西安电子科技大学出版社,2018.

[15] 中华人民共和国住房和城乡建设部. 电子会议系统工程设计规范:GB 50799—2012[S]. 北京:中国计划出版社,2021.

[16] 丁飞,戴源. 物联网[M]. 南京:江苏凤凰科学技术出版社,2020.

[17] 程广振. 热工测量与自动控制[M].2版. 北京:中国建筑工业出版社,2012.

[18] 陈家培,周到,于大永. 基于MBUS的供电通讯装置及方法:2015100591256[P].2015-06-03.

[19] 中国建筑标准设计研究院. 国家建筑标准设计图集. 数据中心工程设计与安装:18DX009(替代09DX009). 北京:中国计划出版社,2018.

[20] 中国建筑标准设计研究院. 国家建筑标准设计图集. 综合布线系统工程设计与施工:20X101-3(替代08X101-3). 北京:中国计划出版社,2020.

[21] 李婷,翟园,孙妍,等. 电涌保护器件性能的比较分析[J]. 气象水文海洋仪器,2016,33(04):116-120.

[22] 张少军,谭志. 计算机网络与通信技术[M].2版. 北京:清华大学出版社 2017.